高等院校电气信息类专业“互联网+”创新规划教材

智能仪表技术

主　编　杨成慧

副主编　李玉梅　赵春霞

北京大学出版社
PEKING UNIVERSITY PRESS

内容简介

本书基于生产实际和工程应用，介绍了工业上最常用的参数检测仪表、控制仪表、主机电路设计、过程输入/输出通道设计、现场总线技术、通信接口技术、虚拟仪器技术、PC联网等的工作原理与应用方案，并且重点讨论了以单片机为主机电路的仪表设计步骤、规则、方法、实例，以及蓝牙通信技术、常用仪表应用实例的特点和功能，同时对智能仪表的组成、特点及发展趋势，智能仪表各组成部分的软件、硬件设计方法及智能仪表设计过程中的测量与控制算法，虚拟仪器的概念及特点进行了详细的论述，还结合简单的实例流程分析了某些典型过程控制方案的确定方法，阐明了智能仪表设计控制方案时的一般原则和思路，并列举了部分智能仪表调解系统在生产过程控制中的应用实例。

本书可作为高等院校自动化相关专业的本科教材，也可供各工业部门从事过程控制工作的工程技术人员及相关专业研究生参考使用。

图书在版编目（CIP）数据

智能仪表技术/杨成慧主编. —北京：北京大学出版社，2017.9
（高等院校电气信息类专业“互联网+”创新规划教材）
ISBN 978-7-301-28790-3

Ⅰ. ①智… Ⅱ. ①杨… Ⅲ. ①智能仪器—高等学校—教材 Ⅳ. ①TP216

中国版本图书馆 CIP 数据核字（2017）第 228889 号

书　　名　智能仪表技术
　　　　　　Zhineng Yibiao Jishu
著作责任者　杨成慧　主编
策划编辑　程志强
责任编辑　黄红珍
数字编辑　刘　蓉
标准书号　ISBN 978-7-301-28790-3
出版发行　北京大学出版社
地　　址　北京市海淀区成府路 205 号　100871
网　　址　http://www.pup.cn　新浪微博：@北京大学出版社
电子邮箱　编辑部 pup6@pup.cn　总编室 zpup@pup.cn
电　　话　邮购部 010-62752015　发行部 010-62750672　编辑部 010-62750667
印 刷 者　北京虎彩文化传播有限公司
经 销 者　新华书店
　　　　　　787 毫米×1092 毫米　16 开本　19.5 印张　456 千字
　　　　　　2017 年 9 月第 1 版　2023 年 9 月第 5 次印刷
定　　价　52.00 元

序

信息科学与技术的迅速发展和广泛应用，深深地改变着人类生产、生活的各个方面。我们所处的时代被称为信息时代。人类社会生产力的发展和人们生活质量的提高越来越得益和依赖于信息科学与技术的发展。自动化科学与技术涉及信息的检测、分析、处理、控制和应用等各个方面，是信息科学与技术领域的重要组成部分。面对全面建设小康社会的发展目标，党和国家提出走新型工业化道路的战略决策，这是我国当代工业化进程的必由之路。在我国经济建设的进程中，工业化是不可逾越的发展阶段。实现新型工业化，就是要坚持走科技含量高、经济效益好、资源消耗低、环境污染少、人力资源优势得到充分发挥的可持续发展的科学发展之路。在这个过程中，自动化科学与技术起着不可替代的作用，高等学校的自动化学科肩负着人才培养和科学研究的光荣历史使命。

我国高等教育中工科在校大学生人数占在校大学生总人数的35%～40%，其中自动化类专业学生是工科各专业中学生人数较多的。在我国高等教育已走进大众化阶段的今天，人才培养模式多样化已成为必然的趋势，其中应用型人才是我国经济建设和社会发展需求最多的一大类人才。为了促进自动化领域应用型人才培养，发挥院校之间相互合作的优势，北京大学出版社策划了“21世纪全国高等院校自动化系列实用规划教材”，并且在此基础上添加了一些数字资源，即“高等院校电气信息类专业‘互联网+’创新规划教材”，确定了教材的使用范围，也为“实用教材”的定位找到了落脚点。本系列教材具有如下特点：

(1) 注重实用性。工科院校的人才培养规格大多定位在高级应用型，对这一大类人才的培养要注重面向工程实践，培养学生理论联系实际、解决实际问题的能力。从这一教学原则出发，本系列教材注重实用性，注意引用工程中的实例，培养学生的工程意识和工程应用能力，因此将更适合工科院校的教学要求。

(2) 体现新颖性。编者更新了教材内容，跟进时代，加入一些先进实用的知识，同时淘汰一些陈旧过时的内容。

(3) 教材反映出各教师教学时积累的一些好的经验和做法。

(4) 数字化资源的运用，使得教材的信息量更大，能更加直观地看到更多的数字信息。

(5) 教材几乎涵盖了自动化类专业常用智能仪表方向的各类常见仪表，内容翔实、丰富、生动、有趣。

地方工科院校在我国高等院校中所占比例最大。本系列教材可以供民族院校、地方工科院校自动化类专业教学之用，将拥有广大的读者朋友。教材专家编审委员会深感教材的编写质量对于教学质量的重要性，在审纲会上强调了“质量第一，明确责任，统筹兼顾，严格把关”的原则，要求各位主编加强协调，认真负责，努力保证和提高教材质量。

各位主编和编者也将尽职尽责，密切合作，努力使自己的作品受到读者的认可和欢迎。尽管如此，由于编者之间的差异性，教材中还是难免存在一些问题和不足，欢迎选用本系列教材的教师、学生提出批评和建议。

编审委员会

2016 年 11 月

前　　言

新技术的不断涌现，特别是先进检测技术、现代传感器技术、计算机技术、网络技术和多媒体技术的出现，给传统的自动控制系统带来了新的挑战，并由此催生许多新的技术，如虚拟仪器、软测量技术、数据融合理论与方法及最新发展的传感器网络技术等。现代工业控制系统中，智能仪表检测技术和仪表控制系统是实现自动控制的基础。

“自动化仪器与仪表”是在学完电子技术基础、自动控制理论、微机原理及应用等课程后开设的自动化类专业课程。本书是针对智能仪表的基础理论和应用技术的教材，可作为高等院校自动化专业的必修课及选修课教材，也可供各工业部门从事过程控制工作的工程技术人员及相关专业研究生参考使用。

全书共分 17 章。第 1 章介绍智能仪表发展概况和仪表系统的基础知识，智能仪表的组成、特点及发展趋势；第 2 章介绍传统仪表和智能仪表的相关知识；第 3 章介绍智能仪表的主机电路设计、单片机系统；第 4 章主要介绍过程输入/输出通道；第 5 章主要介绍智能仪表中的人机接口部件；第 6 章主要介绍智能仪表串行总线；第 7 章主要介绍通用串行总线；第 8 章主要介绍典型的现场总线技术与蓝牙技术；第 9 章主要介绍智能仪表的软件程序设计；第 10 章主要介绍连续调节器；第 11 章主要介绍软件测量算法；第 12 章主要介绍智能控制算法；第 13 章主要介绍硬件与软件的抗干扰技术；第 14 章主要介绍智能仪表设计实例；第 15 章主要介绍虚拟仪器技术及应用；第 16 章主要介绍 PC 网络；第 17 章主要介绍智能仪表产品。

本书以传统仪表和智能仪表的对比展开介绍智能仪表，包括智能仪表所用的主机电路、模拟量输入/输出通道、开关量输入/输出通道、人机联系部件、通信接口技术原理、通用串行总线技术、现场总线技术、智能仪表的软件测量算法和控制算法、软件和硬件的抗干扰技术、智能仪表设计实例、虚拟仪器技术及应用、PC 网络、智能仪表产品，以及智能仪表应用实例。在内容上，以理论联系实际为原则，特别注重简明扼要、通俗易懂，努力使系统性与典型性相统一，使技术先进性与工程实用性相融合；在知识结构的安排上，考虑与前修课程知识的合理衔接，使各部分内容的安排次序顺理成章。

本书由西北民族大学电气工程学院杨成慧担任主编，李玉梅和赵春霞担任副主编，具体编写分工如下：杨成慧编写第 1、4、6、7、9、11、13、14、15 章(约 25 万字)，李玉梅编写第 2、3、16、17 章(约 12.5 万字)，赵春霞编写第 5、8、10、12 章(约 8.5 万字)。和文江、安小强和江润等人进行文档的整理工作。

本书参考教学时数为 54 学时左右，可增加课程内或课程外实验。

限于编者的水平和能力，书中难免存在不足或不妥之处，衷心希望广大读者批评指正。

编　者

2017 年 4 月

目 录

第 1 章 智能仪表技术概述

自动化的概念是一个动态发展过程。过去，人们认为自动化过程是以机械的动作代替人力操作，自动地完成特定的作业为功能目标的过程。这实质上是自动化代替人的体力劳动的观点。后来随着电子和信息技术的发展，特别是随着计算机的出现和广泛应用，自动化的概念已扩展为用机器(包括计算机)不仅代替人的体力劳动，而且代替或辅助脑力劳动，以自动地完成特定的作业。

自动化的广义内涵至少包括以下几点：在形式方面，制造自动化有 3 个方面的含义，即代替人的体力劳动，代替或辅助人的脑力劳动，制造系统中人机及整个系统的协调、管理、控制和优化。在功能方面，自动化代替人的体力劳动或脑力劳动仅仅是自动化功能目标体系的一部分。自动化的功能目标是多方面的，已形成一个有机体系。在范围方面，制造自动化不仅涉及具体生产制造过程，而且涉及产品生命周期的所有过程。

教学要求：熟悉智能仪表发展的动态过程，掌握智能仪表的特点。

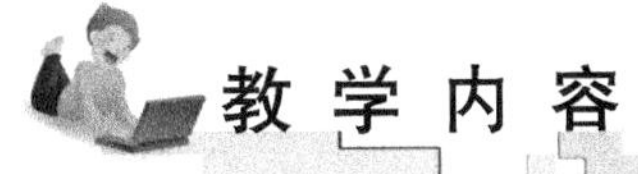

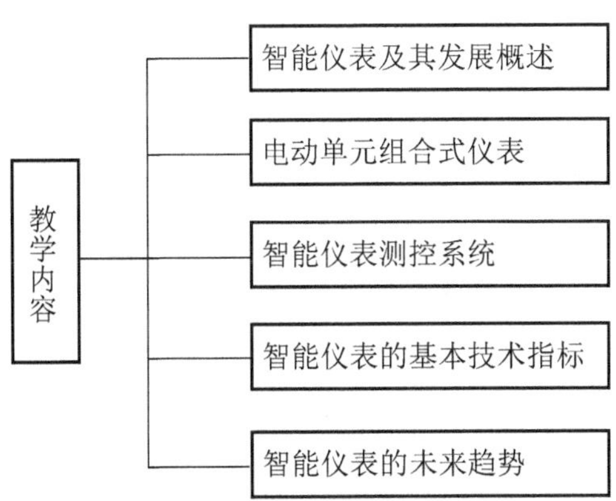

1.1 智能仪表及其发展概述

智能仪表是工业企业实现自动化的必要手段和技术工具，任何一个工业控制系统都必然包含智能仪表控制单元，各种控制方案和算法都必须借助自动化工具才能实现。随着自动化技术的广泛应用，智能仪表的需求量很大，已形成一个专门的仪表门类。自动化工程师要设计自动控制系统就必须掌握各种智能仪表的工作原理和性能特点，只有这样才能合理地选择和正确地使用它们，组成性能价格比高的控制系统。

【常见五种智能仪表】

半个多世纪以来，智能仪表经历了从气动液动仪表、电动仪表、电子式模拟仪表、数字智能仪表，到计算机集散控制系统(Distributed Control System，DCS)等发展阶段，为各行各业的现代化大规模生产提供了强大的支持。近年来，随着网络通信等相关技术的快速发展，智能仪表正处于一场意义重大的变革中，以仪表的全数字化、开放化、网络化为特征的现场总线控制系统(Fieldbus Control System，FCS)正在迅猛发展。现场总线把从检测端到执行端的所有智能仪表通过数字通信方式互相连接起来，从而使控制系统网络化，十分有利于工业企业实现高层次的自动化。

智能仪表与控制理论一样，都是自动化科技工作者的研究内容。自动化技术工具的进步不仅会促进工业企业自动化水平的提高，还会影响控制理论的研究方向和内容。

看到“仪表”两个字，人们很容易想到电流表、电压表、示波器等实验室中常用的测试仪器。需要注意的是，智能仪表不是研究这些通用仪表，而是讨论生产过程自动化中，特别是连续生产过程自动化中必需的一类专门的仪器仪表。其中包括对工艺参数进行测量的检测仪表、根据测量值对给定值的偏差按一定的调节规律发出调节命令的调节仪表及根据调节仪表的命令对进出生产装置的物料或能量进行控制的执行器等。这些仪表代替人们对生产过程进行测量、控制、监督和保护，是实现生产过程自动化必不可少的技术工具。

对于没有实践经历的自动控制初学者，往往以为控制工程师的工作是先画出控制方案图，然后自己动手，设计制作一定的测控装置去实现要求的控制算法。不难想象，如果大家都按自己的思路为各种系统制作专用的测控装置，则其规格品种必将五花八门，互不兼容。这对于用户来说，其维护和备品、备件将是难以解决的问题。为减少仪表品种，便于互换和维护，人们把智能仪表的外部功能和联络信号进行规范化，即规定若干通用的标准化功能模块，其内部原理和电路可以不同，但外部功能必须相同，此外，它们之间的互连信号标准必须统一。这些规范促进了智能仪表向通用化方向发展，大大方便了用户。这样，对于控制工程师来说，主要的工作不是自己去制作仪表，而是要熟悉和精通各种现成的智能仪表的工作原理和性能特点，以便根据不同的测控要求和应用环境，从大量系列化生产的通用型智能仪表中，合理地选择和正确地使用它们，组成经济、可靠、性能优良的自动控制系统。

自20世纪30年代以来，自动化技术获得了惊人的成就，在工业生产和国民经济各行业中起着关键的作用。自动化水平已成为衡量各行各业现代化水平的一个重要标志。

过程控制通常是指石油、化工、电力、冶金、轻工、建材、核能等工业生产中连续的或按一定周期程序进行的生产过程自动控制，它是自动化技术的重要组成部分。在现代工业生产过程中，过程控制技术正在实现各种最优的技术经济指标、提高经济效益和劳动生产率、改善劳动条件、保护生态环境等方面起着越来越大的作用，而智能仪表是生产过程自动控制的“灵魂”。

【常用智能仪表种类、现状、市场】

智能仪表建立在微电子技术发展的基础上，超大规模集成电路的嵌入，将 CPU、存储器、A/D 转换、输入/输出等功能集成在一块芯片上，甚至将 PID 控制组件也置入其中。加之现场总线的应用，智能仪表与控制系统之间的数字通信将替代以往的模拟传递，大大提高传递的精度和可靠性，避免模拟信号在传输过程中的衰减，长期难以解决的干扰问题得到解决。此外，由于数字通信，节省了大量的电缆、安装材料和安装费用。

1. 智能仪表及其技术的发展历程

历经以模拟技术为特征的电动单元组合仪表、以数模混合技术为特征的 DDZ-S 系列仪表的开发后，1983 年，美国霍尼韦尔公司向制造工业率先推出了新一代智能型压力变送器，这标志着模拟仪表向数字化智能仪表的转变。当时的这种智能变送器已具有高精度、远距离校验和灵活组态的特点，尽管初期购置费用较高，但会被较低的运行和维护费用所补偿。其后十年里，国外其他公司的智能压力变送器也陆续在一些生产线上被采用，它们包括：Rosemount、Foxboro、YOKOGAWA、Siemens、E&H、Bailey、Fuji 和 ABB 等。但由于缺少高速的智能通信标准、用户对于高精度的监控要求并不突出、培训等服务机制相对薄弱，使得当时的智能应用并不乐观，只占到了约 20%的市场。

随着微电子、计算机、网络和通信技术的飞速发展及综合自动化程度的不断提高，目前广泛应用于工业自动化领域的智能仪表，其技术也同样在过去的二十多年里得到了迅猛的发展。目前国外智能仪表占据了国际应用市场的绝大部分，如何把目前智能仪表的工业应用经验并快速跟踪国际智能前沿技术应用于我国智能仪表的开发研究成为振兴民族智能仪器仪表的一大突出问题。

2. 智能仪表的优势和特点

智能仪表在工业自动化领域的广泛应用得益于其突出的技术优势和特点，诸如其高稳定性、高可靠性、高精度、易维护性。以智能变送器为例，智能仪表具备如下优点：

(1) 精度高。智能变送器具有较高的精度，利用内装的微处理器，能够实时测量出静压、温度变化对检测元件的影响，通过数据处理，对非线性进行校正，对滞后及复现性进行补偿，使得输出信号更精确。一般情况下，精度为最大量程的±0.1%，数字信号可达±0.075%。

(2) 功能强。智能变送器具有多种复杂的运算功能，依赖内部微处理器和存储器，可以执行开方、温度压力补偿及各种复杂的运算。

(3) 测量范围宽。普通变送器的量程比最大为 10：1，而智能变送器可达 40：1 或 100：

1，迁移量可达 1900%和-200%，减少了变送器的规格，增强了通用性和互换性，给用户带来诸多方便。

(4) 通信功能强。智能变送器均可实现手操器操作，既可在现场将手操器插到变送器的相应插孔，也可以在控制室将手操器连接到变送器的信号线上，进行零点及量程的调校及变更。有的变送器具有模拟量和数字量两种输出方式(如 HART 协议)，为实现现场总线通信奠定了基础。

(5) 完善的自诊断功能。通过通信器可以查出变送器自诊断的故障结果信息。

3. 智能仪表技术及其应用未来发展方向的建议

(1) 智能仪表的智能化程度有待进一步提高。智能仪表的智能化程度表征着其应用的广度和深度，目前的智能仪表还只是处于一个较低水平的初级智能化阶段，但某些特殊工艺及应用场合则对仪表的智能化提出了较高的要求，而当前的智能化理论，如神经网络、遗传算法、小波理论、混沌理论等已经具备潜在的应用基础，这就意味着我们有必要也有能力结合具体的应用下大气力开发高级智能化的仪表技术。

(2) 智能仪表的稳定性、可靠性有待长期和持续的关注。仪表运行的稳定性、可靠性是用户首要关心的问题，智能仪表也不例外。智能仪表技术的不断拓展，新型智能仪表的陆续投放市场，需要我们始终把握一个原则：安全性、可靠性技术的并行开发。因为每一项智能新技术的应用都有待实践的检验。

(3) 智能仪表的潜在功能应用有待最大化。目前工业自动化领域的实际应用尚未将智能仪表的功能发挥最大化，而更多的只是应用了其总体功能的半数左右，而造成这一应用现状的主要原因是，控制系统的总体架构忽略了诸如现场总线的技术优势，这需要仪表厂商与用户建立良好的合作伙伴关系。

1.2 电动单元组合式仪表

【电动单元组合仪表】

我国生产的电动单元组合式仪表，到目前为止已有三代产品。它们分别为，20 世纪 60 年代中期生产的以电子管和磁放大器为主要放大元器件的 DDZ-Ⅰ型电动单元组合式仪表，20 世纪 70 年代初开始生产的以晶体管作为主要放大元器件的 DDZ-Ⅱ型电动单元组合式仪表，以及 20 世纪 80 年代初开始生产的以线性集成电路为主要放大元器件、具有安全火花防爆性能的 DDZ-Ⅲ型电动单元组合式仪表。这里的“DDZ”是文字中电(Dian)、单(Dan)、组(Zu) 3 个字的汉语拼音第一个字母的组合。这 3 代产品虽然电路形式和信号标准不同，性能指标和单元划分的方法也不完全一样，但它们实现的控制功能和基本的设计思想是相同的，只要掌握其中一种，其他产品便不难分析。

下面将主要对较有代表性的 DDZ-Ⅲ型电动单元组合式仪表进行讨论。如图 1.1 所示是使用电动单元组合式仪表构成简单调节系统的例子，从中可以看到单元划分的原则和各单元的功能。图 1.1 中，被测量一般是非电的工艺参数，如温度、压力等，必须经过一定的检测元件，将其变换为易于传送和显示的物理量。检测元件还常称为敏感元件、传感器、换能器、一次仪表等。其被称为换能器的理由是工艺参数在检测元件上进行了能量形式的转换，例如，在使用热电偶测温时，热电偶将温度(热能)转换成了电压(电能)。其被称为一次仪表的理由是这些检测元件安装在生产第一线，直接与工艺介质相接触，取得第一次的测量信号。由于检测元件输出的能量很小，一般不能直接驱动显示和调节仪表，必须经过放大或再一次的能量转换，才能将检测元件输出的微弱信号变换为能远距离传送的统一标准信号。图 1.1 中，起上述作用的环节就是变送单元，或称变送器，它有若干不同的类型，与相应的检测元件相配合。

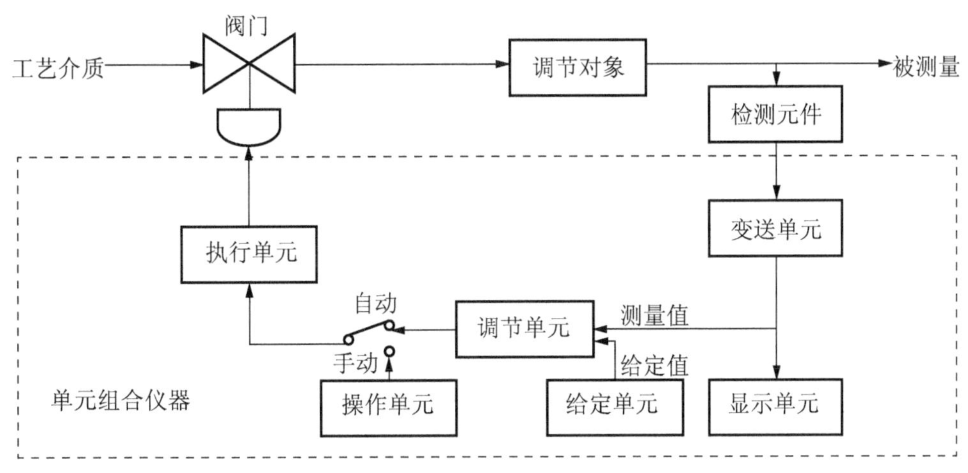

图 1.1　用电动单元组合式仪表构成的调节系统图

由变送单元输出的统一标准信号，送到显示单元供记录或指示，同时还送到调节单元与给定值进行比较。给定值可以由专门的给定单元取得，也可由调节单元内部取得。

目前，多数调节单元内部都有设定给定值的装置。调节单元又称调节器，它按比较得出的偏差，以一定的调节规律，如比例、微分、积分等运算关系发出调节信号，通过执行单元改变阀门的开度，控制进入调节对象的工艺介质流量，达到自动调节的目的。实际上，除了图 1.1 中表示的几种基本单元外，在电动单元组合式仪表中，还有实现物理量转换的转换单元，进行加、减、乘、除、乘方、开方等运算的计算单元，以及为保证安全防爆所需要的安全单元等。其中，转换单元也是常用的单元，由于目前电动执行器无论在结构、性能、价格及安全方面都不如气动执行器，因此大部分使用电动单元组合式仪表构成的调节系统中，其执行器仍然使用气动的。这样，就必须使用电-气转换器，将电动调节仪表输出的电信号转换为气压信号，以推动气动调节阀实现自动调节。安全单元是安全火花型防爆仪表所特有的一种单元，它的作用是在易燃易爆的生产现场周围筑起一道安全栅栏，从电路上对危险场所的线路采取隔离措施，防止高能量电路与现场线路之间的直接接触；同时通过电压、电流的双重限制电路，严格保证进入危险场所的能量在安全范围以内，因而是实现安全火花防爆的关键环节。

如前所述，使用单元组合式仪表必须有统一的联络信号。目前我国电动单元组合式仪表中并存着两种标准信号制度，在 DDZ-I 型和 DDZ-Ⅱ型电动单元组合式仪表中采用直流 0～

10mA 电流作为标准信号，而在 DDZ-Ⅲ型电动单元组合式仪表中，采用目前国际上统一的直流 4～20mA 电流作为标准信号。1973 年 4 月国际电工委员会(International Electrotechnical Commission，IEC)通过的标准规定，过程控制系统的模拟信号为直流 4～20mA，电压信号为直流 1～5V，我国关于 DDZ-Ⅲ型电动组合式仪表的规定，现场传输信号用直流 4～20mA，控制室内各仪表间的联络信号用直流 1～5V。这两种标准都以直流电流作为联络信号。采用直流信号的优点是传输过程中易于和交流感应干扰相区别，且不存在相移问题，可不受传输线中电感、电容和负载性质的限制。采用电流制的优点如下：首先，可以不受传输线及负载电阻变化的影响，适用于信号的远距离传送；其次，由于电动单元组合式仪表很多是采用力平衡原理构成的，使用电流信号可直接与磁场作用产生正比于信号的机械力。此外，对于要求电压输入的受信仪表和元件，只要在电流回路中串联电阻便可得到电压信号，故使用比较灵活。

【电动单元组合仪表力平衡原理】

在这两种信号制度里，零信号和满幅度信号电流大小的选择是这样考虑的：在 DDZ-Ⅲ型电动单元组合式仪表中，以 20mA 表示信号的满度值，而以此满度值的 20%即 4mA 表示零信号。这种称为“活零点”的安排，有利于识别仪表断电、断线等故障，且为现场变送器实现两线制提供了可能性。所谓两线制变送器就是将供电的电源线与信号的传输线合并起来，一共只用两根导线。为便于理解这种两线制变送器的组成原理，图 1.2 给出了一个简单的示意图。图 1.2 中，被测压力 P 经弹性波纹管转变为电位器 R_{P1} 的滑动触头位移，产生正比于压力 P 的电压 V_1，该电压经运算放大器 A 和晶体管 VT 组成的电流负反馈电路，转变为晶体管的输出电流 I_2，它在 0～16mA 间随被测压力 P 作正比变化。此外，图 1.2 中还可看到，为了给仪表内的检测和放大电路供电，用了一个 4mA 的恒流电路，它把内部耗电稳定在一个固定的数值上。图 1.2 中，稳压管单向击穿二极管 VD 除用来稳定内部电路的供电电压外，还调剂内部电路的供电电流。这样，上述两部分电流合计，流过该仪表的总电流在 4～20mA 变化，实现了电源线和信号线的合并。

【弹性波纹管】

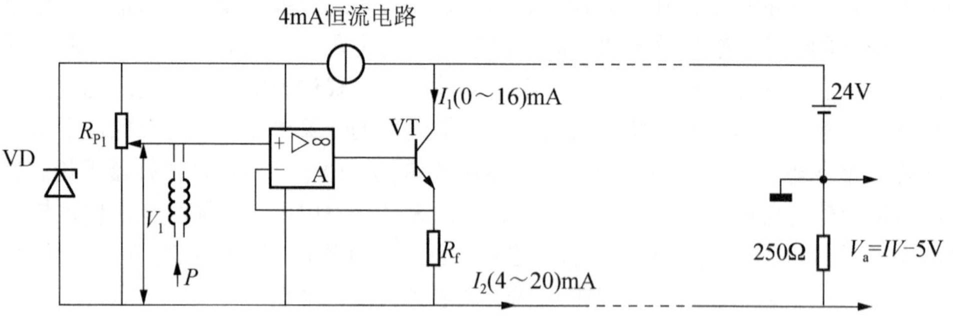

图 1.2　两线制变送器的组成原理图

使用两线制变送器不仅节省电缆，布线方便，且非常有利于安全防爆，因为减少一根通往危险现场的导线，就减少了一个窜进危险火花的门户。由于“活零点”的表示法具有上述优点，因此其受到了普遍的欢迎和广泛的应用。

在上述信号标准里，从安全防爆、减少损耗、节省能量考虑，信号电流的满度值都希望选小一些；但太小也有困难，因为对力平衡式仪表，电流小了，产生的电磁力小，不易保证这些仪表的精度。此外，在采用“活零点”的仪表中，降低满度电流的数值，必然同时降低起点电流的数值。起点电流太小将给两线制仪表带来困难，因为它将要求降低整个仪表在零信号时消耗的总电流。在目前的元器件水平下，起点电流比 4mA 再小有时将发生困难，因此，目前国际采用 4～20mA 作为标准信号。

1.3 智能仪表测控系统

任何一个工业控制系统都必然要应用一定的检测技术和相应的仪表单元，检测技术和仪表两部分是紧密相关和相辅相成的，它们是控制系统的重要基础。检测单元完成对各种过程参数的测量，并实现必要的数据处理；仪表单元则是实现各种控制作用的手段和条件，它将检测得到的数据进行运算处理，并通过相应的单元实现对被控变量的调节。新技术的不断出现，使传统的自动控制系统及相关智能仪表技术都发生了很大变化。

1.3.1 典型智能仪表测控系统

【智能仪表测控系统相关】

典型智能仪表测控系统，以化学工业中用天然气做原料生产合成氨的控制系统为例，如图 1.3 所示为脱硫塔控制流程图。天然气在经过脱硫塔时，需要进行控制的参数分别为压力、液位和流量，这将构成 PC、LC 和 FC 三个单参数调节控制系统。例如，实现脱硫塔压力调节控制的单参数控制子系统(PC)，该系统的结构框图如图 1.4 所示，进行压力参数检测及实现检测信号转换和传输的单元称为压力变送单元，实现调节控制规律计算的单元称为调节单元，最终实现被控变量控制作用的单元称为执行单元。为了实现调节控制作用，首先测量进入脱硫塔的天然气压力，检测到的信号经转换后，以标准信号制式传输到实现调节运算的调节单元；调节单元在接收测量信号后，即与给定单元的设定压力值进行比较，并根据设定的控制规律计算出实现控制调节作用所需的控制信号；为保证能够驱动相应的设备实现对被控变量的调节，控制信号还需借助专用的执行单元机构实现控制信号的转换与保持。

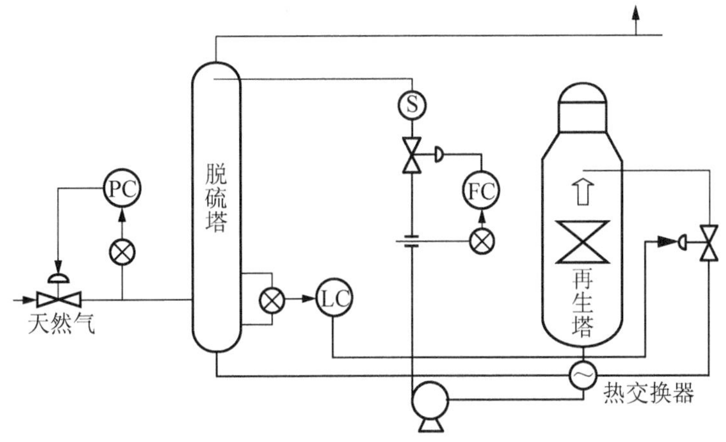

图 1.3 脱硫塔控制流程图

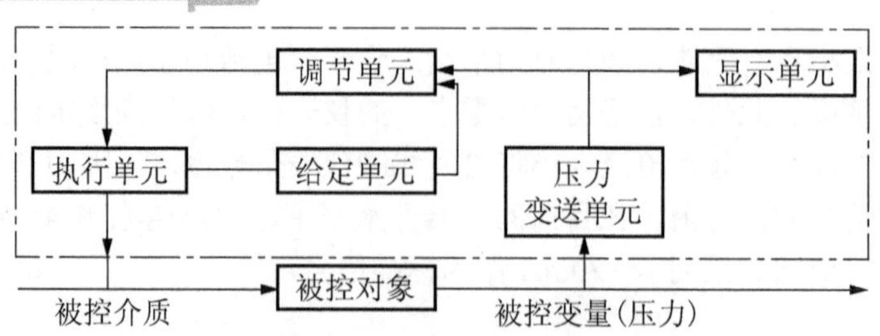

图 1.4　脱硫塔压力控制子系统的结构框图

同理，考虑单独实现脱硫塔流量调节控制的情况，脱硫塔流量控制子系统(FC)的结构框图如图 1.5 所示。其中，流量变送单元是专门用于流量检测信号转换和传输的仪表变送单元，而安全栅的增加是为了实现安全火花防爆特性。

在无特殊条件要求下，常规工业智能仪表测控系统的构成基本相同，而与具体采用的仪表类型无关。这里所说的基本构成包括被控对象、变送器、显示仪器、调节器、给定器和执行器等。由于各控制子系统被控变量的不同，各子系统采用的变送器和调节器的控制规律有所不同。

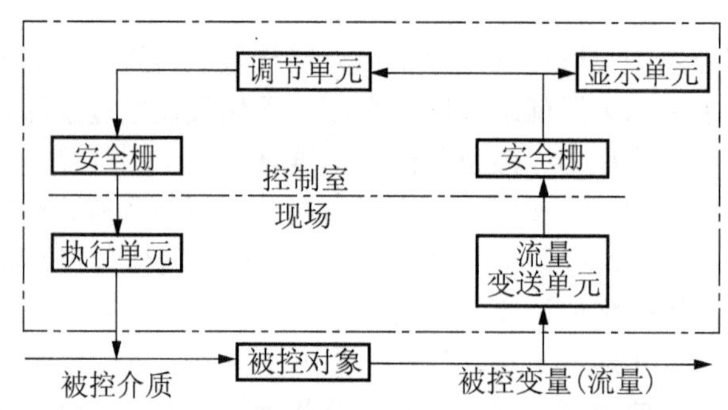

图 1.5　脱硫塔流量控制子系统的结构框图

1.3.2　检测仪表控制系统的结构分析

常规工业检测仪表控制系统的一般结构如图 1.6 所示。

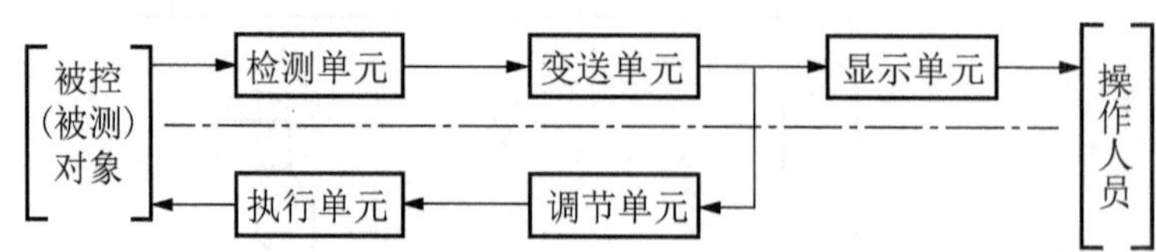

图 1.6　常规工业检测仪表控制系统的一般结构

显然，图 1.6 是一个闭环回路控制系统，只是为了突出被控对象和操作人员在控制系统中的地位，对传统意义上的回路结构进行了适当的调整。被控(被测)对象是控制系统的核心，可以是单输入单输出，即常规的回路控制系统；也可以是多输入多输出，此时通常需采用计算机仪表控制系统，如 DDC 系统、DCS 和 FCS。

检测单元是控制系统实现控制调节作用的基础，完成对所有被控变量的直接测量，包

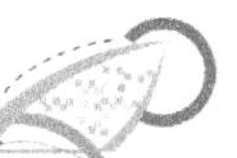

括温度、压力、流量、液位、成分等；同时也可实现某些参数的间接测量，如采用信息融合技术实现的测量。变送单元完成对被测变量信号的转换和传输，其转换结果须符合国际标准的信号制式，即直流 1～5V 或直流 4～20mA 模拟信号或各种仪表控制系统所需的数字信号。

显示单元是控制系统的附属单元，它将检测单元测量获得的有关参数，通过适当的方式显示给操作人员，这些显示方式包括曲线、数字和图像等。调节单元完成调节控制规律的运算，它将变送单元传输来的测量信号与给定值进行比较，并对比较结果进行调节运算，以输出作为控制信号。调节单元采用的常规控制规律包括位式调节和 PID 调节，而 PID 调节又根据实际情况的需要产生了各种不同的改进型。

执行单元是控制系统实施控制策略的执行机构，它负责将调节器的控制输出信号按执行机构的需要产生出相应的信号，以驱动执行机构实现对被控变量的调节作用。通常执行单元分气动执行单元、液动执行单元和电动执行单元三类。

这里需要特别说明的是，图 1.6 所示的只是控制系统的逻辑结构。当采用传统检测和仪表单元构成控制系统时，这种结构与实际系统相同，即图中相关两个单元间采用点对点的连接方式。但是有时检测单元和变送单元及显示单元的界限并不明显，会构成功能组合单元。在网络化的控制回路系统中，多数检测和仪表单元均是通过网络相互连接和传送信息的。

1.4　智能仪表的基本技术指标

智能仪表和其他仪表一样，在保证可靠工作的前提下，有如下一些衡量其性能优劣的基本指标。

本节介绍检测和仪表单元中常用的基本性能指标，包括测量范围及量程、迁移、灵敏度、分辨率、精度等级、可靠性等。

1.4.1　测量范围、上下限及量程

【量程比】

每个用于测量的仪表都有测量范围，它是该仪表按规定的精度进行测量的被测变量的范围。测量范围的最小值和最大值分别称为测量下限和测量上限，简称下限和上限。仪表的量程可以用来表示其测量范围的大小，是其测量上限值与下限值的代数差，如式(1-1)所示，即

$$\text{量程}=\text{测量上限值}-\text{测量下限值} \tag{1-1}$$

使用下限与上限可完全表示仪表的测量范围，也可确定其量程。如一个温度测量仪表的下限值是-50℃，上限值是 150℃，则其测量范围可表示为-50～+150℃，量程为 200℃。由此可见，给出仪表的测量范围便知其上下限及量程，反之只给出仪表的量程，却无法确定其上、下限及测量范围。

1.4.2 零点迁移和量程迁移

仪表测量范围的另一种表示方法是给出仪表的零点(即测量下限值)及仪表的量程。由前面的分析可知，只要仪表的零点和量程确定了，其测量范围也就确定了。因而这是一种更为常用的表示方式。

在实际使用中，由于测量要求或测量条件的变化，需要改变仪表的零点或量程，为此可以对仪表进行零点和量程的调整。通常将零点的变化称为零点迁移，将量程的变化称为量程迁移。

以被测变量值相对于量程的百分数为横坐标，记为 *X*，以仪表指针位移或转角相对于标尺长度的百分数为纵坐标，记为 *Y*，可得到仪表的标尺特性曲线 *X*-*Y*。假设仪表标尺是线性的，其标尺特性曲线如图 1.7 仪表标尺特性曲线图中的线段 1 所示。

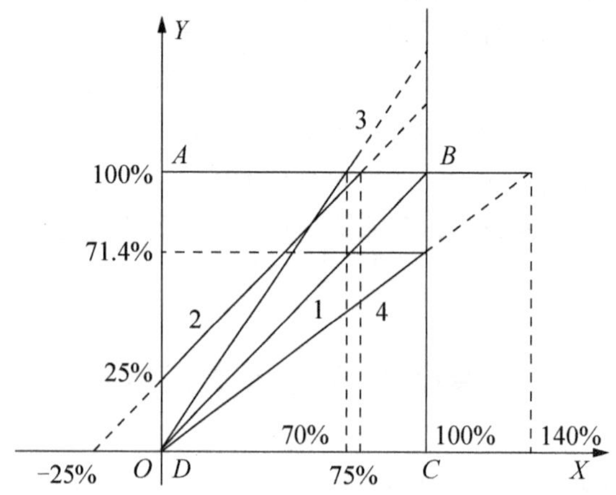

图 1.7 仪表标尺特性曲线图

考虑单纯的零点迁移情况，如图 1.7 中的线段 2 所示，此时仪表量程不变，其斜率也保持不变，线段 2 只是线段 1 的平移，理论上零点迁移到了原输入值的−25%，终点迁移到了原输入值的 75%，而量程则仍为 100%。考虑单纯的量程迁移情况如线段 3 所示，此时零点不变，线段仍通过坐标系原点，但斜率发生了变化。理论上量程迁移到了原来的 70%。

由于受仪表标尺长度和输入通道对输入信号的限制，实际的标尺特性曲线通常只限于正四边形 *ABCD* 内部，即用实线表示部分；虚线部分只是理论上的结果，无实际意义。因此，线段 2 的实际效果是标尺有效使用范围迁移到原来的 25%～100%，测量范围迁移到原来的 0～75%。线段 3 的实际效果是标尺仍保持原来有效范围的 0～100%，测量范围迁移到了原来的 0～70%。同理，考虑图中线段 4 所示的量程迁移情况，其理论上零点没有迁移，量程迁移到原来的 140%；而实际上标尺只保持了原来有效范围的 0～71.4%，测量范围则仍为原来的 0～100%。

零点迁移和量程迁移可以扩大仪表的通用性。但是，在何种条件下可以进行迁移，能够有多大的迁移量，还需视具体仪表的结构和性能而定。

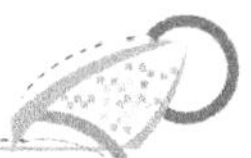

1.4.3　灵敏度和分辨率

灵敏度是仪表对被测参数变化的灵敏程度，常以在被测参数改变时，经过足够时间仪表指示值达到稳定状态后，仪表输出变化量ΔY与引起此变化的输入变化量ΔU之比表示，即

$$灵敏度=\frac{\Delta Y}{\Delta U} \tag{1-2}$$

可见，灵敏度也就是图 1.7 所示标尺特性曲线的斜率。因此，量程迁移就意味着灵敏度的改变，如果仅仅是零点迁移，则灵敏度不变。

由灵敏度的定义表达式(1-2)可知，灵敏度实质上等同于仪表的放大倍数。只是由于 U 和 Y 都有具体量纲，因此灵敏度也有量纲，且由 U 和 Y 确定；而放大倍数没有量纲。由此可知灵敏度的含义比放大倍数要广泛得多。

常容易与仪表灵敏度混淆的是仪表分辨率。它是仪表输出能响应和分辨的最小输入量，又称仪表灵敏限。分辨率是灵敏度的一种反映，一般说仪表的灵敏度高，则其分辨率同样也高。因此实际中主要希望提高仪表的灵敏度，从而保证其分辨率较好。

在由多个仪表组成的测量或控制系统中，灵敏度具有可传递性。例如，首尾串联的仪表系统(即前一个仪表的输出是后一个仪表的输入)，其总灵敏度是各仪表灵敏度的乘积。

1.4.4　误差

仪表指示装置所显示的被测值称为示值，它是被测真值的反映。严格地说，被测真值只是一个理论值，这是因为无论采用何种仪表测到的值都有误差。实际中常将用适当精度的仪表测出的或用特定的方法确定的约定真值代替真值。例如，使用国家标准计量机构标定过的标准仪表进行测量，其测量值即可作为约定真值。

示值与公认的约定真值之差称为绝对误差，即

$$绝对误差=示值-约定真值 \tag{1-3}$$

绝对误差通常可简称为误差。当误差为正时表示仪表的示值偏大，反之偏小。

绝对误差与约定真值之比称为相对误差，常用百分数表示，即

$$相对误差=\frac{绝对误差}{约定真值}\times 100\% \tag{1-4}$$

虽然用绝对误差占约定真值的百分数来衡量仪表的精度比较合理，但仪表多应用于测量接近上限值的量，因而用量程取代式(1-4)中的约定真值可得到引用误差。

$$引用误差=\frac{绝对误差}{量程}\times 100\% \tag{1-5}$$

考虑整个量程范围内的最大绝对误差与量程的比值，可获得仪表的最大引用误差，即

$$最大引用误差=\frac{最大绝对误差}{量程}\times 100\% \tag{1-6}$$

最大引用误差与仪表的具体示值无关，可以更好地说明仪表测量的精确程度。它是基本误差的主要形式，也是仪表的主要质量指标之一。

仪表在出厂时要规定引用误差的允许值，简称允许误差。若将仪表的允许误差记为Q，最大引用误差记为$Q_{\max}$，则两者之间满足如下关系：

$$Q_{\max} \leqslant Q \tag{1-7}$$

任何测量都是与环境条件相关的，这些环境条件包括环境温度、相对湿度、电源电压和安装方式等。仪表应用时应严格按规定的环境条件即参比工作条件进行测量，此时获得的误差称为基本误差；因此如果在非参比工作条件下进行测量，此时获得的误差除包含基本误差外，还会包含额外的误差，又称附加误差，即

$$\text{误差}=\text{基本误差}+\text{附加误差} \tag{1-8}$$

以上的讨论基本针对仪表的静态误差，静态误差是指仪表静止状态时的误差，或被测量变化十分缓慢时所呈现的误差，此时不考虑仪表的惯性因素。仪表还存在有动态误差，动态误差是指仪表因惯性迟延所引起的附加误差，或变化过程中的误差。仪表静态误差的应用更为普遍。

1.4.5 精确度

【智能仪表的精确度】

任何仪表都有一定的误差。因此，使用仪表时必须先知道该仪表的精确程度，以便估计测量结果与约定真值的差距，即估计测量值的大小。仪表的精确度通常是用允许的最大引用误差去掉百分号(%)后的数字来衡量的。

模拟式仪表的精确度一般不宜用绝对误差(测量值与真值的差)和相对误差(绝对误差与该点的真值之比)来表示，因为前者不能体现对不同量程仪表的合理要求，后者很容易引起对任何仪表都不能相信的误解。例如，对于一只满量程为100mA的电流表，在测量零电流时，由于机械摩擦使表针的示数略偏离零位而得到0.2mA的读数，若按上述相对误差的算法，那么该点的相对误差即为无穷大，似乎这个仪表是完全不能使用的；但在工程人员看来，这样的测量误差是很容易理解的，根本不值得大惊小怪，它可能还是一只比较精密的仪表。模拟式仪表的合理精确度，应该以测量范围中最大的绝对误差和该仪表的测量范围之比来衡量，这种比值称为相对(于满量程的)百分误差。例如，某温度计的刻度为−50～+200℃，即其测量范围为250℃，若在这个测量范围内，最大测量误差不超过2.5℃，则其相对百分误差δ为

$$\delta = \frac{2.5}{50+200} \times 100\% = 1.0\%$$

按仪表工业规定，仪表的精确度划分成若干等级，简称精度等级，如0.1级、0.2级、0.5级、1.0级、1.5级、2.5级等。精度等级的数字越小，精确度越高。

仪表精度等级的确定过程如图1.8所示。为便于观察和理解，对其中的偏差做了有意识地放大。图1.8中直线OA是理想的输入/输出特性曲线，虚线3和4是基本误差的下限和上限。在检定或校验过程中所获得的实际特性曲线记为曲线1和2，其中曲线1是输入值由下限值到上限值逐渐增大时获得的，称为实际上升曲线；曲线2是输入值由上限值到下限值逐渐减小时获得的，称为实际下降曲线。由曲线1和2与直线OA的偏差可分别得到最大实际正偏差和最大实际负偏差。可见，曲线1和2越接近直线OA，即仪表的基本误差限越小，仪表的精度等级越高。

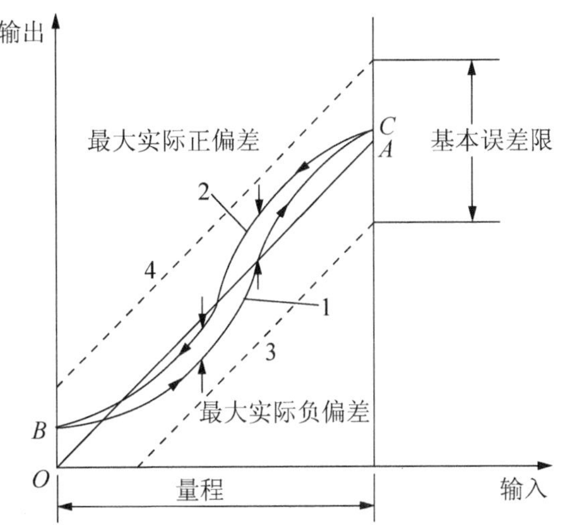

图 1.8　仪表精度等级的确定过程

1.4.6　滞环、死区和回差

仪表内部的某些元件具有储能效应，如弹性变形、磁滞现象等，其作用使仪表检验所得的实际上升曲线和实际下降曲线常出现不重合的情况，从而使仪表的特性曲线形成环状，如图 1.9 所示。这种现象称为滞环。显然在出现滞环现象时，仪表的同一输入值常对应多个输出值，并出现误差。

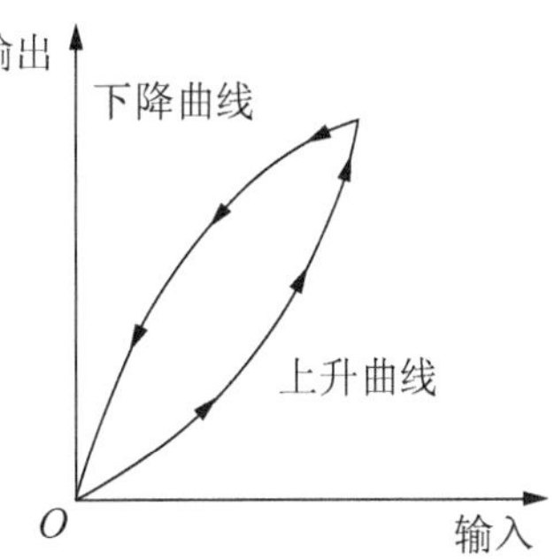

图 1.9　滞环效应分析图

仪表内部的某些元件具有死区效应，如传动机构的磨合间隙等，其作用亦可使仪表检验所得的实际上升曲线和实际下降曲线常出现不重合的情况。这种死区效应使得仪表输入在小到一定范围后不足以引起输出的任何变化，将这一范围称为死区。考虑仪表特性曲线呈线性关系的情况，其特性曲线如图 1.10 所示，因此存在死区的仪表要求输入值大于某一限度才能引起输出的变化，死区也称为不灵敏区。理想情况下，不灵敏区宽度是灵敏限的两倍。

某个仪表可能既具有储能效应，也具有死区效应，其综合效应将是以上两者的结合，典型的特性曲线如图 1.11 所示。

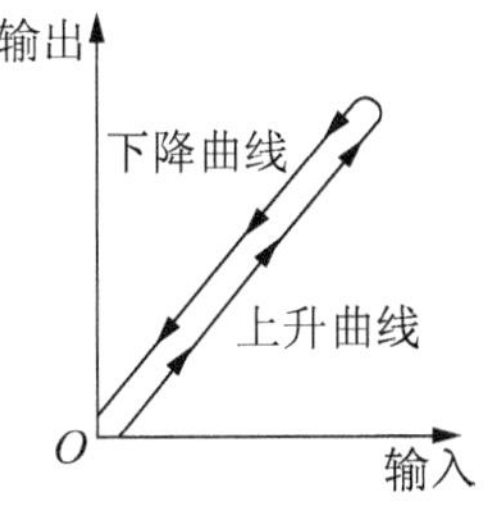

图 1.10　死区效应分析图

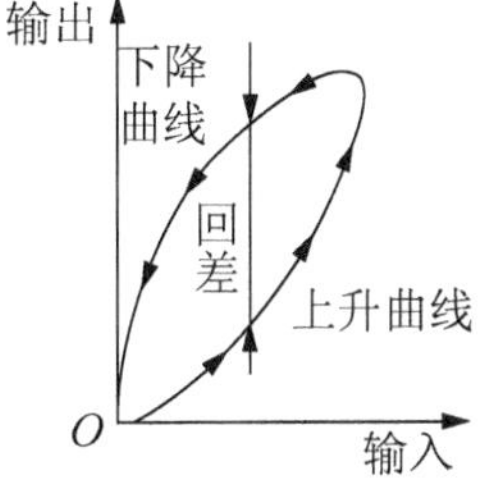

图 1.11　综合效应分析图

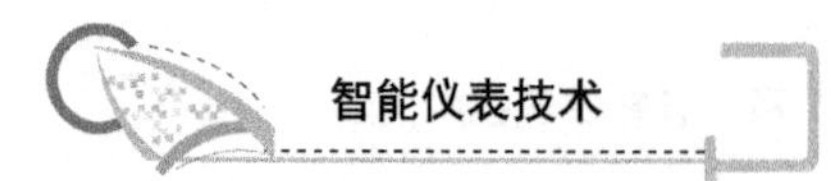

在以上各种情况下，实际上升曲线和实际下降曲线间都存在差值，其最大的差值称为回差，也称为变差，或来回变差。

1.4.7　重复性和再现性

在同一工作条件下，同方向连续多次对同一输入值进行测量所得的多个输出值之间相互一致的程度称为仪表的重复性，它不包括滞环和死区。例如，在图 1.12 中列出了在同一工作条件下测出的仪表的三条实际上升曲线，其重复性就是指这三条曲线在同一输入值处的离散程度。实际上，某种仪表的重复性常选用上升曲线的最大离散程度和下降曲线的最大离散程度两者中的最大值来表示。

【滞环和死区】

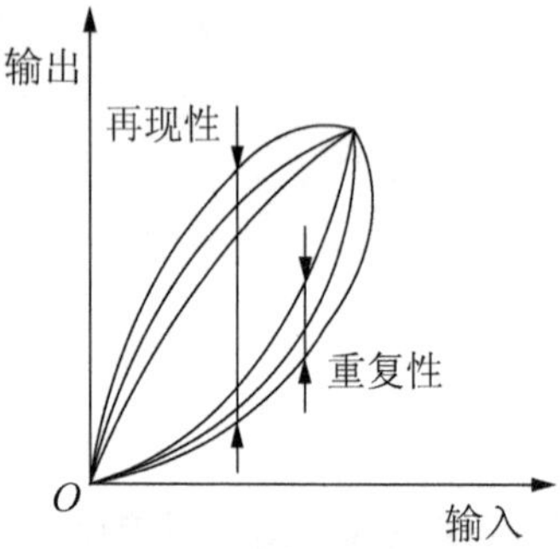

输出
再现性
重复性
O
输入

图 1.12　重复性和再现性分析图

再现性包括滞环和死区，它是仪表实际上升曲线和实际下降曲线之间离散程度的表示，常取两种曲线之间离散程度最大点的值来表示，如图 1.12 所示。

重复性用于衡量仪表不受随机因素影响的能力，再现性是仪表性能稳定的一种标志，因此在评价某种仪表的性能时常同时要求其重复性和再现性。重复性和再现性优良的仪表并不一定精度高，但高精度的仪表一定有很好的重复性和再现性。

1.4.8　可靠性

表征仪表可靠性的尺度有多种，其中最基本的是可靠度。它用于衡量仪表能够正常工作并发挥其功能的程度。简单地说，如果有 100 台同样的仪表，工作 1000h 后约有 99 台仍能正常工作，则可以说这批仪表工作 1000h 的可靠度是 99%。

可靠度的应用也可体现在仪表正常工作和出现故障两个方面。在正常工作方面的体现是仪表平均无故障工作时间。因为仪表常存在的修复多是容易的，所以以相邻两次故障时间间隔的平均值为指标，可以很好地表示平均无故障工作时间。在出现故障方面的体现是平均故障修复时间，它表示的是仪表修复所用的平均时间，由此可从反面衡量仪表的可靠度。

基于以上分析，综合考虑常规要求，即在要求平均无故障工作时间尽可能长的同时，又要求平均故障修复时间尽可能短。为综合评价仪表的可靠性，引出了综合性指标——有效度，其定义为

$$\text{有效度}=\frac{\text{平均无故障工作时间}}{\text{平均无故障工作时间}+\text{平均故障修复时间}} \tag{1-9}$$

1.5　智能仪表的未来趋势

工业控制系统中的检测技术和仪表系统，是实现自动控制的基础。随着新技术的不断涌现，特别是先进检测技术、现代传感器技术、计算机技术、网络技术和多媒体技术的出

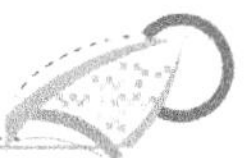

现，给传统控制系统甚至计算机控制系统都带来了极大的冲击，并由此引出许多新技术的发展。归纳起来，这些发展包括如下几个方面：

(1) 成组传感器的复合检测。

(2) 微机械量检测技术。

(3) 智能传感器的发展。

(4) 各种智能仪表的出现。

(5) 计算机多媒体化的虚拟仪表。

(6) 传感器、变送器和调节器的网络化产品。

对于工业检测仪表控制系统来说，以上的发展还远不是终点。由这些发展所产生的更深层次的变化正在悄然兴起，并越来越得到了各行各业的认同。这些深层次的变化包括如下几个方面：

(1) 控制系统的控制网络化。

(2) 控制系统的系统扁平化。

(3) 控制系统的组织重构化。

(4) 控制系统的工作协调化。

【智能仪表的发展趋势】

如何针对检测技术和仪表系统提出一系列新的概念和必要的理论，以面对高新技术的挑战，并适应当今自动化技术发展的需要，是目前亟待解决的关键问题。

思考与练习

1. 智能仪表是指哪一类仪表？什么叫单元组合式仪表？

2. 过程控制仪表有哪些？气动单元组合式仪表与电动单元组合仪表各有何优缺点？它们各单元之间的标准统一信号又是如何规定的？

3. DDZ-Ⅱ型与 DDZ-Ⅲ型电动单元组合式仪表的电压信号、电流信号传输标准是什么？在现场与控制室之间采用直流电流传输信号有什么好处？

4. 试简述 DDZ-Ⅱ型电动单元组合仪表的组成、工作原理。

5. 什么叫两线制变送器？它与传统的四线制变送器相比有什么优点？试举例画出两线制变送器的基本结构，并说明其必要的组成部分。

6. 什么是仪表的精确度？试问一台量程为-100～+100℃、精度为 0.5 级的测量仪表，在量程范围内的最大误差为多少？

7. 智能仪表在控制系统中起什么作用？

8. 智能仪表控制系统的结构是怎样的？各单元主要起什么作用？

9. 什么是仪表的测量范围、上下限和量程？它们之间有什么关系？

10. 如何才能实现仪表的零点迁移和量程迁移？

11. 什么是仪表的灵敏度和分辨率？两者间存在什么关系？

12. 仪表的精确度是如何确定的？

第2章 传统仪表和智能仪表

传统仪表一般采用简单的电子电路来转换测量数据，用直观或直读的模式显示或读出测试数据，没有数据存储和处理功能，要通过人工来进行计算、比对，得出测量结果。传统仪表只能用于一般测量或精确度不太高的数据测量，由于它的成本比较低，目前还拥有一定市场。

智能仪表是带有微型处理系统，或可接入微型计算机的智能化仪器。它通过电子电路来转换测量数据，并对数据进行存储、运算、逻辑判断，通过全自动化的操作过程得到准确无误的测量结果，并可通过打印机输出文字结果。智能仪表现在已广泛用于电子、化工、机械、轻工、航空等行业的精密测量，对我国制造业提升产品质量的检测手段，起到了重要的作用。

教学要求：掌握传统仪表和智能仪表各自的特性与它们之间的区别。

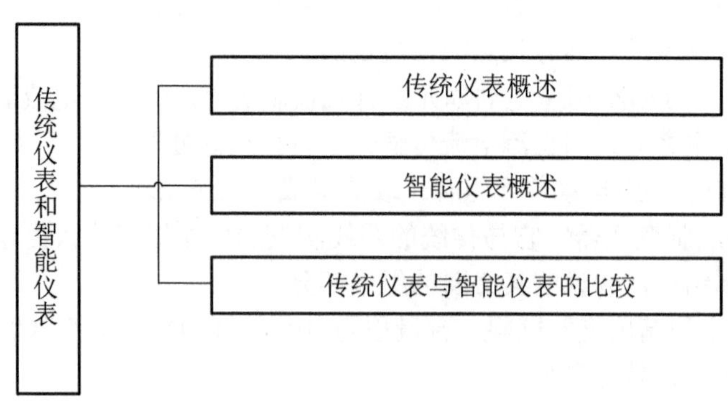

2.1　传统仪表概述

随着电力电子技术的发展，电力电子装置的使用越来越广泛，对其电量的准确测试也日趋重要。虽然现在已有很多先进的仪器设备可以对电力电子装置的各个电量进行十分准确的测量，但是在很多现场，仍希望只通过使用一些比较普遍的传统仪表完成大多数的日常基本测量任务。由于电力电子装置的电压、电流大多已不再是单纯的直流或工频正弦波信号，因此如果仪表选择不当，测试结果可能会产生很大的误差，甚至无法正常工作。本节首先介绍几种常用传统仪表的工作原理，然后以电力电子装置中应用较为广泛的交流变频器为例，分析在测量变频器的电压、电流时这些仪表的适用范围和局限性，最后总结出基本的选择方法。

本书中所说的“传统仪表”是指那些结构和原理简单、价格低廉、操作简便，并且被广泛使用的仪表。

根据工作原理不同，测量电压、电流常用的普通工频仪表主要有以下四类。

(1) 磁电式仪表，又称动圈式仪表。

(2) 电磁式仪表。

(3) 整流式仪表。

(4) 电动式仪表，又称动铁式仪表。

【电磁流量计构成】

根据工作原理和方式的不同，传统仪表可以有很多种类，而测量电压、电流时采用最多的是下面五类。

1) 磁电式仪表

基本工作原理：利用永久磁铁磁场对动圈中被测电流产生的电磁力使动圈发生偏转，从而指示出被测电流的大小。由于永久磁铁磁场方向恒定，因此磁电式仪表只能测量被测量中的直流成分。

由于磁电式仪表具有刻度均匀、灵敏度高、抗外磁能力强和功耗小等优点，其应用范围很广。当用于电压测量时，需要先通过内部配置的电阻将被测电压转换成电流后再送入表头，并通过电压、电流间的转换关系推算出被测电压的大小。因此在测量原理上，电压、电流的测量并没有区别，仪表的工作特性也完全相同，这一点与下面介绍的另外三种指针式仪表都是一样的。

2) 电磁式仪表

基本工作原理：被测电流流过固定线圈而产生磁场，处于该磁场中的铁片被磁化后相互吸引或排斥，推动指针偏转从而达到指示被测电流大小的目的。电磁式仪表的基本测量量是被测电流有效值的平方。该表针对 50Hz 的正弦交流量做了设计，所以它既能测量直流也能测量交流。虽然电磁式仪表存在频率范围窄、准确度和灵敏度低及抗外磁能力差等缺点，但由于其结构简单、成本低，因此仍广泛用于工频交流电压、电流的测量。

3) 整流式仪表

基本工作原理：将交流量先进行整流后利用磁电式仪表测量平均值。如果能事先知道交流量有效值与整流后平均值之间的关系，那么就可以推算出交流量的有效值。整流式仪表正是利用这个原理实现对交流量有效值的测量的。

4) 指针式万用表

指针式万用表对直流量的测量和磁电式仪表原理基本一样，而对交流量的测量则采用了整流式仪表的原理，因此对其基本原理及特点就不再赘述了。

5) 普通数字式万用表

普通数字式万用表的核心一般采用双积分式模/数(A/D)转换集成电路，其基本测量量是被测量中的直流成分(平均值)。若要实现交流量有效值的测量，就必须利用外围的整流、滤波环节，将交流量转变为直流量后再送入 A/D 转换电路，这一工作原理，包括由此可能带来的“波形误差”都与整流式仪表相似。

【整流器和逆变器构成的变流系统】

通用变频器电压、电流的基本特征和测量要素如下：

变频器有电压型和电流型两种基本类型，但在电压、电流测量仪表的选择上没有原则上的区别。由于电压型变频器的应用范围较广，下面仅以电压型变频器为例进行说明。电压型变频器通过功率半导体开关器件将中间直流环节的直流电压逆变成脉冲宽度调制(PWM)形式的交流输出电压，达到控制交流输出电压的目的。在大多数应用中，中间直流环节靠整流器来供电，整流器和逆变器构成了一个完整的“交-直-交”变流系统。

由上述可知，传统仪表一般设计成用来测量直流量(直流成分)或工频正弦交流量，当面对包含大量谐波、畸变或是非工频交流量时，必然会引入额外的误差，甚至无法正常工作。结合传统仪表的特性、变频器电压、电流的基本特征和测量的目的，可以总结出以下采用传统仪表测量变频器电压、电流时的方法及相关问题。

1) 谨慎使用普通数字式万用表

普通数字式万用表利用低采样率双积分式 A/D 转换来抑制工频干扰的措施，无法有效地应付逆变器工作过程中产生的大量非工频干扰；另外，逆变器输出电压脉冲包含很大的 dV/dT，这也对仪表的抗共模干扰能力提出了严峻的挑战。普通数字式万用表采用“娇贵”的集成电路，其外围电路的设计与严峻的干扰环境相比又十分“简陋”，因此往往无法正常工作，在这一点上普通数字式万用表明显不如对干扰十分不敏感的模拟指针式仪表，因此在选择使用时应慎重，特别是在测量逆变器输出侧参数时最好不要采用。

2) 能满足测量要求的量

对于以下几个电量，使用传统仪表就足以应付测量要素的测量任务：

(1) 交流输入电压(U_{acin})：由于电网电压的谐波含量较小，上述仪表都能胜任对 U_{acin} 基波有效值的准确测量。另外，由于其他仪表实际测量的是总的有效值，而电磁式仪表的机构对较高频率具有“自然”的抵御效果，因此在反映基本有效值方面效果更好。

【VDC 波纹管】

(2) 直流环节电压(V_{dc})：由于 V_{dc} 的纹波比较小，而且一般情况下也只关心其平均值，因此不论使用上述何种仪表都能实现准确的测量。

(3) 直流环节电流(I_{dc})：由于逆变器的负载可能向直流环节反馈能量，因此有时会出现负值。

2.2　智能仪表概述

现场总线技术的应用领域与系统软件介绍如下。

Profibus 网络各层规范是公开的，按这些规范设计设备网络接口，不同的设备可以实现网络互联，用户可以根据需要选择不同厂家的设备，只要求提供有关设备的设备主控文件(GSD 文件)，就可以相互构成系统，这样就为用户构成集散系统提供了更大的灵活性。

Profibus 的多主多从结构可以方便地构成集散控制系统。

2.2.1　工厂自动化系统

采用 Profibus 现场总线的工厂自动化系统一般由 DP 总线、PA 总线作为下层直接与设备连接，如现场仪表、执行器等，进行数据采集和控制，这两种总线之间可以通过耦合器相连。FMS 总线为车间级总线，对车间设备的运行进行监控。Profibus 总线的上一层通过网间连接器接到全厂局域网，为全厂的管理如供应、生产、销售计划等各个环节提供数据支持。该局域网接入国际互联网，还可以通过国际互联网网络对现场设备的运行情况进行远程访问。

2.2.2　车间级自动化系统

制造和加工工业的车间，往往主要由几条流水线或几台大型设备组成，Profibus 总线在车间级的一种典型应用是采用若干个 DP 总线(在防爆区采用 PA 总线)，分别负责每条流水线作业或大型设备，各 DP 总线均连接到 FMS 总线上，由 FMS 级总线进行车间级任务协调、优化和部分管理工作。

【工厂(车间)自动化成果】

2.2.3　在低压电器行业中的应用

Profibus 现场总线在低压电器行业中的应用介绍如下：

(1) 智能化断路器 3WN 通过 Profibus-DP 网关(DP/3WN6 接口单元)与 Profibus-DP 相连接，从而与上位机(如 S7-300PLC)通信。通过这种方法，控制信号和 3WN6 外围的有用数据可以通过一根简单的两芯电缆或光纤电缆与具有 Profibus-DP 控制能力的自动化级进行传输，对控制系统而言也就省去了不必要的常规的数据电缆布线。DP/3WN6 接口单元组装于一个可安装的标准安装导轨上 70mm 宽的紧凑外壳之中。该单元可以并排安装，甚至垂直安装，彼此之间不需要任何安装空间。DP/3WN6 是九芯 SUB-D 插座连接。DP/3WN6 接口与 3WN6 断路器是点对点连接的。Profibus-DP 配置的更改是在接口完成的。Profibus-DP 允许 12Mbit/s 的数据速度。在初次使用前，只需预置 Profibus-DP 的地址，位速率和其他的总线参数由主控机单元预先设置，接口对该设备自动接受。电源连接以后自动地建立与断路器的通信。Profibus 和断路器的接口由接口连续地监视，并且其状态是通过两只发光二极管(红色和绿色)来显示的。Profibus-DP 的共享者“DP/3WN6 接口”是通过诸如

【DP/3WN6 的九芯 SUB-D 插座】

SIMATIC S5 的 COM Profibus 参数化软件、SIMATIC S7 编程软件或其他主控机供应商提供的软件来策划完成的。断路器既可以通过键盘在过流脱扣器上进行组态，也可以经手持单元通过应用程序来设置参数。

总线上有用的数据：①模拟量测量值，如相电流、接地故障电流、功率因数；②事件信息，如脱扣类型、欠负载、相不平衡；③操作状态，如开或关、处于试验位置、合闸就绪；④组态数据，如额定工作电流、短路电流、故障保护参数；⑤诊断数据，如上次脱扣电流值、前 15min 峰值电流；⑥遥控操作，如合闸或分闸、其他的接口。

【AS-I 总线】

(2) AS-I 总线通过 DP/AS-I 接口单元(网关)与 Profibus-DP 相连，从而使 AS-I 的有用数据可以通过 Profibus-DP 与自动化系统进行交换。AS-I 是一种适用于双工线的执行器和传感器的现场型网络系统，它通过两根电缆进行传输，数据信号和电源共载于双工线上，可以具有任意的拓扑配置，以满足不同的应用场合，最多允许 31 个站点或从属设备与 AS-I 相连接，而一个 AS-I 应用模块可与至多四个标准的双工线传感器和执行器连接，这样 AS-I 一共提供了 124 个传感器和 124 个执行器的最大配置。

接口单元的 DP 主控机的格式化磁盘上能够为设备提供特殊设置的 GSD。在 SIMATIC S5 中，格式化是通过 COM Profibus 完成的。对于 SIMATIC S7 而言，Profibus-DP 格式化是 STEP7 所集成的一部分。DP 的地址是通过一只编码开关来实现的，其波特率是自动设定的，与相连接的 AS-I 从属设备的数目无关，一个 16 字节的输入(PAA)的地址空间总在可编程序逻辑控制器(Programmable Logic Controller，PLC)中存储。Profibus 和 AS-I 的接口被连续监视，其状态是经两只发光二极管(红色和绿色)来显示的。第三只发光二极管用来显示共可用性。“通电”以后，当前的 AS-I 组态就定义了。如果连接了 AS-I 从属设备，已定义的数据总线的组态就变为连接处的总线组态；如果没有从属设备可识别，就没有连接处的组态被列入主控机的清单中，随后所识别的从属设备直到 RESET 按钮按下后才能被接受或激活。

Profibus-DP 为主干线，AS-I 总线通过 DP/AS-I 耦合器接入 Profibus-DP 系统。AS-I 总线上可以连接各种执行器、传感器。Profibus-DP 通过 S7-300 对总线上的智能化设备进行组态、参数化等工作。智能化设备通过 Beckhoff 公司的 BK3000、BK3010、BK3100、BK3110 与 Profibus-DP 连接。Beckhoff 公司的 BK3000 系列采用一个 386EX 芯片作为内核，并且支持与 Profibus-DP 连接，BK3000 系列的实质是一个输入/输出数据的收集站，它可以起到 AS-I 网关的作用，但由于其采用 386EX 芯片作为内核，其功能和使用均比 AS-I 网关要灵活。BK3000 系列是作为 Profibus 系统中 DP-FMS 的从站设备的，它包括总线连接插头、地址编码接口和 64 个输入/输出(I/O)接口等。BK3000 和 BK3100 系列支持对所有总线终端的操作，对模拟量输入/输出也一样，通过使用 KS200 配置，可以对模拟/复合总线终端进行调整，以适应各种特殊的应用场合，总线终端也可以通过 PLC 和 PC 对其进行操作控制，Becoff 公司提供 GSD 文件，支持对总线终端的组态工作。

2.2.4 设备级的自动化系统

设备级数据采集和控制分别采用 DP 和 PA 总线形式。在传统的控制方案设计中，往

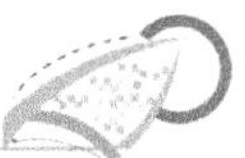

往采用某种形式的集中器或下位机将分散在车间内各区域的现场仪表、传感器或执行器等连接在一起，在这种控制系统的设计、安装过程中存在许多问题。采用 Profibus 现场总线技术，仅用一对屏蔽双绞线就可以将地理上分散的设备连接在一起构成一个控制系统，不仅安装方便，节省电缆费用，而且通过现场总线进行数字式通信，提高了系统的可靠性，易于实现许多智能功能。具有 Profibus 接口的设备可以通过相应接口直接连接到 Profibus 总线上，不具有 Profibus 接口的设备，则通过远程 I/O 或 PLC 连接到 Profibus 总线上。

2.2.5　Profibus 现场总线系统的软件

由 Profibus 总线构成的现场总线控制器的软件包括 Profibus 总线设备的配置软件、驱动软件、组态软件和应用程序等，它们具有以下功能：主站和远程从站的参数设定，主站对从站的数据读写，图形组态，数据库建立与维护，数据统计、报表打印，故障报警，应用程序的开发、调试、运行等。其中，配置软件和驱动软件由设备厂商提供，组态软件可采用组态王、Wizcon、Fix 等通用型软件。

1. Profibus 现场总线产品及接口的开发

开发具有 Profibus 现场总线产品即开发具有该总线接口的仪表，可采用以下两种方法。

(1) 采用具有 Profibus 协议的 ASIC 芯片，目前这类芯片已形成广泛系列，根据功能不同可以分为主站类型、从站类型、主从站类型和 MODEM 类型，分别适应于构成主站、从站、主从站和连接调制解调器(Modem)使用。这种 ASIC 芯片可以支持 FMS、DP、PA 类型中的某一个或两个或三个，采用专用芯片方案的优点是简单方便，成本较低。

(2) 采用通用的芯片如单片机、微处理器等，价格低廉，使用灵活。目前，各主要的自动化技术生产厂均为它们生产的设备提供 Profibus 总线接口，产品范围包括 1000 多种不同设备。安装 Profibus 芯片的设备已经超过 100 万台。除此之外，对于传统测量仪表或执行器还可配备 Profibus 总线接口转换器，完成从传统的模拟量、开关量、串行 RS232、RS 485 接口到 Profibus 总线的转换功能。

2. Profibus 现场总线技术的应用

Profibus 现场总线技术已在世界范围内得到广泛应用，应用领域包括制造业、过程工业控制、电力系统、环境工程、加工业等，邯郸钢铁集团第一炼钢厂、第三炼钢厂的现场化验数据实时传输，天津油漆厂采暖锅炉控制系统都是 Profibus 现场总线技术成功应用的实例。

国内某选矿厂拟实现球磨机自动控制系统，为此设计了基于 Profibus-DP 的控制系统方案，该厂的磨浮车间共四台湿式球磨机，分布在几十米长的厂房内，地理上较为分散，每台球磨机的控制系统包括球磨机、核子皮带秤、功率变送器、变频调速器、电磁流量计、矿浆浓度计及 PLC 或工业控制计算机(作为主站)。如果采用传统的 DCS，则整个系统的各台设备安装连线非常复杂，且费用较高，而采用 Profibus 总线控制系统，实现了数字数据传输，各设备可就近与一根屏蔽的双绞线总线连接，降低了成本，提高了系统的可靠性。

对于核子秤、电磁流量计、矿浆浓度计等不具有 Profibus 总线接口的仪表和执行器，分别配上相应的 Profibus 接口转换器，然后接到 DP 总线上，而变频调速器、功率变送器、PLC 主站等可直接与 Profibus 总线连接。PLC 作为主站与各从站，如核子秤、电磁流量计等进行通信，完成数据采集功能，工业 PC 与 PLC 主站点对点连接，完成系统组态、数据管理、打印等工作。

2.3 传统仪表与智能仪表的比较

智能仪表是计算机技术向测量仪器移植的产物，它是一个专用的微型计算机系统，由硬件和软件两大部分组成。

智能仪表是新型的电子仪器，它由传统仪表发展而来，但又跟传统仪表有很大区别。电子仪器的发展过程从使用的器件来看，经历了从真空管时代—晶体管—集成电路时代三个阶段。从仪器的工作原理来看，它经历了以下三代。

【动画：典型压力仪表】

第一代是模拟电子仪器，大量指针式的电压表、电流表、功率表及一些通用的测试仪器，均是典型的模拟电子仪器。这一代仪器功能简单，精度低，响应速度低。

第二代是数字式电子仪器，它的基本工作原理是将待测的模拟信号转换成数字信号，并进行测量，结果以数字形式输出显示。

【动画：典型压力仪表】

第三代就是智能仪器，它是在数字化的基础上用微型计算机装备起来的，是计算机技术与电子仪器相结合的产物。它具有数据存储、运算、逻辑判断能力，能根据被测参数的变化自选量，具备了一定的智能特性，故称为智能仪器。

智能仪表与传统仪表的另一差别是，传统仪表对于输入信号的测量准确性完全取决于仪表内部各功能部件的精密性和稳定性水平。图 2.1 所示是一台普通数字式电压表的原理框图，滤波器、衰减器、放大器、A/D 转换器及参考电压源的温度漂移电压和时间漂移电压都将反映到测量结果中去。如果仪表所采用器件的精密度高些，则这些漂移电压会小些，但从客观上讲，这些漂移电压总是存在的。

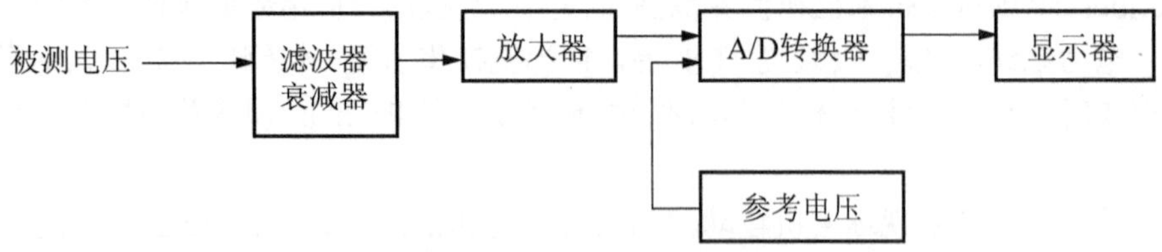

图 2.1 数字式电压表的原理框图

另外，传统仪表对于测量结果的正确性也不能完全保证，所谓正确性是指仪表应在其各个部件完全无故障的条件下进行测量，而传统仪表在其内部某些部件发生故障时仍能继续进行测量，并继续给出测量结果值，这时的测量结果将是不正确的。

智能仪表可以采用自动校准技术来消除仪器内部器件所产生的漂移电压。智能仪表内

含单片机，可以充分利用单片机对于数据的处理能力，最大限度地消除仪器的随机误差和系统误差。

智能仪表是科学技术发展的产物，随着微电子技术、信息技术、计算机技术及人工智能技术的不断发展和完善，智能仪表的智能程度必将越来越高。

思考与练习

1．传统仪表与智能仪表各有哪些基本类型？

2．传统仪表与智能仪表两者各有什么优缺点？

3．传统仪表与智能仪表具体的应用有哪些？

4．传统仪表与智能仪表有哪些区别与联系？

第 3 章 主机电路设计

一般情况下，智能仪表所选取的主机电路有单片机系统和嵌入式开发系统，本章要求首先熟悉单片机系统设计原理，熟练掌握单片机与外围各个设备的接口电路，从而设计通信接口、过程I/O通道、人机接口等。

教学要求：掌握单片机主机电路设计步骤，了解嵌入式开发技术。

教学内容

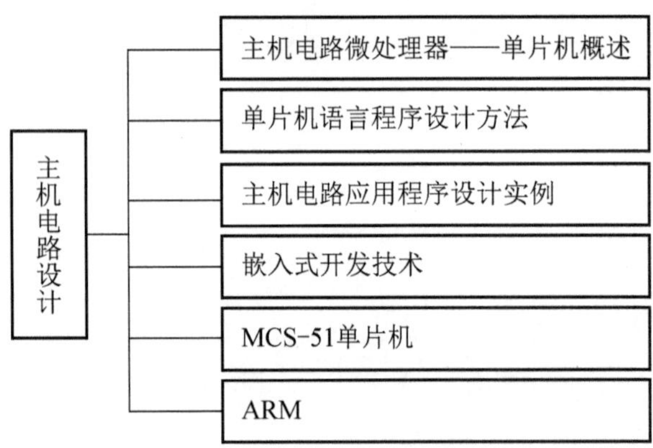

3.1　主机电路微处理器——单片机概述

单片机具有集成度高、可靠性好、性价比高的特点，其控制性能良好，嵌入方便、灵活。智能化仪器中信息控制与处理大多采用单片机作为智能处理器来实现。这样做的好处如下：①能够保证仪器仪表的使用功能和精度；②降低了仪表成本；③使仪器仪表硬件结构得以简化，体积缩小；④便于仪器仪表的更新换代。

特别是数字信号处理器(Digital Signal Processing，DSP)的诞生，扩展了单片机在智能仪器中的应用。DSP 是一种速度极高的单片机，目前在通信和高速信息处理中发挥了极大的作用。

3.1.1　单片机的概念、发展概况及结构

1. 单片机的概念

单片机由英文名称 Single Chip Microcomputer 直译而来，是单片微型计算机的简称，也称为嵌入式微处理器。

通常，微处理器(Microprocessor)是微型计算机的控制和运算器部分；而微型计算机(Microcomputer)则是具有完整的运算及控制功能的计算机，包括微处理器、存储器、I/O 接口电路及 I/O 设备等部分。将中央处理器(Central Processing Unit，CPU)、随机存取存储器(Random Access Memory，RAM)、只读存储器(Read Only Memory，ROM)、定时器/计数器、I/O 接口电路、中断、串行通信接口、系统时钟及总线等主要计算机部件集成在一块大规模集成电路芯片上即组成了单片微型计算机，即单片机。

单片机的 CPU 和通用微处理器基本相同，只是增设了“面向控制”的处理功能，如位处理、查表、多种跳转、乘除法运算、状态检测、中断处理功能等，增强了控制的实用性和灵活性。

人们常说的单片机、单片机系统、单片机应用系统是三个不同的功能范畴。

单片机通常是指芯片本身，集成了微处理器、存储器、I/O 接口电路及 I/O 设备等基本组成部分，具有运算和控制的基本功能。它是典型的嵌入式系统的主要构成单元，只能作为嵌入式应用，即嵌入到对象环境、结构、体系中作为其中的一个智能化控制单元。

单片机系统是在单片机芯片的基础上扩展其他电路或芯片构成的具有一定应用功能的计算机系统。

单片机应用系统是为满足设计对象要求的功能而在单片机外部配置单片机运行所需要的时钟电路、复位电路，或加上其他外围电路而设计的能够嵌入应用的计算机系统。

2. 单片机的发展概况

【单片机的应用分类和应用范围】

单片机作为一种嵌入式智能化控制单元，不光在智能仪器领域得到了广泛应用，在工业测控系统和家用电器中也发挥着重要作用。单片机的品种众多，其中最具代表性的当属 Intel 公司推出的 MCS-51 系列单片机，以及其与之兼容的派生系列芯片。Intel 8 位单片机的发展经历了以下三代。

第一代：以 1976 年推出的 MCS-48 系列为代表的单片机。

第二代：以 MCS-51 的 8051 为代表的单片机。

第三代：以 80C51 系列为代表的单片机。

根据控制应用需要，单片机又有通用型单片机和专用型单片机两类。通用型单片机是早期的单片机，是指可通过不同外围扩展来满足不同应用对象要求的单片机。随着工业发展，单片机应用领域不断扩大，为降低成本，简化控制系统结构，提高控制性能，出现了专门为某一类应用而设计的单片机即专用型单片机，如计费电表、计费水表、导航仪中的单片机等。

随着技术进步，单片机内部数据总线的宽度也经历了 4 位、8 位、16 位及 32 位的发展历程。

(1) 4 位的有 MC20C11××系列，如 MC20C1120、MC20C1124 等。其主要适用于电视机、盒式磁带录像机、电风扇、空调、音频设备、玩具、游戏等的远程控制。

(2) 8 位的有 MCS-51 系列单片机及其兼容的单片机(后续内容将其统称为 8051 单片机)。其代表机型有美国 Atmel 公司生产的 AT89C5×系列或 AT89S5×系列单片机，其他还有 EPSON 的 SMC88 系列单片机，Scenix 公司的 SX 系列单片机，Motorola 公司的 M6805 系列、M68HC05 系列等。其主要适用于传感器前端的数据采集和简单的逻辑功能控制，在仪器仪表中使用最多。

(3) 16 位的有 MSC-96 系列、M68HC16 系列、MSP430 系列、MC9S12 系列、PIC24 系列、DSPIC30 系列、DSPIC33、SPCE061 系列等。其主要适用于复杂的、实时性要求较高的自动控制系统、数据采集系统、一般的信号处理系统和高级智能仪器。

(4) 32 位的有 M683××系列单片机、STM32F 系列、PIC32 等。

总之，单片机的数据总线的宽度(即位宽)越大，单片机的数据处理速度越快。

3. 单片机的结构形式

单片机编程及控制功能实现是建立在单片机存储器结构基础上的。单片机有两种基本结构形式：一种是普林斯顿(Princeton)结构或称冯·诺依曼结构，是程序存储器和数据存储器合用一个存储空间的结构。在通用微型计算机中广泛采用这种存储器结构。另一种是哈佛结构，是将程序存储器和数据存储器截然分开，分别寻址的结构。Intel 公司的 MCS-51 采用的是哈佛结构。目前，单片机以采用程序存储器和数据存储器截然分开的结构居多。

【普林斯顿结构】

另外单片机还具有片内接口电路丰富、芯片引脚可复用、位处理功能强等特点。

3.1.2 智能仪表常用单片机

MCS-5l 系列是 Intel 公司于 1980 年推出的产品，是以 8 位机为主流的单片机，性能稳定、易学、易懂，是最基础的单片机。早期产品有 8031、8051 和 8071。Intel 公司将其技术转让给多个公司，出现了众多 MCS-5l 的派生系列。

【典型单片机引脚图实物图】

1. Atmel 公司 51 系列单片机

Atmel 公司所生产的 ATMEL89 系列单片机是基于 Intel 公司 MCS-5l 系

【Atmel 单片机型号的含义】

列而研制的，其技术优势在于 Flash 存储器技术，即用户可以用电的方式快速擦除、改写。该系列单片机种类较多，价格低廉。

该系列单片机的标准型单片机有 AT89C51、AT89LV51、AT89C52、AT89LV52。

该系列单片机的低档型单片机有 AT89C1051 和 AT89C2051 两种型号。它们的 CPU 内核和 AT89C51 是相同的，但并行 I/O 较少。

该系列单片机的高档型单片机有 AT89S8252，这是一种可下载的 Flash 单片机。它和 IBM 微机进行通信，下载程序十分方便。

下面简要介绍几种该系列单片机。

AT89C51 的特点是兼容性好，和 8051 指令、引脚完全兼容；片内有 4KB Flash。因其不支持在线编程，已被淘汰。

AT89S51 是在 AT89C51 基础上发展起来的较为实用的 51 系列芯片。与 AT89C51 相比，有显著的特点：最高工作频率为 33MHz，支持在线编程 ISP 功能，内部集成有看门狗定时器，具有电源关闭标志及节电功能，具有双工 UART 串行通道，加密性能更好，兼容性好。AT89C55 具有 20KB Flash，适用于内存要求较大场合。

此外，Atmel 公司在 AT89C51 的基础上进行了功能精简，形成 AT89C2051、AT89C1051 等芯片。AT89C2051 去除 P0 口和 P2 口，Flash 缩为 2KB，封装形式也由 40 脚改为 20 脚。AT89C1051 在 AT89C2051 的基础上，再次精简，去掉了串口功能，Flash 缩为 2KB，特别适合在一些智能玩具、手持仪器等程序不大的电路环境下应用。与此同时，价格也相应降低。

2. Philips 公司 51 单片机

Philips 公司的 51 单片机均属于 MCS-51 系列兼容的单片机，嵌入掉电检测与模拟及片内 *RC* 振荡器等功能，在 MCS-51 基础上对内核进行改进得到的增强型芯片。从内部结构看可以划分为两大类：8 位机，与 80C51 兼容，主要有 P80C××系列、P87C××系列和 P89C××系列，16 位机的 XA 系列，如 PXAC××系列、PXAG××系列和 PXAS××系列等。

与 80C51 相比，Philips 公司的单片机的优势在于：

(1) 配置了数据线和时钟线间串行通信总线——I2C 总线，实现器件之间信息交换。

(2) 超微型化，增加片内资源，减少应用系统外围器件扩展；引脚功能多元化，减少引脚数量；减少对外开放的总线，允许其通过 I2C 总线进行扩展。

(3) 低功耗、低电压。采用 CMOS 工艺，并将软件激励空闲和掉电两种节电方式相结合，特别适用于电池供电的场合。

(4) 程序存储器多样化，有 ROM、可擦除可编程只读存储器(Erasable Programmable Read Only Memory，EPROM)、带电可擦除可编程只读存储器(Electrically Erasable Programmable Read Only Memory，EEPROM)三种存储器。

3. Microchip 公司 PIC 单片机

Microchip 公司 PIC 单片机的突出特点是体积小，电压功耗低，指令少，运行速度快。

另外，大部分 PIC 单片机有与之兼容的 Flash 程序存储器的芯片，还具有较强的模拟接口，且抗干扰性好，可靠性高，代码保密性好。

4. Motorola 公司单片机

Motorola 公司是世界上最大的单片机厂商。不管是 8 位单片机还是 16 位单片机，其产品都非常丰富。近年来，该公司陆续推出以 PowerPC、Coldfire、Core M 等作为 CPU，以 DSP 作为辅助模块集成的单片机新产品。Motorola 公司单片机的显著优势是在相同运行速度下所用的时钟频率较 Intel 类单片机低得多，因而高频噪声有所降低、抗干扰能力也相应增强，更适用于工业控制领域和恶劣的工作环境。Motorola 公司的 8 位单片机以掩膜为主，32 位单片机集成了包括各种通信协议在内的 I/O 模块，在性能和功耗方面均优于 ARM7。

5. Scenix 公司单片机

Scenix 公司单片机在 I/O 模块有所创新，引入虚拟 I/O 的新概念。Scenix 公司采用 RISC 结构的 CPU，该 CPU 运算速度飞快，其最高工作频率可达 50MHz。对于该强有力的 CPU，一些 I/O 功能便可以用软件来模拟，如多路 UART、多种 A/D、PWM、SPI、DTMF、FSK、LCD 驱动等用硬件实现起来都非常复杂的模块均可通过软件来实现。Scenix 公司单片机还提供 I/O 的库函数，用于实现相应 I/O 模块的功能。单片机的封装采用 20/28 引脚。

6. Epson 公司单片机

Epson 公司单片机以液晶显示器见长，具有低电压、低功耗的特点。

7. ADI 公司的 ADμC812 单片机

ADI 公司生产的 ADμC812，是一种高性能的集成芯片。它具有高精度自校准 8 通道 12 位 A/D 转换器、2 通道 12 位数/模(D/A)转换器和可编程的 8 位与 8051 单片机兼容的 MCU 内核，片内有 8KB Flash 程序存储器、640KB Flash 数据存储器、256B 可编程的静态数据存储器(Static RAM，SRAM)。MCU 支持的功能包括看门狗定时器(WDT)、电源监视器(PSM)、A/D 转换功能，为多处理器接口和 I/O 扩展提供了 32 条可编程的 I/O 线，与 I2C 兼容的串行接口，SPI 串行外围设备接口和标准 UART 串行接口 I/O。

3.1.3 单片机的结构

单片机设计的最主要特点是软件结合硬件，其中单片机硬件结构是基础。下面以 AT89S51 单片机为例，介绍单片机的结构。

1. AT89S51 单片机的内部结构

【单片机的基本结构】

1) AT89S51 单片机的内部资源

(1) 8 位 CPU。

(2) 1 个 WDT。

(3) 数据存储器 128B RAM(52 子系列为 256B)。

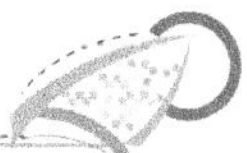

(4) 程序存储器 4KB Flash ROM(52 子系列为 4KB)。

(5) 特殊功能寄存器 SFR 26 个。

(6) 32 条双向且分别可位寻址的 I/O 口线。

(7) 两个 16 位定时器/计数器(52 子系列为 3 个)，4 种工作方式。

(8) 具有 2 个优先级的 5 个中断源结构(52 子系列有 6 个)。

(9) 1 个全双工异步串行口 UART。

(10) 1 个布尔处理器。

(11) 空闲模式和掉电模式两种节电模式。

(12) 3 个程序加密位。

(13) AT89S51 单片机与 AT89C51 单片机兼容，而 AT89S51 单片机与 AT89C51 单片机相比，增强功能如下：①增加在线可编程控制功能 ISP，省去了编程器和仿真器；②数据指针有两个，对外部 RAM 进行访问更方便；③增加 WDT，防止程序进入死循环等，提高系统抗干扰能力及运行可靠性；④增加断电标志；⑤增加掉电状态下中断恢复模式。由于引脚功能相同，这些功能增加并不影响设计人员在 Proteus 中用 AT89C51 单片机代替 AT89S51 单片机来进行仿真。

以上各部分之间通过内部总线相连，形成 AT89S51 单片机的内部结构如图 3.1 所示。

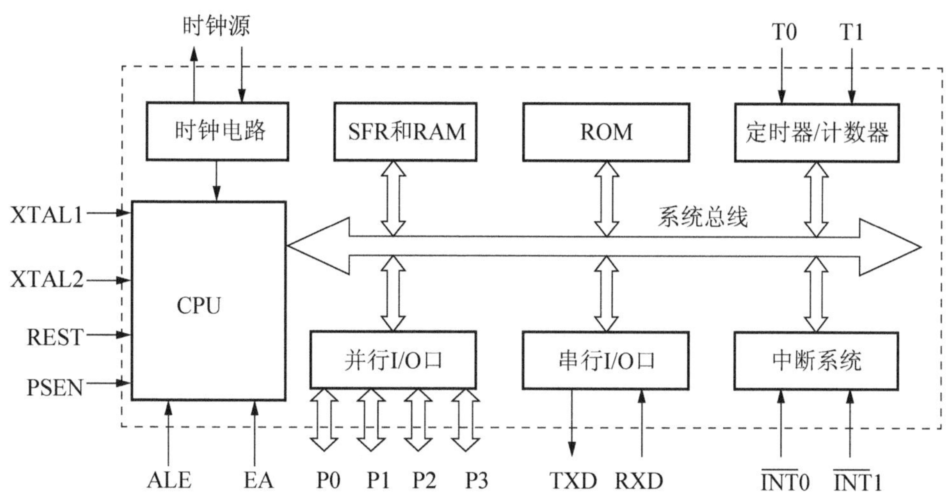

图 3.1 AT89S51 单片机的内部结构

2) AT89S51 单片机的引脚功能

AT89S51 单片机共 40 脚，可分为三类：

第一类为电源线和时钟信号线，共 4 根，包括 V_{CC}(+5V 电源)、GND(地)、XTAL1(时钟振荡器输入端、内部振荡器输入端)、XTAL2(时钟振荡器输出端、内部振荡器输出端)。

第二类为控制线，共 4 根，包括 RST(复位信号端)，晶振工作后两个机器周期的高电平复位 CPU；ALE(地址锁存信号)，访问片外存储器时，锁存低 8 位地址，无 RAM 时，为晶振 6 分频；PSEN(读指令信号)，有效时标志着此时片外程序存储器从程序存储器中取指令或读取数据；EA(程序存储器有效地址)，EA=1 从内部开始执行程序，EA=0 从外部开始执行程序。

第三类为 I/O 口线，共 32 根，P0、P1、P2、P3 共 32 位，对应着芯片的 32 根引脚。

3) AT89S51 单片机的并行 I/O 接口

AT89S51 单片机内有 4 个 8 位并行 I/O 端口，为 P0、P1、P2 和 P3。每个端口都是 8 位准双向 I/O 口，共占 32 根引脚。每个端口都包含一个锁存器、一个输出驱动器和一个输入缓冲器。I/O 口的每位锁存器均由 D 触发器组成，用来锁存输出的信息。在 CPU 的“写锁存器”信号驱动下，将内部总线上的数据写入锁存器中。

P0 口是分时复用的并行 I/O 口，字节地址 80H，位地址为 80H～87H。与其他 I/O 口相比，其电路结构最为复杂，P0 口的位结构图如图 3.2 所示。其有两大功能，即作为总线端口或通用 I/O 口。P0 口作总线端口时为双向口，图 3.2 中开关位于上面位置，使引脚“浮置”，成为高阻状态；P0 口作通用 I/O 口时为准双向口，图 3.2 中开关位于下面位置，作输入用时，需外接上拉电阻，先向锁存器写 1，以使场效应管导通，才能有高电平输出，没有高阻态。

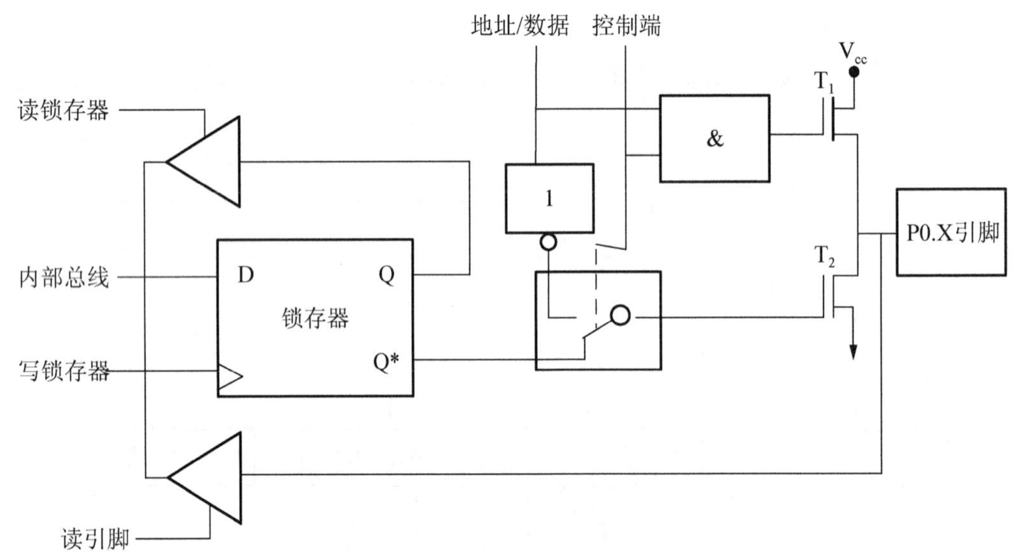

图 3.2　P0 口的位结构图

P1 口也是一个准双向 I/O 口，与 P0 口不同的是，没有多路开关 MUX 和控制电路部分。输出驱动电路只有一个场效应管，同时内部带 30kΩ上拉电阻，此电阻与电源相连，从外部看无高阻态。

P2 口在结构上比 P0 口少了一个输出转换控制部分，多路开关 MUX 的位置由 CPU 命令控制，且 P2 口内部接有固定的上拉电阻。P2 口也可以作高 8 位地址口。当单片机复位时，P2 口向锁存器写 1，场效应管截止，自动回到输入状态。

P3 口与 P1 口的输出驱动部分及内部上拉电阻相同，但比 P1 口多了一个第二功能控制部分的逻辑电路。该逻辑电路由一个与非门和一个输入缓冲器组成。P3 口的第一功能是通用 I/O 口，第二功能见表 3-1。

表 3-1　P3 口的第二功能

端口引脚	第二功能
P3.0	RXD，串行输入端
P3.1	TXD，串行输出端
P3.2	INT0*，外部中断 0 输入端，低电平有效
P3.3	INT1*，外部中断 1 输入端，低电平有效
P3.4	T0，定时器/计数器 0 外部事件计数输入端
P3.5	T1，定时器/计数器 1 外部事件计数输入端
P3.6	WR*，外部数据存储器写选通信号，低电平有效
P3.7	RD*，外部数据存储器读选通信号，低电平有效

在实际应用中，P3 口开启第二功能时也须向锁存器写入 1，以打开与非门。

P0～P3 口的功能及使用时的注意事项如下：

(1) 在无片外扩展存储器时，P0～P3 口的每一位均可作为准双向通用 I/O 口使用。在具有片外扩展存储器的系统中，P2 口作为高 8 位地址线，P0 口为双向总线，分时作为低 8 位地址和数据的 I/O 线。

(2) P0 口作为双向通用 I/O 口使用时，必须外接上拉电阻。

(3) P3 口除了作通用 I/O 口使用外，它的各位还具有第二功能。当 P3 口某一位用于第二功能作输出时，不能再作为通用 I/O 口使用。

(4) 当 P0～P4 口用作输入时，为了避免误读，都必须先向对应的输出锁存器写入 1，使场效应管截止；然后读端口引脚。其具体操作如下：

```
MOV P1, #0FFH
MOV A, P1
```

在实际应用中，特别是当 P0 口由输出转为输入时，也须先向锁存器写 1。在读 P1 口前一状态以便修改后再送出的情形，应当读锁存器的 Q 端的信息，而不是读引脚的信息。其具体操作如下：

读引脚指令为

```
MOV C, P1.0
MOV A, P1.0
```

读锁存器指令为

```
CPL, P1.0   ;读 P1.0 锁存器的 Q 端状态,取反后送入 P1.0 引脚
ANL P1, A   ;读锁存器
```

类似的读、修改、写的指令还有如下几种：

```
INC P1
XRL P3, A
ORL P2, A
```

2. AT89S51 单片机的最小系统

1) 时钟电路

单片机执行的每一条指令都可以分解为若干基本的微操作，而这些微操作的时间次序就是单片机的时序。单片机工作的时序由时钟信号来给定。时钟电路是由一个晶振和两个电容构成的能够产生时钟信号的电路。时钟频率越高，单片机运行速度越快，但也要兼顾系统的稳定性。晶振一般选 12MHz，AT89S51 的晶振频率可达 33MHz。

AT89S51 单片机一个机器周期内有 12 个时钟周期，对应 6 个状态，每个状态有两拍，一个机器周期同时对应 1μs。执行一条指令，可以是一个机器周期，也可以是两个或多个机器周期。新型单片机有些四个时钟周期对应一个机器周期，有些一个时钟周期对应一个机器周期，运行速度非常快。

时钟电路是单片机最小系统的重要组成部分。AT89S51 单片机振荡器、时钟电路的具体电路同 MCS-51 系列单片机，不再赘述。

实际应用中，当需要驱动多个单片机时，需要外部时钟来进行多个单片机间的同步控制，将时钟源接到 XTAL1 上，XTAL2 悬空。当系统要与 PC 通信时，晶振应选择为 11.0592 MHz，这样有助于将波特率设置为标称值。选用 8051 单片机做 Protues 仿真时，内部时钟电路为默认的，可以省去不画。

2) 复位电路

复位电路也是单片机最小系统不可或缺的一部分。

AT89S51 单片机的 RST/VPD 引脚是复位输入端，其内部的施密特触发器用来抑制噪声，它的输出在每个机器周期的 S5P2，由复位电路采样一次。在振荡器运行时，RST 端至少要保持两个机器周期(24 个振荡周期)为高电平，才完成一次复位。复位后单片机内各专用寄存器的状态被初始化见表 3-2。

表 3-2 复位后单片机内各专用寄存器被初始化后状态

寄存器名称	被初始化后状态	寄存器名称	被初始化后状态
PC	00H	TMOD	00H
A	00H	TCON	00H
B	00H	TH0	00H
PSW	00H	TL0	00H
SP	07H	TH1	00H
DPTR	0000H	TL1	00H
P0～P3	0FFH	SCON	00H
IP	(×××00000)B	SBUF	维持不变
IE	(0××00000)B	PCON	(0××00000)B

从表 3-2 中可知，在实际应用中单片机复位时 SP 指向 07H；P0～P3 口为高电平，若外部接继电器，则继电器为得电状态。

单片机常用复位电路的形式有上电复位、按键复位两种形式。按键复位有按键电平复位和按键脉冲复位两种，其中按键电平复位使用得较多。

实际应用中，当单片机需要外扩时，有些芯片要高电平复位，有些芯片要低电平复位，此时电容的选取就非常重要。实验表明，选取 0.1μF 的电容，较为合适。在编程时，应在复位时多加入一些 NOP 指令以延时，这样有助于实现各个芯片的同步。

一个单片机芯片，加上时钟电路和复位电路即构成了一个单片机最小系统。为降低功耗单片机有相应的节电模式，即空闲模式和掉电保持模式，分别由特殊功能寄存器 PCUN 的第八位 IDL 和第七位 PD 控制，置 1 则开启相应节电模式。

【单片机最小系统】

空闲模式即切断空闲 CPU 时钟，CPU 外围部分都进入空闲模式。

掉电保持模式即切断所有时钟，定时器、计数器、RAM、SFR 内容被保存。

有些芯片有低电压保护模块作用，检测电压不超过 90%时即接入电池组，防止掉电导致 RAM 和 SFR 丢失数据。

退出空闲模式时有两种情况，即相应中断或按键复位。

3. 单片机的工作方式

单片机的工作方式包括复位方式、程序执行方式、单步执行方式(调试用)、低功耗操作方式及 EPROM 编程和校验方式。

在实际应用中，需给单片机配置稳定的供电电源，以避免单片机在运行中受到干扰而出现程序跑飞的现象。

【程序跑飞现象】

3.1.4　单片机存储器的组织与操作

1. 控制器

控制器的任务是识别指令，控制单片机各功能部件，保证各部分协调工作。

控制器中最重要的是 PC 指针，其是 16 位的寄存器，用户不可访问，不能通过汇编语言直接改写。PC 指针计数宽度决定程序存储器地址范围。若 PC 为 16 位，则可对 64KB 寻址。单片机复位时，指向 00000H，即程序寄存器，程序从头开始执行。PC 指针内容变化轨迹决定程序流程：若程序顺序执行，PC 自动加 1；若执行转移程序、调用子程序或中断子程序，则自动将其内容变更为所要转移的目的地址。

2. 存储器的结构

以 AT89S51 单片机为例，其存储器采用哈佛结构，即数据存储器和程序存储器分别独立，有各自的访问指令。

在物理上，有 4 个相互独立的存储空间，即片内程序存储器和片外程序存储器、片内数据存储器和片外数据存储器。在逻辑上有 3 个彼此独立的地址空间：①片内外统一编地址的 64KB 程序存储器地址空间；②256B 的片内数据存储器地址空间；③64KB 片外数据存储器地址空间。存储器地址范围如图 3.3 所示。

存储器空间分 4 类，具体介绍如下。

1) 程序存储器空间

程序存储器空间(ROM)有片内和片外两部分。片内有 4KB Flash，编程和擦除由电气实现，如果空间不够可以外扩。当 EA 引脚为 1 时，片内 4KB Flash 有效，地址为 0000H～0FFFH；片外最多可扩展 60KB，外扩地址为 1000H～FFFFH。当 EA 为 0 时，片外最多可扩展 64KB，地址为 0000H～FFFFH。目前一些新型单片机有 128 KB Flash，完全不需要外扩。采用 16 位的程序计数器 PC 和 16 位的地址总线，P0 口发出低 8 位地址，P2 口发出高 8 位地址，地址为 0000H～0FFFH，主要用于存储调试好的程序和表格常数。

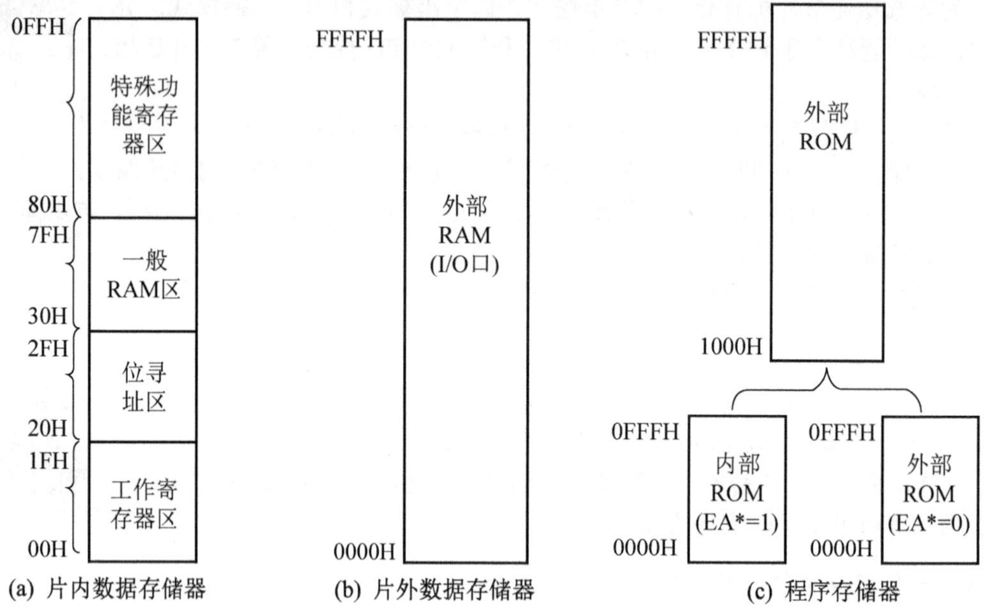

图 3.3 存储器地址范围图

另外，程序存储器有 7 个特殊单元，其中 5 个单元用于中断源中断入口固定地址，只能存放中断信息，如跳转指令和中断程序。各中断之间相差 8B，而 8B 存放中断程序往往不够，因此中断入口处需有跳转指令。中断源中断入口固定地址及相应功能见表 3-3。

表 3-3 中断源中断入口固定地址及相应功能

中断入口地址	功 能
0000H	复位后，PC=0000H，开始执行程序
0003H	外部中断 0 (INT0*)入口
000BH	定时器 0 中断(TF0)入口
0013H	外部中断 1(INT1*)入口
001BH	定时器 1 中断(TF1)入口
0023H	串行口中断 TI/RI 入口
002BH	定时计数器 2 溢出或 T2EX 输入负跳变(52 系列)

2) 数据存储器空间

数据存储器空间(RAM)也有片内和片外两部分。

(1) 片内数据存储器。片内有 128B(52 系列为 256B)空间，地址为 00H～7FH。该存储

资源较为宝贵，在单片机的更新换代中，提高较少。任何时候均可以通过 PSW 寄存器的 RS0 和 RS1 位来选择寄存器组 0、组 1、组 2 和组 3 中的一种作为当前工作寄存器区。

片内数据存储器地址空间分为 3 部分：高 128B 的 RAM、低 128B 的 RAM 和专用寄存器(SFR)。

高 128B 的 RAM 仅 8032/8052 单片机才有，且高 128B 的 RAM 和专用寄存器(SFR)空间重合，通过不同寻址方式加以区别。

低 128B 的 RAM 由工作寄存器区、位寻址区和通用存储区组成。工作寄存器区(00H～1FH)分成 4 组，每组 8 个寄存器 R0～R7；位寻址区(20H～2FH)既可进行字节寻址，又可进行位寻址，且这 16 个单元共有 128(16×8)位，对应位地址 00H～7FH；通用存储区地址为 30H～7FH。

(2) 片外数据存储器。当片内数据存储器容量不够时，就需要外扩。片外数据存储器最大扩充容量取决于地址线的根数。若地址线为 16 根，则最大可扩展 64KB，采用 R0、R1 或 DPTR 寄存器间址方式访问。目前新型单片机片内有 4KB 内存，一般情况下不需要外扩。DSP 里面的片内数据存储器则更大。

访问片内数据存储器和片外数据存储器分别采用不同指令，以示区分。内部数据传送指令为 MOV，外部数据传送指令为 MOVX。

3) 特殊功能寄存器

特殊功能寄存器(SFR)内含各功能部件的控制寄存器和状态寄存器，占用内部 RAM 单元，地址范围为 80H～FFH，用于定义整个单片机内部实际的工作状态即工作方式。用户在编程时必须掌握该寄存器的内容。单片机内共有 26 个 SFR，离散地分布在片内 RAM 的高 128 字节地址中，有 12 个 SFR 既可字节寻址，又可位寻址(字节地址为 8 的整倍数)。位地址最低位的位地址和字节地址是相同的。特殊功能寄存器名称及分布见表 3-4。

表 3-4 特殊功能寄存器名称及分布

标识符	名 称	字节地址	标识符	名 称	字节地址
*A	累加器	E0H	*IE	中断控制寄存器	A8H
*B	B 寄存器	F0H	TMOD	定时器方式寄存器	89H
*PSW	程序状态字	D0H	*TCON	定时器控制寄存器	88H
SP	堆栈指针	81H	TL0	计数器 0 低位	8AH
DP0L	DPTR0 低字节	82H	TL1	计数器 1 低位	8BH
DP0H	DPTR0 高字节	83H	TH0	计数器 0 高位	8CH
DP1L	DPTR1 低字节	84H	TH1	计数器 1 高位	8DH
DP1H	DPTR1 高字节	85H	PCON	电源控制寄存器	87H
*P0	口 0	80H	*SCON	串行口控制	98H
*P1	口 1	90H	SBUF	串行数据缓冲器	99H
*P2	口 2	A0H	AUXR	辅助寄存器	8EH
*P3	口 3	B0H	AUXR1	辅助寄存器	A2H
*IP	中断优先级寄存器	B8H	WDTRST	看门狗定时器	A6H

AT89S51 比 AT89C51 多了 AUXR 和 AUXR1 寄存器、DPTR0 和 DPTR1 双数据指针寄存器、看门狗定时器 5 个特殊功能寄存器。下面简单介绍常用的 8 种寄存器。

(1) 累加器 A：在大部分的算术运算中存放某个操作数和运算结果。

(2) 寄存器 B：主要用于与累加器 ACC 配合执行乘法和除法指令的操作。

例如，两个 8 位数 *A* 和 *B* 的乘法和除法运算。

乘法：执行乘法后，高 8 位存在 B 中，低 8 位存在 A 中。

除法：*A* 除以 *B*，商放在 A 中，余数放在 B 中。

(3) 程序状态字 PSW：8 位寄存器，字节地址为 D0H，是一种特殊功能寄存器，用来存放程序状态信息。某些指令的执行结果会自动影响 PSW 的有关状态标志位，有些状态位可用指令来设置。PSW 的格式如图 3.4 所示。

	D7	D6	D5	D4	D3	D2	D1	D0	
PSW	CY	AC	FO	RS1	RS0	OV	—	P	0D0H

图 3.4　PSW 的格式

图 3.4 中，CY 为进位标志位；AC 为半进位标志；FO 为用户标志位；RS1/RS0 为工作寄存器组选择，见表 3-5；OV 为溢出标志；P 为奇偶标志。

表 3-5　工作寄存器组选择

RS1	RS0	寄存器组	内部 RAM 地址
0	0	工作寄存器组 0	00H～07H
0	1	工作寄存器组 1	08H～0FH
1	0	工作寄存器组 2	10H～17H
1	1	工作寄存器组 3	18H～1FH

(4) 堆栈指针 SP：栈指针 SP 为一个 8 位专用寄存器，每存入(或取出)一个字节数据，SP 就自动加 1(或减 1)，堆栈是向上发展的，SP 始终指向新的栈顶。系统复位后栈指针初始化为 07H，作用为保护断点或保护现场。

在实际应用中，一般将堆栈指针设置在用户 RAM 里面。单片机开机时，SP 为 07H，在设计堆栈时，一般使用指令使指针指向 60H。例如，

```
MOV SP 60H
```

当压栈时(PUSH direct)，SP 先加 1，然后把 direct 中的内容送到 SP 指示的片内 RAM 中。

使用指令 PUSH ACC 或 POP ACC 时，不能将 ACC 写成 A，否则程序出错，ACC 也可以用地址 E0H 来代替。

出栈时，如指令 POP direct，表示将栈顶内容弹出至 direct 所表示的直接地址里，SP 再减 1。在实际应用中进行数据交换时，可将预交换的两个寄存器内容压入堆栈，在弹出时做交换。

(5) AUXR 寄存器是辅助寄存器。其格式如图 3.5 所示。

	D7	D6	D5	D4	D3	D2	D1	D0	
AUXR	—	—	—	WDIDLE	DISRTO	—	—	DISALE	8EH

图 3.5　AUXR 的格式

DISALE：ALE 的禁止或允许位，若为 0，则 ALE 有效，发出脉冲信号；若为 1，则 ALE 仅在 MOVC 或 MOVX 类指令有效，不访问片外存储器时，ALE 不发出脉冲信号。

DISRTO：禁止或允许 WDT 溢出时的复位输出，若为 0，则 WDT 溢出时在 RST 引脚输出一个高电平脉冲，允许复位输出；若为 1，则 RST 引脚仅为输入引脚，禁止复位输出。

WDIDLE：WDT 在空闲省电模式下的禁止和允许位。若为 0，则 WDT 在空闲模式下继续计数；若为 1，则 WDT 在空闲模式下暂停计数。

(6) 双数据指针寄存器 DPTR0 和 DPTR1：作为访问片外 RAM 用。

DPTR0 是 AT89C51 原有的数据指针，是 16 位的专用寄存器，可作为一个 16 位寄存器使用，也可以作为两个独立的 8 位寄存器 DP0H 和 DP0L 使用。DPTR1 是新增加的数据指针。AUXR1 的 DSP 位用于选择两个数据指针，DSP 位为 0 时，选用 DPTR0；DSP 位为 1 时，选用 DPTR1。

(7) I/O 端口 P0～P3：专用寄存器 P0～P3 分别是 I/O 端口 P0～P3 的锁存器。用户可将 I/O 口当作一般的专用寄存器来使用，没有专门设置的口操作指令，全部采用统一的 MOV 指令。

(8) 看门狗定时器 WDT：包含一个 14 位计数器和看门狗定时器复位寄存器 WDTRST。当 CPU 受到干扰，程序进入死循环或者跑飞状态时，WDTRST 可协助程序恢复正常运行。

若为 52 系列单片机，片内 RAM 的高 128 字节地址和 SFR 的地址相同，但访问片内数据存储器的指令和访问 SFR 的指令不同，以示区别。

4) 位地址空间

位地址空间内含 211 个可寻址位。其中，片内 RAM 有 128 位，SFR 有 83 位。用户可只对某一位进行操作。该功能在控制场合应用较多。

3.1.5　单片机中断系统

MCS-51 及其 51 子系列的其他成员都具有相同的中断结构。AT89S51 与其他嵌入式微处理器相比较而言，中断系统较为简单，如图 3.6 所示。

AT89S51 有 5 个中断源，其中有两个外部中断源 $\overline{\text{INT0}}$ 和 $\overline{\text{INT1}}$，两个片内定时器/计数器溢出中断源和一个片内串行口中断源。

【中断源优先级】

根据优先级，可将中断源分为高级中断和低级中断。任何一个中断源的优先级均可由软件设定，且能实现两级中断服务程序嵌套。

1. 中断源

(1) $\overline{\text{INT0}}$：外部中断 0 请求，由 P3.2 引脚输入。$\overline{\text{INT0}}$ 有电平触发和边沿触发两种触发方式，由用户设定。若输入信号有效，则向 CPU 申请中断，并且将中断标志 IE0 置 1。

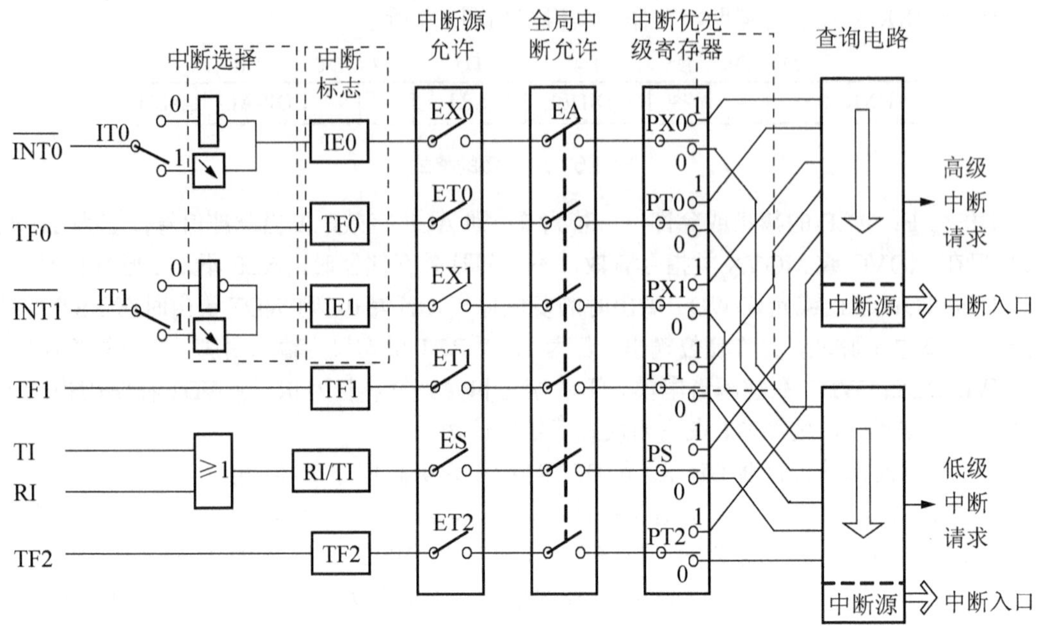

图 3.6　AT89S51 的中断系统图

(2) $\overline{\text{INT1}}$：外部中断 1 请求，由 P3.3 引脚输入。其触发方式与外部中断 0 相同。一旦输入信号有效，则向 CPU 申请中断，并将中断标志 IE1 置 1。

(3) TF0：片内定时器 T0 溢出中断请求。当定时器 T0 溢出时，T0 中断请求标志 TF0 置 1，发出中断请求。

(4) TF1：片内定时器 T1 溢出中断请求。当定时器 T1 产生溢出时，T1 中断请求标志 TF1 置 l，发出中断请求。

(5) TI 和 RI：片内串行口发送/接收中断请求。当通过串行口发送或接收完一帧串行数据时，串行口中断请求标志 TI 或 RI 置 1，请求中断处理。

2. 中断请求标志

1) TCON 的中断标志

TCON 是特殊功能寄存器之一，字节地址为 88H，它锁存了外部中断请求标志及 T0 和 T1 的溢出中断请求标志信息。ICON 的格式如图 3.7 所示。

	D7	D6	D5	D4	D3	D2	D1	D0	
TCON	TF1	TR1	TF0	TR0	IE1	IT1	IE0	IT0	88H

图 3.7　TCON 的格式

(1) IT0：$\overline{\text{INT0}}$ 触发方式控制位。IT0 为 0 时，为电平触发方式。

(2) IE0：$\overline{\text{INT0}}$ 请求标志位。IE0=1，INT0 向 CPU 申请中断。

(3) IT1：$\overline{\text{INT1}}$ 触发方式控制位。

(4) 1E1：$\overline{\text{INT1}}$ 请求标志位。IE1=1 时，INT1 向 CPU 申请中断。

(5) TF0：片内定时器 T0 溢出中断请求标志。T0 被启动后，从初始值开始进行加 1 计数，当最高位产生溢出时将 TF0 置 1，向 CPU 申请中断，直到 CPU 响应该中断时，才由硬件自动将 TF0 清 0，也可由软件查询该标志状态，并用软件清 0。

(6) TF1：片内定时器 T1 溢出中断请求标志，操作功能与 TF0 类似。

在实际应用中，使用外部中断时需要注意外部中断的响应时间，即外部中断请求到转向中断入口地址的时间。

外部中断最短响应时间为 3 个机器周期，其中中断请求标志位占指令最后一个机器周期，执行硬件子程序调用指令 LCALL 需要两个机器周期。

外部中断最长响应时间为 8 个机器周期，其中 CPU 在执行中断查询时，刚好在执行访问 IP 或 IE 的指令，或者在执行 RETI 指令，最多需要两个机器周期，接着再执行一条指令才可以响应中断，其中最长指令四个机器周期，执行硬件子程序调用指令 LCALL 需要两个机器周期。

外部中断采用边沿触发时，由于 CPU 采样间隔为 1 个时钟周期，故边沿触发信号至少需持续 12 个机器周期。

2) SCON 的中断标志

SCON 是串行口控制寄存器，字节地址为 98H。与中断有关的是它的低两位 TI 和 RI，均可以进行位寻址。SCON 的格式如图 3.8 所示。

	D7	D6	D5	D4	D3	D2	D1	D0	
SCON	SM0	SM1	SM2	REN	TB8	RB8	TI	RI	98H

图 3.8 SCON 的格式

(1) RI：串行口接收中断标志位，当允许串行口接收数据时，每接收完一个串行帧，由硬件将 RI 置 1。同样，RI 必须由软件清 0。

(2) TI：串行口发送中断标志位。每发送完一个串行帧，由硬件将 TI 置 1。CPU 响应中断时，不能清除 TI，TI 必须由软件清 0。

3. 中断允许寄存器

中断允许寄存器 IE 的格式如图 3.9 所示。

	D7	D6	D5	D4	D3	D2	D1	D0	
IE	EA	—	—	ES	ET1	EX1	ET0	EX0	0A8H

图 3.9 IE 的格式

这些位标志分别对应不同中断类型，所有标志位为 1 时表示开中断，为 0 时表示关中断。

图 3.9 中 EA 为中断总开关，如果它等于 0，则所有中断都不允许；ES 为串行口中断允许；ET1 为定时器 1 中断允许；EX1 为外中断 1 中断允许；ET2 为定时器 2 中断允许；ET0 为定时器 0 中断允许；EX0 为外中断 0 中断允许。

中断允许寄存器字节地址最低为 A8H。单片机复位时，IE 被清 0，可通过字节操作对其置 1。若允许两个外部中断源，并禁止其他一切中断，则对应的字节操作为

```
SETB EA
CLR ES
CLR ET1
SETB EX1
CLR ET0
SETB EX0
```

位操作为

```
MOV IE, #85H
```

4. 中断优先级寄存器

中断优先级别由中断优先寄存器 IP 锁存，其高两位不用，第六位为 0 时为低优先级，为 1 时为高优先级。IP 的格式如图 3.10 所示。

	D7	D6	D5	D4	D3	D2	D1	D0	
IP	—	—	PT2	PS	PT1	PX1	PT0	PX0	0B8H

图 3.10 IP 的格式

PT2 为 T2 中断优先级控制位，PS 为串行口中断优先级控制位，PT1 为 T1 中断优先级控制，PX1 为 $\overline{\text{INT1}}$ 中断优先级控制位，PX0 为 $\overline{\text{INT0}}$ 中断优先级控制位。各位为 0 时均表示低优先级，为 1 时表示高优先级。当这 6 位都为 1 或都为 0 时，中断源级别相同。为解决这一问题，单片机内部定义了一个辅助优先级结构，见表 3-6。

表 3-6 中断优先级控制

中断名称	内部自然优先级	入口地址
$\overline{\text{INT0}}$	高	0003H
T0	↓	000BH
$\overline{\text{INT1}}$	↓	0013H
T1	↓	001BH
TI/RI	低	0023H

各类中断入口地址均在程序存储器中。另外，中断入口处还放置跳转指令。单片机复位是 SP 指向 0000H，而 0000H、0001H 和 0002H 三个单元正好可存放一个 LJMP。

5. 中断处理过程

中断处理过程一般分为 3 个阶段，即中断响应、中断处理和中断返回。

1) 中断响应

中断响应的条件有以下 3 个：

(1) 有中断源发出请求信号。

(2) 中断是开放的(总允许、源允许)。

(3) 没有封锁(受阻)。

要产生中断响应，以上 3 个条件缺一不可。

中断封锁的情况有：①CPU 正在执行同级或高一级的中断服务程序；②现行机器周期不是正在执行的指令的最后一个机器周期，即现行指令完成前，不响应任何中断请求；③当前正在执行的是中断返回指令 RETI 或访问特殊功能寄存器 IE 或 IP 的指令，即在执行 RETI 或访问 IE、IP 的指令后，至少需要再执行一条其他指令，才会响应中断请求。

中断响应过程时进入中断响应周期，CPU 在中断响应周期要完成下列操作：

(1) 根据中断请求源的优先级高低，使相应的优先级状态触发器置 1。

(2) 清相应中断请求标志位 IE0、IE1、TF0 或 TF1。

(3) 保留断点，把 PC 内容压入堆栈中保存。

(4) 把被响应的中断源服务程序入口地址送入 PC，输入相应中断服务程序。

2) 中断服务与返回

【北大出版社已出版的一些单片机教材】

在实际应用中，编写中断服务程序时应该注意以下几点：

(1) 因各入口地址之间只相隔 8B，一般的中断服务程序是存放不下的。所以通常在中断入口地址单元处存放一条无条件转移指令，这样就可使中断服务程序灵活地安排在 64KB 程序存储器的任何空间。

(2) 若要在执行当前中断程序时禁止更高优先级中断，可先用软件关闭 CPU 中断，或禁止某中断源中断，在中断返回前再开放中断。

(3) 注意在保护现场和恢复现场。

(4) 中断服务程序的最后一条是返回指令 RETI，该指令将清除响应中断时被置位的优先级状态触发器，然后自动将断点地址从栈顶弹出，装入程序计数器 PC，使程序返回被中断的程序断点处，继续向下执行。

3) 中断请求的撤除

CPU 响应中断请求后，在中断返回(RETI)前，该中断请求信号必须撤除，否则会引起另外一次中断。

在实际应用中，采用边沿触发的外部中断标志 IE0 或 IE1 和定时器中断标志 TF0 或 TF1，CPU 响应中断后能用硬件自动清除。在电平触发时，IE0 或 IE1 受外部引脚中断信号的直接控制，CPU 无法控制 IE0 或 IE1，需要另外考虑撤除中断请求信号的措施，如通过外加硬件电路，并配合软件来解决，将 D 触发器置 1；串行口中断请求标志 TI 和 RI 也不能由硬件自动清除，需要在中断服务程序中，用软件来清除相应的中断请求标志，首先判断 TI 和 RI 哪一个是高电平，然后将其清 0。

3.2　单片机的语言程序设计方法

【单片机的程序设计语言】

本节以 AT89S51 单片机为例，介绍单片机语言程序设计方法。AT89S51 单片机有机器语言、汇编语言、高级语言 3 种程序设计语言。

机器语言：单片机应用系统只识别机器语言，是指令的二进制代码。目标程序是由机器语言程序指令组成。

汇编语言：使用命令助记符表示的命令，与机器语言指令一一对应，是用户控制单片机最直接的语言。用汇编语言编写的程序占用内存少，运行速度快，但是可读性、可移植性都较差。

高级语言：不受硬件限制，可读性、可移植性都较好，AT89S51 单片机也使用针对 8051 系列的 C 语言编程，称为 C51。因单片机资源比较少，在用 C 语言编程时需要考虑程序所占内存大小。

汇编语言采用 4 分段格式，如图 3.11 所示。

标号字段	操作码字段	操作数字段	注释字段

图 3.11 汇编语言格式

标号与操作码间用冒号“:”进行分隔，操作码与操作数间用空格进行分隔，双操作数间用逗号进行分隔，如 LOOP。

标号的有无取决于本程序中其他语句是否有访问。标号由 1～8 个 ASCII 码字符组成，第一个字符必须是字母，相同标号在一个程序中只能定义一次，汇编语言已定义的指令助记符、寄存器符号或伪指令符号不能作为标号。

操作码：规定指令的操作功能，最后变成机器码存在 EPROM 或程序存储器中，CPU 读入以后先需经过译码得到操作指令。程序中必须要有操作码字段，操作数字段可以没有。

操作数：指令操作的具体对象(地址、数据)，有二进制数、十进制数、十六进制数。十六进制数前面有字母 A～F 开头的前面必须加“0”，以区别于字符。

注释字段用分号标示，注释字段换行时，前面必须要有分号。

3.2.1 单片机的指令系统

AT89S51 单片机的指令系统共有 111 条指令，7 种寻址方式，共分为 5 大类。

1. AT89S51 指令系统的内容

AT89S51 指令系统格式如下：单字节指令 49 条，操作码和操作数占 1B；双字节指令 45 条，操作码占 1B，操作数占 1B；三字节指令 17 条，操作码占 1B，操作数占 2B。

从指令运行所占内存方面来看，有 64 条指令为一个机器周期，有 45 条指令为两个周期，有 2 条指令为 4 个周期。

在 AT89S51 单片机的指令中，常用的符号如下。

#data8、#data16：分别表示 8 位、16 位立即数。

direct1、direct2：片内 8 位 RAM 单元地址，也可以指特殊功能寄存器的地址或符号名称。

addr11、addr16：分别表示 11 位、16 位地址码。

rel：相对转移指令中的偏移量，为 8 位补码形式的带符号数。

bit：片内 RAM 中可位寻址的位地址。

A：累加器 A，Acc 则表示累加器 A 的地址。

Rn：当前寄存器组的 8 个工作寄存器 R0～R7，任意时刻只能选择一个。

Ri：可用作间接寻址的工作寄存器，只能是 R0、R1。

@：间接寻址的前缀标志。

2. 单片机的寻址方式

单片机的寻址方式定义了操作数所在地址。其作用是快速找到操作数所在地址。根据源操作数(即右边操作数)类型，单片机的寻址方式可以分为 7 种。寻址方式越多，指令系统越强。

(1) 立即数寻址：在指令中直接赋予立即数，前面必须带前缀“#”。

(2) 直接寻址：在指令中直接给出存放数据的地址，是访问片内所有特殊功能寄存器唯一的寻址方式。

(3) 寄存器寻址：指令中的操作数为寄存器中的内容。

(4) 寄存器间接寻址：指令中的操作数在寄存器的内容所指的地址单元中，在寄存器前加“@”。例如，

```
MOV A, @R1              ;寄存器间接寻址，把 30H 单元中的数送到 A 中
```

(5) 变址寻址：用于访问程序存储器中的 1B，该字节的地址为基址寄存器(DPTR 或 PC)的内容与变址寄存器 A 中的内容之和。例如，

```
MOV DPTR, #3000H        ;立即数 3000H 送 DPTR
MOV A, #02H             ;立即数 02H 送 A
MOVC A, @A+DPTR         ;取 ROM 中 3002H 单元中的数送入 A
JEMP @A+DPTR            ;常用于键盘指令
```

(6) 相对寻址：以 PC 当前值为基准，加上相对偏移量 rel 形成转移地址。其转移范围为以 PC 当前值起始地址，相对偏移在-128～+127 字节单元之间。相对寻址方式为相对转移指令所采用。转移的目的地址为转移指令所在地址+转移指令字节数+rel。

(7) 位寻址：对片内 RAM 的位寻址区(20H～2FH)、可以位寻址的 SFR 的各位进行置 1 或清 0 的位操作的寻址方式。例如，

```
MOV C,20H               ;把 20H 单元中 D0 位的值送到 C 位
MOV A,00H               ;A 为 8 位累加器，故为字节地址操作
MOV C,00H               ;位地址操作
```

在实际应用中需注意：在对累加器 A 做直接寻址和位寻址时，累加器 A 必须要写成 ACC，否则汇编不能通过。

地址量也是数据量的一种，前面也因该加“0”，否则单片机会将字母开头的数据量当作标号来处理，从而出现错误。

寻址方式相关的寄存器及寻址空间见表 3-7。

表 3-7　寻址方式相关的寄存器及寻址空间

寻址方式	相关寄存器	寻址空间
立即数寻址		ROM
直接寻址		片内 RAM 和 SFR

续表

寻址方式	相关寄存器	寻址空间
寄存器寻址	R0～R7、A、B、DPTR	R0～R7、A、B、DPTR
寄存器间接寻址	@R0、@R1	片内 RAM
	@R0、@R1、@DPTR	片外 RAM
变址寻址	@R0、@R1、@DPTR	ROM
相对寻址	PC	ROM
位寻址	可位寻址的 SFR	片内 RAM 20H～2FH，SFR 可位寻址位

3. AT89S51 指令系统的类型

AT89S51 指令系统包括数据传送类指令、算术运算类指令、逻辑操作类指令、控制转换类指令和位操作类指令。

(1) 数据传送类指令，共 28 条，使用最为频繁。其将影响 PSW 中 CY、AC、OV 标志位，而不影响奇偶标志位 P，主要是 MOV、MOVX、MOVC、XCH、XCHD 相关指令；对于 MOV 指令，RD 和 WR 有效；对于 MOVX 指令，PSEN 有效。

(2) 算术运算类指令，共 24 条，是针对 8 位二进制无符号数进行的。其将影响 PSW 中 CY、AC、OV、P 标志位，但是增 1 和减 1 的指令 INC、DEC 只影响 P 标志位，主要有 ADD、ADDC、DA、SUBB、INC、DEC、MUL、DIL 等相关指令。

在实际应用中，ADD 和 ADDC 做加法时，对标志位的影响有在十进制 BCD 码进行操作时，位 7 有进位，则 CY 置 1，否则 CY 清 0；如果低半字节向高半字节有进位即位 3 有进位，则 AC 置 1，否则 AC 清 0；如果位 6 有进位而位 7 没有进位或位 7 有进位而位 6 没有进位，OV 置 1，否则 OV 清 0，如果位 6 和位 7 都有进位，则 OV 为 0。

二进制数加法运算指令不能完全适用于十进制 BCD 码数的加法运算，需对 1010、1011、1100、1101、1110、1111 共 6 个结果做加 6 修正，通过指令“DA A”来完成修正。

带位减法指令对标志位的影响：若位 7 需借位则 CY 置 1，否则 CY 清 0；若位 3 需借位则 AC 置 1，否则 AC 清 0；如果位 6 有借位而位 7 没有借位或者位 7 有借位而位 6 没有借位则溢出，OV 置 1，否则 OV 清 0。

(3) 逻辑操作类指令，共 25 条，主要有 RL、RLC、RR、RRC、SWAP、ANL、ORL、XRL 等相关指令。

(4) 控制转换类指令，共 17 条，主要有 LJMP、SJMP、AJMP、JMP、JZ、JNZ、DJNZ、LCALL、ACALL、RET、RETI、NOP 等相关指令。

LJMP 跳转范围为 64KB；SJMP 是以该指令的下一条指令为起点，按偏移量跳转，往前最大跳转-128 个单元，往后最多跳转+127 个单元；AJMP 跳转范围在 2KB 之内，即预跳转指令的高 5 位地址和该指令下一条指令高 5 位地址必须相同，在同一个 2KB 范围内。在实际应用中，使用较多的是长跳转指令 LJMP 和相对转移 SJMP，LJMP 执行时间要高于 SJMP 和 AJMP 执行时间。

在分支跳转中，常用 JMP @A+DPTR，A 中数据不同即可跳向不同程序入口；使用 CJNE 对 CY 标志位的影响有如果第一操作数小于第二操作数，则 CY 置 1，否则 CY 清 0，操作数内容不变。

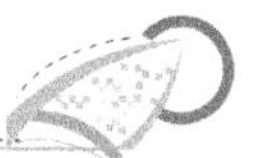

ACALL 跳转范围在 2KB 之内，即预跳转指令的高 5 位地址和该指令下一条指令高 5 位地址必须相同，在同一个 2KB 范围内；LCALL 跳转范围在 64KB 之内，是将下一条指令地址压入堆栈。

子程序返回指令 RET 是子程序最后一条指令，执行 RET 时，将断点地址弹出堆栈。栈顶弹入 PC 指针高 8 位，栈顶下一单元弹入 PC 指针低 8 位。

中断返回指令 RETI，是中断服务子程序的最后一条指令，执行 RETI 时，将断点地址弹出堆栈。栈顶弹入 PC 指针高 8 位，栈顶下一单元弹入 PC 指针低 8 位。中断源有优先级，进入中断子程序时，需将中断优先级状态寄存器置 1，中断返回时，需将中断优先级状态寄存器清 0。

(5) 位操作类指令，共 17 条，主要有 MOV、CLR、SETB、ANL、ORL、CPL、JC、JNC、JB、JBC、JNB 等相关指令。

每一条指令语句在汇编时都产生一个指令代码。51 单片机实际为一个 8 位机与 1 位机的结合体。其具体指令这里不再赘述。

4. 伪指令

伪指令是汇编语言程序的控制命令，并不产生机器码，不属于指令系统中的汇编语言程序。伪指令主要有 ORG、END、EQU、DB、DW、DS。在实际应用中，ORG 后边的地址必须由小到大依次排列；END 只能有一个，表示程序结束；DB 的功能是从制定单元开始定义存储的若干字节；DW 将 16 位二进制数从左向右依次存放在制定存储单元中；DS 从指定地址开始，保留指定数目的字节单元作为存储区，供程序使用。

单片机复位时 SP 指向 0000H，而 0000H、0001H 和 0002H 三个单元正好存放一个 LJMP。

跳向中断的程序如：

```
ORG 0000H
LCJMP Main
```

3.2.2　程序设计方法

1. 汇编语言子程序的设计

子程序是将多次应用完成相同运算的程序从主程序中独立出来，方便多次调用。所谓调用子程序，即暂时中断主程序的执行，转到子程序的入口地址去执行子程序，子程序执行完后返回主程序继续执行。子程序的形式与要求如下：

(1) 名称、地址、功用(标明子程序的入口地址或名称，以方便调用)。

(2) 指出入口与出口参数，以正确进行参数传递。

(3) 注意保护现场。

(4) 子程序的末尾用 RET 返回指令结束。

所谓参数传递是指在调用子程序前，主程序应先把有关参数(即入口参数)放到某些约定的位置，子程序在运行结束返回前，也应该把运算结果(出口参数)送到约定的位置或单元。这些位置或单位常采用工作寄存器或累加器、地址指针寄存器或堆栈。

在实际应用中子程序可以嵌套；子程序常用“MOV SP, 60H”对堆栈进行初始化；子程序的入口地址前面必须带标号，主程序常用“LCALL ADDR16”来调用子程序；子程序返回用 RET 指令。

经典子程序用法如下：

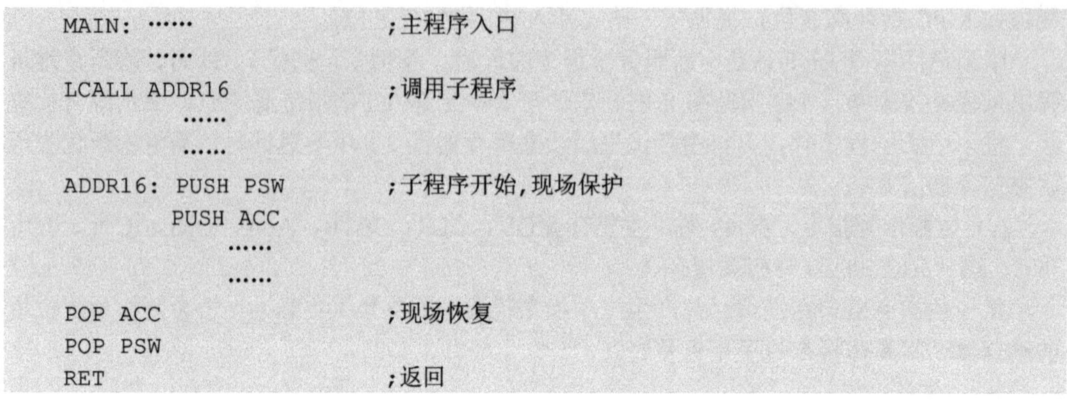

```
MAIN: ……                      ;主程序入口
      ……
LCALL ADDR16                   ;调用子程序
        ……
        ……
ADDR16: PUSH PSW               ;子程序开始,现场保护
        PUSH ACC
            ……
            ……
POP ACC                        ;现场恢复
POP PSW
RET                            ;返回
```

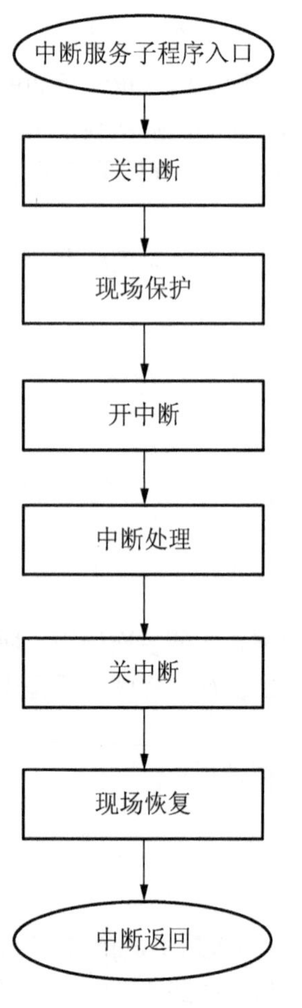

图 3.12　中断服务子程序的基本流程

单片机开始工作时，PC 指针指向 0000H，其后常跟长跳转指令 LCALL，保护现场要根据主程序执行情况确定。

2. 中断服务子程序设计

在实际应用中，中断服务子程序设计不仅要编写中断服务子程序，还需在主程序初始化部分完成中断允许控制寄存器 IE 的设置、中断优先级寄存器 IP 的设置。若为外部中断，还需设置中断请求的触发方式。

中断程序设计的一般方法如下：

中断程序设计的第一步是在主程序中对中断系统进行初始化处理。

(1) 设置中断系统特殊功能寄存器，如中断源的触发方式设置。

(2) 设置中断优先级。

(3) 设置中断允许寄存器以开中断。

(4) 中断服务程序的前期对入口参数的初始化等。

第二步是中断响应与中断服务程序执行，这里较为重要的是现场保护。

中断服务子程序的基本流程如图 3.12 所示。

3.2.3　定时器/计数器设计

1. 定时器/计数器的结构

AT89S51 单片机内有两个可编程的定时器/计数器 T0 和 T1；可由用户通过程序选择工作方式，设定工作参数和

条件。定时器/计数器的核心功能模块是加 1 计数器。当加 1 计数器加到值为全“1”时，再输入一个脉冲，就使计数器回零，与此同时产生溢出脉冲使 TCON 中溢出中断标志 TF0 或 TF1 置 1，向 CPU 发出中断请求。

定时器工作方式，是对机器周期进行计数，每经过一个机器周期，计数值加 1，直至计满溢出。当 AT89S51 晶振为 12MHz 时，每个机器周期为 1μs。故在机器周期固定的情况下，定时时间的长短取决于计数器的初始值，初始值越小，定时时间越长。

计数器工作方式，通过引脚 T0(P3.4)和 T1(P3.5)对外部脉冲信号进行计数。当 T0 或 T1 脚上输入的脉冲信号出现由 1 到 0 的负跳变时，计数器值加 1。

定时器/计数器的结构如图 3.13 所示。

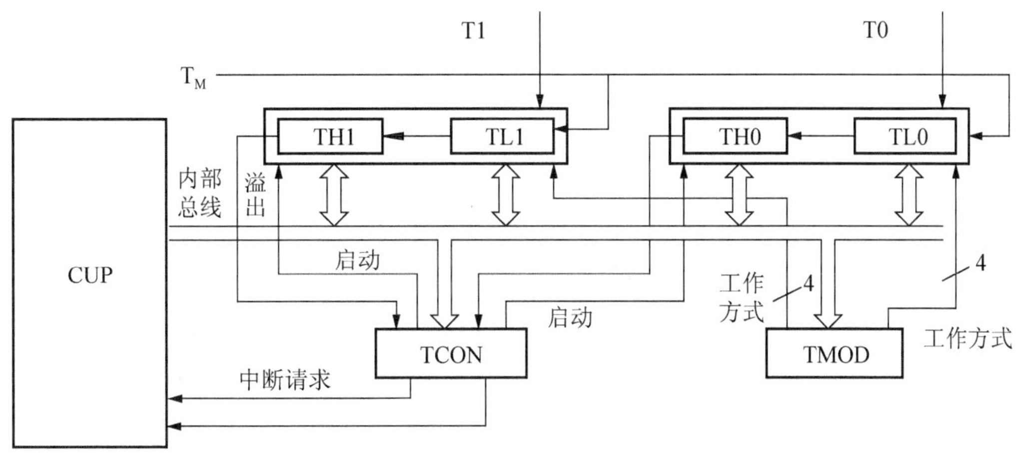

图 3.13　定时器/计数器的结构

单片机内部的定时器/计数器是一种可编程器件，可设置为 4 种工作方式，由两个 8 位特殊功能寄存器 TMOD 和 TCON 进行管理与控制。

工作方式寄存器 TMOD 用于选定定时器/计数器的工作方式、启动方式等，如图 3.14 所示。

	D7	D6	D5	D4	D3	D2	D1	D0	
TMOD	GATE	C/T*	M1	M0	GATE	C/T*	M1	M0	89H

图 3.14　TMOD 的格式

其中，位 D0～D3 控制 T0，位 D4～D7 控制 T1。

M1、M0：用于定时器/计数器 T0 和 T1 的工作方式设置(0～3)。

C/T*：用于选择定时/计数，C/T*为 0 时定时，C/T*为 1 时计数；

GATE：门控位，用于启动控制方式为内部或外部的设定，GATE 为 0 则允许软件位 TR0 或 TR1 启动，GATE 为 1 则允许外部引脚信号 INT0/INT1 启动。

例如，设定时器 T0 工作于方式 1 定时，由软件启动控制，则可用如下指令来装入控制字(图 3.15)：

```
MOV TMOD, #00000001B
```

或

```
MOV TMOD, #01H
```

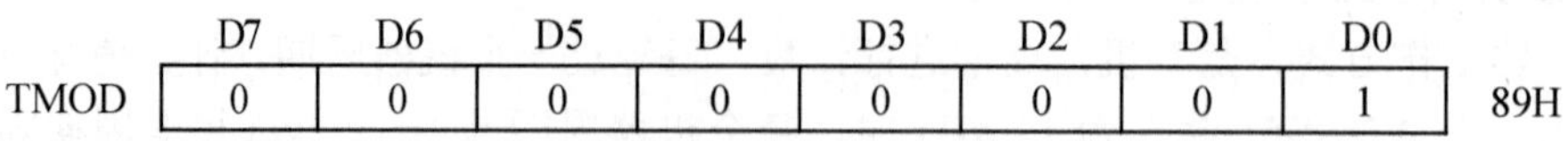

	D7	D6	D5	D4	D3	D2	D1	D0	
TMOD	0	0	0	0	0	0	0	1	89H

图 3.15　装入控制字

设 T1 工作于方式 2 计数，由外部脉冲启动，则方式控制字(图 3.16)可为

```
MOV TMOD, #11010000B
```

或

```
MOV TMOD, #B0H
```

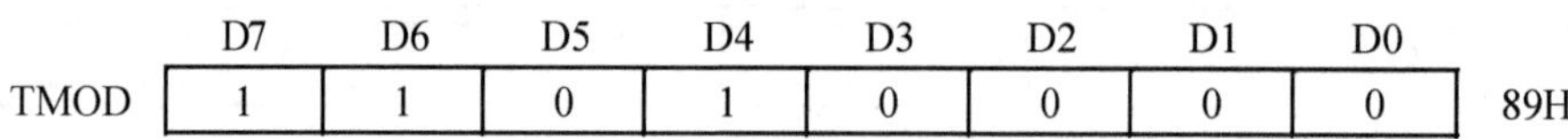

	D7	D6	D5	D4	D3	D2	D1	D0	
TMOD	1	1	0	1	0	0	0	0	89H

图 3.16　方式控制字

定时器控制寄存器 TCON 的格式如图 3.17 所示。

	D7	D6	D5	D4	D3	D2	D1	D0	
TCON	TF1	TR1	TF0	TR0	IE1	IT1	IE0	IT0	88H

图 3.17　定时器控制寄存器 TCON 的格式

其中，TF1 表示定时器 1 溢出标志；TR1 表示定时器 1 运行控制位；TF0 表示定时器 0 溢出标志；TR0 表示定时器 0 运行控制位；IE1 表示外部中断 1 请求标志；IT1 表示外中断 1 触发方式选择位；IE0 表示外部中断 0 请求标志；IT0 表示外部中断 0 触发方式选择位。

在实际应用中，定时器/计数器复位后 TMOD、TCON 各位均清 0。若要启动 T0 工作，可用指令：

```
SETB TR0
```

2. 定时器/计数器的工作方式

(1) 方式 0 下工作时，定时器/计数器为一个 13 位的计数器。C/T*为 1 是计数工作方式，计数脉冲由 T1 引脚输入，计数个数 N=(2^{13}−初值 x)；C/T*为 0 是定时工作方式，计数脉冲为时钟频率的 1/12。定时时间 t=(2^{13}−初值 x)×时钟周期×12。

(2) 方式 1 下工作时，定时器/计数器与方式 0 下工作时差别仅在于计数器的位数不同，为一个 16 位的计数器。最大可计数个数和定时时间都大于方式 0，最大计数值为 65536。

(3) 方式 2 下工作时，定时器/计数器将两个 8 位计数器 THx、TLx 分成独立的两部分，组成一个可自动重装载的 8 位定时器/计数器。最大可计数个数和定时时间都小于方式 0 和方式 1，特别适合用作较精确的定时、脉冲信号发生器或串行口波特率发生器。

(4) 方式 3 下工作时，只适用于定时器 T0。将 T0 分成两个相互独立的 8 位计数器 TL0

和 TH0。TL0 占用了全部的定时器控制位，TH0 只能用于定时方式，运行控制位和溢出标志位则借用定时器 1 的 TR1 和 TF1 来完成。

在实际应用中，方式 1 使用较多。在将 T0 设置为方式 3 工作时，定时器 T1 又可作为串行口波特率发生器等不需要中断的场合。这对有效利用单片机资源非常有益，相当于增加了一个 8 位定时器。

3.2.4 串行接口设计

AT89S51 单片机串行通信接口的主要作用是提供 AT89S51 单片机与其他单片机之间或 AT89S51 单片机与 PC 之间的串行通信。另外，AT89S51 单片机串行通信接口也提供键盘输入、LED 显示及其他控制单元的数据通道。

1. 通信方式

嵌入式微处理器的通信方式有串行通信和并行通信。

串行通信是指传送数据的各位按分时顺序一位一位地传送。并行通信是指所传送的数据各位同时进行传送。串行通信的优点是传输线少，传送通道费用低，适合长距离数据传送；缺点是传送速度较慢。并行通信的优点是传送速度快，缺点是传输线多，通信线路费用较高，适用于近距离、传送速度要求高的场合。

一般情况下，通信距离大于 30m 时，宜采用串行通信方式。串行通信方式按照其数据传送方向，有下列 3 种方式：

(1) 单工方式——通信双方只有一条单向传输线，只允许数据由一方发送，另一方接收。

(2) 半双工方式——通信双方只有一条双向传输线，允许数据双向传送，但每时刻上只能有一方发送，另一方接收，这是一种能够切换传送方向的单工方式。

(3) 全双工方式——通信双方只有两条传输线，允许数据同时双向传送，其通信设备应具有完全独立的收发功能。

为了准确地发送、接收信息，必须使数据的发送者和接收者双方协调工作。AT89S51 单片机中串行接口采用异步串行通信方式约定数据的发送者和接收者双方的工作。

异步通信方式有约定的数据帧格式，数据一帧一帧地传送，双方用各自的时钟控制发送与接收，实现简单。为了避免连续传送过程中的误差累积，每个字符都要独立地确定起始和结束位置(即每个字符都要重新同步)，字符和字符之间还可能有长度不定的空闲时间。发送与接收之间的同步是利用每一帧的起止信号来建立的。

在通信中通信双方有两次约定：①传送速率的约定，称为波特率；②字符格式的约定，称为帧格式。

波特率是通信双方对数据传送速率的约定，表示每秒钟传送二进制数码的位数，是每一位传送时间的倒数，单位是 bit/s。

【传输速率的约定】

2. 串行口的结构及工作原理

AT89S51 单片机的串行口由两个独立的数据缓冲器(SBUF)、发送控制器、接收控制器、输入移位寄存器和输出控制门等基本单元组成，如图 3.18 所示。

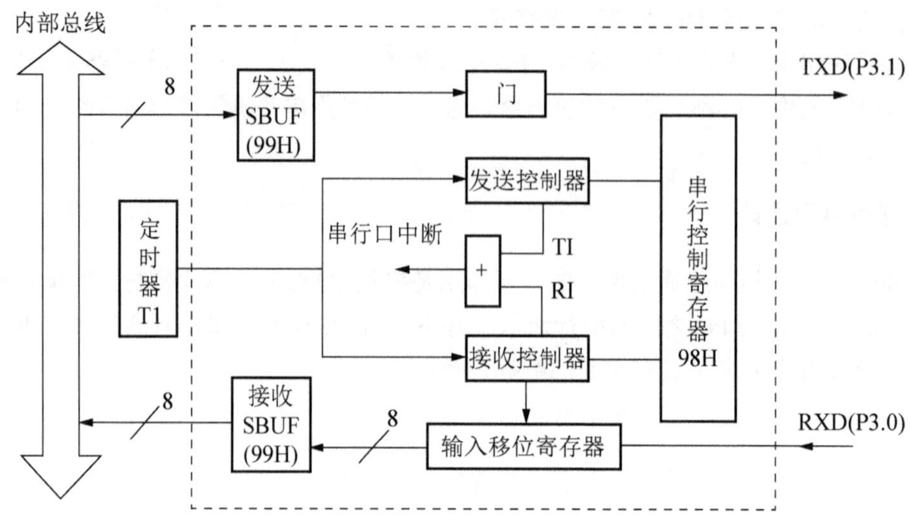

图 3.18　串行口结构

其中，两个独立的 SBUF 一个用作接收，一个用作发送。由指令确定是发送还是接收。用户可访问 SBUF，两个 SBUF 共用同一地址 99H，但发送 SBUF 只写不读，接收 SBUF 只读不写。此外，用户还可访问串行口控制寄存器(SCON)和电源控制寄存器(PCON)。

1) SCON

SCON 的字节地址为 98H，位地址为 98H～9FH，是一个可位寻址的特殊功能寄存器。其主要功能是设定串行口的工作方式、控制串行口的接收/发送及状态标志。格式如图 3.19。

	D7	D6	D5	D4	D3	D2	D1	D0	
SCON	SM0	SM1	SM2	REN	TB8	RB8	TI	RI	98H

图 3.19　SCON 的格式

(1) SM0、SM1：串行口工作方式选择位，可选择 4 种工作方式见表 3-8。

表 3-8　串行口的 4 种工作方式

SM0	SM1	工作方式	功能	波特率
0	0	方式 0	同步移位寄存器	$f_{oc}/12$
0	1	方式 1	10 位异步收发	可变
1	0	方式 2	11 位异步收发	$f_{oc}/32$、$f_{oc}/64$
1	1	方式 3	11 位异步收发	可变

(2) SM2：多机通信控制位。

在方式 0 中，必须将 SM2 设置为 0。

在方式 1 中，若 SM2 为 1，则只有接收到有效的停止位，才将 RI 置 1。

在方式 2 和方式 3 中，若 SM2 为 1，则当接收到第 9 位数据(RB8)为 1 时，才将接收到的前 8 位数据装入 SBUF，并将 RI 置 1，发出中断请求；否则将接收到的数据丢弃。

若 SM2 为 0，将接收到的前 8 位数据装入 SBUF，并将 RI 置 1，发出中断请求。

在实际应用中，多机通信必将 SM2 置 1；双机通信常使 SM2 为 0。

(3) REN：串行接收允许位，由软件置位或清 0。

(4) TB8：在方式 2 或方式 3 时，该位为发送的第 9 位数据，可按需要由软件置位或清 0。在许多通信协议中，该位常作为奇偶校验位。在多机通信中，TB8 的状态用来表示发送的是地址帧还是数据帧，TB8 为 0 时，是地址帧；TB8 为 1 时，是数据帧。

(5) RB8：在方式 2 或方式 3 时，存放接收到的第 9 位数据，代表接收数据的某种特征。例如，可能是奇偶位或为多机通信中的地址/数据标识位。在方式 0 中，RB8 未用。在方式 1 中，若 SM2 为 0，RB8 是已接收到的停止位。

(6) TI：发送中断标志位。在方式 0 中，串行发送完第 8 位数据后，由硬件置位；在其他方式中，当发送停止位开始时，由硬件置位。TI 为 1 时，表示帧发送结束，其状态既可供软件查询使用，也可申请中断。在任何方式中，TI 只能通过软件清 0。

(7) RI：接收中断标志。在方式 0 中，接收完第 8 位数据后，由硬件置位；在其他方式中，当接收到停止位的中间时由硬件置位。RI 为 1 时，表示帧接收结束，其状态既可供软件查询使用，也可申请中断。RI 也只能通过软件清 0。

注意：单片机复位时，SCON 中的所有位均为 0。不论采用中断控制与否，数据发送前必须用软件将 TI 清 0，接收数据后将 RI 清 0。

2) PCON

PCON 的直接地址为 87H，不能位寻址。PCON 中只有最高位 SMOD 与串行口工作有关，其余几位用于电源的控制。SMOD 为串行口波特率倍增位。当 SMOD 为 1 时，串行口波特率加倍；复位时，SMOD 为 0。串行口方式 1、方式 2、方式 3 的波特率均与 SMOD 有关。PCON 的格式如图 3.20 所示。

	D7	D6	D5	D4	D3	D2	D1	D0	
PCON	SMOD	—	—	—	GF1	GF0	PD	IDL	87H

图 3.20　PCON 的格式

3.3　主机电路应用程序设计实例

3.3.1　算术运算程序设计实例

设计一个子程序，功能是 16 位无符号数与 8 位无符号数的乘法。该子程序的实现方法如图 3.21 所示。

被乘数：R3R4 (16 位)		
乘数：R2 (8 位)		
乘积：R7R6R5		
算法:	R3	R4
×		R2
	(R4R2)H	(R4R2)L
+(R3R2)H	(R3R2)L	
R7	R6	R5

(a) 过程分析

```
MOV A, R2
MOV B, R4
MUL AB
MOV R5, A
MOV R6, B
MOV A, R2
MOV B, R3
MUL AB
ADD A, R6
MOV R6, A
MOV A, B
ADDC A, #00H
MOV R7, A
RET
```

(b) 指令程序

图 3.21 子程序的实现方法

3.3.2 查表程序设计实例

在智能仪表主程序设计中，查表是较为频繁的操作。通过查表程序可以快速查到某些数据。查表的常用指令如下：

```
MOVC A, @A+DPTR
MOVC A, @A+PC
```

使用 DPTR，待查表可放置在距离查表指令 64KB 的范围内，无偏移量计算，但需要保护现场。使用 PC，待查表只能放置在距离查表指令 256B 的范围内。

实例一：累加器 A 中的数为 0～12 范围内的单字节数，各自平方也为单字节数，存在表中。设计一个子程序，实现根据 A 中的数查表得到其平方。

方法一：使用 PC 实现，程序如下。

```
ADD A, #01H                    ;RET 占用 1B，用 01H 作为偏移量
MOVC A,@A+PC
RET
DB 00H 01H 04H 09H 10H         ;定义平方表
DB 19H 24H 31H 40H 51H
DB 64H 79H 90H
```

方法二：使用 DPTR 实现，程序如下。

```
PUSH DPH                       ;保存 DPTR 原有内容到堆栈中
PUSH DPL
MOV DPTR, #PINGFB
MOVC A, @A+DPTR
POP DPL                        ;恢复 DPTR 原有内容
       POP DPH
       RET
```

```
PINGFB: DB 00H 01H 04H 09H 10H ;定义平方表
        DB 19H 24H 31H 40H 51H
        DB 64H 79H 90H
```

实例二：设计一查表子程序，从第一项开始，在 100B 的无序表中逐项查找关键字“58H”。

```
ORG 1000H
MOV 30H, #58H                    ;关键字 58H 给 30H
MOV R1, #100                     ;查找次数给 R1
MOV A, #14                       ;修正值给 A
MOV DPTR, #WXB1                  ;表首地址给 DPTR
```

3.3.3 循环程序设计实例

循环程序在智能仪表主电路中非常常见。软件延时程序即为一种循环程序。软件延时程序和晶振及指令执行时间息息相关。

实例一：若晶振为 12MHz，设计延时为 90ms 的子程序。

方法一：子程序嵌套实现，程序如下。

```
DEL: MOV R7, #360                ;外循环次数
DEL1: MOV R6, #125               ;内循环次数
DEL2: DJNZ R6, DEL2              ;内循环，指令执行一次 2μs
      DJNZ R7, DEL1              ;外循环，执行 360 次
      RET
```

方法二：循环嵌套实现，程序如下。

```
DEL:MOV R7, #90                  ;循环外指令，1μs
DEL1:MOV R6, #249
DEL2:NOP                         ;内循环
     NOP                         ;内循环
     DJNZ R6, DEL2               ;内循环，4×249μs=996μs
     DJNZ R7, DEL1               ;循环外指令，2μs
     RET
```

实例二：系统晶振频率为 12MHz，利用定时器/计数器 T0 工作于方式 1，产生 1ms 的定时，并使 P1.0 引脚输出周期为 2ms 的方波。

第一步：T0 工作于方式 1，对应 TMOD 的设置为 M1M0=01，GATE=0，C/T*=0，TMOD 控制字为 01H。

第二步：T0 初始值的计算。晶振为 12MHz，故机器周期为 1μs，计数个数 N 为 1000。初始值 $X=2^{16}-N=64536=0FC18H$。将 0FCH 装入 TH0，将 18H 装入 TL0。

方法一：

```
     ORG 0000H
     LJMP MAIN                   ;跳转到主程序
     ORG 000BH                   ;T0 的中断入口地址
     LJMP D10M                   ;转向中断服务子程序
```

```
     ORG 0100H
MAIN: MOV TMOD,#01H             ;设置 T0 工作于方式 1
      MOV TH0, #0FCH            ;装入计数初值高 8 位
      MOV TL0, #18H             ;装入计数初值低 8 位
      SETB ET0                  ;T0 开中断
      SETB EA                   ;CPU 开中断
      SETB TR0                  ;启动 T0
D10M: CPL P1.0                  ;P1.0 取反输出
      MOV TH0, #0FCH            ;重新装入计算值
      MOV TL0, #18H
      RETI                      ;中断返回
      END
```

方法二：

```
      ORG 0000H
      LJMP MAIN                 ;跳转到主程序
      ORG 0100H
MAIN: MOV TMOD, #01H            ;设置 T0 工作于方式 1
LOOP: MOV TH0, #0FCH            ;装入计数初值高 8 位
      MOV TL0, #18H             ;装入计数初值低 8 位
      SETB TR0                  ;启动 T0
      JNB TF0, $                ;TF0=0，查询等待
      CLR TF0
      CPL P1.0
      SJMP LOOP
      END
```

3.3.4 异步通信程序设计实例

单片机如果接收到 0FF，表示上位机需要联机信号，单片机发送 0FFH 作为应答信号，如果接收到数字 1～*n*，相应的功能为如果收到 1，则单片机向计算机发送字符'L'；如果收到 2，则单片机向计算机发送字符'Y'；如果收到其他的数据，则发送'M'。相关程序如下：

```
      BEEP bit p3.7             ;蜂鸣器定义
      ORG 0000H
      JMP MAIN
      ORG 0023H                 ;串行中断入口地址
      JMP com_int               ;串行中断服务程序
*********** 主程序开始 *******************
      ORG 0030H
MAIN: MOV SP,#0030H             ;设置堆栈
      LCALL REST                ;初始化
      LCALL Comm                ;串口初始化
      JMP $                     ;原地等待
************** 初始化 *****************
REST: MOV P0,#0000H             ;禁止数码管显示
      MOV P2,#255
      CLR BEEP                  ;禁止蜂鸣器
```

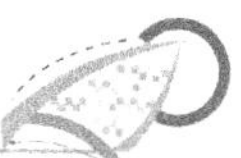

```
        MOV P1,#255                       ;禁止LED显示
        RET                               ;返回
*************** 串口初始化 ****************
Comm:   MOV TMOD,#20H                     ;T1方式2作为波特率发生器
        MOV TL1,#0F3H                     ;定时器计数初值,波特率为2400bit/s
        MOV TH1,#0F3H ;
        SETB EA                           ;CPU开中断
        SETB ES                           ;允许串行中断
        MOV PCON,#00H                     ;波特率不倍增
        MOV SCON,#50H                     ;串口方式1,允许接收
        SETB TR1                          ;启动定时器
        RET
**************** 串口中断服务程序 ************
com_int: CLR ES                           ;禁止串行中断
               CLR RI                     ;清除接收标志位
               MOV A,SBUF                 ;从缓冲区取出数据
               MOV P1,A
               MOV DPTR, #TAB1
               CJNE A,#0FFH,in_1          ;检查数据
               MOV SBUF,#255              ;收到联机信号,发送联机信号
               JNB TI,$                   ;等待发送完毕
               CLR TI                     ;清除发送标志
               SETB ES                    ;允许串行中断
               RETI
in_1:   CJNE A,#01H, in_2                 ;如果收到1
        MOVC A,@A+DPTR
        MOV SBUF,A                        ;发送'L'
        JNB TI,$                          ;等待发送完毕
        CLR TI                            ;清除发送中断标志
        SETB ES                           ;允许串行中断
        RETI
in_2:   CJNE A,#2,in_3                    ;接收到2
        MOVC A,@A+DPTR
        MOV SBUF,A                        ;发送'Y'
        JNB TI,$                          ;等待发送完毕
        CLR TI                            ;清除发送中断
        SETB ES                           ;允许串行中断
        RETI                              ;中断返回
in_3:   MOV A,#03H
        MOVC A,@A+DPTR
        MOV SBUF,A                        ;发送'M'
        JNB TI,$                          ;等待发送完毕
        CLR TI                            ;清除发送中断标志
        SETB ES                           ;允许串行中断
        RETI                              ;返回
TAB1:   DB '2','L','Y','M'
END
```

3.4 嵌入式开发技术

在信息科学技术呈爆炸式增长的今天，嵌入式系统早已融入了人们生活的方方面面。美国福特汽车公司的高级经理曾宣称，“福特出售的‘计算能力’已超过了 IBM”。这并不是一个哗众取宠或者夸张的说法，在真正感受这句话的震撼力之前，让我们先了解一下嵌入式系统(Embedded System)的定义：以应用为中心，以计算机技术为基础，软件、硬件可裁剪，适应应用系统对功能、可靠性、成本、体积、功耗要求严格的专用计算机系统。举例来说，大到油田的集散控制系统和工厂流水线，小到家用视频压缩碟片(Video Compact Disc，VCD)机或手机，甚至组成普通 PC 终端设备的键盘、鼠标、磁盘驱动、硬盘、显示卡、显示器、Modem、网卡、声卡等均是由嵌入式处理器控制的，由此嵌入式系统市场的深度和广度可见一斑。尽管如此，它的市场价值也许仍然超过人们的想象：今天，嵌入式系统带来的工业年产值已超过了 1 万亿美元。

【嵌入式开发技术及其应用】

因此，学习嵌入式系统还是很有必要的。到目前为止 Contiki 技术和 Linux 技术是嵌入式系统开发中使用比较广泛的两种开发技术，本节主要对这两种技术进行介绍，让读者对这两门技术有一些了解。

3.4.1 Contiki 技术

1. 概述

Contiki 是一个小型的、开源的、极易移植的多任务计算机操作系统。它用于一系列内存受限的网络系统，包括从 8 位计算机到微型控制器的嵌入系统。其名称来自托尔·海尔达尔的康提基号。

Contiki 只需几千字节的代码和几百字节的内存就能提供多任务环境和内建 TCP/IP 支持。作为基础的内核及大部分的核心功能是由瑞典计算机科学学院(Swedish Institute of Computer Science，SICS)的网络内嵌系统小组的 Adam Dunkels 等开发的。

Contiki 支持 IPv4/IPv6 通信，提供了μIPv6 协议栈、IPv4 协议栈(μIP)，支持 TCP/UDP，还提供了线程、定时器、文件系统等功能。Contiki 是采用 C 语言开发的非常小型的嵌入式操作系统，针对小内存微控制器设计。

在一个较为典型的配置中，Contiki 系统只需 2KB 的 RAM 与 40KB 的 ROM。Contiki 包括了一个事件驱动的内核，因此可以在运行时动态载入上层应用程序。

Contiki 可运行于各种平台上，包括嵌入式微控制器，如 TIMSP 及 Atmel AVR 及旧的家用计算机。程序代码量只有几千字节，存储器的使用量也只有几十千字节。

2. 特点

Contiki 可以在每个进程内选择是否支持先占式多线程，进程间通信通过事件利用消息来实现。Contiki 中还包括一个可选的 GUI 子系统，可以提供对本地终端、基于 VNC 的网络化虚拟显示或 Telnet 的图形化支持。完整 Contiki 系统的特性如下：

(1) 多任务内核。

(2) 每个应用程序中可选的先占式多线程。

(3) protothreads 模型。

(4) TCP/IP 网络支持，包括 IPv4 和 IPv6。

【完整的 Contiki 系统的补充特性】

(5) 视窗系统与 GUI。

(6) 基于 VNC 的网络化远程显示。

(7) 网页浏览器。

(8) 个人网络服务器。

(9) 简单的 Telnet 客户端。

(10) 屏幕保护程序。

Contiki 的主要特点如下。

(1) 低功率无线电通信。Contiki 同时提供完整的 IP 网络和低功率无线电通信机制。对于无线传感器网络内部通信，Contiki 使用低功率无线电网络栈 Rime。Rime 实现了许多传感器网络协议，如从可靠数据采集、最大努力网络洪泛到多跳批量数据传输、数据传播。

(2) 网络交互。用户可以通过多种方式完成与使用 Contiki 的传感器网络的交互，如利用 Web 浏览器、基于文本的命令行接口，或者存储和显示传感器数据的专用软件等。基于文本的命令行接口是受到 UNIX 命令行 Shell 的启发，并且为传感器网络的交互与感知提供了一些特殊的命令。

(3) 能量效率。为了延长传感器网络的生命周期，控制和减少传感器节点的功耗很重要。Contiki 提供了一种基于软件的能量分析机制，记录每个传感器节点的能量消耗。

由于基于软件，这种机制不需要额外的硬件就能完成网络级别的能量分析。Contiki 的能量分析机制既可用于评价传感器网络协议，也可用于估算传感器网络的生命周期。

(4) 节点存储：Coffee File System。Contiki 提供的 Coffee File System(CFS)是基于 Flash 的文件系统，可以在节点上存储数据。

(5) 编程模型。Contiki 包含一个事件驱动内核，应用程序可以在运行时被动态加载和卸载。在事件驱动内核之上，Contiki 提供一种名为 Protothread 的轻量级线程模型来实现线性的、类线程的编程风格。Contiki 中的进程正是使用这种 Protothread 机制。此外，Contiki 还支持进程中的多线程、进程间的消息通信。Contiki 提供 3 种内存管理方式，即常规的内存分配(malloc)、内存块分配和托管内存分配器。

3. 移植版本

Contiki 操作系统已被移植到以下系统中。

(1) 计算机：Apple Ⅱ family、Atari 8-bit、Atari ST、Atari Portfolio、Commodore PET、Commodore VIC-20、Commodore 64、Commodore 128、PC-6001、Sharp Wizard。

(2) 游戏机平台：PC Engine、Nintendo Entertainmcnt System、Atari Jaguar。

(3) 手持游戏机平台：Game Boy、Game Boy Advance、GP32。

(4) 微型控制器：Atmel AVR、LPC2103、TIMSP430、TICC2430。

4. 源代码结构

Contiki是一个高度可移植的操作系统，它的设计就是为了获得良好的可移植性，因此源代码的组织很有特点。在此为大家简单介绍 Contiki 的源代码组织结构及各部分代码的作用。

Contiki源文件目录可以在Contiki studo安装目录中的workspace目录下找到。Contiki源文件目录，可以看到主要有core、cpu、platfom、apps、examples、doc、tools等目录。下面将分别对各个目录进行介绍。

(1) core目录

core目录下是Contiki的核心源代码，包括网络(net)、文件系统(cfs)、外围设备(dev)、链接库(lib)等，并且包含了时钟、I/O、ELF装载器、网络驱动等的抽象。

(2) cpu目录

cpu目录下是Contiki目前支持的微处理器，如ARM、AVR、MSP430等。如果需要支持新的微处理器，可以在这里添加相应的源代码。

(3) platform目录

platform目录下是Contiki支持的硬件平台，如MX231CC、Micaz、SKY、Windows 32等。Contiki的平台移植主要在这个目录下完成。这一部分的代码与相应的硬件平台相关。

(4) apps目录

apps目录下是一些应用程序，如ftp、shell、webserver等，在项目程序开发过程中可以直接使用。使用这些应用程序的方式为，在项目的Makefile中，定义“APPS=[应用程序名称]:”在以后的示例中会具体看到如何使用apps。

(5) examples目录

examples目录下是针对不同平台的示例程序，smeshlink的示例程序也在其中。

(6) doc目录

doc目录是Contiki帮助文档目录，对Contiki应用程序开发很有参考价值。使用前需要先用Doxygen进行编译。

(7) tools目录

tools目录下是开发过程中常用的一些工具，如CFS相关的makefsdata、网络相关的tunslip、模拟器cooja和mspsim等。

为了获得良好的可移植性，除了cpu目录和platform目录中的源代码与硬件平台相关以外，其他目录中的源代码都尽可能与硬件无关。编译时，根据指定的平台来链接对应的代码。

5. 事件和事件驱动

【事件和事件驱动】

Contiki内核基于事件驱动。这类系统的核心思想是，程序的每次执行都是一个事件的响应。整个系统(内核+链接库+用户代码)可以多进程并行执行。

不同的进程一般执行一段时间，然后等待事件发生。在等待时，这个进程的状态称为阻塞。当一个事件发生时，内核执行由事件传递来的信息指向

的进程。在所等待的事件发生时，内核负责调用相对应的进程。

事件被分为以下 3 种。

(1) 定时器事件(Timer Events)：进程可以设置一个定时器，在给定的时间后生成一个事件，进程一直阻塞直到定时器终止，才继续执行。这对周期性操作很有用，也可用于网络协议。

(2) 外部事件(External Events)：外围设备连接至具有中断功能的 MCU 的 I/O 引脚，触发中断时可能生成事件。例如，按键、射频芯片或脉冲探测加速器都是可以产生中断的装置，可以生成此类事件。进程可以等到这类事件生成后相应地响应。

(3) 内部事件(Internal Events)：任何进程都可以为自身或其他进程指定事件。这对于进程间的通信很有用。例如，通知某个进程，数据已经准备好可以进行计算。

对事件的操作称为投递(Posted)，当它被执行时，一个中断服务程序将投递几个事件至一个进程。事件具有以下信息。

(1) Process：进程被事件寻址，它可以是特定的进程或所有注册进程。

(2) Event Type：事件类型。用户可以为进程定义一些事件类型用来区分它们，如一个类型为接收数据包，另一个为发送数据包。

(3) Data：一些数据可以同事件一起提供给进程。

Contiki 操作系统主要的理念是，事件被投递给进程，进程触发后开始执行直到阻塞，然后等待下一个事件。

嵌入式系统常常被设计成响应周围环境的变化，而这些变化可以看成是一个个事件。事件来了，操作系统处理之；没有事件到来，操作系统就休眠了(降低功耗)，这就是所谓的事件驱动，类似于中断。

6. Protothread 机制

传统的操作系统使用栈保存进程上下文，每个进程需要一个栈，这对于内存极度受限的传感器设备来说是难以忍受的。Protothread 机制解决了这个问题，通过保存进程被阻塞处的行数(进程结构体的一个变量，unsiged short 类型，只需 2B)，从而实现进程切换，当该进程下一次被调度时，通过 switch(_LINE_)跳转到刚才保存的点，恢复执行。整个 Contiki 操作系统只用一个栈，当进程切换时清空，大大节省内存。

Protothread 的最大特点就是轻量级，每个 Protothread 不需要自己的堆栈，所有的 Protothread 使用同一个堆栈，而保存程序断点用 2B 保存被中断的行数即可。

3.4.2　Linux 技术

本节主要对 Linux 技术的概念、一些基本的操作命令及 Linux 技术在智能家居系统开发中的运用进行介绍，使读者对 Linux 技术有一些了解，为更深入地学习 Linux 技术做铺垫。

1. 概述

Linux 是在 1991 年发展起来的与 UNIX 兼容的操作系统，Linux 的源代码可以自由传

播且可任人修改、充实、发展，开发者的初衷是要共同创造一个完美、理想并可以免费使用的操作系统。Linux 是一种多用户、多任务的类 UNIX 风格的操作系统，以高效和灵活著称。事实上，Linux 也是一种通用的操作系统，在 Windows 上进行的操作在 Linux 中几乎都可以进行。

Linux 是一个以 Intel 系列 CPU(CYRIX，AMD 的 CPU 也可以)为硬件平台，完全免费的 UNIX 兼容系统，完全适用于个人计算机。它本身就是一个完整的 32 位的多用户多任务操作系统，因此不需要先安装 DOS 或其他操作系统(MS Windows、OS2、MINIX 等)就可以直接进行安装。Linux 的起源是 1991 年 10 月 5 日由一位芬兰的大学生 Linux Torvalds 写的 Linux 核心程序的 0.0.2 版，但其后的发展却几乎都是由互联网上(Linux Community)互通交流而完成的。Linux 不属于任何一家公司或个人，任何人都可以免费取得甚至修改它的源代码(Source Code)。Linux 上的大部分软件都是由 GNU 倡导发展起来的，所以软件通常都会在附着 GNU Public License(GPL)的情况下被自由传播。GPL 是一种可以使用户免费获得自由软件的许可证，因此 Linux 使用者的使用活动基本不受限制(只要用户不将它用于商业目的)，不必像使用微软产品那样，需要为购买许可证还要受到系统安装数量的限制。目前 Linux 中国的发行版本(Linux Distribution)主要有 Red Hat(红帽子)、Slackware、Caldera、Dcbian、Red Flag(红旗)、Blue Point(蓝点)、Xteam Linux(冲浪)、Happy Linux(幸福 Linux)、Xlinux 等若干种，笔者推荐大家使用的发行版本是 Red Hat(事实标准)和 Xlinux(安装最容易)。

2. 操作系统的组成

Linux 系统一般有 4 个主要部分：内核、Shell、文件系统和应用程序。

(1) 内核：内核是系统的“心脏”，是运行程序和管理磁盘、打印机等硬件设备的核心程序。

(2) Shell：Shell 是系统的用户界面，提供了用户与内核进行交互操作的一种接口。它接受用户输入的命令，并对其进行解释，最后送入内核去执行，实际上就是一个命令解释器。人们也可以使用 Shell 编程语言编写 Shell 程序，这些 Shell 程序与用其他程序设计语言编写的应用程序具有相同的效果。

(3) 文件系统：文件系统是文件存放在磁盘等存储设备上的组织方法。Linux 的文件系统呈树形结构，同时它也能支持目前流行的文件系统，如 EXT2、EXT3、FAT、VFAT、NFS、SMB 等。

(4) 应用程序：同 Windows 操作系统一样，标准的 Linux 也提供了一套满足人们上网、办公等需求的程序集——应用程序，包括文本编辑器、X Window、办公套件、Internet 工具、数据库等。Linux 内核、Shell 和文件系统一起形成了基本的操作系统结构，可供用户运行程序，管理文件并使用系统。

3. 优缺点

1) 优点

(1) 真正开放的操作系统。Linux 的最大优点就是它所给予客户的选择性。从硬件到支持再到 Linux 的发行版，有很多选择。用户可以在一个价值 200 美元的旧 PC 上运行 Linux

系统，也可以将它作为一个逻辑分区(LPAR)运行在价值数百万美元的 IBM P59.5 系列服务器上(用户需要在 RHEL4 或 SLES9 之间做出选择)，甚至能够在 IBM 主机上运行 Linux 系统。使用 Linux 不会与硬件分销商发生冲突，它是一个真正的开放系统。

(2) 漏洞修补和安全补丁。使用 Linux 后，供应商用最新漏洞修补或安全补丁来修复用户的操作系统(OS)漏洞，用户的等待时间只是几天甚至几个小时。开源社区将会以非常快的速度来传递无休止的开发周期，这在过去只能以传统渠道发布。

(3) 不断增加的资源。如今，每一个主要的(Independent Software Vendors，ISV)都会推出一个 Linux 软件版本。Linux 的市场份额正在不断地增长，人们也越来越需要它。与此同时，很多管理者都开始进行 Linux 培训，而且越来越丰富的公共信息也变得很容易得到，进而帮助公司转换到 Linux 操作系统。

2) 缺点

(1) 可扩展性。随着 2.6 内核的出现，可扩展性已经不再像原来那样重要，但是 Linux 一直都没有像 UNIX 那样的扩展性。一般来说，企业都要求有最大的性能、可靠性和可扩展性，UNIX 一直是最佳的选择。UNIX 系统的高可用性也比 Linux 操作系统更加成熟。

(2) 硬件集成/支持的缺乏。财富 500 强公司通常更喜欢来自硬件支持的更舒适的性能及硬件与操作系统之间更加紧密地集成。即使驱动支持是硬件供应商带来的，但这对于 Linux 系统来说，一直是一个挑战。

(3) 洞察力。Linux 在很多方面都是存在风险的。尽管对 Linux 的这种看法在过去的几年已经发生了很大的变化，但是，一些大型公司仍有这种顾虑。

4. 作用

Linux 操作系统可以支持几乎任何一种应用程序。目前，Linux 应用程序有以下几种。

1) 文本和文字处理程序

除了一些商业化文字处理软件外，Linux 还提供了功能强大的文字处理软件，如 vi 等。

2) 办公软件

为了方便用户处理工作文档，Linux 中有一些类似微软 Office 办公系列软件的办公套件，如 OpenOffice.org 等，包括文字处理、电子表格和演示文稿等。

3) X Window

X Window 是 UNIX 的图形化用户界面，可运行在 Linux 等类 UNIX 操作系统上。在 X Window 上运行的大量应用程序使 Linux 成为易使用的操作系统。

4) 编程语言

Linux 可运行多种编程工具，编写并执行多种编程语言和脚本语言。Linux 的廉价性、灵活性、安全性及稳定性，已开始吸引越来越多的编程人员将自己的编程环境建立在 Linux 操作系统之上。

5) Internet 工具

Linux 提供并支持各种 Internet 软件，如浏览器、邮件管理器、建立 Internet 服务所需的软件及对建立网络连接进行支持的软件等。事实上，许多大型的网络服务商的服务器上运行的操作系统就是 Linux。

6) 数据库

Linux 不仅可以运行免费的 MySQL 和 Postgre SQL 之类强大的免费数据库，随着 Linux 的不断普及，一些大型的数据库公司如 Oracle、Sybase 和 Informix 等，都提供了适用于 UNIX、Linux 的关系型数据库产品。

7) 娱乐

Linux 提供了大量的娱乐软件，包括音频播放器、视频播放器、录音机等，甚至还有十几款有趣的游戏。

5. 作为嵌入式系统开发的优势

从现在对嵌入式系统开发的需求来看，准备采取 Linux 技术作为开发嵌入式系统的工具，依靠 Linux 技术实现实时系统，并且可以通过 Linux 本身的不断升级，自动扩充升级嵌入式系统。下面针对嵌入式系统的需求阐述使用 Linux 的原因。

1) 嵌入式处理器支持

Linux 内核提供对多种处理器的支持，并且正在进一步增加对嵌入式微处理器的支持。Linux 目前的内核支持 Intel x86、PowerPC、Compaq(DEC)Alpha、IA64、S/390、SuperH 等处理器体系结构，如果使用这些系列的微处理器作为嵌入式系统的处理器，并不是不可能。

2) 实时支持

Linux 本身不是一个实时系统，其内核并不提供对事件优先级的调度和抢占支持，但是可以利用 Linux 的特性增加实时调度的能力。这里需要指出的是，实时系统实现的设想虽然在很早以前就提出过，但是仍然是具有创造性的。这种实现方案是双内核系统，即利用 Linux 内核，同时增加一个实时内核，两个内核共同工作，获得别的实时系统所不能达到的优势。

其实，双内核的解决方案在很早以前就已经提出了。大概在 20 多年前，贝尔实验室的开发人员就准备开发一种名为 NERT 的实时操作系统。这种操作系统就准备运行两个内核，一个是实时内核，另外一个是分时通用内核。实时内核用来运行实时任务，分时通用内核用来运行普通任务。这种设计方法的优势就在于，实时内核可以利用非实时 OS 内核的一些优势来开发。例如，如果利用在实时内核上运行一个实时任务来对外界环境进行数据采集，那么采集出来的数据可以通过非实时内核上运行的图形界面显示出来。

【MCS-51 单片机系列简介及其分类】

3.5 MCS-51 单片机

3.5.1 MCS-51 单片机、8051 单片机、51 单片机的区别

1. MCS-51 单片机

MCS-51 单片机是美国 Intel 公司生产的内核兼容的一系列单片机的总称。MCS-51 也

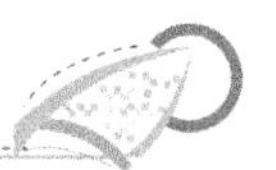

代表这一系列单片机的内核。这一系列单片机硬件结构和指令系统一致，包括 8031、8051、8751、8032、8052、8752 等基本型。MCS 为 Main Control Station 的编写，即主控站。

2. 8051 单片机

8051 单片机是 MCS-51 系列单片机中的一个基本型，是 MCS-51 系列中最早期、最典型、应用最广泛的产品，所以 8051 单片机也就成了 MCS-51 系列单片机的典型代表。

3. 51 单片机

51 单片机是对目前所有兼容 MCS-51 指令系统的单片机的统称，包括 Intel MCS-51 系列单片机及其他厂商生产的兼容 MCS-51 内核的增强型 8051 单片机。只要和 MCS-51 内核兼容的单片机都叫作 51 单片机。

Intel 生产出 MCS-51 系列单片机以后，20 世纪 90 年代因致力于研制和生产微机 CPU，而将 MCS-51 的核心技术授权给其他半导体器件公司，包括 Philip、Atmel、Winbond、SST、Siemens、Temic、OKI、Dalas、AMD 等公司。后来，这些公司生产的单片机都普遍使用 MCS-51 内核，并在 8051 基本型单片机的基础上增加资源和功能改进，使其速度越来越快，功能越来越强大，片上资源越来越丰富，即所谓的“增强型 51 单片机”。

3.5.2　MCS-51 单片机简介

MCS-51 单片机是美国 Intel 公司于 1980 年推出的产品，与 MCS-48 单片机相比，它的结构更先进，功能更强，增加了更多的电路单元和指令，指令数达 111 条。MCS-51 单片机可以算是相当成功的产品，一直到现在，MCS-51 系列单片机或其兼容的单片机仍是应用的主流产品，各高校及专业学校的教材仍以 MCS-51 单片机作为代表进行理论基础学习。我们也以这一代表性的机型进行系统的讲解。

MCS-51 系列单片机主要包括 8031、8051 和 8751 等通用产品，其主要功能如下：

(1) 8 位 CPU。

(2) 4KB 程序存储器(ROM)。

(3) 128B 数据存储器(RAM)。

(4) 32 条 I/O 口线。

(5) 111 条指令，大部分为单字节指令。

(6) 21 个专用寄存器。

(7) 2 个可编程定时器/计数器。

(8) 5 个中断源，2 个优先级。

(9) 一个全双工串行通信口。

(10) 外部数据存储器寻址空间为 64KB。

(11) 外部程序存储器寻址空间为 64KB。

(12) 逻辑操作位寻址功能。

(13) 双列直插 40 针封装(图 3.22)。

(14) 单一+5V 电源供电。

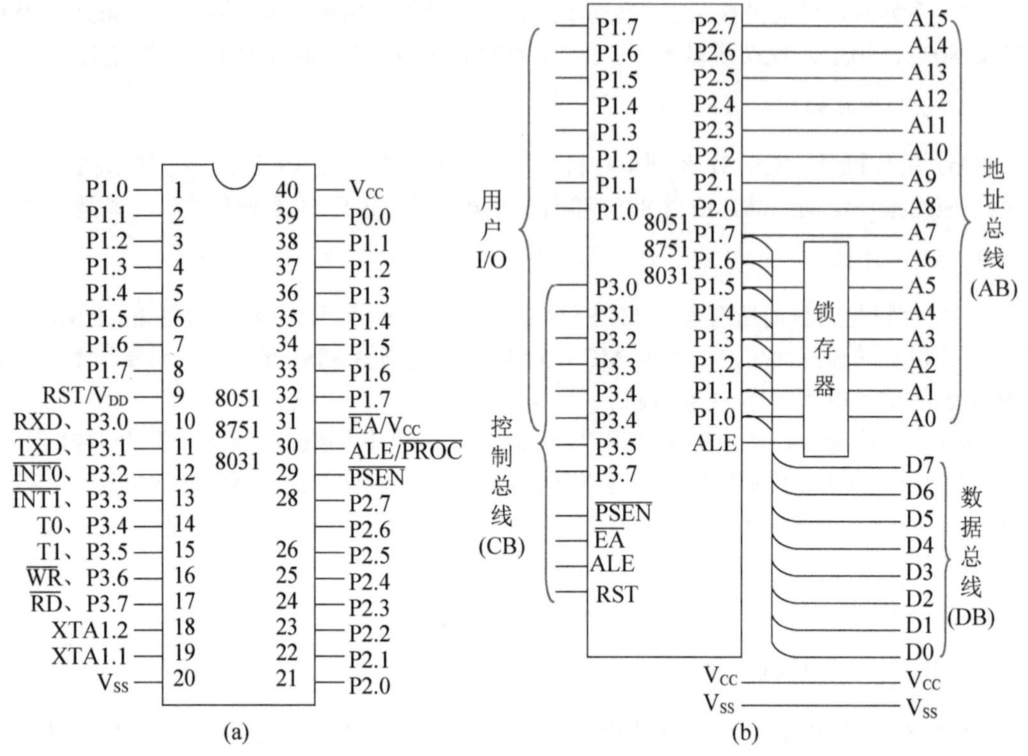

图 3.22　MCS−51 单片机的功能管脚图

MCS−51 单片机具有比较大的寻址空间，地址线宽达 16 条，即外部数据存储器和程序存储器的寻址范围达 64KB，这作为单片机控制来说已是比较大的，同时具备对 I/O 口的访问能力。此外，MCS−51 采用模块化结构，可方便地增删一个模块就可派生出引脚和指令兼容的新产品，从而容易使产品形成系列化。

由于 MCS−51 单片机集成了几乎完善的 8 位中央处理单元，处理功能强，中央处理单元中集成了方便灵活的专用寄存器，硬件的加、减、乘、除法器和布尔处理机及各种逻辑运算和转移指令，给应用提供了极大的便利。

MCS−51 单片机的指令系统近乎完善，包含了全面的数据传送指令、完善的算术和逻辑运算指令、方便的逻辑操作和控制指令，对于编程来说，相当灵活和方便。

MCS−51 单片机的工作频率为 2～12MHz，当振荡频率为 12MHz 时，一个机器周期为 1μs，这个速度应该说是比较快的。

MCS−51 单片机把微型计算机的主要部件都集成在一块芯片上，使得数据传送距离大大缩短，可靠性更高，运行速度更快。由于属于芯片化的微型计算机，各功能部件在芯片中的布局和结构达最优化，抗干扰能力加强，工作也相对稳定。因此，在工业测控系统中，使用单片机是最理想的选择。单片机属于典型的嵌入式系统，所以它是低端控制系统最佳器件。MCS−51 单片机的开发环境要求较低，软件资源十分丰富，介绍其功能特性的图书和开发软件很多，只需配备一台 PC(个人电脑，对电脑的配置基本上无要求)、一台仿真编程器即可实现产品开发，早期的开发软件多使用 DOS 版本，随着 Windows 视窗软件的普

及，现在几乎都使用 Windows 版本，并且软件种类繁多，琳琅满目，在众多的单片机品种中，MCS-51 单片机的环境资源是最丰富的，这给 MCS-51 单片机用户带来极大的便利。

MCS-51 单片机因其典型的结构和完善的总线，专用寄存器的集中管理，众多的逻辑位操作功能及面向控制的丰富的指令系统而著称，为以后的其他单片机的发展奠定了基础。后来许多厂商多沿用或参考了其体系结构，丰富和发展了 MCS-51 单片机，推出了兼容 MCS-51 的单片机产品，最典型的是 Philips 和 Atml 公司，我国台湾的 Winbond 公司也发展了兼容 C51(人们习惯将 MCS-51 简称 C51，如果没有特别声明，二者同指 MCS-51 系列单片机)的单片机品种。

Philips 公司主要是改善 MCS-51 单片机性能，在原来的基础上发展了高速 I/O 口，A/D 转换器，PWM(脉宽调制)、WDT 等增强功能，并在低电压、微功耗、扩展串行总线(I2C)和控制网络总线(CAN)等功能方面加以完善。Philips 公司的 83C××和 87C××系列省去了并行扩展总线，是适合作为家用电器类控制的经济型单片机。

Atmel 公司推出的 AT89C××系列兼容 MCS-51 的单片机(图 3.23)，完美地将 Flash(非易失闪存技术)可反擦写程序存储器与 80C51 内核结合起来，仍采用 MCS-51 的总体结构和指令系统，Flash 的可反擦写程序存储器能有效地降低开发费用，并能使单片机多次重复使用。

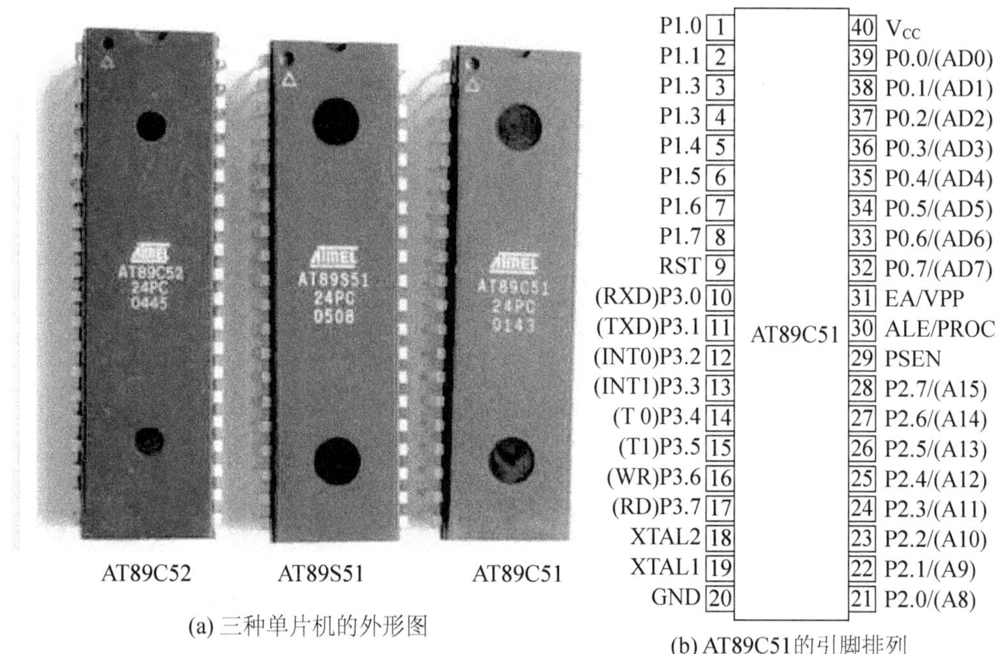

(a) 三种单片机的外形图

(b) AT89C51的引脚排列

图 3.23　Atmel 公司的单片机结构图和引脚排列图

Siemens 公司也沿用 MCS-51 的内核，相继推出了 C500 系列单片机，在保持了与 MCS-51 指令兼容的前提下，其产品的性能得到了进一步的提升，特别是在抗干扰、电磁兼容和通信控制总线方面上独树一帜，其产品常用于工作环境恶劣的场合，也适用于通信和家用电器控制领域。Winbond 公司也开发了一系列兼容 MCS-51 的单片机，其产品通常具备丰富的功能特性，而且因其质优价廉故在市场也占有一定的份额。

8051 单片机 MCS-51 系列单片机中的代表产品，内部集成了功能强大的中央处理器，包含了硬件乘除法器、21 个专用控制寄存器、4KB 的程序存储器、128B 的数据存储器、4 组 8 位的并行口、两个 16 位的可编程定时/计数器、一个全双工的串行口及布尔处理器。8051 单片机还集成了完善的各种中断源，用户可十分方便地控制和使用其功能，使得它的应用范围加大，可以说它可以满足绝大部分的应用场合。

3.6 ARM

ARM(图 3.24)的 Jazelle 技术使 Java 加速得到比基于软件的 Java 虚拟机(JVM)高得多的性能，和同等的非 Java 加速核相比功耗降低 80%。CPU 功能上增加 DSP 指令集提供增强的 16 位和 32 位算术运算能力，提高了性能和灵活性。ARM 还提供两个前沿特性来辅助带深嵌入处理器的高集成 SoC 器件的调试，它们是嵌入式 ICE-RT 逻辑和嵌入式跟踪宏核(ETMS)系列。

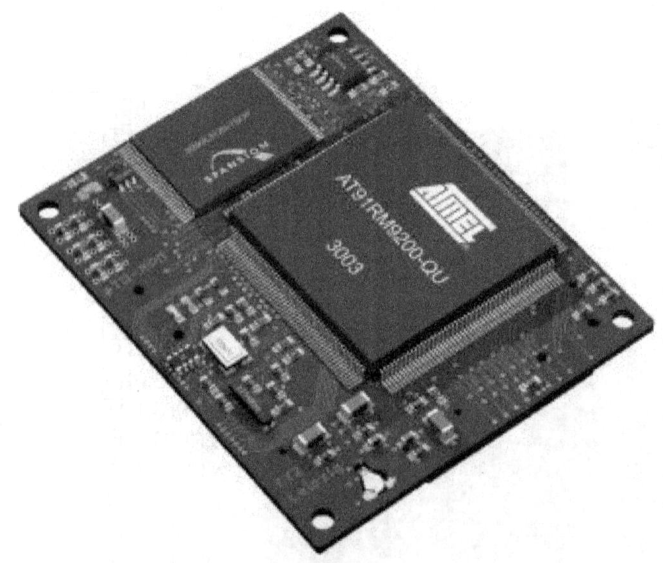

图 3.24　ARM 芯片结构图

3.6.1　ARM 的发展历程

1978 年 12 月 5 日，物理学家 Hermann Hauser 和工程师 Chris Curry，在英国剑桥创办了 CPU(Cambridge Processing Unit)公司，主要业务是为当地市场供应电子设备。1979 年，CPU 公司改名为 Acorn 计算机公司。

起初，Acorn 公司打算使用摩托罗拉公司的 16 位芯片，但是他们发现这种芯片运行太慢且价格太贵。“一台售价 500 英镑的机器，不可能使用价格 100 英镑的 CPU！”他们想从 Intel 公司得到 80286 芯片的设计资料，但是遭到拒绝，于是被迫自行研发。

1985 年，Roger Wilson 和 Steve Furber 设计了他们自己的第一代 32 位、6MHz 的处理

器,用它制造出一台 RISC 指令集的计算机,简称 ARM(Acorn RISC Machine)。这就是 ARM 这个名字的由来。早期使用 ARM 芯片的典型设备，就是苹果公司的牛顿 PDA。

20 世纪 80 年代后期，ARM 很快开发出 Acorn 的台式机产品，形成英国的计算机教育基础。

1990 年 11 月 27 日，Acorn 公司正式改组为 ARM 计算机公司。苹果公司出资 150 万英镑，芯片厂商 VLSI 出资 25 万英镑，Acorn 本身则以 150 万英镑的知识产权和 12 名工程师入股。20 世纪 90 年代，ARM 32 位嵌入式 RISC 处理器扩展到世界范围，在低功耗、低成本和高性能的嵌入式系统应用领域处于领先地位。ARM 公司既不生产芯片也不销售芯片，它只出售芯片技术授权。

3.6.2 ARM 的特点

ARM 处理器的三大特点是耗电少功能强、16 位/32 位双指令集和合作伙伴众多，具体如下：

(1) 体积小、低功耗、低成本、高性能。

(2) 支持 Thumb(16 位)/ARM(32 位)双指令集，能很好的兼容 8 位/16 位器件。

(3) 大量使用寄存器，指令执行速度更快。

(4) 大多数数据操作都在寄存器中完成。

(5) 寻址方式灵活简单，执行效率高。

(6) 指令长度固定。

3.6.3 ARM 的体系结构

CISC(Complex Instruction Set Computer，复杂指令集计算机)，在 20 世纪 90 年代前被广泛使用，其特点是通过存放在只读存储器中的微码来控制整个处理器的运行。在 CISC 指令集的各种指令中，约有 20%的指令会被反复使用，占整个程序代码的 80%。而余下的指令不经常使用，在程序设计中只占 20%。显然，这种结构不太合理。

RISC(Reduced Instruction Set Computer，精简指令集计算机)，有学者在 1980 年提出了精简指令集的设计思想，其后所有新的处理器都或多或少地采用 RISC 概念。

RISC 结构优先选取使用频率最高的简单指令，避免复杂指令；将指令长度固定，指令格式和寻址方式种类减少；以控制逻辑为主，不用或少用微码控制等。

RISC 体系结构具有如下特点：

(1) 采用固定长度的指令格式，指令归整、简单、基本寻址方式有 2～3 种。

(2) 使用单周期指令，便于流水线操作执行。

(3) 大量使用寄存器，数据处理指令只对寄存器进行操作，只有加载/存储指令可以访问存储器，以提高指令的执行效率。

(4) 所有的指令都可根据前面的执行结果决定是否被执行，从而提高指令的执行效率。

(5) 可用加载/存储指令批量传输数据，以提高数据的传输效率。

(6) 可在一条数据处理指令中同时完成逻辑处理和移位处理。

(7) 在循环处理中使用地址的自动增减来提高运行效率。

1. 寄存器结构

ARM 处理器共有 37 个寄存器，被分为若干个组(BANK)，这些寄存器包括：31 个通用寄存器，包括程序计数器(PC 指针)，均为 32 位的寄存器；6 个状态寄存器，用以标识 CPU 的工作状态及程序的运行状态，均为 32 位，只使用了其中的一部分。

2. 指令结构

ARM 微处理器在较新的体系结构中支持两种指令集：ARM 指令集和 Thumb 指令集。其中，ARM 指令为 32 位的长度，Thumb 指令为 16 位长度。Thumb 指令集为 ARM 指令集的功能子集，但与等价的 ARM 代码相比较，可节省 30%以上的存储空间，同时具备 32 位代码的所有优点。

3. 体系结构扩充

当前 ARM 体系结构的扩充包括如下内容：

(1) Thumb：16 位指令集，为了改善代码密度。

(2) DSP：DSP 应用的算术运算指令集。

(3) Jazeller：允许直接执行 Java 字节码。

ARM 处理器系列提供的解决方案如下：

(1) 无线、消费类电子和图像应用的开放平台。

(2) 存储、自动化、工业和网络应用的嵌入式实时系统。

(3) 智能卡和 SIM 卡的安全应用。

3.6.4 ARM 的主要模式

(1) 用户模式(usr)：ARM 处理器正常的程序执行状态。

(2) 系统模式(sys)：运行具有特权的操作系统任务。

(3) 快中断模式(fiq)：支持高速数据传输或通道处理。

(4) 管理模式(svc)：操作系统保护模式。

(5) 数据访问终止模式(abt)：用于虚拟存储器及存储器的保护。

(6) 中断模式(irq)：用于通用的中断处理。

(7) 未定义指令终止模式(und)：支持硬件协处理器的软件仿真。

上述主要模式中，除用户模式外，其余 6 种模式称为非用户模式或特权模式；用户模式和系统模式之外的 5 种模式称为异常模式。ARM 处理器的运行模式可以通过软件改变，也可以通过外部中断或异常处理改变。

3.6.5 ARM 的系列产品

ARM 的系列产品包括 ARM7 系列、ARM9 系列、ARM9E 系列、ARM10E 系列、SecurCore 系列、Intel 的 StrongARM、ARM11 系列和 Intel 的 Xscale。其中，ARM7、ARM9、ARM9E 和 ARM10 为 4 个通用处理器系列，每一个系列提供一套相对独特的性能来满足不同应用领域的需求。SecurCore 系列专门为安全要求较高的应用而设计。

Axxia 4500 通信处理器基于采用 28 纳米工艺的 ARM 4 核 Cortex-A15 处理器，并搭载 ARM 全新 CoreLink CCN-504 高速缓存一致性互连技术，实现安全低功耗和最佳性能。

ARM 公司在经典处理器 ARM11 以后的产品改用 Cortex 命名，并分成 A、R 和 M 三类，旨在为各种不同的市场提供服务。

新款 ARMv8 架构 ARMCortex-A50 处理器系列产品，进一步扩大 ARM 在高性能与低功耗领域的领先地位。该系列率先推出的是 Cortex-A53 与 Cortex-A57 处理器及最新节能 64 位处理技术与现有 32 位处理技术的扩展升级。该处理器系列的可扩展性使 ARM 的合作伙伴能够针对智能手机、高性能服务器等各类不同市场需求开发系统级芯片(SoC)。

ARMCortex-A50 处理器系列：提供 Cortex-A57 与 Cortex-A53 两款处理器，可选配密码编译加速器，为验证软件提高 10 倍的运行速度与 ARMMali 图形处理器系列互用，适用于图形处理器计算应用具有 AMBA 系统一致性，与 CCI-400、CCN-504 等 ARMCoreLink 缓存一致性结构组件达成多核心缓存一致性。

ARMCortex-A57 处理器：最先进、单线程性能最高的 ARM 应用处理器能提升，以满足供智能手机从内容消费设备转型为内容生产设备的需求，并在相同功耗下实现最高可达现有超级手机 3 倍的性能计算能力，相当于传统 PC，但仅需移动设备的功耗成本即可运行，无论企业用户或普通消费者均可享受低成本与低耗能。针对高性能企业应用提高了产品可靠度与可扩展性。

ARMCortex-A53 处理器：效率非常高的 ARM 应用处理器，使用体验相当于当前的超级手机，但功耗仅为其 1/4 结合可靠性特点，可扩展数据平面应用可将每毫瓦及每平方毫米性能发挥到极致。针对个别线程计算应用程序进行了传输处理优化。Cortex-A53 处理器结合 Cortex-A57 及 ARM 的 big.LITTLE 处理技术，能使平台拥有更大的性能范围，同时大幅减少功耗。

3.6.6 ARM 的应用选型

(1) ARM 微处理器包含一系列的内核结构，以适应不同的应用领域，用户如果希望使用 WinCE 或标准 Linux 等操作系统以减少软件开发时间，就需要选择 ARM720T 以上带有 MMU(Memory Management Unit，内存管理单元)功能的 ARM 芯片，ARM720T、ARM920T、ARM922T、ARM946T、Strong-ARM 都带有 MMU 功能。而 ARM7TDMI 则没有 MMU，不支持 Windows CE 和标准 Linux，但目前有 uCLinux 等不需要 MMU 支持的操作系统可运行于 ARM7TDMI 硬件平台之上。事实上，uCLinux 已经成功移植到多种不带 MMU 的微处理器平台上，并在稳定性和其他方面都有上佳表现。

(2) 系统的工作频率在很大程度上决定了 ARM 微处理器的处理能力。ARM7 系列微处理器的典型处理速度为 0.9MIPS/MHz，常见的 ARM7 芯片系统主时钟为 20～133MHz，ARM9 系列微处理器的典型处理速度为 1.1MIPS/MHz，常见的 ARM9 的系统主时钟频率为 100～233MHz，ARM10 最高可以达到 700MHz。不同芯片对时钟的处理不同，有的芯片只需要一个主时钟频率，有的芯片内部时钟控制器可以分别为 ARM 核和 USB、UART、DSP、音频等功能部件提供不同频率的时钟。

(3) 大多数的 ARM 微处理器片内存储器的容量都不太大，需要用户在设计系统时外扩存储器，但也有部分芯片具有相对较大的片内存储空间，如 Atmel 公司的 AT91F40162 就具有高达 2MB 的片内程序存储空间，用户在设计时可考虑选用这种类型，以简化系统的设计。

(4) 片内外围电路的选择。除 ARM 微处理器核以外，几乎所有的 ARM 芯片均根据各自不同的应用领域，扩展了相关功能模块，并集成在芯片中，我们称之为片内外围电路，如 USB 接口、IIS 接口、LCD 控制器、键盘接口、RTC、ADC 和 DAC、DSP 协处理器等，设计者应分析系统的需求，尽可能采用片内外围电路完成所需的功能，这样既可简化系统的设计，又可提高系统的可靠性。

思考与练习

1．MCS-51 单片机包括哪些主要部件？各自的功能是什么？

2.什么叫中断源？MCS-51 单片机有哪些中断源？其各自有什么特点？该种型号单片机的中断系统有几个优先级，如何设定？

3．当使用一个定时器时，如何通过软件、硬件结合的方法来实现较长时间的定时？

4．并行通信和串行通信的主要区别是什么？各有什么优缺点？

5．串行口多机通信的原理是什么？其中 MS2 的作用是什么，与双机通信的区别是什么？

第 4 章
过程输入/输出通道设计

根据过程信息的性质及传递方向，过程输入/输出通道包括模拟量输入通道、模拟量输出通道、数字量(开关量)输入通道和数字量(开关量)输出通道。

教学要求： 掌握过程输入/输出通道组成元器件及各种器件的性能指标、选择和具体通道设计步骤。

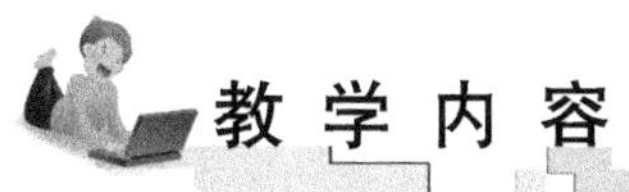

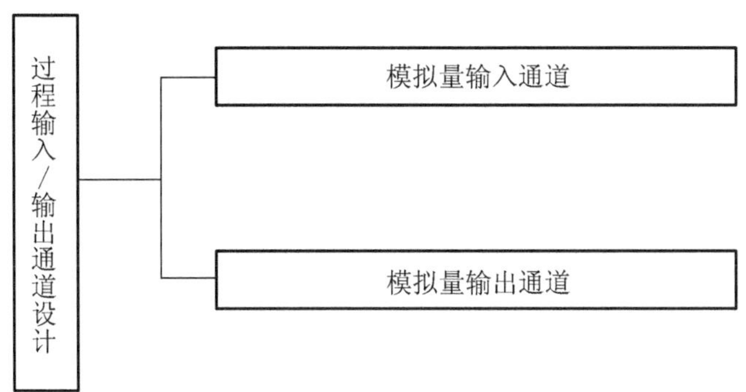

4.1　模拟量输入通道

【动画：应变片、电容式压力仪表】

4.1.1　模拟量输入通道结构

1. 多通道结构

多通道结构(图 4.1)：每个通道有独自的放大器、S/H 和 A/D，多用于高速数据采集系统。

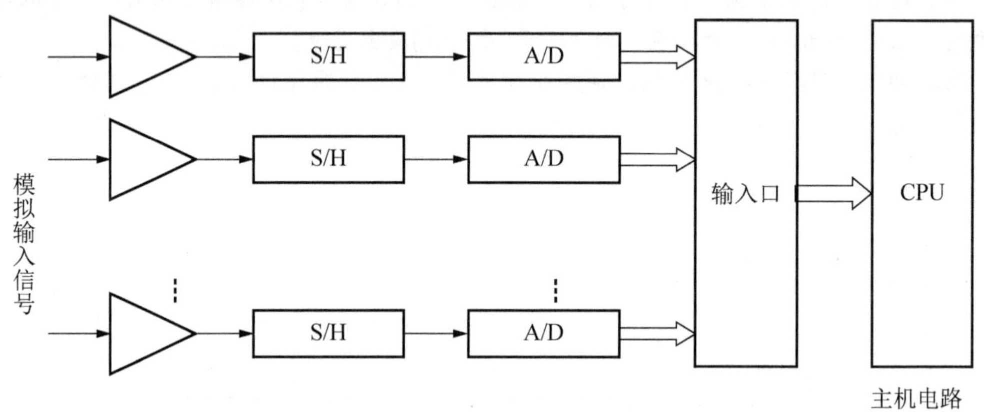

图 4.1　模拟量输入多通道结构

2. 多通道共享结构

多通道共享结构(图 4.2)：多通道共享放大器、S/H 和 A/D，多用于低速数据采集系统，多路开关轮流采入各通道模拟信号，经放大保持和 A/D 转换后送入单片机。

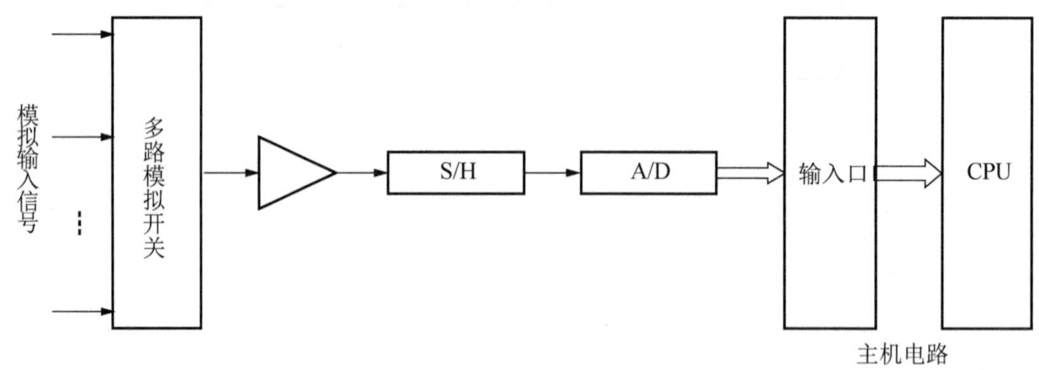

图 4.2　模拟量输入多通道共享结构

4.1.2　A/D 芯片及其与单片机接口

(1) A/D 转换芯片的主要性能指标。

① 分辨率(resolution)：A/D 输出数码变动一个 LSB 时，输入模拟信号的最小变化量。

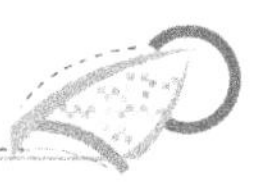

② 转换时间(conversion time)：A/D 从启动转换到转换结束的时间。

③ 转换误差(precision)：实际值与真实值之间的偏差，包括量化误差、偏移误差、量程误差、非线性误差。

(2) A/D 转换芯片的类型。A/D 转换芯片分为两大类，即比较型和积分型，常见的有逐次比较(逼近)型、双积分型、电压–频率转换型和 $\sum-\Delta$ 转换型。

逐次比较(逼近)型：速度快，抗干扰能力弱。

双积分型(即电压–时间转换式)：抗干扰能力强，价低。

电压–频率转换型：速度慢，价低。

$\sum-\Delta$ 转换型：分辨率高但速度较慢。

如某测温系统的输入范围为 0～500℃，要求测温的分辨率为 2.5℃，转换时间在 1ms 之内，则由

$$\frac{\text{摸拟量的满度值}}{2^n}=2.5$$

得

$$n=7.64$$

可选用分辨率为 8 位的逐次比较式 A/D(如 ADC0804、ADC0809 等)。

如要求测量的分辨率为 0.5℃(即满量程的 1/1000)，转换时间为 0.5s，则可选用双积分型 A/D 芯片 14433。

(3) AD574 及接口电路。

① 12 位 A/D 芯片，转换时间 25μs，转换误差±1LSB。

② 单极性或双极性输入，12 位可并行输出，也可分两次输出。

③ 输出具有三态缓冲器，可直接与单片机相连。

AD574 引脚如图 4.3 所示。图中 R/C 是读/启动转换信号，A0 和 $12/\overline{8}$ 用于控制转换数据长度是 12 位或 8 位及数据输出格式。

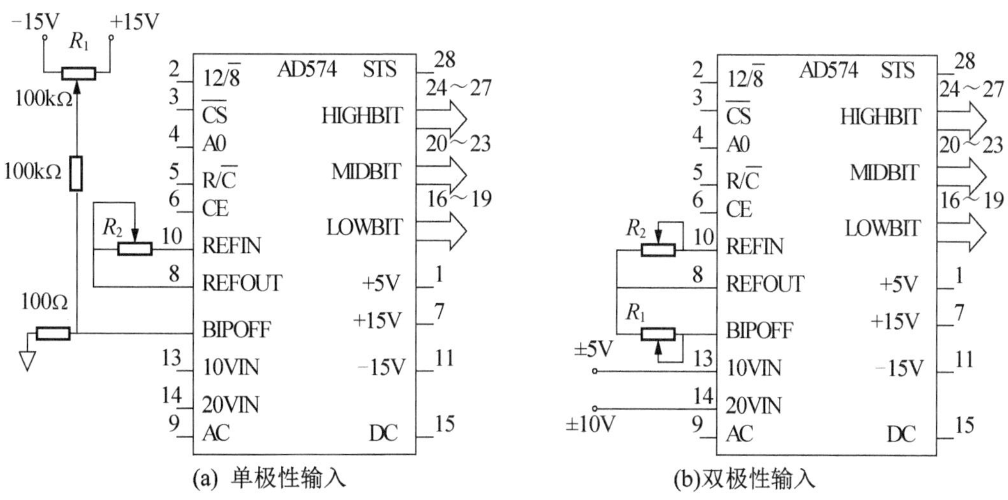

(a) 单极性输入　　(b)双极性输入

图 4.3　AD574 引脚图

AD574 的转换方式和数据输出格式见表 4-1。

表 4-1　AD574 的转换方式和数据输出格式

CE	$\overline{CS}$	$R/\overline{C}$	$12/\overline{8}$	A_0	功　能
1	0	0	×	0	12 位转换
1	0	0	×	1	8 位转换
1	0	1	接+5V	×	输出数据格式为并行 12 位
1	0	1	接地	0	输出数据是 8 位最高有效位(由 20～27 脚输出)
1	0	1	接地	1	输出数据是 4 位最低有效位(由 16～19 脚输出) 加 4 位“0”(由 20～23 脚输出)

启动 A/D 或读数可用 CE 或$\overline{CS}$信号来触发。STS 为启动转换、结束标志信号，STS 输出引脚变为高电平，表示转换正在进行，转换结束后，STS 为低电平。

调整 R_1，使得输入模拟电压为 1.22mV(即对于 0～+10 V 范围，为 1/2LSB)时，输出数字量从 000000000000 变到 000000000001，即可认为零点校准好。

调整 R_2，即对于 0～+10V，使得对应输入电压为 9.9963V(即电压变化 1 又 1/2LSB)时，数字量从 111111111110 变到 111111111111，即可认为满刻度校准好。

【极性编码】

4.1.3　双极性编码

常用的双极性编码见表 4-2。常用的双极性编码关系见表 4-3。

表 4-2　常用的双极性编码

数	正基准	负基准	符号-数值码	2 的补码	偏移二进制码
+7	+7/8	−7/8	0111	0111	1111
+6	+6/8	−6/8	0110	0110	1110
+5	+5/8	−5/8	0101	0101	1101
+4	+4/8	−4/8	0100	0100	1100
+3	+3/8	−3/8	0011	0011	1011
+2	+2/8	−2/8	0010	0010	1010
+1	+1/8	−1/8	0001	0001	1001
+0	+0	−0	0000	0000	1000
−0	−0	+0	1000	(0000)	(1000)
−1	−1/8	+1/8	1001	1111	0111
−2	−2/8	+2/8	1010	1110	0110
−3	−3/8	+3/8	1011	1101	0101
−4	−4/8	+4/8	1100	1100	0100
−5	−5/8	+5/8	1101	1011	0011
−6	−6/8	+6/8	1110	1010	0010

续表

数	正基准	负基准	符号-数值码	2 的补码	偏移二进制码
−7	−7/8	+7/8	1111	1001	0001
−8	−8/8	+8/8		1000	0000

表 4-3　常用的双极性编码关系

将右边形式转变为下面形式	符号-数值码	2 的补码	偏移二进制码
符号-数值码	不变	最高位为 1，则其余各位取反	最高位取反，若取反后最高位为 1，则其余各位取反
2 的补码	最高位为 1，则其余各位取反	不变	最高位取反
偏移二进制码	最高位取反，若取反后最高位为 0	最高位取反，则其余各位取反，再加 00…01	不变

4.1.4　模拟量输入通道设计举例

1. 设计步骤

(1) 根据实际需要，选择合适的 A/D 芯片、多路开关、采样保持器和放大器。

(2) 电路设计、编制调试程序。

(3) 确定电路正确后，进行布线、加工电路板。布线时注意正确接地。

2. 设计实例

(1) 设计要求：8 路模拟输入(缓变信号)，电压范围 0～20mV，转换时间 0.5s，分辨率 20μV，通道误差小于 0.1%。

(2) 分析。

① 缓变信号：不需要 S/H。

② 8 路模拟输入：需要多路开关(AD7501)。

③ A/D 芯片：MC14433(输入电压范围为−0.2～+0.2V，−2～+2V)

④ 电压范围 0～20mV：需要放大器(ICL7650)。

(3) 电路图。模拟量输入通道逻辑电路如图 4.4 所示。

(4) 调试程序：设采样数据存放在 40H～4FH，读取 A/D 转换结果的子程序可参见相关 14433 芯片介绍部分，数据采集程序如下：

```
INIT:MOV DPTR,#7FFFH
     MOV R0,#40H
     MOV R1,#07H
     SETB IT1                    ;IT1=1 电平输入方式
     SETB EA
     SETB EX1
```

```
LOOP:CJNE R0,#50H,LOOP
     RET
ADINTR:INC R1
       MOV A,R1
       MOVX @DPTR,A
       CJNE R1,#08H,NEXT
       RETI
NEXT:ACALL AINT
     MOV A,20H
     MOV @R0,A
     INC R0
     MOV A,21H
     MOV @R0,A
     INC R0
     RETI
```

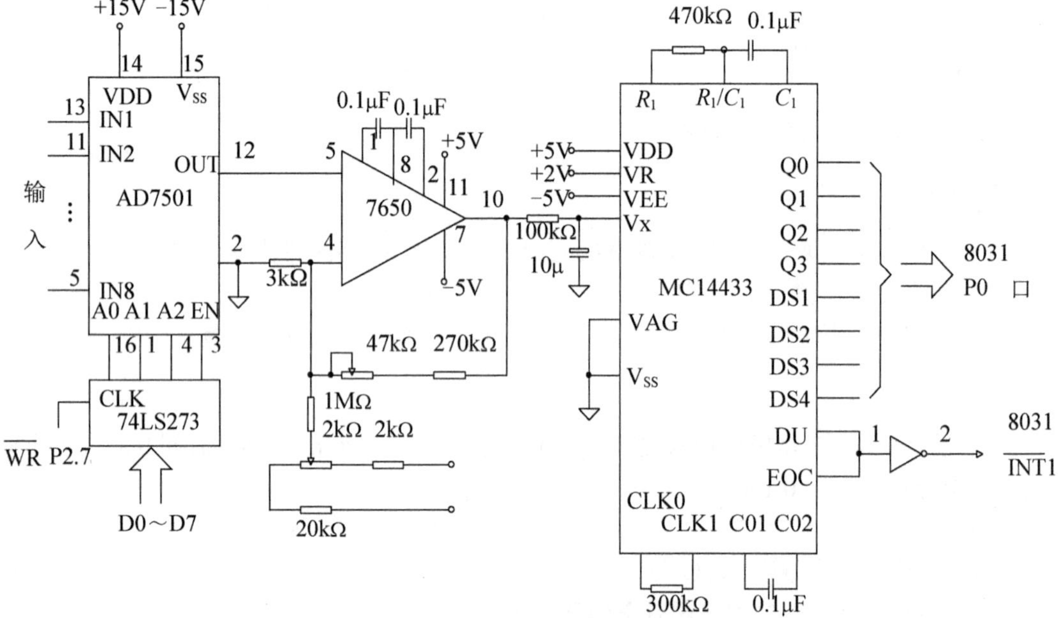

图 4.4　模拟量输入通道逻辑电路

4.2　模拟量输出通道

4.2.1　输出通道结构

输出通道有多通道独立结构和多通道共享 D/A 结构。

(1) 多通道独立结构(图 4.5)，即每个通道有独立的 D/A，用于高速传输数据。

(2) 多通道共享 D/A(图 4.6)结构中每通道均设置保持器。

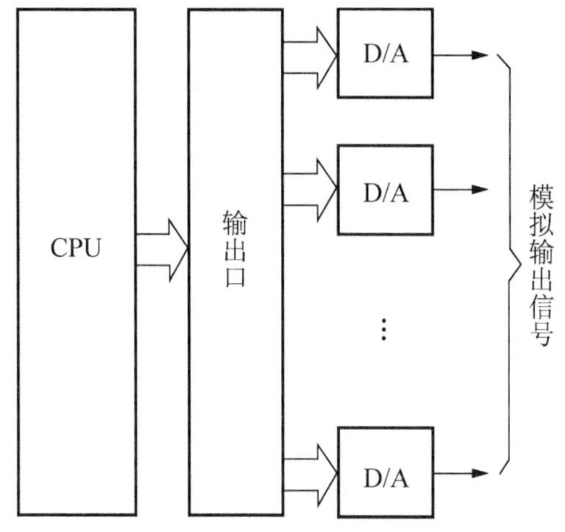

图 4.5　模拟通道多通道独立结构

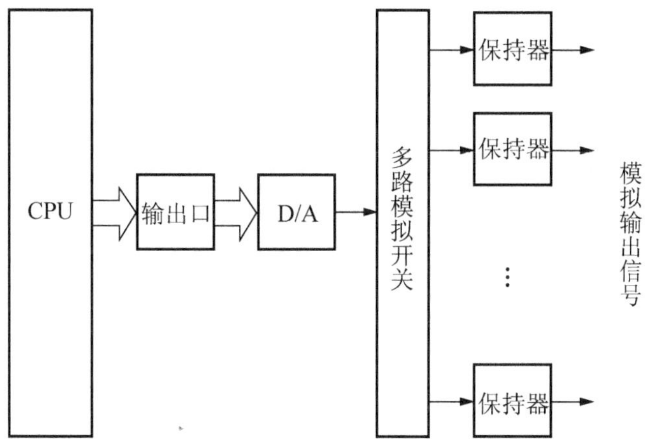

图 4.6　模拟通道多通道共享 D/A 结构

4.2.2　D/A 转换器的性能指标

D/A 转换器的主要性能指标如下。

(1) 分辨率：分辨率是指输入数字量的最低有效位(Least Significant Bit，LSB)发生变化时，所对应的输出模拟量(常为电压)的变化量。它反映了输出模拟量的最小变化值。分辨率与输入数字量的位数有确定的关系，可以表示成 $FS/2^n$。FS 表示满量程输入值，n 为二进制位数。对于满量程为 5V，采用 8 位的 D/A 转换器时，分辨率为 5V/256 ≈ 19.5mV；当采用 12 位的 D/A 转换器时，分辨率为 5V/4096 ≈ 1.22mV。显然，位数越多分辨率就越高。

(2) 精度：分为绝对精度和相对精度。绝对精度(简称精度)是指在整个刻度范围内，任一输入数码所对应的模拟量实际输出值与理论值之间的最大误差。绝对精度是由 D/A 转换器的增益误差(当输入数码为全 1 时，实际输出值与理想输出值之差)、零点误差(数码输入为全 0 时，D/A 转换器的非零输出值)、非线性误差和噪声等引起的。绝对精度(即最大误差)应小于 1 个 LSB。相对精度与绝对精度表示同一含义，用最大误差相对于满刻度的百分比表示。

(3) 建立时间(转换时间)：建立时间是指输入的数字量发生满刻度变化时，输出模拟信号达到满刻度值的±1/2LSB 所需的时间。它是描述 D/A 转换速率的一个动态指标。电流输出型 D/A 转换器的建立时间短。电压输出型 D/A 转换器的建立时间主要取决于运算放大器的响应时间。根据建立时间的长短，可以将 D/A 转换器分成超高速(<1μs)、高速(1～10μs)、中速(10～100μs)、低速(≥100μs)几挡。选择 D/A 芯片的主要指标仍然是分辨率和建立时间。

应当注意，精度和分辨率具有一定的联系，但概念不同。D/A 转换器的位数多时，分辨率会提高，对应于影响精度的量化误差会减小。但其他误差(如温度漂移、线性不良等)的影响仍会使 D/A 转换器的精度变差。

常用 D/A 转换器有如下几种：

【D/A 转换器的其他性能指标】

(1) DAC0832——双数据缓冲器的 8 位 D/A 转换器。

(2) AD7520——无数据锁存器的 10 位 D/A 转换器。

(3) AD5544——16 位、串行、电流输出 4 通道 D/A 转换器。

(4) AD5542——16 位、串行、双极性电压输出的 D/A 转换器。

(5) AD5551——14 位串行 D/A 转换器。

(6) AD5552——14 位、串行、双极性电压输出 D/A 转换器。

(7) AD7841——14 位、并行、8 通道 D/A 转换器。

(8) AD7835——14 位、并行、4 通道 D/A 转换器。

(9) AD7839——13 位、并行、8 通道 D/A 转换器。

(10) AD5516——12 位、串行、16 通道 D/A 转换器。

(11) DAC8412——12 位、并行、4 通道 D/A 转换器。

(12) DAC0832——双数据缓冲、8 位 D/A 转换器，适用于模拟量需同时输出的系统，其逻辑框图如图 4.7 所示。

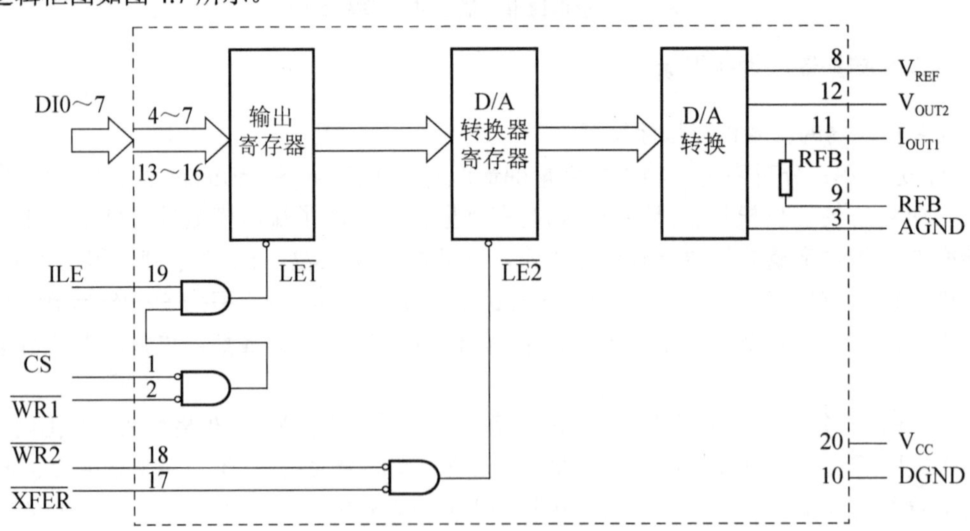

图 4.7　DAC0832 逻辑框图

对于 DAC0832，当 PA0、PA1(图中示画出)=1 时，寄存器输出随输入变化；PA0、PA1=0 时，数据锁存在寄存器中。

当 ILE 端为高电平，$\overline{CS}$ 与 $\overline{WR1}$ 同时为低电平时，使得 $\overline{LE1}$=1；当 $\overline{WR1}$ 变为高电平时，输入寄存器便将输入数据锁存。当 $\overline{XFER}$ 与 $\overline{WR2}$ 同时为低电平时，使得 $\overline{LE2}$=1，DAC 寄存器和输出随寄存器的发生输入变化，$\overline{WR2}$ 的上升沿将输入寄存器的信息锁存在该寄存器中。

下面简要介绍 AD7520 D/A 转换器。

AD7520 是 10 位 CMOS D/A 转换器，不带数据锁存器，采用倒 T 形电阻网络。模拟开关是 CMOS 型的，也同时集成在芯片上，但运算放大器是外接的。AD7520 共有 16 个引脚，引脚图如图 4.8 所示，各引脚的功能如下。

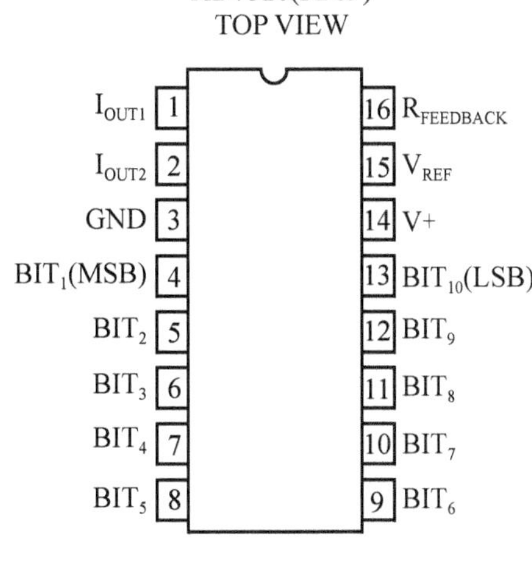

图 4.8 AD7520 引脚图

(1) 1 为模拟电流输出端，接到运算放大器的反相输入端。

(2) 2 为模拟电流输出端，一般接地。

(3) 3 为接地端。

(4) 4～13 为 10 位数字量的输入端。

(5) 14 为 CMOS 模拟开关的+U_{DD} 电源接线端。

(6) 15 为参考电压电源接线端，可为正值或负值。

(7) 16 为芯片内部一个电阻 R 的引出端，该电阻作为运算放大器的反馈电阻，它的另一端在芯片内部。

4.2.3 多路开关

常见的多路开关有 AD7501(8)、AD7506(16)、CD4051、CD4067 等。

AD75××功能方块图及引脚图分别如图 4.9～图 4.11 所示。真值表见表 4-4～表 4-6。

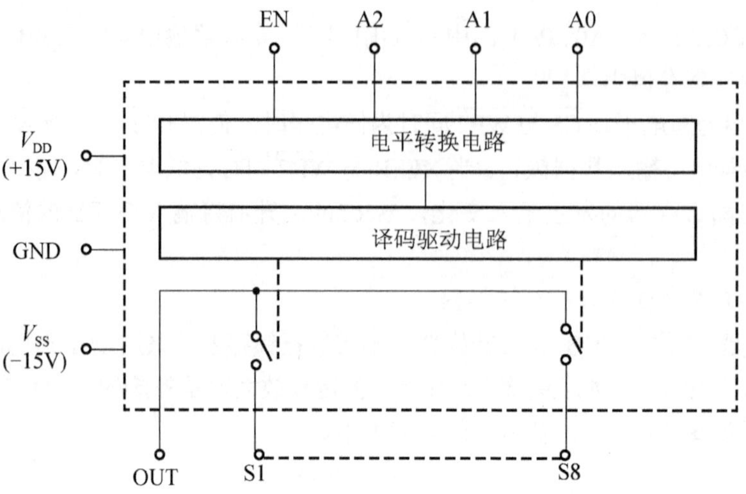

图 4.9　AD7501/7503 的功能方块图

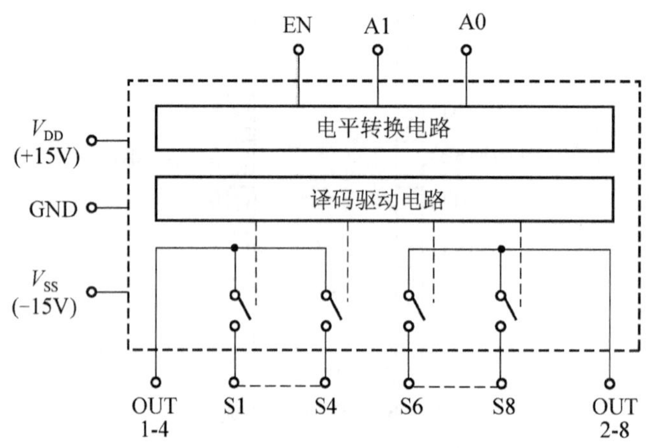

图 4.10　AD7502 的功能方块图

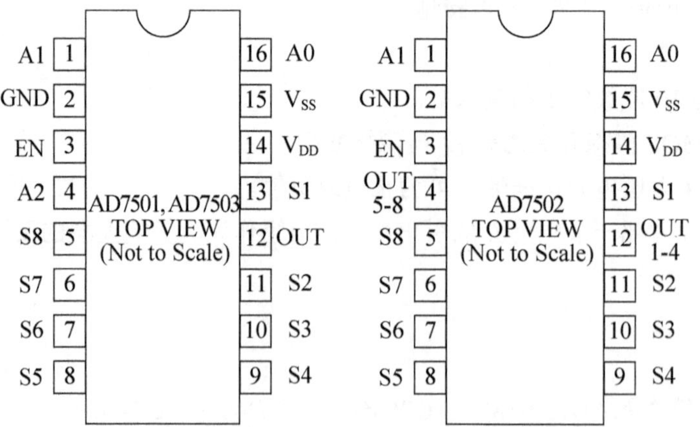

(a) 塑料双列直插式封装(PDIP)　(b) 陶瓷双列式直插式封装(CERDIP)

图 4.11　引脚图

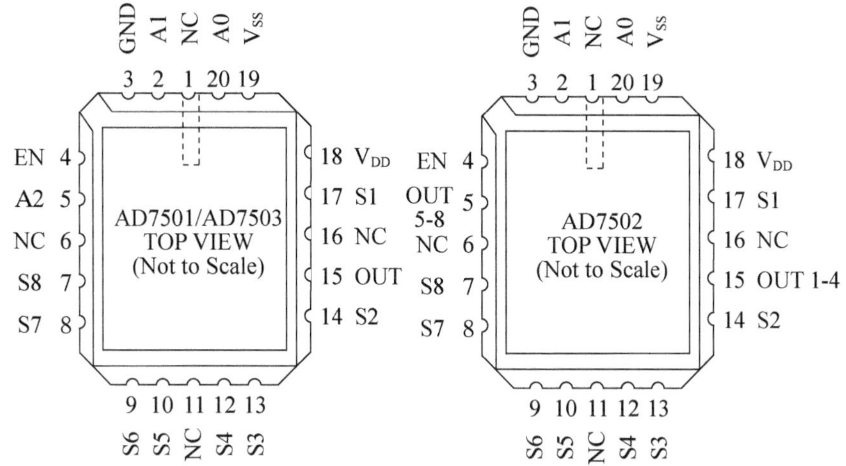

(c) 贴片式封装(LCC)

图 4.11　引脚图(续)

表 4-4　AD7502 真值表

A_2	A_1	A_0	EN	"ON"
0	0	0	1	1
0	0	1	1	2
0	1	0	1	3
0	1	1	1	4
1	0	0	1	5
1	0	1	1	6
1	1	0	1	7
1	1	1	1	8
X	X	X	0	None

表 4-5　AD7503 真值表

A_2	A_1	A_0	EN	"ON"
0	0	0	0	1
0	0	1	0	2
0	1	0	0	3
0	1	1	0	4
1	0	0	0	5
1	0	1	0	6
1	1	0	0	7

续表

A_2	A_1	A_0	EN	"ON"
1	1	1	0	8
X	X	X	1	None

表 4-6　AD7502 真值表

A_1	A_0	EN	"ON"
0	0	1	1&5
0	1	1	2&6
1	0	1	3&7
1	1	1	4&8
X	X	0	None

多路开关 CD4051 为单边 8 通道多路调制器/多路解调器。其引脚结构如图 4.12 所示。

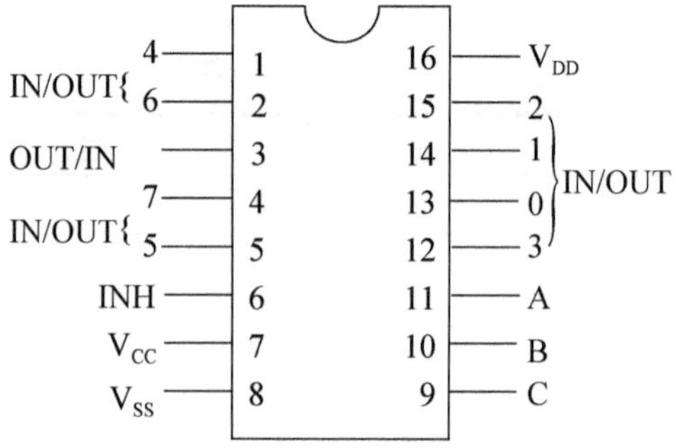

图 4.12　多路开关 CD4051 的引脚结构

多路开关计算机的外围设备及过程通道种类繁多，它们的传送速率又很不相同。因此输入/输出会产生复杂的定时问题，也就是 CPU 采用什么控制方式向过程通道输入和输出数据。

常用的控制方式有 3 种，即程序查询方式、中断控制方式和直接存储器存取(DMA)方式。

4.2.4　采样保持电路

(1) 功能：保持 A/D 转换器的输入信号不变。

(2) 工作模式(由逻辑控制输入端选择)。

采样：输出随输入变化。

保持：输出保持在保持命令发出时的输入值，直到逻辑控制端送入采样命令时为止。

采样保持输出变化图如图 4.13 所示。

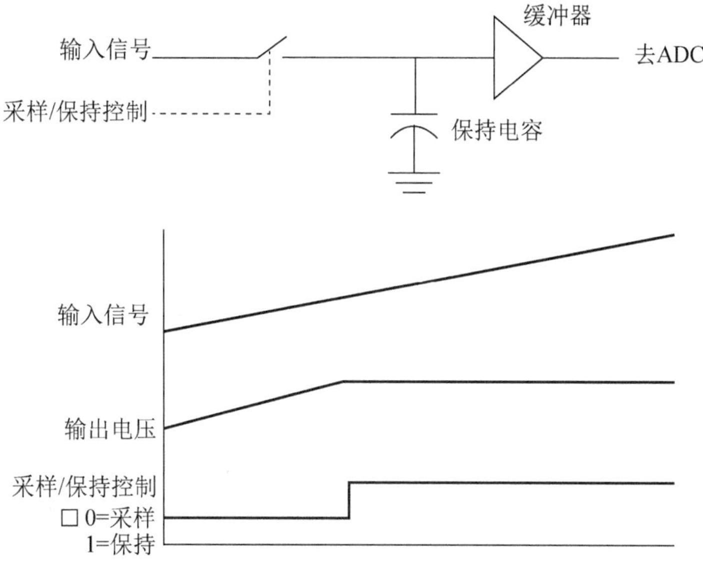

图 4.13　采样保持输出变化图

(3) 采样保持(S/H)主要参数。

① 孔径时间：在保持命令发出后到逻辑输入控制的开关完全断开所需的时间。

② 捕捉时间：在采样命令发出后，采样/保持器的输出从所保持的值到达当前输入信号所需的时间。

③ 保持电压的下降率：在保持模式时，保持电容器的漏电使保持电压值有所下降，将电压随时间的变化率称为保持电压的下降率。

S/H 参数选用时还要考虑输入电压、输入电阻、输出电阻等。

(4) 常用的采样保持器有 AD582 和 LF398。

① AD582(图 4.14)：高性能，具有放大功能，两个逻辑控制输入端(LOGICIN+、LOGICIN−)

当 IN+=“1”、IN−=“0”时，处于保持模式；其他状态，均为采样模式。

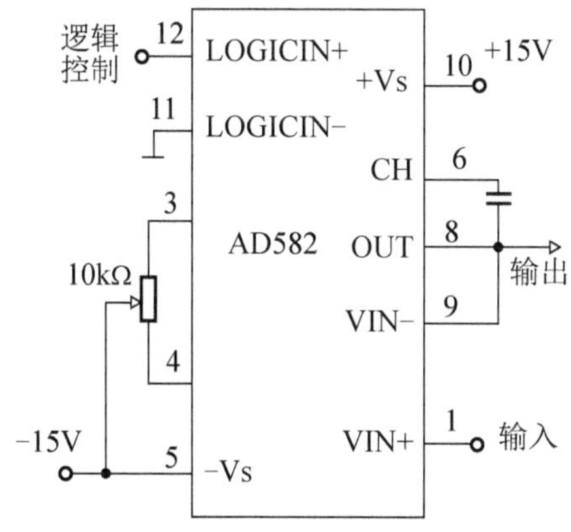

图 4.14　AD582 逻辑引脚图

② LF398(图 4.15)：无放大器。当 LOGICIN+=“0”、LOGICIN−=“0”时，处于保持模式；当 LOGICIN+=“1”、LOGICIN−=“0”时，处于采样模式。

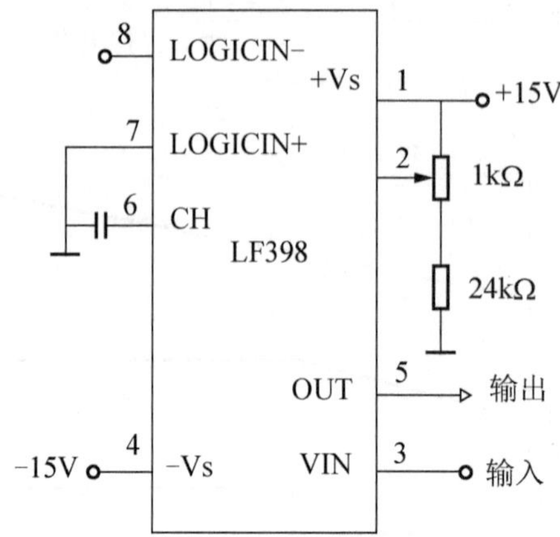

图 4.15　LF398 逻辑引脚图

(5) 前置放大电路。

① 功能：将小信号放大到与 A/D 电路输入电压相匹配的电平，以便进行 A/D 转换。

② 主要参数：差模输入电压、输出电阻、输入失调电压、开环差模增益、共模抑制比、最大输出电压幅度等。

③ 类型：通用型和专用型。

高精度低漂移型：用于小信号放大。

高输入阻抗型：抗干扰能力强。

低功耗型：

隔离放大电路：隔离信号，具有很强的抗共模干扰的能力，有变压器耦合和光耦合两种。程控增益放大电路：不同输入范围采用不同增益以满足 A/D 需要(通过改变反馈电阻改变增益，如图 4.16 所示)。

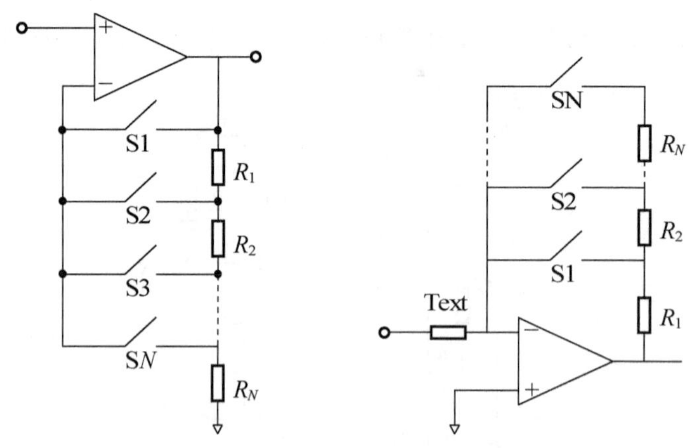

图 4.16　程控放大原理电路图

思考与练习

1．说明模拟多路开关在数据采集系统中的作用及其使用方法。

2．说明采样保持电路在数据库采样系统中作用及其使用方法。

3．A/D 转换器有哪些品种？其特点是什么？

4．D/A 转换器有哪几类？其主要的技术指标有哪些？

5．D/A 转换电路如何实现双极性电压输出？

6．试画出两个 DAC0832 与 MCS-51 单片机接口电路，并编写一个程序使两路 D/A 同时改变输出。

7．简述开关量输入/输出通道的基本结构。通常，哪些器件可用作开关量输入/输出通道中的开关电路和驱动电路？

第5章 人机接口电路介绍

人机联系部件主要有3类：键盘、显示器、打印机。信号源和显示设备之间会自动进行“协商”，达到用户的需求。

这3类人机联系部件是智能仪表能够实现人机交互的重要部分。

教学要求：掌握键盘、显示器、打印机的基本分类、特点和原理，8279与8031接口及程序设计。

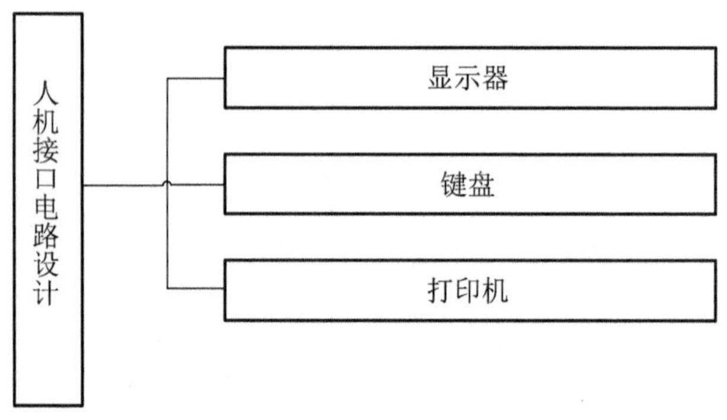

5.1 显　示　器

2002 年的 4 月，日立、松下、Philips、Silicon Image、索尼、Thomson、东芝共 7 家公司成立了高清多媒体接口(High-definition Multimedia Interface，HDMI)组织，开始制定新的专用于数字视频/音频传输的标准。2002 年年末，HDMI 1.0 标准颁布，2017 年年初颁布 2.1 版本，主要变化在于进一步加大带宽，以便传输更高分辨率和色深。HDMI 在针脚上和数字视频接口(Digital Visual Interface，DVI)兼容，只是采用了不同的封装。与 DVI 相比，HDMI 可以传输数字音频信号，并增加了对高带宽数字内容保护技术(High-bandwidth Digital Content Protection，HDCP)的支持，同时提供了更好的 DDC 可选功能。HDMI 支持 5Gbit/s 的数据传输率，最远可传输 15m，足以应付一个 1080P 的视频和一个 8 声道的音频信号。因为一个 1080P 的视频和一个 8 声道的音频信号的数据传输率需求少于 4Gbit/s，所以 HDMI 还有很大余量。这允许它可以用一个电缆分别连接 DVD 播放器、接收器和 PRR。此外 HDMI 支持 EDID、DDC2B，因此具有 HDMI 的设备具有“即插即用”的特点，信号源和显示设备之间会自动进行“协商”，选择最合适的视频/音频格式。

5.1.1 LED 显示器

基本的半导体数码管是由 7 个条状发光二极管芯片按一定规律排列而成的，可实现 0～9 的显示。不同类型的数码管制作方式不同，具体介绍如下。

(1) 反射罩式数码管一般用白色塑料做成带反射腔的七段式外壳，将单个 LED 贴在与反射罩的 7 个反射腔互相对应的印制电路板上，每个反射腔底部的中心位置就是 LED 芯片。在装反射罩前，用压焊方法在芯片和印制电路上相应金属条之间连好 ϕ 30μm 的硅铝丝或金属引线，在反射罩内滴入环氧树脂，再把带有芯片的印制电路板与反射罩对位黏合，然后固化。

【反射罩式数码管】

反射罩式数码管的封装方式有空封和实封两种。实封方式采用散射剂和染料的环氧树脂，此方式较多地用于一位或双位器件。空封方式是在上方盖上滤波片和匀光膜，为提高器件的可靠性，必须在芯片和底板上涂以透明绝缘胶，这还可以提高光效率。这种方式一般用于 4 位以上的数字显示(或符号显示)。

(2) 条形七段式数码管属于混合封装形式。它是把做好管芯的磷化镓圆片划成内含一只或数只 LED 发光条，再把同样的 7 条发光条粘在日字形“可伐”框上，用压焊工艺连好内引线，再用环氧树脂包封起来。

(3) 单片集成式数码管是在发光材料基片上(大圆片)，利用集成电路工艺制作出大量七段数字显示图形，通过划片把合格芯片选出，对位贴在印制电路板上，用压焊工艺引出引线，再在上面盖上“鱼眼透镜”外壳。它们适用于小型数字仪表中。

另外，符号管、米字管的制作方式与数码管类似。矩阵管(发光二极管点阵)也可采用类似于单片集成式数码管的工艺方法制作。显示器有以下 4 种分类方法。

(1) 按字高分：笔画显示器字高最小为 1mm(单片集成式多位数码管字高一般在 2～3mm)。其他类型笔画显示器最高可达 12.7mm(0.5in)甚至达数百毫米。

(2) 按颜色分有红、橙、黄、绿等数种。

(3) 按结构分有反射罩式、单条七段式及单片集成式。

(4) 从各发光段电极连接方式分有共阳极和共阴极两种。

由于 LED 显示器是以 LED 为基础的，因此它的光电特性及极限参数意义大部分与发光二极管的相同。由于 LED 显示器内含多个发光二极管，因此需有如下特殊参数：

1. 发光强度比

由于数码管各段在同样的驱动电压时，各段正向电流不相同，因此各段发光强度不同。所有段的发光强度值中最大值与最小值之比为发光强度比，比值可以在 1.5～2.3 范围内，最大不能超过 2.5。

2. 脉冲正向电流

若笔画显示器每段典型正向直流工作电流为 I_F，则在脉冲下，正向电流可以远大于 I_F。脉冲占空比越小，脉冲正向电流可以越大。

5.1.2　点阵式 LED 显示屏

1. 点阵式 LED 显示屏概述

【LED 点阵屏的常见问题】

LED 就是 Light Emitting Diode(发光二极管)的缩写。在某些半导体材料的 PN 结中，注入的少数载流子与多数载流子复合时会把多余的能量以光的形式释放出来，从而把电能直接转换为光能。当 PN 结加反向电压时，少数载流子难以注入，故不发光。这种利用注入式电致发光原理制作的二极管称为发光二极管，通称 LED。

LED 电子显示屏是由几万到几十万个半导体 LED 像素点均匀排列组成的。利用不同的材料可以制造不同色彩的 LED 像素点。LED 显示屏是集光电子技术、微电子技术、计算机技术、信息处理技术于一体的高技术屏幕同步产品。它以超大画面、超强视觉、灵活多变的显示方式等独具一格的优势，成为目前国际上使用广泛的显示系统。LED 显示屏可分为单色显示屏、彩色显示屏和彩色灰度显示屏。其中单色显示屏采用标准 8×8 单色 LED 矩阵模块标准组件，一般为红色，可实现各种文字、数据及两维图形的显示，缺点是色彩单调。彩色显示屏采用标准 8×8 双基发光二极管矩阵模块，每一像素内有红、绿两个 LED，可发出红、绿、黄 3 种颜色的光。彩色显示屏还可以和各种数据设备连接，实时显示动态数据和广告，具有较好的信息显示效果，是目前使用较为广泛的 LED 显示屏。彩色灰度显示屏采用标准 8×8 双基 LED 矩阵模块，层次丰富，表现力极佳，可以显示照片、三维图形、动画、图像及视频等内容，表现效果细腻丰富、逼真感人。

2. LED 显示屏控制技术现状

早期因 LED 材料的限制，LED 显示屏的应用领域没有广泛展开，又因为显示屏控制技术基本上是通信控制方式，客观上影响了显示效果。所以早期的 LED 显示屏在国内很少，产品以红、绿双基色为主，控制方式为通信控制，灰度等级为单点四级调灰，产品的成本比较高。后来 LED 显示屏迅速发展，进入 20 世纪 90 年代，全球信息产业高速增长，LED 显示屏在 LED 材料和控制技术方面不断出现新的成果。例如，蓝色 LED 镜片研制成功，全彩色 LED 显示屏进入市场；电子计算机及微电子领域的技术发展，使显示屏控制技术领域出现了视频控制技术，显示屏的动态显示效果大大提高。这个阶段，LED 显示屏在我国发展迅速，LED 显示屏产业成为新兴的高科技产业。今天，LED 显示屏应用领域更为广阔，目前正朝着更高亮度、更高耐气候性、更高的发光密度、更高的发光均匀性、可靠性、全色化方向发展。

5.2　键盘接口

键盘是基本的输入设备，在单片机应用系统中能实现向单片机输入数据、传送命令等功能，是人工干预单片机的主要手段。下面介绍键盘的工作原理、键盘接口类型及其按键识别方法。

5.2.1　键盘输入的特点

键盘实质上是一组按键开关的集合。通常，键盘开关利用了机械触点的合、断作用。一个电压信号通过键盘开关机械触点的断开、闭合来控制电压高低电平的变化。键盘开关及其波形图如图 5.1 所示。

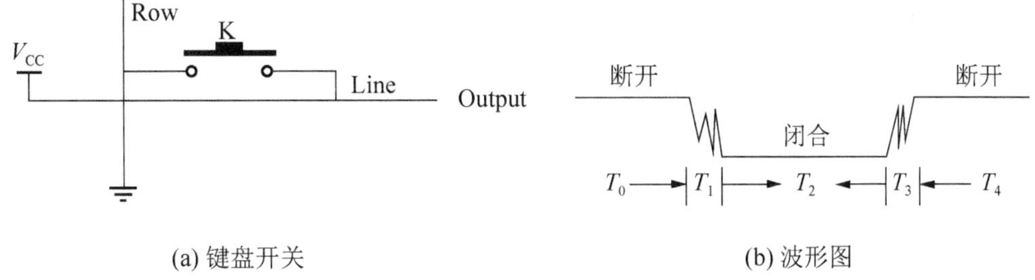

图 5.1　键盘开关及其波形图

图 5.1 中 T_1 和 T_3 分别是按键的闭合和断开过程中的抖动期(呈现一串负脉冲)，抖动时间长短和开关的机械特性有关，一般为 5～10ms，T_2 为稳定的闭合期，其时间由按键动作确定，一般为十分之几秒到几秒，T_0、T_4 为断开期。

5.2.2　按键的确认

按键的闭合与否，反映在行线输出电压上就是呈现高电平或低电平，如果高电平表示按键断开，低电平表示按键闭合，通过对行线电平高低状态的检测，便可确认按键按下与否。为了确保 MCU 对一次按键动作只确认一次按键有效，必须消除抖动期 T_1 和 T_3 的影响。

5.2.3 软件消除按键抖动

通常采用软件来消除按键抖动，其基本思想：在第一次检测到有键按下时，假设该键所对应的行线为低电平，执行一段延时 10ms 的子程序后，确认该行线电平是否仍为低电平，如果仍为低电平，则确认该行确实有按键按下。当按键松开时，行线的低电平变为高电平，执行一段延时 10ms 的子程序后，检测该行线为高电平，说明按键确实已经松开。

5.2.4 键盘接口类型及原理

1. 独立式键盘接口

独立式键盘就是各键相互独立，每个按键各接一个 Input Pin，通过检测 Input Pin 的电平状态可以很容易地判断哪个按键被按下。

在按键数目较多时，独立式键盘电路需要较多的 Input Pin，且电路结构繁杂，故此种键盘适用于按键较少或操作速度较高的场合。其接口图如图 5.2 所示。

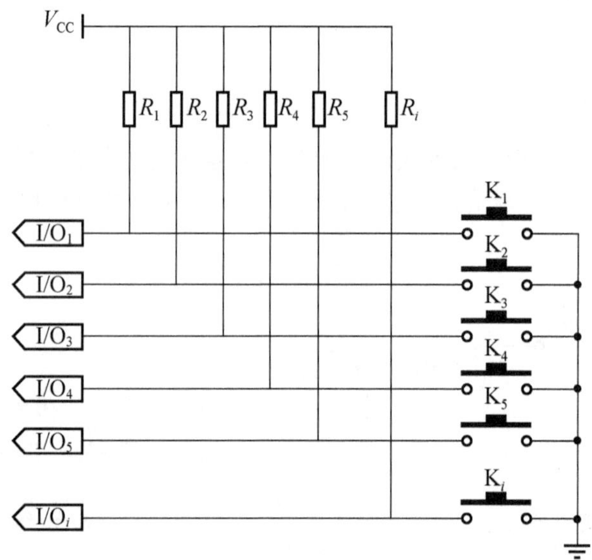

图 5.2 独立式键盘接口图

当 Input Pin 内部有上拉电阻时，外部电路的上拉电阻可以省去。

2. 行列式键盘接口

行列式(也称矩阵式)键盘适用于按键数目较多的场合，它由行线和列线组成，按键位于行、列的交叉点上。很明显，在按键数目较多的场合，行列式键盘与独立式键盘相比，要节省很多的 I/O 口线。图 5.3 和图 5.4 所示为 3×4 和 4×4 行列式键盘接口电路，如果 Input Pin 内部有上拉电阻，则外部电路的上拉电阻可以省去。

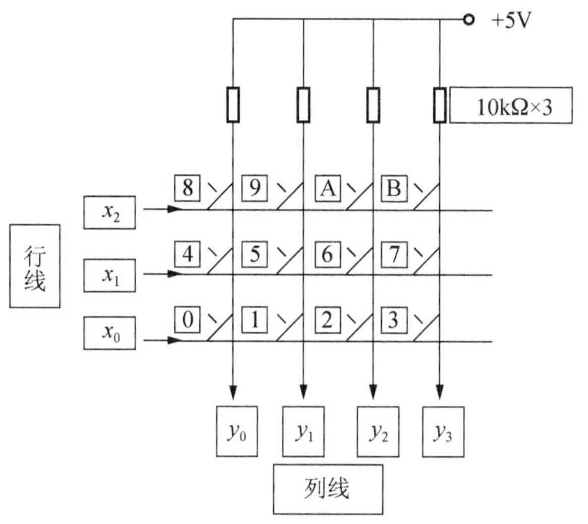

图 5.3　3×4 行列式键盘接口图

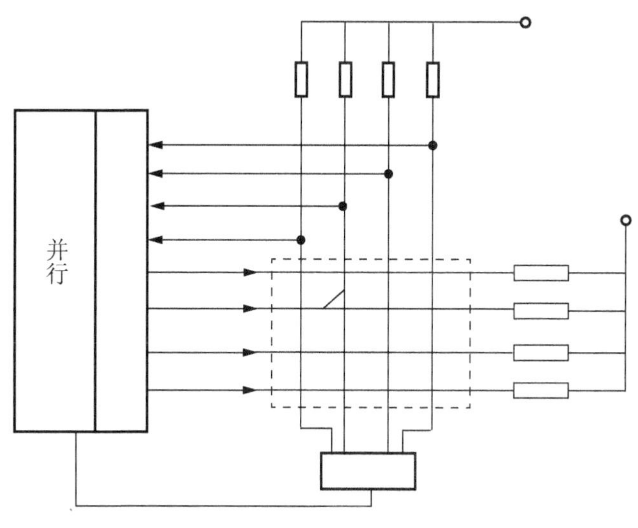

图 5.4　4×4 行列式键盘接口(线反转法)

行列式键盘按键的识别方法主要有两种：扫描法和线反转法。

(1) 扫描法识别步骤如下：

第一步，识别键盘有无按键被按下。首先把所有的列线均置为低电平，检查各行线电平是否有变化，如果有变化，则说明有键被按下；如果没有变化，则说明没有键被按下。

第二步，如有键被按下，识别具体的按键。首先把某一列置为低电平，其余各列置高电平，检查各行线电平的变化，如果某行线电平为低电平，则可确认此行交叉点处的按键被按下。

(2) 线反转法识别步骤如下：

第一步，设置行线为 Input Pin 模式，列线为 Output Pin 模式，并使全部 Output Pin 输出低电平，则行线中由高电平变低电平的所在行为按键所在行。

第二步，把行线设置为 Output Pin 模式，把列线设置为 Input Pin 模式，并使全部 Output Pin 输出低电平，列线中电平由高到低所在列为按键所在列。综合上述两步的结果，可以确定按键所在行和列，从而识别出所按的键。

3. 阶梯式键盘接口

图 5.5 所示为阶梯式键盘接口电路(5 个 I/O)，由图可以看出，键盘分布呈现阶梯状，故称为阶梯式键盘接口。如果 I/O Pin 内部有上拉电阻，则外部电路的上拉电阻可以省去。

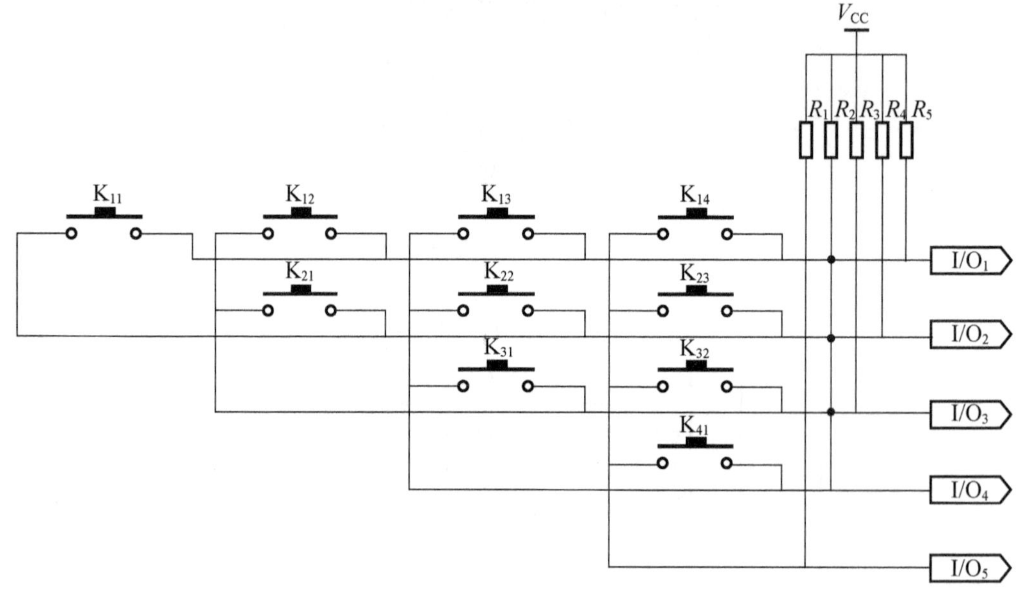

图 5.5　阶梯式键盘接口

阶梯式键盘接口按键的识别方法：首先令 I/O_1 输出低电平，检测 I/O_2～I/O_5 口电平是否有变化，如果有变化，则表示有按键被按下，若此时 I/O_3 检测到低电平，则表示 K_{13} 被按下，退出键盘扫描；否则，表示没有按键被按下，继续键盘扫描。如果第一行没有按键被按下，则令 I/O_2 输出低电平，检测 I/O_3～I/O_5 口电平是否有变化，以此类推。

由图 5.5 很容易得到阶梯式键盘接口的 I/O 口资源与扫描按键数目的关系如式(5-1)所示：

$$KEY = \sum_{I/O_{-1}}^{I/O_{-n}} (I/O - 1) \tag{5-1}$$

由关系式可以看出，该方法不适合按键数目较少的应用场合，而对于按键数目较多的应用场合，该方法可以很好地发挥其优点，如使用 8 个 I/O 口可以扫描 28 个按键。

4. ADC Pin 键盘接口

目前市场上集成有 ADC 功能的单片机已经非常普遍了，对于 I/O 资源非常紧张的应用场合，就可以利用一个 ADC 口来实现键盘功能。ADC 的作用是把模拟量转换成数字量，

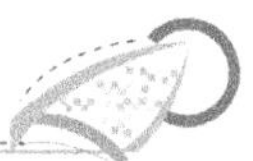

以便于 MCU 进行处理，所以只要能够通过按键来控制输入 ADC 的模拟量的大小，就可以实现按键的检测。其具体电路结构如图 5.6 所示。

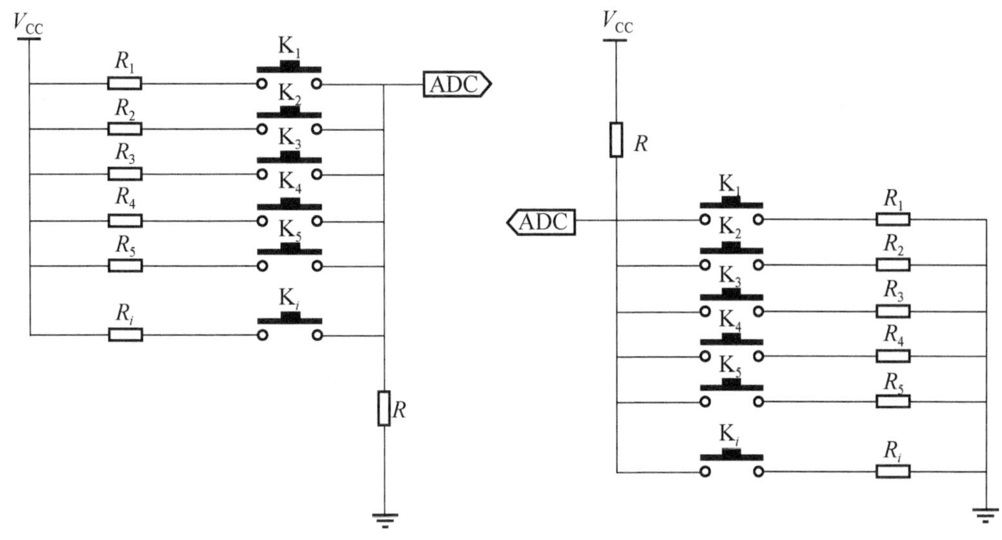

图 5.6　ADC Pin 键盘接口

该键盘接口可以为 MCU 节省很多的 I/O 资源，尤其是按键数目较多的情况，但它是以牺牲硬件成本(电阻)为代价的，而且抗干扰能力相对差一些。另外，对于按键较多的情况，需要注意电阻的分配，即合理分配按键控制的 ADC 值，以避免相邻 ADC 值按键的误判。

5. I/O Pin 与 ADC Pin 相结合键盘接口

对于较多按键，如 25 个按键的应用场合，行列式键盘接口需要 10 个 I/O，或者 9 个 I/O 加一根地线，还是占用了比较多的 I/O 资源，尽管有时可以将按键 I/O 与其他 I/O 共用。而 ADC Pin 键盘接口，相对于行列式键盘接口最多可以节省 9 个 I/O 口，但相应的需要 26 个电阻，电路结构也相应变得复杂，成本增加，稳定性下降。下面介绍的键盘接口将行列式键盘接口和 ADC Pin 键盘接口相结合，既节省了 I/O 口线，又没有增加太多的成本，稳定性也得以保证，如图 5.7 所示。

该键盘按键的识别方法：第一步，识别键盘有无按键被按下，检测各 I/O Pin 的电平状态，如果有低电平，则表示该列有按键被按下，否则，没有按键被按下。第二步，如果有按键被按下，则令检测到低电平的 I/O Pin 输出高电平，然后检测 ADC 电压，来确定是哪一行有按键按下。综合上述两步的结果，就可以确定是哪一个按键被按下。

利用该电路结构，可以根据不同的应用场合来调整 I/O 口数目和电阻 *R* 的数目，如 24 个按键，可以是 3 个 I/O、1 个 ADC、9 个 *R*，或 4 个 I/O、1 个 ADC、7 个 *R*，或 6 个 I/O、1 个 ADC、5 个 *R*，或 8 个 I/O、1 个 ADC、3 个 *R*。

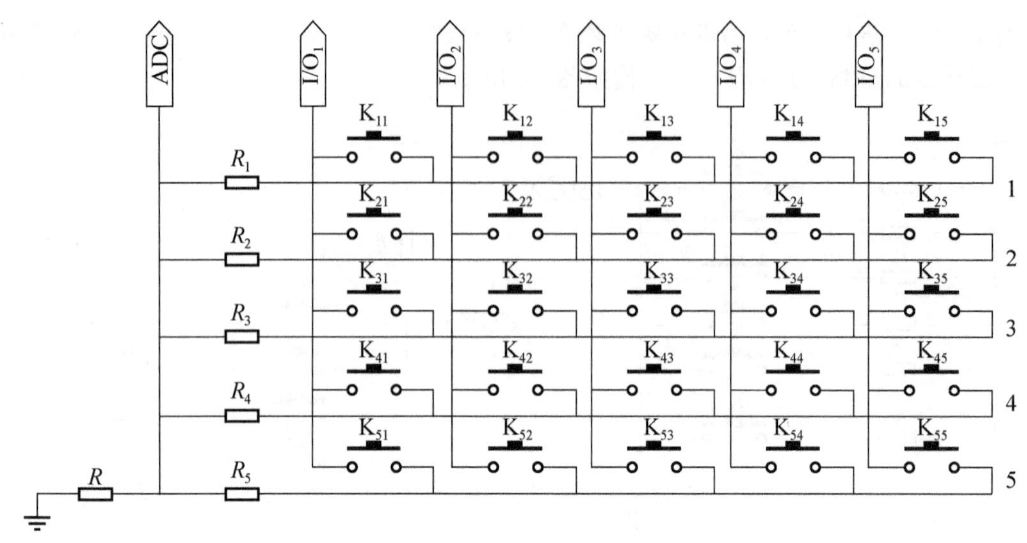

图 5.7　I/O Pin 与 ADC Pin 相结合键盘接口图

6. 二极管键盘接口

对于没有集成 ADC 功能的 MCU，如果遇到按键数目较多的应用场合，如 25，而 I/O 资源又相对紧张，则可以通过二极管键盘接口电路来实现键盘功能，如图 5.8 所示。

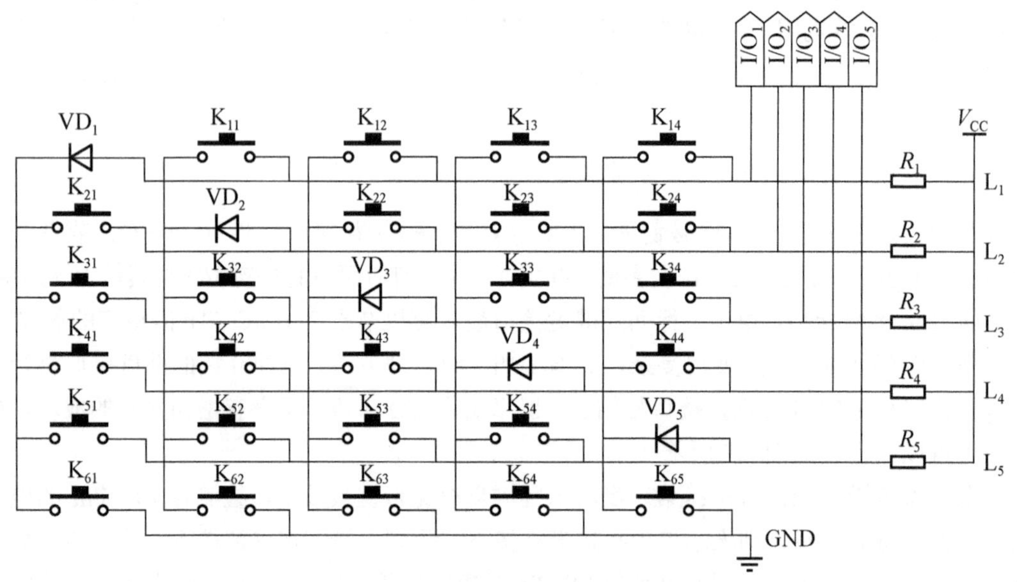

图 5.8　二极管键盘接口

该键盘按键的识别方法如下：

第一步，扫描 GND 行是否有按键被按下，如果检测到 I/O 口电平有低电平，则表示有按键被按下；否则，表示没有按键被按下，扫描程序进入第二步。

第二步，首先设置所有 I/O 口工作在 Output Pin 模式，且令某一行输出低电平，其余

行输出高电平；然后设置输出高电平行的 I/O 口为 Input Pin，并检测电平是否有变化，如果检测到低电平，则表示该行与输出低电平的那一行的交叉点处有按键被按下，否则，没有按键被按下。

需要注意，当键盘扫描进入第二步时，如果 GND 行有按键被按下，则会发生误判按键。例如，当扫描 L_1 行时，K_{11} 和 K_{62} 按下都会令 I/O_1 检测到低电平。这可以通过软件来加以识别，当检测到 I/O_1 为低电平时，则下一步立即判断 GND 行是否有按键被按下，如果有，则表示按键位于 GND 行；否则，表示按键位于 L_1～L_5 行。

5.2.5　编码式键盘接口电路

这里主要介绍专用键盘/显示器控制芯片——8279。

1. 功能特点

(1) 自动完成键盘扫描输入和键码识别，有自动消抖和多个按键处理功能，可充分提高 CPU 的工作效率。

(2) LED 动态扫描输出，16×8 显示数据 RAM 中的段码连续扫描输出。

(3) 与 MCS-51 接口方便，由它构成的标准键盘/显示器接口在微机应用系统中使用广泛。

2. 引脚

8279 引脚(图 5.9)功能如下：

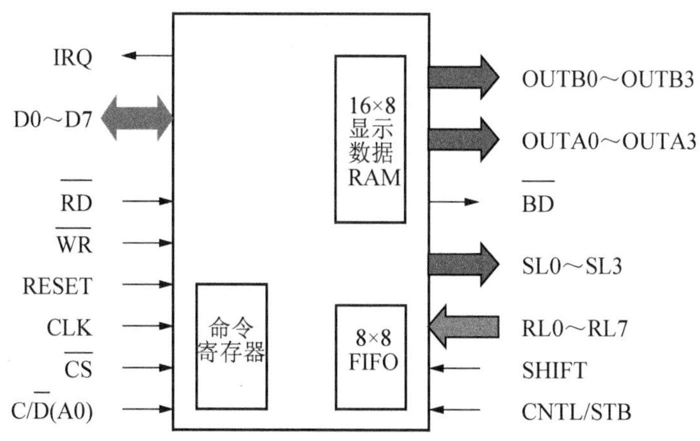

图 5.9　8279 引脚功能

$\overline{RD}$、$\overline{WR}$、$\overline{CS}$、RESET、CLK、D0～D7 能与 CPU 的相应引脚直接相连，$C/\overline{D}$(A0)区别所传信息是数据还是命令字；IRQ 为中断请求端，一般在键盘有数据输入或传感器状态改变时产生中断请求信号；SL0～SL3 是扫描信号输入线；RL0～RL7 是回馈信号线；OUTB0～OUTB3、OUTA0～OUTA3 是显示数据的输出线；$\overline{BD}$ 为消隐端，在更换数据时，其输出信号可使显示器熄灭。

3. 数据输入方式

数据输入方式有键扫描方式、传感器方式和选通输入方式三种。

1) 键扫描方式

(1) 扫描线 SL0～SL3，回馈线 RL0～RL7。

(2) 每按一键，8279 自动编码，送入 FIFO，同时产生中断信号 IRQ。

(3) 扫描方式：分为译码扫描和编码扫描。

① 译码扫描：键盘扫描线最多 4 条，同一时刻只有一条是低电平

② 编码扫描：经译码器(如 3-8 译码器)输出扫描信号。

SL3 仅用于显示器编码扫描输出，不能用于键编码扫描。

(4) FIFO(8×8)，内部堆栈，暂存按键代码，只能用输入和读取指令而不能用弹出指令。先进先出。

键的编码格式如图 5.10 所示。

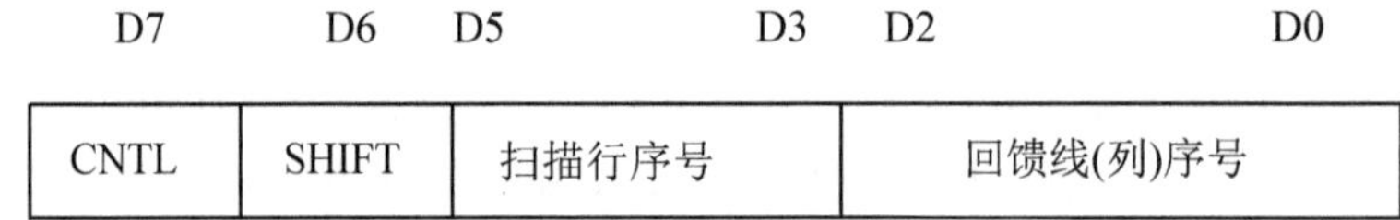

图 5.10　键的编码格式

如果芯片的控制端 CNTL 和换挡端 SHIFT 接地，则编码的最高两位均取“0”。例如，被按下键的位置在第 2 行(扫描行序号为 010)，且与第 4 列回馈线(列序号为 100)相交，则该键所对应的代码为 00010100，为 14H。

2) 传感器方式

对传感器状态开关阵列进行扫描，任一位状态变化时，自动产生中断信号 IRQ，FIFO 寄存传感器状态，CPU 读入后与原有状态进行比较。

中断处理子程序判断哪一个传感器状态发生变化。

3) 选通输入方式

RL0～RL7 与 8155 选通并行输入端口功能相同，CNTL 端作为选通信号 STB 的输入端，STB 为高电平有效。

4. 显示输出

内部设置 16×8 显示数据 RAM；

A0～A3、B0～B3 送出 8 位显示数据；扫描信号与键盘公用，显示多于四位时需用编码扫描(4-16 译码器)；显示数据经 D0～D7 写入显示 RAM。

8279 的 8 个输出端与存储单元各位的对应关系如图 5.11 所示。

D7	D6	D5	D4	D3	D2	D1	D0
A3	A2	A1	A0	B3	B2	B1	B0

图 5.11　输出端与存储单元各位的对应关系

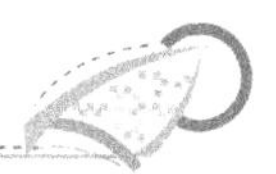

A3～A0，B3～B0 分别送出 16 个(或 8 个)单元存储的数据，并在 16 个显示器上显示。

显示器的扫描信号与键盘输入扫描信号是公用的，当实际数码显示器多于 4 个时，必须采用编码扫描输出，经过译码器后，方能用于显示器的扫描。

显示数据经过数据总线 D0～D7 及写信号 $\overline{\text{WR}}$ (同时 $\overline{\text{CS}}$=0，C/$\overline{\text{D}}$=0)的作用，可以分别写入显示存储器的任何一个单元。一旦数据写入，8279 的硬件便自动管理显示存储器的输出及同步扫描信号。

因此，对操作者仅要求完成向显示存储器写入信息的操作。

5．命令格式

写入命令时需满足：$\overline{\text{WR}}$ 、$\overline{\text{CS}}$ 为 0，C/$\overline{\text{D}}$ (A0)为 1。

8 条命令决定工作方式，分别为：

(1) 键盘显示器工作模式设置。

(2) 扫描频率设置。

(3) 读 FIFO 堆栈。

(4) 读显示 RAM。

(5) 写显示 RAM。

(6) 键盘键值的给定。

(7) 清除命令。

(8) 显示屏蔽消隐命令。

8279 命令功能键见表 5-1。

表 5-1　8279 命令功能键

<table>
<tr><th colspan="3">命令特征位</th><th colspan="5">功能特征位</th></tr>
<tr><td>D7</td><td>D6</td><td>D5</td><td>D4</td><td>D3</td><td>D2</td><td>D1</td><td>D0</td></tr>
<tr><td>0</td><td>0</td><td>0</td><td>0</td><td>0</td><td>0</td><td>0</td><td>0</td></tr>
<tr><td colspan="3" rowspan="7">键盘/显示器工作方式</td><td rowspan="3">左端送入</td><td rowspan="3">8×8 显示</td><td colspan="2">双键键定</td><td rowspan="3">编码扫描</td></tr>
<tr><td>0</td><td>1</td></tr>
<tr><td colspan="2">N 键轮回</td></tr>
<tr><td>1</td><td>1</td><td>1</td><td>0</td><td>1</td></tr>
<tr><td rowspan="3">右端送入</td><td rowspan="3">16×8 显示</td><td colspan="2">传感器矩阵</td><td rowspan="3">译码扫描</td></tr>
<tr><td>1</td><td>1</td></tr>
<tr><td colspan="2">选通输入显示扫描</td></tr>
<tr><td>0</td><td>0</td><td>1</td><td>×</td><td>×</td><td>×</td><td>×</td><td>×</td></tr>
<tr><td colspan="3">程序时钟</td><td>×</td><td colspan="2">× 2～31 分频 ×</td><td>×</td><td>×</td></tr>
<tr><td>0</td><td>1</td><td>0</td><td>1</td><td>×</td><td>×</td><td>×</td><td>×</td></tr>
<tr><td colspan="3">读 FIFO/传感器 RAM</td><td>传感器 RAM 自动加 1</td><td>—</td><td colspan="3">传感器 RAM 的 8 个字节地址位</td></tr>
</table>

续表

<table>
<tr><th colspan="3">命令特征位</th><th colspan="5">功能特征位</th></tr>
<tr><th>D7</th><th>D6</th><th>D5</th><th>D4</th><th>D3</th><th>D2</th><th>D1</th><th>D0</th></tr>
<tr><td>0</td><td>1</td><td>1</td><td>1</td><td>×</td><td>×</td><td>×</td><td>×</td></tr>
<tr><td colspan="3">读显示 RAM</td><td>自动加 1</td><td colspan="4">显示 RAM 的 16 个字节地址</td></tr>
<tr><td>1</td><td>0</td><td>0</td><td>1</td><td>×</td><td>×</td><td>×</td><td>×</td></tr>
<tr><td colspan="3">写显示 RAM</td><td>自动加 1</td><td colspan="4">显示 RAM16 个字节地址</td></tr>
<tr><td>1</td><td>0</td><td>1</td><td>×</td><td>1</td><td>1</td><td>1</td><td>1</td></tr>
<tr><td colspan="3">显示器写禁止/消隐</td><td>—</td><td>禁止写 A 口</td><td>禁止写 B 口</td><td>消隐 A 口</td><td>消隐 B 口</td></tr>
<tr><td>1</td><td>1</td><td>0</td><td>1</td><td>0</td><td>×</td><td>1</td><td>1</td></tr>
<tr><td colspan="3" rowspan="5">清除（清除显示寄存器 A、B 组输出）</td><td rowspan="5">允许清除</td><td colspan="2">A、B 全部清零</td><td rowspan="5">FIFO 成空状态；中断复位；传感器读出地址置零</td><td rowspan="5">总清除</td></tr>
<tr><td>1</td><td>0</td></tr>
<tr><td colspan="2">A、B 清成 20H</td></tr>
<tr><td>1</td><td>1</td></tr>
<tr><td colspan="2">A、B 皆置 1</td></tr>
<tr><td>1</td><td>1</td><td>1</td><td>×</td><td>×</td><td>×</td><td>×</td><td>×</td></tr>
<tr><td colspan="3">结束中断/错误方式设置</td><td></td><td colspan="4">—</td></tr>
</table>

6. 实际应用

8279 的键盘/显示器电路及与 8031 接口如图 5.12 所示。

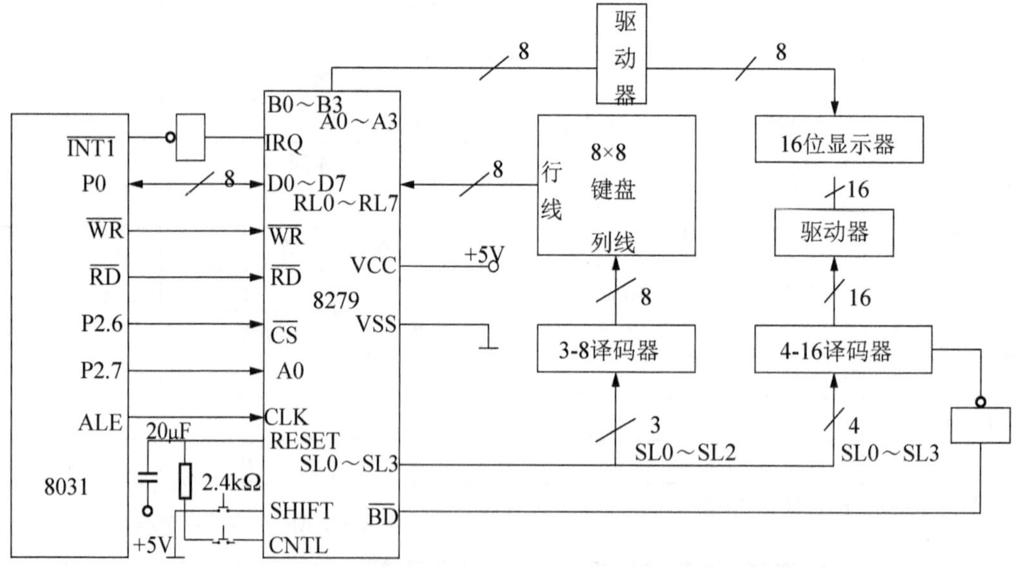

图 5.12　8279 的键盘/显示器电路及与 8031 接口

ALE 可直接与 8279CLK 相连，由 8279 设置适当的分频数，分频至 100kHz。

8279 的命令/状态口地址为 7FFFH，数据口地址为 7FFEH。键盘的行线接 8279 的 RL0～RL3，SL0～SL2 经 74LS138(1)(图 5.13)译码，输出键盘的 8 条列线，SL0～SL2 又由 74LS138(2)译码，并经 75451 驱动后，输出到各位显示器的公共阴极。控制 74LS138(2)的译码，当位切换时，输出低电平，此时译码器输出全为高电平，显示器熄灭。在连接 32 键以内的简单键盘时，CNTL、SHIFT 输入端可接地。

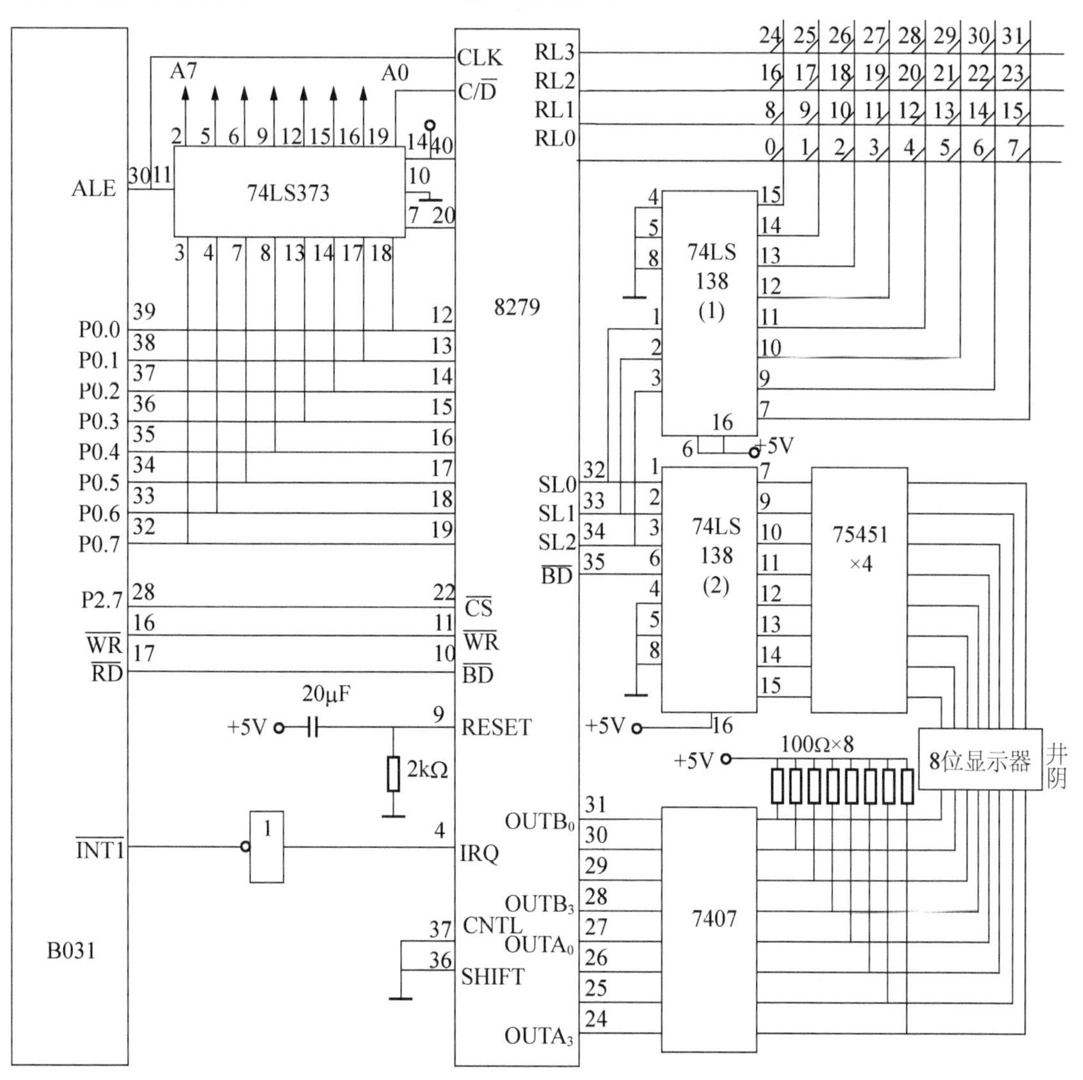

图 5.13　逻辑原理电路图

调试程序如下：

```
INIT:MOV DTR,#7FFH
     MOV A,#0D1H
     MOVX @DPTR,A
     MOV A,#00H
```

```
      MOVX @DPTR,A
      MOV A,#2AH
      MOVX @DPTR,A
      SETB EA
      SETB EX1
KINT:PUSH PSW
      PUSH DPH
      PUSH DPL
      PUSH ACC     MOV
      DPTR,#7FFFH MOV
      A,#40H MOVX
      @DPTR,A MOV
      DPTR,#7FFEH MOV
      A,@DPTR MOV B,
      A      POP PSW
      POP DPH      POP
      DPL        POP
      ACC      RETI
DISPL: MOV DPTR,#7FFFH
        MOV A,#90H
        MOVX @DPTR,A
        MOV R0,#78H
        MOV R7,#08H
        MOV DPTR,#7FFEH
DISPL1:MOV A,@R0
        ADDA,#05H
        MOVC A,@A+PC
        MOCX @DPTR,A
        INC R0
        DJNZ R7,DISPL1
        RET
SEGPT: DB 3FH,06H,5BH,4FH,
```

注释：

#0D1H： 清除显示 RAM 和 FIFO

11010001

#00H：设置键盘/显示器工作模式

00000000

#2AH： 设置扫描频率

00101010

#040H： 读 FIFO 堆栈命令

01000000

#90H：写显示 RAM 命令

10010000

5.3 打印机接口

打印机接口主要包括并行接口和串行接口，其中串行接口又可以分成RS-232串行口、电流环接口，以及新型的接口总线USB，这些接口各有特点，应用于不同的领域。由于并行接口的应用最为广泛，当今市面上出售的打印机主要配备的是并行接口。当用户需要使用并行接口打印机进行其他接口的打印工作时，就需要选择相应的打印机接口选件。下面以实达打印机设备公司生产的产品为例介绍打印机接口产品。

【一些打印机接口】

5.3.1 STC-100 通用串口-并口信号转换器

该转换器支持 RS-2320 协议。其具有一个兼容并行接口和一个标准RS-232 串行接口，使用时将其串行接口与主机的串行接口通过转换器自带的串行电缆相连，再将其并行接口与打印机并行接口通过通用的打印电缆相连，就可以将主机串行接口的输出数据转换为并行数据信号输出给并行打印机并完成二者间的通信，这样用户就可以像使用串行打印机那样使用并行打印机了。

【标准 RS-232 串行接口】

5.3.2 SC82306 Epson 打印机附件接口兼容串口卡

该串口卡支持 RS-2320 协议与 20mA 电流环接口。其具有一个标准 Epson 打印机附件接口和一个串行接口，主要应用于 Epson 系列打印机如 LQ-1900K、LQ-670K 等。该串口卡不需要外置电源，使用时直接插入打印机选件槽即可将打印机作为串行打印机使用。该卡可选用 x-on/x-off 或 dtr 标志控制的握手协议。

5.3.3 UPA2000 USB-并口信号转换器

通用串行总线(Universal Serial Bus，USB)是一种新型的总线接口，它为各种各样中、低速外围设备提供一种通用的标准接口，是未来大多数 PC 外围设备的发展方向，实达是国内能生产 USB 接口的厂商之一。USB-并口信号转换器是一种通用转换器，其目的是使一台传统的并行打印机通过与之相连而升级成为 USB 打印机。该产品具有一个高速 USB 接口和一个 IEEE 1284 双向并行接口，使用时将其 USB 接口与主机相连，并行接口与打印机并行接口相连即可(如果是第一次使用，还需按提示安装驱动程序)。

从以上介绍可以看出，打印机接口选件拓宽了并行接口打印机的使用范围，也为用户节省了购买专用接口打印机的费用，有着广阔的应用天地。

思考与练习

1．智能仪表常用的显示器类型有哪些？

2．说明七段 LED 显示器(共阴极及共阳极)的字段码形成原理。

3．说明可编程点阵液晶显示器控制器的工作原理。

4．如何消除键抖动？常用的有哪几种方法？

5．利用接口芯片 8279 设计键盘、显示器的接口电路，并说明其工作原理，给出系统主程序流程图。

第 6 章 智能仪表数字化通信技术

在工业自动化控制系统中，关键技术之一就是智能仪表与智能仪表及智能仪表与控制装置之间的数字化通信。数字化技术在工业自动化领域的广泛应用促使了控制网络技术的发展，并已经成为自动化领域的热门技术和应用内容，目前控制网络正向体系结构开放性方向发展。

虽然各种先进的通信技术在工业自动化系统和终端中获得了广泛的应用，但由于发展的不平衡及历史的原因，传统的通信方式(如串行通信)仍然是许多仪表和装置的基本通信方式，在终端级它们仍然是所有通信方式中应用最多的。因此本章将首先介绍串行通信技术及其在智能仪表中的应用，并对串行总线技术做一定介绍。

教学要求：熟悉各种数字化通信方式，掌握网络化结构通信技术。

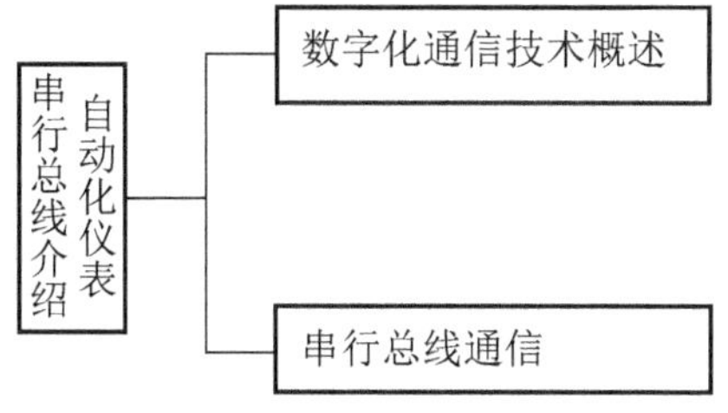

6.1　数字化通信技术概述

随着计算机技术、网络技术、通信技术等在工业自动化系统中的广泛应用，工业自动化系统和仪表也逐步向数字化、网络化方向发展，即不仅各类控制设备是数字化的，而且测控信号也由模拟化向数字化方向发展，并通过网络将分散的控制装置和各类智能仪表连接起来，实现集中监控和管理。

在这类控制系统中，关键技术之一就是智能仪表与智能仪表以及智能仪表与控制装置之间的数字化通信。数字化技术在工业自动化领域的广泛应用导致了控制网络技术的发展，并已经成为自动化领域的热门技术和应用实践，目前控制网络正向体系结构开放性方向发展。

在工业自动化领域，向开放性体系结构努力的突出例子就是现场总线，而大量具有现场总线接口的各类仪表的开发和生产是现场总线技术得以在工业过程使用的基础。目前各大仪表厂商以此为突破口，开发了各种具有现场总线接口的智能仪表，因此本章将重点介绍串行总线。

6.2　串行总线通信

【串行通信的原理和结构】

通常通信的形式可分为两种：一种为并行通信，另一种为串行通信。串行通信是将数据一位一位地传送，而并行通信一次可传输多个数据位。虽然串行通信传输速度慢，但它抗干扰能力强，传输距离远，因此仪表一般都配置有串行通信接口。常用的串行通信有 RS-232C、RS-422 和 RS-485 等。串行通信电气参数见表 6-1。

表 6-1　串行通信电气参数

参　数		RS-232C	RS-422	RS-485
工作方式		单端	差分	差分
节点数		1 收 1 发	1 发 10 收	1 发 32 收
最大传输电缆长度/m		15	1200	1200
最大传输速率		20Kbit/s	10Mbit/s	10Mbit/s
最大驱动输出电压/V		±25	−0.25～+6	−7～+12
驱动器输出信号电平/V	负载(最小值)	±5～±15	±2.0	±1.5
	空载(最大值)	±25	±6	±6
驱动器负载阻抗/Ω		3000～7000	100	54
摆率(最大值)		30V/μs	N/A	N/A
接收器输入电压范围/V		±15	−10～+10	−7～+12

续表

参　　数	RS-232C	RS-422	RS-485
接收器输入门限	±3V	±200mV	±200mV
接收器输入电阻/Ω	3000～7000	4000(最小)	>12000
驱动器共模电压/V		−3～+3	−1～+3
接收器共模电压/V		−7～+7	−7～+12

6.2.1　常用串行通信概述

1. RS-232C

RS-232C 是美国电子工业协会(Electronic Industry Association，EIA)于 1973 年提出的串行通信接口标准，主要用于模拟信道传输数字信号的场合。RS(Recommeded Standard)代表推荐标准，232 是标识号，C 代表 RS-232 的最新一次修改，在这之前有 RS-232B、RS-232A。RS-232C 是用于数字终端设备(Digital Terminal Equipment，DTE)与数字电路终端设备(Digital Circuit-terminating Equipment，DCE)之间的接口标准。RS-232C 接口标准所定义的内容属于国际标准化组织(International Organization for Standardization，ISO)所制定的开放式系统互联(Open System Interconnection，OSI)参考模型中的最低层——物理层所定义的内容。RS-232C 接口规范的内容包括连接电缆和机械特性、电气特性、功能特性及过程特性几个方面。

1) RS-232C 接口规范

(1) 机械特性：RS-232C 接口规范并没有对机械接口做出严格规定。RS-232C 的机械接口一般有 9 针、15 针和 25 针 3 种类型。RS-232C 的标准接口使用 25 针的 DB 连接器(插头、插座)。RS-232C 在 DTE 设备上用作接口时一般采用 DB25M 插头(针式)结构；而在 DCE(如 Modem)设备上用作接口时采用 DB25F 插座(孔式)结构。特别要注意的是，在针式结构和孔式结构的插头插座中引脚号的排列顺序(顶视)是不同的，使用时务必小心。

【机械特性】

(2) 电气特性：DTH-DCE 接口标准的电气特性主要规定了发送端驱动器与接收端驱动器的信号电平、负载容限、传输速率及传输距离。RS-232C 接口使用负逻辑，即逻辑“1”用负电平(范围为-15～-5V)表示，逻辑“0”用正电平(范围为+5～+15V)表示，-3～+3V 为过渡区，逻辑状态不确定(实际上这一区域电平在应用中是禁止使用的)，如图 6.1 所示。RS-232C 的噪声容限是 2V。

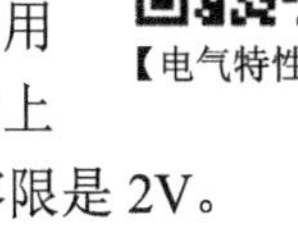

【电气特性】

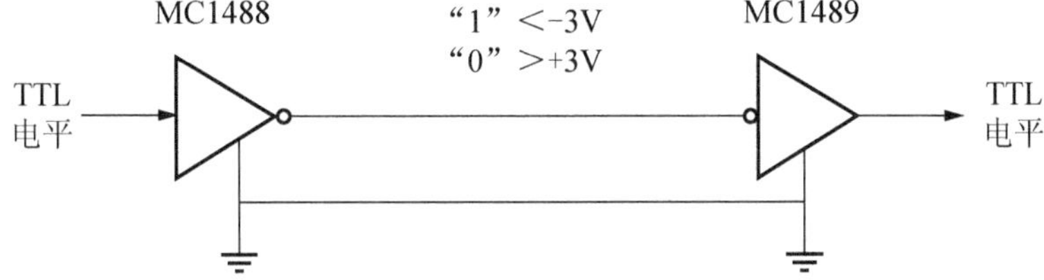

图 6.1　RS-232C 接口电路图

【功能特性】

(3) 功能特性：RS-232C 接口连线的功能特性，主要是对接口各引脚的功能和连接关系做出定义。RS-232C 接口规定了 21 条信号线和 25 芯的连接器。实际上 RS-232C 的 25 条引线中有许多是很少使用的，在计算机与终端通信中一般只使用 3～9 条引线。RS-232C 最常用的 9 条引线的信号内容见表 6-2。RS-232C 接口在不同的应用场合所用到的信号线是不同的。例如，在异步传输时，不需要定时信号线；在非交换应用中则不需要某些控制信号；在不使用备用信道操作时，则可省去 5 个反向信号线。

表 6-2　RS-232C 最常用的 9 条引线的信号内容

引脚序号	信号名称	符号	流向	功能
2	发送数据	TXD	DTE→DCE	DTE 发送串行数据
3	接收数据	RXD	DTE←DCE	DTE 接收串行数据
4	请求发送	RTS	DTE→DCE	DTE 请求 DCE 将线路切换到发送方式
5	允许发送	CTS	DTE←DCE	DCE 告诉 DTE 线路已接通可以发送数据
6	数据设备准备好	DSR	DTE←DCE	DCE 准备好
7	信号接地	GND		信号公共接地
8	载波检测	DCD	DTE←DCE	表示 DCE 接收到远程载波
20	数据终端准备好	DTR	DTE→DCE	DTE 准备好
22	振铃指示	RI	DTE←DCE	表示 DCE 与线路接通，出现振铃

2) RS-232C 串行接口标准

RS-232C 被定义为一种在低速率串行通信中增加通信距离的单端标准。RS-232C 采取不平衡传输方式，即单端通信。收发端的数据信号是相对于信号地的，如从 DTE 发出的数据在使用 DB25 连接器时是 2 脚相对 7 脚(信号地)的电平。典型的 RS-232C 信号在正负电平之间摆动，在发送数据时，发送端驱动器输出正电平在+5～+15V，负电平在-15～-5V。当无数据传输时，线上为 TTL；从开始传送数据到结束，线上电平从 TTL 电平到 RS-232C 电平再返回 TTL 电平。接收器典型的工作电平在+3～+12V 与-12～-3V。由于发送电平与接收电平的差仅为 2～3V，因此其共模抑制能力差，再加上双绞线上的分布电容，其传送距离最大约为 15m，最高速率为 20Kbit/s。RS-232C 是为点对点(即只用一对收发设备)通信而设计的，其驱动器负载为 3～7kΩ。所以 RS-232C 适合本地设备之间的通信。

2. RS-422 与 RS-485 串行接口标准

RS-422 由 RS-232 发展而来，它是为弥补 RS-232 的不足而提出的。为改进 RS-232 通信距离短、速率低的缺点，RS-422 定义了一种平衡通信接口，将传输速率提高到 10Mbit/s，传输距离延长到 1200m(速率低于 100Kbit/s 时)，并允许在一条平衡总线上连接最多 10 个接收器。RS-422 是一种单机发送、多机接收的单向、平衡传输规范，被命名为 TIN/EIA-422-A 标准。RS-422 标准全称是“平衡电压数字接口电路的电气特性”，它定义了接口电路的特性。典型的 RS-422 有四线接口，连同一根信号地线，共 5 根线。由于接收器所采用的高输入阻抗和发送驱动器要比 RS-232 的驱动能力更强，故允许在相同传输

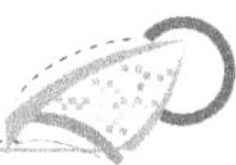

线上连接多个接收节点，最多可接 10 个节点，即一个主设备(Master)，其余为从设备(Slave)，从设备之间不能通信，所以 RS-422 支持点对多的双向通信。由于 RS-422 4 线接口采用单独的发送和接收通道，因此不必控制数据方向，各装置之间任何必需的信号交换均可以按软件方式(XOM/XOFF 握手)或硬件方式(一对单独的双绞线)实现。RS-422 的最大传输距离为 1200m，最大传输速率为 10Mbit/s。其平衡双绞线的长度与传输速率成反比，在 100Kbit/s 速率以下，才可能达到最大传输距离。只有在很短的距离下才能获得最高速率传输。一般 100m 长的双绞线上所能获得的最大传输速率仅为 1Mbit/s。

为扩展 RS-422 串行通信应用范围，EIA 又于 1983 年在 RS-422 基础上制定了 RS-485 标准，增加了多点、双向通信功能，即允许多个发送器连接到同一条总线上，同时提升了发送器的驱动能力和冲突保护特性，扩展了总线共模范围，后命名为 TIA/EIA-485A 标准。由于 RS-485 是从 RS-422 的基础上发展而来的，因此 RS-485 许多电气规定与 RS-422 相似，如都采用平衡传输方式、都需要在传输线上接终端电阻等。RS-485 可以采用二线与四线方式，二线制可实现真正的多点双向通信；而采用四线连接时，与 RS-422 一样只能实现点对多的通信，即只能有一个主设备，其余为从设备。RS-485 比 RS-422 有所改进，无论四线还是二线连接方式，总线上可连接的设备最多不超过 32 个。RS-485 与 RS-422 的不同还在于其共模输出电压，RS-485 为-7～+12V，而 RS-422 为-7～+7V。RS-485 与 RS-422 一样，最大传输距离约为 1200m，最大传输速率为 10Mbit/s。由于平衡双绞线的长度与传输速率成反比，因此在 100Kbit/s 速率以下，才可能使用规定最长的电缆长度；只有在很短的距离下，才能获得最高速率传输。一般 100m 长双绞线最大传输速率仅 1Mbit/s。RS-485 总线需要 2 个终端电阻，其阻值要求等于传输电缆的特性阻抗。在短距离传输时可不需终端电阻，即一般在 300m 以下不需终端电阻，终端电阻接在传输总线的两端。

RS-232C、RS-422 与 RS-485 标准只对接口的电气特性做出规定，而不涉及插接件、电缆或协议，在此基础上用户可以建立自己的高层通信协议。

6.2.2　串行通信参数

串行通信中，交换数据的双方利用传输在线上的电压变化来达到数据交换的目的，但是如何从不断改变的电压状态中解析出其中的信息，就需要双方共同决定，即需要说明通信双方是如何发送数据和命令的。因此，双方为了进行通信，必须要遵守一定的通信规则，这个通信规则就是通信端口的初始化。利用通信端口的初始化实现对以下几项的设置。

1. *数据的传输速率*

RS-232 常用于异步通信，通信双方没有可供参考的同步时钟作为基准，此时双方发送的高低电平到底代表几个位就不得而知了。要使双方的数据读取正常，就要考虑传输速率-波特率，其代表的意义是每秒钟所能产生的最大电压状态改变率。由于原始信号经过不同的波特率取样后，所得的结果完全不一样，因此通信双方采用相同的通信速率非常重要。在仪器仪表中，常选用的传输速率是 9.6Kbit/s。

2. *数据的发送单位*

一般串行通信端口所发送的数据是字符型的，这时一般采用 ASCII 码或 JIS(日本工业

标准)码。ASCII 码中 8 个位形成一个字符，JIS 码则以 7 个位形成一个字符。若用来传输文件，则会使用二进制的数据类型。欧美的设备多使用 8 个位的数据组，日本的设备大多数使用 7 个位作为一个数据组。

3. 起始位及停止位

由于异步串行传输中没有使用同步时钟脉冲作为基准，因此接收端完全不知道发送端何时将进行数据的发送。为了解决这个问题，在发送端要开始发送数据时，将传输在线的电压由低电位提升至高电位(逻辑“0”)，而当发送结束后，再将电位降至低电位(逻辑“1”)。接收端会因起始位的触发而开始接收数据，并因停止位的通知而明确数据的字符信号已经结束。起始位固定为 1 个位，而停止位则有 1、1.5 及 2 个位等多种选择。

【奇、偶校验】

4. 校验位的检查

为了预防错误的产生，使用了校验位作为检查的机制。校验位是用来检查所发送数据正确性的一种校验码，又分为奇校验(Odd Parity)和偶校验(Even Parity)，分别检查字符码中“1”的数目是奇数个还是偶数个。在串行通信中，可根据实际需要选择奇校验、偶校验或无校验。

6.2.3 串行通信工作模式及流量控制

1. 工作模式

计算机在进行数据的发送和接收时，传输线上的数据流动情况可分为 3 种：当线上数据流动只有一个方向时，称为单工；当数据的流动为双向，且同一时刻只能沿一个方向进行时，称为半双工；当同时具有两个方向的传输能力时，称为全双工。在串行通信中，同时可以利用的传输线路决定了其工作模式。RS-232 上有两条特殊的线路，其信号标准是参考接地端所得到的，分别用于数据的发送和接收，因此是全双工的工作模式。这种参考接地端所得到信号标准电位的传导方式称为单端输入。RS-422 也属于全双工。RS-485 上的数据线路虽然也有两条，但这两条线路是一个信号标准电位的正、负端，真正的信号必须是两条线路相减所得到的，因此在一段时间内，只可以有一个方向的数据在发送，也就形成了半双工的工作模式。这种不参考接地端，而由两条信号标准电位相减而得到的信号标准电位的传导方式称为差动式传输。

2. 流量控制

在串行通信中，当数据要由 A 设备发送到 B 设备前，数据会先被送到 A 设备的数据输出缓冲区，接着再通过此缓冲区将数据通过线路发送到 B 设备；同样，当数据利用硬件线路发送到 B 设备时，数据会先发送到 B 设备的接收缓冲区，而 B 设备的处理器再到接收缓冲区读取数据并进行处理。

所谓的流量控制，是为了保证传输双方都能正确地发送和接收数据而不会漏失。如果发送的速度大于接收的速度，而接收端的处理器来不及处理，则接收缓冲区在一定时间后会溢出，造成以后发送来的数据无法进入缓冲区而漏失。解决这个问题的方法是让接收方通知发送端何时发送，以及何时停止发送。流量控制又称为握手(Hand Shaking)，常用的方式有硬件握手和软件握手两种。

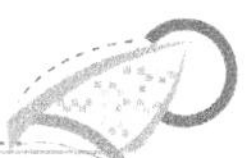

以 RS-232 为例，硬件握手使用 DSR、CTS、DTR 和 RTS 4 条硬件线路。其中，DTR 和 RTS 指的是计算机上的 RS-232 端；DSR 和 CTS 是指带有 RS-232 接口的智能设备。通过 4 条线的交互作用，计算机主控端与被控的设备端可以进行数据的交流，而当数据传输太快而无法处理时，可以通过这 4 条握手线的高低电位的变化来控制数据是继续发送还是暂停发送。图 6.2 描述了计算机向设备传输数据时的硬件流量控制。

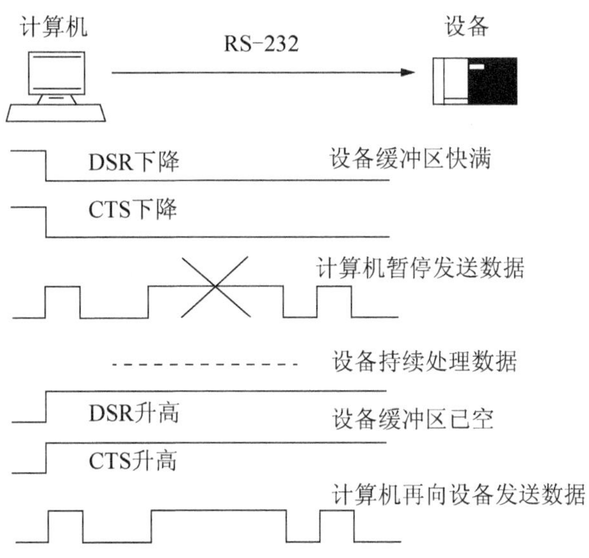

图 6.2　设备端要求的握手程序图

软件握手以数据在线的数据信号来代替实际的硬件线路。软件握手中常用的就是 XON/XOFF 协议。在 XON/XOFF 协议中，若接收端想使发送端暂停数据的发送，它便向发送端送出一个 ASCII 码 13H；若恢复发送，便向发送端送出 ASCII 码 11H，两个字符交互使用，便可控制发送端的发送操作。其操作流程与硬件握手类似。

6.2.4　基于单片机的智能仪表与 PC 数据通信

以单片机为核心的测控仪表与上位计算机之间的数据交换，通常采用串行通信的方式。PC 具有异步通信功能，它使该机有能力与其他具有标准 RS-232C 串行通信接口的计算机或设备进行通信。而单片机本身具有一个全双工的串行接口，因此只要配以一些驱动、隔离电路就可组成一个简单可行的通信接口。数台单片机(8031)与 PC 的通信接口电路如图 6.3 所示，图中 1488 和 1489 分别为发送和接收电平转换电路。从 PC 通信适配器板引出的发送线通过 1489 与单片机接收端(RXD)相连。由于 1488 的输出端不能直接连在一起，因此它们均经二极管隔离后，才并联在 PC 的接收端(RXD)上。

通信双方所用的波特率必须相同，假设使用 10 位帧传送，因波特率误差会引起偏移，则在一个方向上的偏差允许为 1.25%，两个系统的偏差之和应不大于 2.5%。这里需注意，异步通信在约定的波特率下，传送和接收的数据不需要严格保持同步，允许有相对的延迟，即频率差不大于 1/16，就可以正确地完成通信。

PC 的波特率是通过对 8250 内部寄存器初始化来实现的，即对 8250 的除数锁存器置值。该除数锁存器为 16 位，由高 8 位和低 8 位锁存器组成。若时钟输入为 1.8432MHz，经分频产生所要求的波特率，分频所要用到的除数分两次处理，即将高 8 位、低 8 位分别写入锁存器的高位和低位，除数(也叫波特率因子)可以根据下式获得：

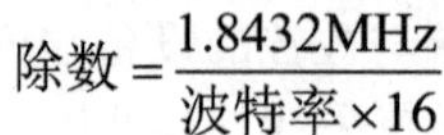

$$除数=\frac{1.8432\text{MHz}}{波特率\times16}$$

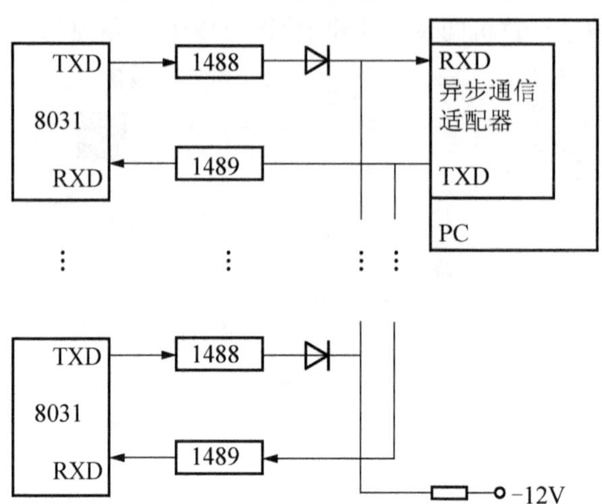

图 6.3　单片机与 IBM-PC 的通信接口

当对 8250 初始化并预置了除数之后，波特率发生器方可产生规定的波特率(bit/s)。表 6-3 列出了可获得 15 种波特率所需设置的除数。

表 6-3　获得 15 种波特率所需设置的除数

要求的波特率/(bit/s)	除数		误差
	十进制	十六进制	
50	2304	0900	—
75	1536	0600	
110	1047	0417	0.026
134.5	857	0359	0.058
150	768	0300	—
300	3 84	0180	—
600	192	00 C0	—
1200	96	0060	—
1800	64	0040	—
2000	58	003A	0.69
2400	48	0030	—
3600	32	0020	—
4800	24	0018	—
7200	16	0010	—
9600	12	000C	—

注：输入频率为 1.8432MHz。

通信采用主从方式，由 PC 确定与哪个单片机进行通信。在通信软件中，应根据用户的要求和通信协定来对 8250 进行初始化，即设置波特率、数据位数、奇偶校验类型和停止位数。需要指出的是，这里的奇偶校验位用作发送地址码(通道号)或数据的特征位(1 表示地址)，而数据通信的校核采用累加和校验方法。

数据传送可采用查询方式或中断方式。若采用查询方式，则在发送地址或数据时，先用输入指令检查发送器的保持寄存器是否为空。若空，则用输出指令将一个数据输出给 8250 即可，8250 会自动地将数据一位一位地发送到串行通信线上。接收数据时，8250 把串行数据转换成并行数据，并送入接收数据寄存器中，同时把“接收数据就绪”信号置于状态寄存器中。CPU 读到这个信号后，就可以用输入指令从接收器中读入一个数据了。

若采用中断方式，则发送时，用输出指令输出一个数据给 8250。若 8250 已将此数发送完毕，则发出一个中断信号，说明 CPU 可以继续发送数据。若 8250 接收到一个数据，则发一个中断信号，表明 CPU 可以读取数据。

采用查询方法发送和接收数据的程序框图如图 6.4 所示。

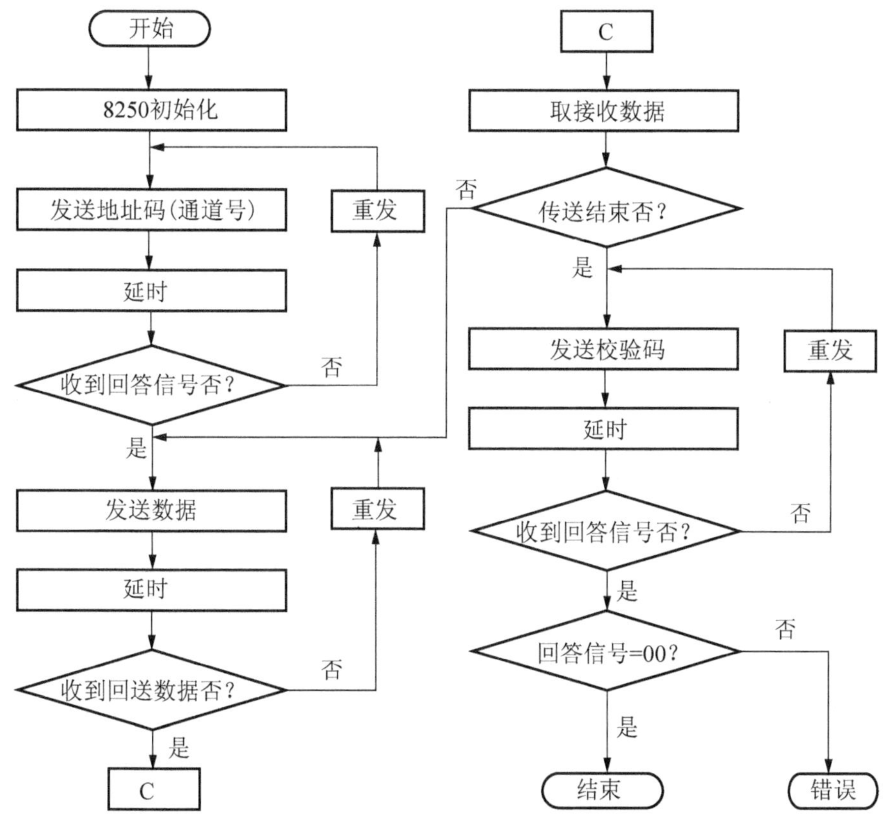

图 6.4　采用查询方法发送和接收数据的程序框图

单片机采用中断方式发送和接收数据。串行接口设置为工作方式 3，由第 9 位判断地址码或数据。当某台单片机与 PC 发出的地址码一致时，就发出应答信号给 PC，而其他几台则不发应答信号。这样，在某一时刻 PC 只与一台单片机传输数据。单片机与 PC 沟通联络后，先接收数据，再将机内数据发往 PC。

定时器 T1 作为波特率发生器，将其设置为工作方式 2，波特率同样为 9600bit/s。单片机的通信程序框图如图 6.5 所示。

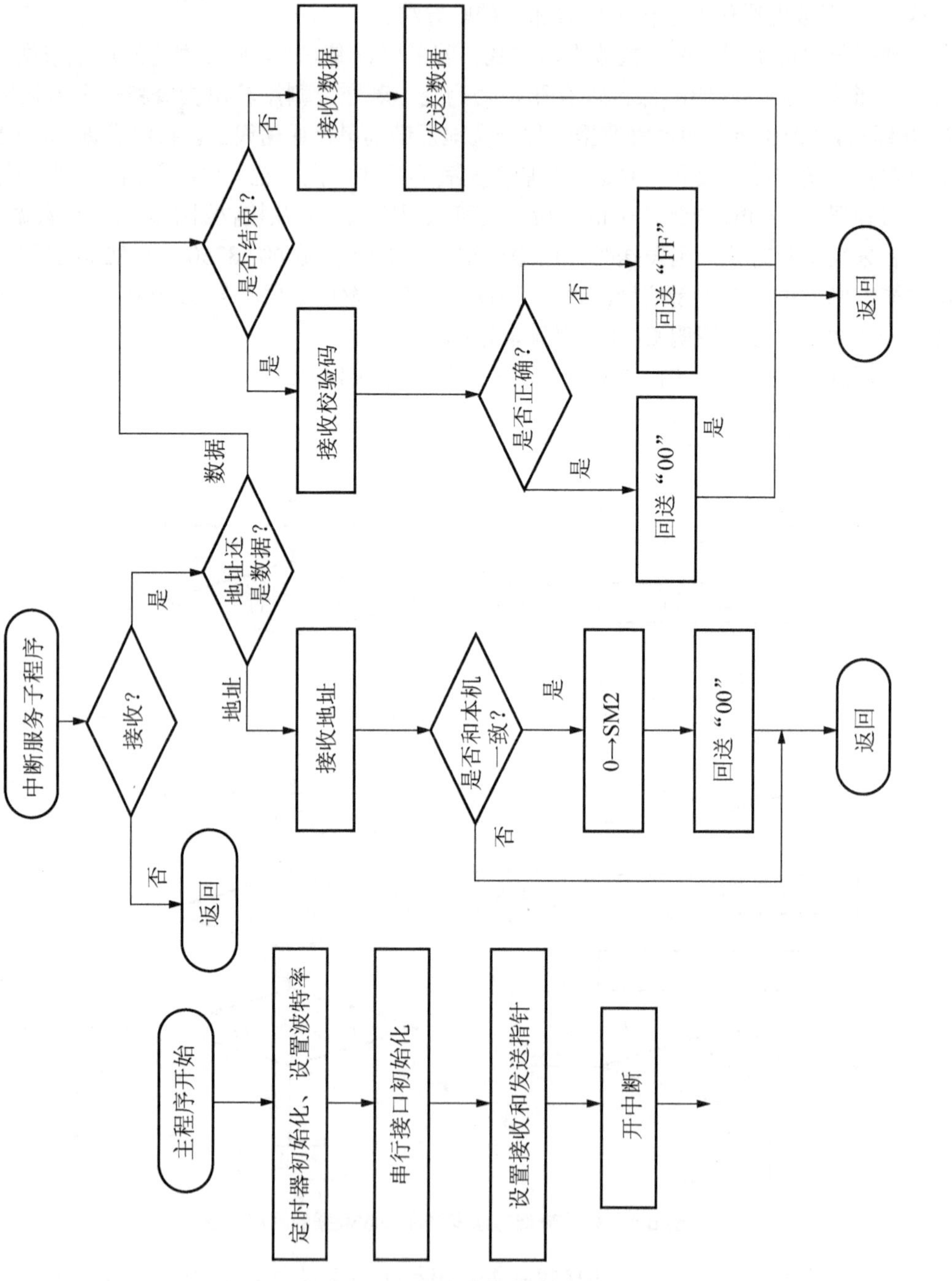

图 6.5　单片机的通信程序框图

思考与练习

1．目前智能仪表通信的必要性是什么？你认为哪些因素导致目前智能仪表通信方式的多样性？

2．试说出常用的串行通信方式 RS-232C 和 RS-485 的异同点。

3．RS-232C 和 RS-485 标准不仅对接口的电气特性做出规定，而且还规定了高层通信协议，这种说法对吗？

第 7 章 通用串行总线

第 6 章介绍了串行总线 RS-232、RS-485，本章将介绍通用串行总线(USB)。

众所周知各种总线产品之间进行沟通的难度，抑制了现场总线技术的进一步应用和发展。USB 技术的迅速发展，推动了智能仪表的发展。USB 技术具有开放性、低成本和大量的软件、硬件支持等明显优势，它在工业自动化领域的应用越来越多，是一种很有发展前景的现场控制网络。

随着实时嵌入式操作系统和嵌入式平台的发展，嵌入式控制器、现场智能测控仪表和传感器将方便地通过 USB 接口，与网络相连。

教学要求：熟悉通用串行总线定义、特点及应用，了解最新 USB3.0 技术。

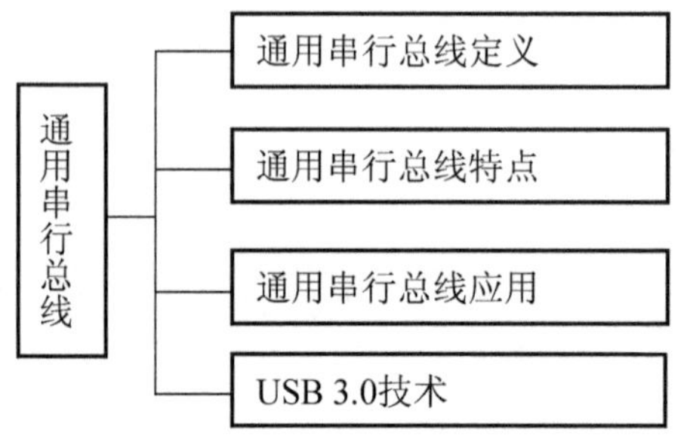

7.1　通用串行总线概述

通用串行总线(图 7.1)(Universal Serial Bus，USB)不是一种新的总线标准，而是应用在 PC 领域的新型接口技术。USB 接口技术标准起初是由 Intel、Compaq、IBM、微软等 7 家计算机公司于 1996 年制定的，当时称 USB 1.0 标准。2000 年推出了 USB 2.0 标准。USB 2.0 向下兼容 USB 1.1，其数据的传输率可达到 120～240Mbit/s。在 USB 刚推出时，并没有立即受到重用，个人计算机机中 USB 接口只是摆设而已，事实上，1997 年才有真正符合标准的 USB 设备出现。目前普遍采用的 USB 1.1 主要应用在中低速外围设备上，它提供的传输速度有低速 1.5Mbit/s 和全速 12Mbit/s 两种，一个 USB 端口可同时支持全速和低速的设备访问。目前，带 USB 接口的设备越来越多，如鼠标、键盘、显示器、数码照相机、调制解调器、扫描仪、摄像机、电视及视频抓取盒、音箱等。

图 7.1　USB 实物图

7.1.1　USB 发展基本介绍

1. USB 1.0、USB1.1

USB 最初是由 Intel 与微软公司倡导发起的，其最大的特点是支持热插拔和即插即用。当设备插入时，主机侦测此设备并加载所需的驱动程式，因此使用上远比 PCI 和 ISA 总线方便。USB Implementers Frum(USB-IF)于 1996 年 1 月正式提出 USB 1.0 规格，数据传输速率为 12Mbit/s。不过因为当时支持 USB 的周边装置很少，所以主机板商并不将 USB 接口直接设计在主机板上。

1998 年 9 月，USB-IF 提出 USB 1.1 规范来修正 USB 1.0，主要修正了技术上的小细节，但数据传输速率不变，仍为 12Mbit/s。USB 1.1 向下兼容 USB 1.0，因此对于一般使用者而言，感受不到 USB 1.1 与 USB 1.0 的规范差异。

2. USB 2.0

USB 2.0 规范的由来：USB 2.0 技术规范是由 Compaq、惠普、Intel、Lucent、微软、NEC、Philips 共同制定发布的，把外围设备数据传输速度提高到了 480Mbit/s，是 USB 1.1 设备的 40 倍。其实按照原定计划 USB 2.0 标准只是准备将传输速率定在 240Mbit/s，后来，经过努力提高到了 480Mbit/s。

由于当时制定的标准有了变化，USB 规范就产生了 3 种传输速率：480Mbit/s、12Mbit/s、1.5Mbit/s。2003 年 6 月份，当 USB 2.0 标准逐渐深入人心后，USB-IF 重新命名了 USB 的规格和标准，将原先的 USB 1.1 改成了 USB 2.0 Full-Speed(全速版)，同时将原有的 USB 2.0 改成了 USB 2.0 High-Speed(高速版)，并公布了新的标识。

当前 USB 设备虽已广泛应用，但应用比较普遍的却是 USB 1.1 接口，它的传输速度仅为 12Mbit/s。例如，当使用 USB 1.1 的扫描仪扫描一张大小为 40MB 的图片时，需要半分钟之久。这样的速度，让用户觉得非常不方便，如果有好几张图片要扫描的话，就得要非常耐心地等待。

用户的需求，是促进科技发展的动力，厂商也同样认识到了这个瓶颈。USB 2.0 将设备之间的数据传输速率增加到了 480Mbit/s，速度的提高对于用户来说最大好处是可以使用更高效的外围设备，而且具有多种速度的周边设备都可以被连接到 USB 2.0 的线路上，不需要担心数据传输时发生瓶颈效应。

所以，如果用户用 USB 2.0 的扫描仪，扫描一张 40MB 的图片只需半秒钟左右的时间，效率大大提高。

USB 2.0 可以使用原来 USB 定义中同样规格的电缆，接头的规格也完全相同，在高速的前提下保持了 USB 1.1 的优秀特色，并且 USB 2.0 的设备不会和 USB 1.× 设备在共同使用的时候发生任何冲突。

USB 2.0 支持的操作系统有 Microsoft Windows 8、Microsoft Windows 7、Microsoft Windows Server 2008、Microsoft Windows Vista、Microsoft Windows Server 2003、Microsoft Windows XP(所有版本)、Microsoft Windows 2000(确保已安装最新的服务包)、Microsoft Windows 98SE、Microsoft Windows Me。

启用 USB 2.0 的步骤如下：

(1) 系统重启(或加电)。

(2) 在 POST(加电自检)过程中按 F2 键，进入系统 BIOS 设置程序。

(3) 使用箭头键(向左和向右)选择“高级”命令。

(4) 选择“USB 配置”命令并按 Enter 键。

(5) 启用“高速 USB”。

(6) 按 F10 键保存并退出 BIOS 设置程序。此时，高速 USB 2.0 控制器已经启用，在下一次正常启动周期中，操作系统应该检测到新硬件。

3. USB 3.0

Intel 公司和业界领先的公司携手组建了 USB 3.0 推广组，旨在开发速度超过当今 10 倍的超高效 USB 互连技术。该技术是由 Intel、惠普、NEC、NXP 半导体及美国德州仪器等公司共同开发的，应用领域包括 PC、消费及移动类产品的快速同步即时传输。随着数字媒体的日益普及及传输文件的不断增大——甚至超过 25GB，快速同步即时传输已经成为必要的性能需求。

USB 3.0 具有后向兼容标准，并兼具传统 USB 技术的易用性和即插即用功能。该技术采用与有线 USB 相同的架构。除对 USB 3.0 规格进行优化以实现更低的能耗和更高的协议效率之外，USB 3.0 的端口和线缆能够实现向后兼容，以及支持光纤传输。

USB 3.0 采用了对偶单纯形四线制差分信号线，故支持双向并发数据流传输。除此之外，USB 3.0 还引入了新的电源管理机制，支持待机、休眠和暂停等状态。USB 3.0 在实际设备应用中将被称为“USB Super-Speed”，顺应此前的 USB 1.1 Full-Speed 和 USB 2.0 High-Speed。

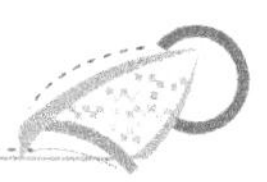

USB 接口可用于连接多达 127 个外围设备，如鼠标、调制解调器和键盘等。USB 自推出后，已成功替代串行接口和并行接口，并成为 PC 和大量智能设备的必配的接口之一。

USB 标准各主要版本汇总如下：

(1) USB 1.0：1996 年 1 月推出，1.5Mbit/s(192KB/s)、低速、500mA。

(2) USB 1.1：1998 年 9 月推出，12Mbit/s(1.5MB/s)、全速、500mA。

(3) USB 2.0：2000 年 4 月推出，480Mbit/s(60MB/s)、高速、500mA。

(4) USB 3.0：2008 年 11 月推出，5Gbit/s(640MB/s)、超速、900mA。

7.1.2　扩展趋势

1. 前置接口

前置 USB 接口是位于机箱前面板上的 USB 扩展接口。当前，使用 USB 接口的各种外围设备越来越多，如移动硬盘、闪存盘、数码照相机等，但在使用这些设备(特别是经常使用的移动存储设备)时每次都要到机箱后面去使用主板板载 USB 接口显然是不方便的。前置 USB 接口在这方面就给用户提供了很好的易用性。当前，前置 USB 接口几乎已经成为机箱的标准配置，没有前置 USB 接口的机箱已经非常少见了。

前置 USB 接口要使用机箱所附带的 USB 连接线连接到主板上所相应的前置 USB 插针(一般是 8 针、9 针或 10 针，两个 USB 成对，其中每个 USB 使用 4 针传输信号和供电)上才能使用。在连接前置 USB 接口时一定要事先仔细阅读主板说明书和机箱说明书中与其相关的内容，千万不可将连线接错，不然会造成 USB 设备或主板的损坏。

另外，由于 USB 2.0 接口输出电压为 5V，输出电流为 500mA，因此使用前置 USB 接口时要注意前置 USB 接口供电不足的问题，在使用耗电较大的 USB 设备时，要使用外接电源或直接使用机箱后部的主板板载 USB 接口，以避免 USB 设备不能正常使用或被损坏。USB 接口引线示意图如图 7.2 所示。

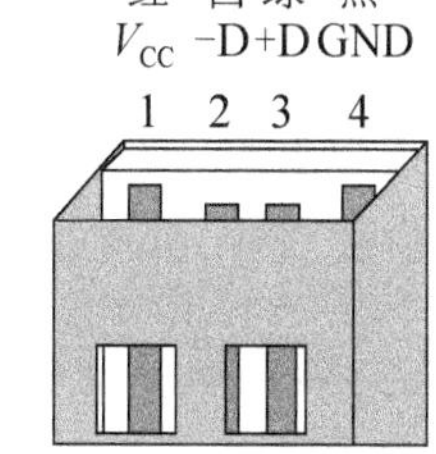

图 7.2　USB 接口引线示意图

2. USB 网卡

USB 网卡是工作在数据链路层的网路组件，是局域网中连接计算机和传输介质的接口，如 Winyao USB 1000T 千兆网卡。USB 网卡不仅能实现传输介质之间的物理连接和电信号匹配，还涉及帧的发送与接收、帧的封装与拆封、介质访问控制、数据的编码与解码及数据缓存的功能等。网卡并不是独立的自治单元，因为网卡本身不带电源而是必须使用所插入的计算机的电源，并受该计算机的控制。因此网卡可看成一个半自治的单元。当网卡收到一个有差错的帧时，它就将这个帧丢弃而不必通知所插入的计算机。当网卡收到一个正确的帧时，它就使用中断来通知该计算机并交付给协议栈中的网络层。当计算机要发送一个 IP 数据包时，它就由协议栈向下交给网卡组装成帧后发送到局域网。

3. 硬盘盒

硬盘盒是当前的主流产品，其最大优点是使用方便，支持热插拔和即插即用。虽然 USB 2.0 向下兼容 USB 1.1，但支持 USB 2.0 接口的移动硬盘盒比 USB 1.1 的要贵一些。

4. 无线 USB

USB 开发者论坛的主席兼 Intel 公司的技术战略师 Jeff Ravencraft 表示，无线 USB 技术将帮助用户在使用 PC 连接打印机、数码照相机、音乐播放器和外置磁盘驱动器等设备时，从纷繁复杂的电缆连线中解放出来。无线 USB 标准的数据传输速率与当前的有线 USB 2.0 标准是一样的，均为 480Mbit/s，两者的区别在于无线 USB 要求在 PC 或外围设备中装备无线收发装置以代替电缆连线。

为了使无线 USB 标准得以实用，必须改善这一技术的一些不足。USB 标准小组宣布了无线联盟规范，以确保只有经过认证才能让 PC 和外围设备通过无线 USB 连接起来。

一直以来 USB 标准已经广泛地用于数码照相机、扫描仪、手机、掌上电脑(Personal Digital Assistant)、PDA、DVD 刻录机和其他设备与个人计算机的连接。无线联盟规范详细规定了 PC 和外围设备如何通过无线 USB 进行连接。

无线联盟规范规定了两种建立连接的方法。第一种方法是 PC 和外围设备先用电缆连接起来，然后建立无线连接以供以后使用。第二种方法是外围设备可以提供一串数字，用户在建立连接的时候输入到 PC 里面。无线 USB 的特点如下：

(1) 无线 USB 采用超宽带技术进行通信。当前无线局域网的 802.11g 协议采用位于 2.4GHz 附近的一小段频带进行通信，而超宽带技术则采用 3.1～10.6GHz 的频带进行通信。超宽带的信号水平足够低，因此对于其他无线通信技术来说，超宽带信号的影响类似于噪声。

(2) 无线网络当前广泛使用的技术是 IEEE 的 802.11 标准，也就是 Intel 推动的 Wi-Fi。这一技术广泛应用在笔记本式计算机上，甚至尼康公司和佳能公司的部分数码照相机也采用这一技术。而无线 USB 技术则是一个完全不同的技术，由于这一技术实现上相对简单同时功耗只有 802.11 的一半，因此不少厂商都更愿意采用无线 USB 技术。

(3) 在距离 PC 10ft(1ft≈0.305m)范围内，无线 USB 设备的传输速率将保持 480Mbit/s。如果在 30ft 范围内，传输速率将下降到 110Mbit/s。随着技术的发展，无线 USB 的传输速率将会超过 1Gbit/s 甚至更快。

7.1.3 USB 接口与 IEEE 1394 火线接口的比较

当前超宽带技术不仅可以用于无线 USB 连接中，还可以在蓝牙和 IEEE 1394 火线连接甚至 WiNet 短距离连接中使用。USB 接口与 IEEE 1394 火线接口的比较如下。

1. 两者的相同点

(1) 两者都是一种通用外围设备接口。

(2) 两者都可以快速传输大量数据。

(3) 两者都能连接多个不同设备。

(4) 两者都支持热插拔。

(5) 两者都可以不用外部电源。

2. 两者的不同点

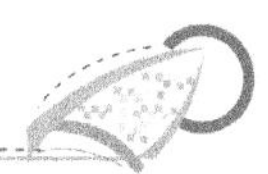

(1) 两者的传输速率不同。USB 最高的速度可达 5Gbit/s，但由于 USB 3.0 尚未普及，当前主流的 USB 2.0 只有 480Mbit/s，并且速度不稳定；相比之下，IEEE 1394 火线接口当前的速度虽然只有 800Mbit/s，但较为稳定，故在数码照相机等高速设备中还保留了 IEEE 1394 火线接口。

(2) 两者的结构不同。USB 在连接时必须至少有一台计算机，并且必须需要 Hub 来实现互连，整个网络中最多可连接 127 台设备。IEEE 1394 并不需要计算机来控制所有设备，也不需要 Hub，IEEE 1394 可以用网桥连接多个 IEEE 1394 网络，也就是说在用 IEEE 1394 实现了 63 台 IEEE 1394 设备之后，还可以用网桥将其他的 IEEE 1394 网络连接起来，达到无限制连接。

(3) 两者的智能化不同。IEEE 1394 网络可以在其设备进行增减时自动重设网络。USB 则以 Hub 来判断连接设备的增减。

(4) 两者的应用程度不同。现 USB 已经被广泛应用于各个方面，几乎每台 PC 主板都设置了 USB 接口，USB 2.0 也会进一步加大 USB 应用的范围。IEEE 1394 当前只应用于音频、视频等多媒体方面。

3. IEEE 1394 的特点

IEEE 1394(也称为 Firewire，火线)可追溯到 1985 年，当时苹果公司就已经开始着研究“火线”技术，并取得了很大成效。但是，这个标准正式确立，却是在 10 年之后。它是电气与电子工程师协会于 1995 年正式制定的总线标准。由于 IEEE 1394 的数据传输速率相当快，因此有时又叫它“高速串行总线”。它与 USB 一样都具有即插即用的功能，较好地解决了计算机与外围产品之间的复杂连接问题，具有容易使用与便利等优点，也采用串行通信的传输方式。由于 IEEE 1394 采用了独树一帜的编码方式，通过它便可以使 IEEE 1394 仅用两对双绞线便达到了极高的传输速率(200Mbit/s 以上)。IEEE 1394 在高速传输上占尽了优势，现在的传输速度已达到 400Mbit/s(是 USB 1.0 的 33 倍:)，而且速度正向 1000Mbit/s 迈进。同 USB 一样，它也自带供电线路，且能提供 8～40V 可变电压，允许通过的最大电流可达到 1.5A 左右，因此它能为耗电量小于 60W 的设备进行供电，这远比 USB 的 2.5W 高很多。另外 IEEE 1394 最多可串接 63 个外围设备，还可提供异步或同步两种传输模式。因此，在不久的将来，在消费类电子产品中将会广泛使用；IEEE 1394 还可用于卫星传输、工厂自动化等领域。USB 目前主要用于中、低速传输的产品，而 IEEE 1394 主要用于高速传输的场合。今后，随着应用中两者的结合，将使串行传输的功能得到最佳的支持。表 7-1 是 USB 与 IEEE 1394 这两种高速传输接口的比较。

表 7-1　USB 和 IEEE-1394 的特性比较

	USB	IEEE-1394
应用	低速设备	高速设备
带宽	1.5Mbit/s、12Mbit/s	100Mbit/s、200Mbit/s、400Mbit/s

续表

	USB	IEEE-1394
电缆长度/m	5	4.5
电缆	4线	6线
即插即用	可以	可以

7.1.4 USB的几种不同接口

随着各种数码设备的大量普及，特别是数码照相机等的普及，人们周围的USB设备渐渐多了起来。然而这些设备虽然都采用了USB接口，但是这些设备的数据线并不完全相同。

这些数据线在连接PC的一端都是相同的，但是在连接设备端的时候，通常出于体积的考虑而采用了各种不同的接口。绝大部分数码产品连接线的接头除了连在PC上的接头都一样，另外一头也都遵循着标准的规格。

USB是一种统一的传输规范，但是接口有许多种，最常见的就是计算机上用的扁平接口，称为A型口，它里面有4根连线，根据插接位置分为公母接口，一般线上带的是公口，机器上带的是母口。

1. A型公口

A型公口是最常见的USB接口，如图7.3所示。

2. Mini B型5Pin接口

在数码产品上通常用Mini B型接口，但是Mini B型接口有许多种类。图7.4所示为Mini B型5Pin接口。这种接口是当前较常见的一种接口。由于这种接口防误插性能出众，体积也比较小巧，因此正在赢得越来越多厂商的青睐，其广泛出现在读卡器、数码照相机及移动硬盘上。

图7.3 A型公口

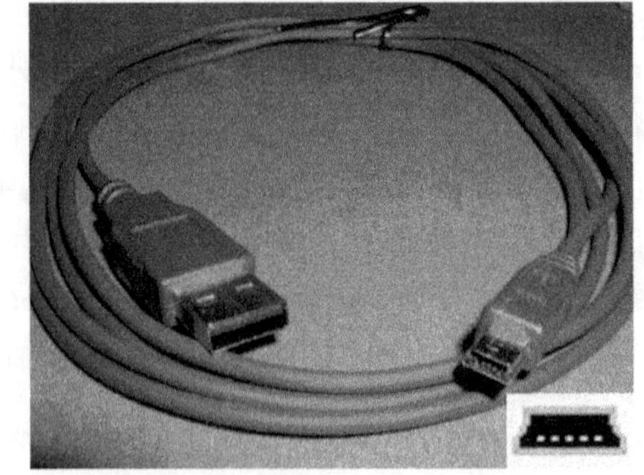

图7.4 Mini B型5Pin接口

当前采用Sony F828型Mini B型5Pin接口的设备有Sony照相机、摄像机等，Olympus照相机和录音笔，以及佳能照相机和惠普的数码照相机等，数量众多。

3. 常见 Mini B 型 4Pin 接口

这种接口常见于以下品牌的数码产品：Olympus 的 C 系列和 E 系列、柯达的大部分数码照相机、Sony 的 DSC 系列、Compaq 的 IPAQ 系列产品。

Mini B 型 4Pin 还有一种形式，即 Mini B 型 4Pin Flat。顾名思义，这种接口比 Mini B 型 4Pin 要更加扁平，在设备中的应用也比较广泛。

4. 4Pin

这种接口和前面讲述的 Mini B 型 4Pin 非常类似，但是这种接头更为扁平，所占用的体积更小。这种接口常见于以下设备：富士的 FinePix 系列、卡西欧的 QV 系列照相机、柯尼卡的产品。

富士的机器用这种接口的比较多，几乎旧有的机型全是这种接口。不过值得注意的是，富士在 S5000 和 S7000 上已经放弃了这种接口，改用 Mini B 5Pin 接口。

5. Mini B 型 8Pin 接口

Mini B 型除了前面的 4Pin 和 5Pin 的，还有一种就是 8Pin 的了，这种接头在其他设备上出现的概率非常少了，通常出现在数码照相机上。Mini B 型 8Pin 的接口也有 3 种，一种是普通型的，一种是圆形的，还有一种是 2×4 布局的扁平接口。

(1) 8Pin Round 接口和前面的普通型比起来，就是将原来的 D 型接头改成了圆形接头，并且为了防止误插在一边设计了一个凸起。

这种接头可以见于一些尼康的数码照相机，CoolPix 系列比较多见。虽然尼康一直坚持用这种接口，但是在一些较新的机型中，如 D100 和 CP2000 也都采用了普及度最高的 Mini B 型 5Pin 接口。

(2) Mini B 型 8Pin 2×4 接口如图 7.5 所示。

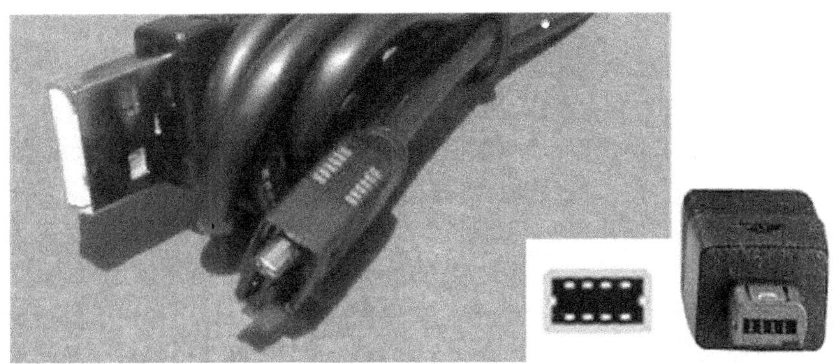

图 7.5　Mini B 型 8Pin 2×4 接口

这种接口曾经是一种比较常见的接口，当时人们熟悉的 iRiver 著名的 MP3 系列，其中号称“铁三角”的 180TC，以及该系列的很多其他产品采用的均是这种接口。但是从 iRiver 自 3××系列全面换成 Mini B 型 5Pin 的接口后，这种接口明显没有 Mini B 型 5Pin 抢眼了。

6. Micro USB

Micro USB 是 USB 2.0 标准的一个便携版本，比当前部分手机使用的 Mini USB 接口更小，Micro USB 是 Mini USB 的下一代规格，由 USB 标准化组织 USB-IF 于 2007 年 1 月 4 日制定完成。

7.1.5 常用芯片

1. 低速 IC，传输速率 1.5Mbit/s

EM78M612：16Pin、18Pin、20Pin、24Pin，112 B RAM，2KB ROM，带 A/D、EEPROM、PWM 功能，有 EP0 和 EP1 两个端点。

EM78M611：20Pin、24Pin、40Pin、44Pin(QFP)，144B RAM，6KB ROM，带 A/D、EEPROM、PWM 功能，有 EP0、EP1、EP2 共 3 个端点。

2. 全速 IC：传输速率 12Mbit/s

EM78M680：20Pin、24Pin、40Pin、44Pin(QFP)，271 B RAM，6KB ROM，带 A/D、EEPROM、PWM 功能，有 5 个端点。

EM77F900：100Pin，1.3KB RAM，16KB Flash，48MHz，带 A/D、PWM、SPI、USB Hub 等功能，有 4 个端点。

USB 控制芯片有 CY7C68013、CH375、CP2102、TL16C750 等。

3. 高速 IC：传输速度 480Mbit/s

USB 控制芯片有 FT2232H、CY7C68013 等。

7.1.6 速度识别

1. USB 识别

在 USB 设备连接时，USB 系统能自动检测到这个连接，并识别出其采用的数据传输速率。USB 采用在 D+或 D−线上增加上拉电阻的方法来识别低速和全速设备。USB 支持 3 种类型的传输速率，1.5Mbit/s 的低速传输、12Mbit/s 的全速传输和 480Mbit/s 的高速传输。当主控制器或集线器的下行端口上没有 USB 设备连接时，其 D+和 D−线上的下拉电阻使得这两条数据线的电压都是近地的(0V)；当全速或低速设备连接以后，电流流过由集线器的下拉电阻和设备在 D+/D−的上拉电阻构成的分压器。由于下拉电阻的阻值是 15kΩ，上拉电阻的阻值是 1.5KΩ，所以在 D+/D−线上会出现大小为 Vcc15/(15+1.5)的直流高电平电压。当 USB 主机探测到 D+/D−线的电压已经接近高电平，而其他的线保持接地时，它就知道全速或低速设备已经连接了。

2. 高速识别

高速设备和全速设备有一样的 D+上拉电阻，高速设备在进行高速握手以前以全速运行。主机在 Reset 设备的时候设备如果支持高速就需要与主机进行高速握手。随后断开 D+的上拉电阻，使能 D+/D−上的高速终端电阻，并运行在高速状态。

7.1.7　接口定义

USB 信号使用分别标记为 D+ 和 D− 的双绞线传输，它们各自使用半双工的差分信号并协同工作，以抵消长导线的电磁干扰。标准 USB 接口和标准 USB 连接器触点见表 7-2。

表 7-2　标准 USB 接口和标准 USB 连接器触点

触　　点	功能(主机)	功能(设备)
1	VBUS，(4，75—5，25，V)	VBUS，(4，4—5，25，V)
2	D−	D−
3	D+	D+
4	接地	接地

1. USB 1.1 和 USB 2.0

USB 接口的输出电压和输出电流是+5V、500mA，但实际上有误差，输出电压的误差最大不能超过±0.2V，即输出电压为 4.8～5.2V。

USB 接口的 4 根线的一般分配如下：

红色为 USB 电源，标有 V_{CC}、Power、5V、5VSB 字样。

绿色为 USB 数据线，(正)DATA+、USBD+、PD+、USBDT+。

白色为 USB 数据线，(负)DATA−、USBD−、PD−、USBDT+。

黑色为地线，GND、Ground。

需要注意的是，千万不要把正负极弄反了，否则会烧掉 USB 设备或者计算机。

USB 接口的 4 根线的排列方式一般是红、白、绿、黑(从左到右)。

2. USB 的结构框架

PC 主板上的两个插口，就是 Root Hub。Root Hub 是一个 USB 系统的总控制端口。它既可以直接接外围设备，也可以通过 Hub 控制更多的外围设备。USB Hub 结构类似通常的网络集线器，有一个 Upper Link 和很多子端口，每个子端口可以接一个外围设备，也可以再通过一个 Hub 接入更多外围设备，直到所有外围设备加起来到 127 为止。

3. USB 的加载过程

当 USB 设备接入 Hub 或 Root Hub 后，主机控制器和主机软件(Host Controller & Host Software)能自动侦测到设备的接入；然后主机软件读取一系列的数据用于确认设备特征，如 Vendor ID、Product ID、Interface 工作方式、电源消耗量等参数；之后主机分配给外围设备一个单独的地址。地址是动态分配的，各次可能不同。在分配完地址之后对设备进行初始化，初始化完成以后就可以对设备进行 I/O 操作了。

7.1.8　适用范围

其实除了像显卡这种需要极高数据量和一些实时性要求特别高的控制设备，几乎所有的 PC 外围设备都可以移植到 USB 上来。即使这样，USB 的 PC 外围设备(图 7.6)仍然有大得不可限量的发展空间。

图 7.6　USB PC 外围设备

关于 PC 外围设备归纳了以下几个大类供开发者参考：

(1) 鼠标、键盘、音箱、游戏杆、扫描仪、打印机等。

(2) 通信设备，如 Modem、综合业务数字网(Integrated Services Digital Network，ISDN)等。

(3) 转接器，如 USB-232，USB-LPT 等，以适应原来的设备。

(4) 中国特色的如汉字输入笔等。

(5) 工业领域，需要 USB 设备支持的企业。

7.2　USB 的特点与系统结构

7.2.1　USB 的特点

1. 使用方便

使用 USB 接口可以连接多个不同的设备，而过去的串行接口和并行接口只能接一个设备，因此，从一个设备转而使用另一个设备时不得不关机，USB 则为用户省去了这些麻烦，除了可以把多个设备串接在一起之外，USB 还支持热插拔。在软件方面，USB 设计的驱动程序和应用软件可以自动启动，无需用户做更多的操作，为用户带来极大的方便。USB 设备也不涉及中断请求冲突问题。USB 接口单独使用自己的保留中断，不会同其他设备争用 PC 有限的资源，同样为用户省去了硬件配置的烦恼。

2. 速度快

速度性能是 USB 技术的突出特点之一。USB 接口的最高传输率可达 12Mbit/s，比串行接口快了整整 100 倍，比并行接口也快了十多倍。由于 USB 接口速度快，它能支持对带宽要求高的设备。

【中枢转接头】

【菊花链形式】

3. 连接灵活

USB 接口支持多个不同设备的串联连接，一个 USB 接口理论上可以连接 127 个 USB 设备。连接的方式也十分灵活，既可以使用串行连接，也可以使用中枢转接头(Hub)，把多个设备连接在一起，再同 PC 的 USB 接口相接。在 USB 方式下，所有的外围设备都在机箱外连接，连接外围设备不必再打开机箱；允许外围设备热插拔，而不必关闭主机电源。USB 采用“级联”方式，即每个 USB 设备用一个 USB 插头连接到一个外围设备的 USB 插座上，而其本身又提供一个 USB 插座供下一个 USB 外围设备连接用。

通过这种类似菊花链式的连接，一个 USB 控制器可以连接多达 127 个外围设备，而每个外围设备间距离(线缆长度)可达 5m。USB 能智能识别 USB 链上外围设备的插入或拆卸，USB 为 PC 外围设备扩充提供了一个很好的解决方案。

4. 独立供电

普通使用串行接口、并行接口的设备都需要单独的供电系统，而 USB 设备则不需要，这是因为 USB 接口提供了内置电源。USB 电源能向低压设备提供 5V 的电源，因此新的设备不需要专门的交流电源，从而降低了这些设备的成本，提高了性价比。

5. 支持多媒体

USB 提供了对电话的两路数据支持。USB 可支持异步及等时数据传输，使电话可与 PC 集成，共享语音邮件及其他特性。USB 还具有高保真音频。由于 USB 音频信息生成于计算机外，因此减小了电子噪声干扰声音质量的机会，从而使音频系统具有更高的保真度。

7.2.2 USB 的系统结构

1. USB 硬件结构

USB 采用四线电缆，其中两根是用来传送数据的串行通道，另两根为下游(Down stream)设备提供电源，对于高速且需要高带宽的外围设备，USB 以 12Mbit/s 的传输速率传输数据；对于低速外围设备，USB 则以 1.5Mbit/s 的传输速率传输数据。USB 总线会根据外围设备的情况在两种传输模式中自动地动态转换。USB 是基于令牌的总线，其主控制器广播令牌，总线上的 USB 设备检测令牌中的地址是否与自身相符，通过接收或发送数据给主机来响应。USB 通过支持悬挂/恢复操作来管理 USB 总线电源。USB 系统采用级联星形拓扑，该拓扑由 3 个基本部分组成：主机(Host)、集线器(Hub)和功能设备。

主机也称为根、根结或根 Hub，一般制作在主板上，主机包含主控制器和根集线器(Root Hub)，控制着 USB 总线上的数据和控制信息的流动，每个 USB 系统只能有一个根集线器，它连接在主控制器上。

集线器是 USB 结构中的特定成分，它提供称为端口(Port)的点将设备连接到 USB 总线上，同时检测连接在总线上的设备，并为这些设备提供电源管理，负责总线的故障检测和恢复。集线器可为总线提供能源，也可为自身提供能源(从外部得到电源)，自身提供能源的设备可插入总线提供能源的集线器中，但总线提供能源的设备不能插入自身提供能源的集线器或支持超过 4 个的下游端口中，如总线提供能源设备的需要超过 100mA 电源时，不能同总线提供电源的集线器连接。

2. USB 的软件结构

每个 USB 只有一个主机，它包括以下几层。

1) USB 总线接口

USB 总线接口用于处理电气层与协议层的互连。从互连的角度来看，相似的总线接口由设备及主机同时给出，如串行接口机。USB 总线接口由主控制器实现。

2) USB 系统

USB 系统用主控制器管理主机与 USB 设备间的数据传输。它与主控制器间的接口依赖于主控制器的硬件定义。同时，USB 系统也负责管理 USB 资源，如带宽和总线能量，这使客户访问 USB 成为可能。USB 系统还有 3 个基本组件：主控制器驱动程序(HCD)、USB 驱动程序(USBD)和主机软件。主控制器驱动程序可把不同主控制器设备映射到 USB 系统中。HCD 与 USB 之间的接口称为 HCDI，特定的 HCDI 由支持不同主控制器的操作系统定义，通用主控制器驱动器(UHCD)处于软件结构的最底层，由它来管理和控制主控制器。UHCD 实现了与 USB 主控制器通信和控制 USB 主控制器，并且它对系统软件的其他部分是隐蔽的。系统软件中的最高层通过 UHCD 的软件接口与主控制器通信。USB 驱动程序(USBD)在 UHCD 驱动器之上，它提供驱动器级的接口，满足现有设备驱动器设计的要求。USBD 以 F0 请求包的形式提供数据传输架构，它由通过特定管道(Pipe)传输数据的需求组成。此外，USBD 使客户端出现设备的一个抽象，以便于抽象和管理。作为抽象的一部分，USBD 拥有默认的管道。通过它可以访问所有的 USB 设备以实现标准的 USB 控制。该默认管道描述了一条 USBD 和 USB 设备间通信的逻辑通道。在某些操作系统中，没有提供 USB 系统软件。这些软件本来是用于向设备驱动程序提供配置信息和装载结构的。在这些操作系统中，设备驱动程序将应用主机软件提供的接口而不是直接访问 USB 驱动程序接口。

3) USB 客户软件

USB 客户软件位于软件结构的最高层，负责处理特定 USB 设备驱动器。客户程序层描述所有直接作用于设备的软件入口。当设备被系统检测到后，这些客户程序将直接作用于外围硬件。这个共享的特性将 USB 系统软件置于客户与其设备之间，这就需要根据 USBD 在客户端形成的设备映像，由客户程序对它进行处理。

USB 主机各层的功能包括：①检测连接或移去的 USB 设备；②管理主机和 USB 设备间的数据流；③连接 USB 状态和活动统计；④控制主控制器和 USB 设备间的电气接口，包括限量能量供应。

7.2.3 USB 的数据流传输

主控制器负责主机和USB设备间数据流的传输。这些传输数据被当作连续的比特流。每个设备提供了一个或多个可以与客户程序通信的接口，每个接口由零个或多个管道组成，它们分别独立地在客户程序和设备的特定终端间传输数据。USBD 为主机软件的现实需求建立了接口和管道，当提出配置请求时，主控制器会根据主机软件提供的参数提供服务。针对设备对系统资源需求的差异，在 USB 规范中规定了下列 4 种不同的数据传输方式。

(1) 等时传输方式：该方式用来连接需要连续传输的数据，且对数据的正确性要求不高而对时间极为敏感的外围设备，如扬声器、电话等。等时传输方式以固定的传输速率，连续不断地在主机与 USB 设备之间传输数据，在传送数据发生错误时，USB 并不处理这些错误，而是继续传送新的数据。

(2) 中断传输方式：该方式传送的数据量很小，但这些数据需要及时处理，以达到实时效果，此方式主要用在键盘、鼠标及操纵杆等设备上。

(3) 控制传输方式：该方式用来处理主机到USB设备的数据传输，包括设备控制指令、设备状态查询及确认命令。当USB设备收到这些数据和命令后，将依据先进先出的原则处理到达的数据。

(4) 批传输方式：该方式用来传输要求正确无误的数据。通常打印机、扫描仪和数码照相机均以这种方式与主机连接。

7.2.4 USB在测控领域的应用

2001年9月的《测试与测量世界》(*Test and Measurement World*)进行了一次针对测量应用中PC用户的未来需求调查，该调查显示越来越多的用户期望使用USB接口将他们的仪器及数据采集设备连接到PC上。例如，ADLINK公司的USBDAQ-9100-MS是一款支持USB总线的500Kbit/s同步采样速率的数据采集模块，该产品带有4个500Kbit/s采样频率、12位分辨率的A/D转换器，能够提供4通道同步采样能力。通过使用板载多路转换器，模拟量输入通道将能够扩展到8个。它基于USB 1.1规范，最大的数据传输率为800Kbit/s。因此，当采样频率高于USB总线传输率时，数据将保存在板载的FIFO中。数据FIFO缓冲区能保存4096个采样点数据。此外，USBDAQ-9100-MS还包括两个500Kbit/s输出频率、12位分辨率的模拟量输出通道。模拟量输出可由软件或定时器时钟控制。使用定时器时钟控制模式时，模拟量输出通道能够实现任意波形发生器功能。所有模拟量输入通道与模拟量输出通道都能够实现自动校准，从而确保任意时刻、任意地点的精确测量。

7.2.5 OTG产品

USB OTG是USB On-The-Go的缩写，2001年12月18日由USB-IF公布，主要应用于各种不同设备或移动设备间的连接，进行数据交换，特别是PDA、移动电话、消费类设备。它可改变如数码照相机、摄像机、打印机等设备间多种不同制式连接器，多达7种制式的存储卡间数据交换不便的现状。

USB技术的发展，使得PC和周边设备能够通过简单方式、适度的制造成本将各种数据传输速度的设备连接在一起。但这种方便的交换方式，一旦离开了PC，各设备间无法利用USB接口进行操作，因为没有一个从设备能够充当PC一样的主机。

OTG技术用于实现在没有主机的情况下，从设备间的数据传送。例如，数码照相机直接连接到打印机上，通过OTG技术，连接两台设备间的USB接口，将拍出的相片立即打印出来；也可以将数码照相机中的数据，通过OTG技术发送到USB接口的移动硬盘上，野外操作就没有必要携带价格昂贵的存储卡，或者背一个便携式计算机了。

在OTG产品中，增加了一些新的特性，具体如下：

(1) 新的标准，适用于设计小巧的连接器和电缆。

(2) 在传统的周边设备上，增加了主机能力，适应点到点的连接。

(3) 这种能力可以在两个设备间动态地切换。

(4) 低的功耗，保证USB可以在电池供电情况下工作。

使用 OTG 后，不影响原设备和 PC 的连接，但是在市场上已有超过 10 亿个 USB 接口的设备，也能通过 OTG 互连。

思考与练习

1．目前主要应用的 USB 接口芯片的代表性产品有哪些？
2．USB 的发展历程是怎样的？
3．通用串行总线 USB 的特点是什么？
4．USB 规范中规定的 4 种数据传输方式是什么？
5．USB 的应用领域有哪些？
6．USB 是如何应用到智能仪表上的？

第 8 章 现场总线技术与蓝牙技术

第 7 章介绍了通用串行总线技术，第 8 章将介绍现场总线技术和蓝牙技术。

现场总线是用于过程自动化最底层的现场设备及现场仪表的互连网络，是现场通信网络和控制系统的集成。

在日新月异的信息社会，通信技术的发展推动了社会的巨大进步和生活方式的变化。传统的有线通信由于其对通信线路的依赖，限制了其应用，无线通信正在得到巨大的发展和使用。无线通信技术在工业自动化系统的应用主要体现在各类支持无线通信的智能仪表及远程、集散控制系统的通信上。蓝牙技术作为近年来无线数据通信领域重大的进展之一，在工业智能仪表上也得到了使用，本章对该技术及其在智能仪表通信上的使用也将做些介绍。

教学要求： 掌握现场总线技术的体系结构与特点、典型的现场总线及蓝牙技术。

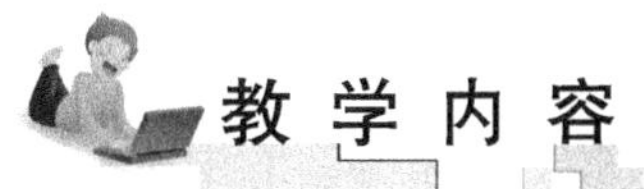

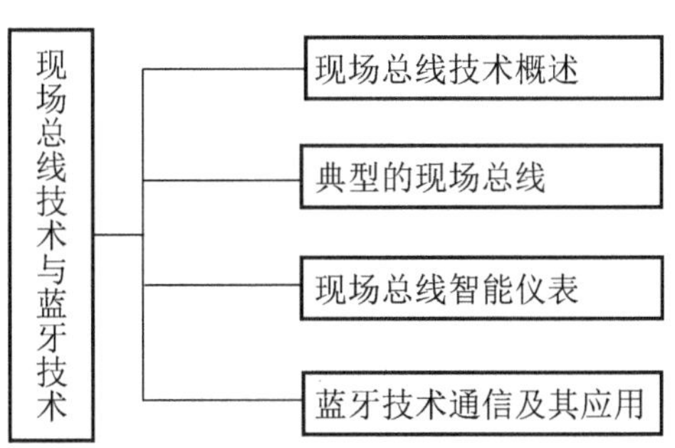

8.1 现场总线概述

8.1.1 现场总线的体系结构与特点

现场总线是用于过程自动化最底层的现场设备及现场仪表的互联网络，是现场通信网络和控制系统的集成。根据 IEC 和 ISA 的定义，现场总线是连接智能现场设备和自动化系统的数字式、双向传输、多分支的通信网络。在过程控制领域中，它就是从控制室延伸到现场测量仪表、变送器和执行机构的数字通信总线。它取代了传统模拟仪表单一的 4～20mA 传输信号，实现了现场设备与控制室设备间的双向、多信息交换。现场总线将当今网络通信与管理的概念带入到控制领域，代表了今后自动化控制体系结构发展的一种方向。

【接线箱、端子板】

过程控制系统中应用现场总线，一是可大大减少现场电缆及相应接线箱、端子板、R0 卡件的数量；二是为现场智能仪表的发展提供了必需的基础条件；三是大大方便了自控系统的调试及对现场仪表运行工况的监视管理，提高系统运行的可靠性。

现场总线是以 ISO 的 OSI 模型为基本框架的，并根据实际需要进行简化了的体系结构系统，它一般包括物理层、数据链路层、应用层、用户层。物理层向上连接数据链路层，向下连接介质。物理层规定了传输介质(双绞线、无线和光纤)、传输速率、传输距离、信号类型等。在发送期间，物理层对来自数据链路层的数据流进行编码并调制。在接收期间，它用来自介质的控制信息将接收到的数据信息解调和解码，并送给数据链路层。数据链路层负责执行总线通信规则，处理差错检测、仲裁、调度等。应用层为最终用户的应用提供一个简单接口，它定义了如何读、写、解释和执行一条信息或命令。用户层实际上是一些数据或信息查询的应用软件，它规定了标准的功能块、对象字典和设备描述等一些应用程序，给用户一个直观简单的使用界面。现场总线除具有一对 N 结构、互换性、互操作性、控制功能分散、互联网络、维护方便等优点外，还具有如下特点：

(1) 网络体系结构简单。其结构模型一般仅有 4 层，这种简化的体系结构具有设计灵活、执行直观、价格低廉、性能良好等优点，同时还保证了通信的速度。

(2) 综合自动化功能。其把现场智能设备分别作为一个网络节点，通过现场总线来实现各节点之间、节点与管理层之间的信息传递与沟通，易于实现各种复杂的综合自动化功能。

(3) 容错能力强。现场总线通过使用检错、自校验、监督定时、屏蔽逻辑等故障检测方法，大大提高了系统的容错能力。

(4) 提高了系统的抗干扰能力和测控精度。现场智能设备可以就近处理信号并采用数字通信方式与主控系统交换信息，不仅具有较强的抗干扰能力，而且其精度和可靠性也得到了很大的提高。

现场总线的这些特点，不仅保证了它完全可以适应目前工业界对数字通信和传统控制的要求，而且使它具有不同层次的复杂控制与先进控制、优化控制的功能。

8.1.2　现场总线通信标准

20 世纪 80 年代开始，国际上出现了很多机构致力于研究现场总线标准问题。例如，以美国 Fisher-Rosemount 公司为首联合国际上 80 多家公司制定的 FF 总线；以 Siemens 公司为主的十几家德国公司、研究所共同制定的 Profibus 总线；德国 Bosch 公司推出的 CAN(Control Area Network)总线等。

这些标准，它们的结构、特性各异，通信协议也不相同，都有自己特定的应用背景。但是现场总线既然是开放的，就应该有一个统一的国际标准，只有大家都遵守相同的标准，现场总线才能真正发挥其优越性，并得到健康的发展。国际电工委员会(IEC)非常重视现场总线标准的制定，早在 1984 年就成立了 IEC/TC65/SC65C/WG6 工作组，开始起草现场总线系列标准。经过长期争论和反复修改，在 2000 年初，IEC 颁布了由多数国家确认的 IEC 61158 现场总线标准，其中包括了 8 种总线标准。为了反映工业网络通信技术的最新进展，推动现场总线技术的发展，在 2003 年 4 月，又由 IEC/SC65C/MT9 小组负责对原总线标准进行了修订，修订后的 IEC61158 Ed.3 现场总线新版国际标准规定了从 Type 1 至 Type 10 共 10 种类型的现场总线标准。

1) Type 1 现场总线

Type 1 现场总线即 TS61158 技术报告。

2) Type 2 现场总线

Type 2 现场总线即 ControlNet 和 Ethernet/IP 现场总线，由 ControlNet Intenational (CI)组织负责制定。

3) Type 3 现场总线

Type 3 现场总线即 Profibus 总线，该总线由德国多家公司和科研机构按照 ISO/OSI 参考模型设计。Profibus 系列由三个兼容部分组成，即 Profibus-DP、Proflbus-FMS 和 Proflbus-PA 三条总线构成。

4) Type 4 现场总线

Type 4 现场总线即 P-NET 现场总线，由丹麦 Process-Data Sikebory APS 公司从 1983 年开始开发，并得到了 P-NET 用户组织的支持。

5) Type 5 现场总线

Type 5 现场总线即为 IEC 定义的 H2 总线。1998 年，美国 Fieldbus Foundation(FF)决定采用高速以太网(High Speed Ethernet，HSE)技术开发 H2 现场总线，作为现场总线控制系统控制级以上通信网络的主干网，它与 H1 现场总线整合构成信息集成开放的体系结构。

6) Type 6 现场总线

Type 6 现场总线即 SwiftNet 现场总线，SwiftNet 现场总线由美国 SHIP STAR 协会主持制定，得到美国波音公司的支持，主要用于航空和航天等领域。该总线是一种结构简单、实时性高的总线，协议仅包括物理层和数据链路层。

7) Type 7 现场总线

Type 7 现场总线即 WorldFIP 现场总线，该总线由 1987 年成立的 WorldFIP 协会制定。

8) Type 8 现场总线

Type 8 现场总线即 Interbus 现场总线，该总线由德国 Phoenix Contact 公司开发，得到 Interbus Club 组织的支持，已成为德国 DIN19258 标准。

9) Type 9 现场总线

Type 9 现场总线即 FF H1 现场总线，该总线由 Fieldbus Foundation(FF)负责制定。FF 基金会成员由世界著名的仪表制造商和用户组成，其成员生产的变送器、DCS 系统、执行器、流量仪表占世界市场的 90%，它们对过程控制现场工业网络的功能需求了解透彻，在过程控制方面积累了丰富的经验，提出的现场总线网络架构比较全面。

10) Type 10 现场总线

Type 10 现场总线即 Profinet 总线，该总线标准源自 Profibus 现场总线国际标准组织开放的自动化总线标准。PNO 组织于 2001 年 8 月发表了 Profinet 规范。Profinet 将工厂自动化和企业信息管理层 IT 技术有机地融为一体，同时又完全保留了 Profibus 现有的开放性。

8.1.3 现场总线技术的发展趋势

现场总线技术的发展应体现为两个方面：一是低速现场总线领域的继续发展和完善，二是高速现场总线技术的发展。

现场总线产品主要是低速总线产品，应用于运行速率较低的领域，对网络的性能要求不是很高。从应用状况看，无论是 FF、Profibus，还是其他现场总线，都能较好地实现速率要求较慢的过程控制。因此，在速率要求较低的控制领域，谁都很难统一整个世界市场。而现场总线的关键技术之一是互操作性，实现现场总线技术的统一是所有用户的愿望。今后现场总线技术如何发展、如何统一，是所有生产厂商和用户十分关心的问题。

高速现场总线主要应用于控制网内的互连，连接控制计算机、PLC 等智能程度较高、处理速度快的设备，以及实现低速现场总线网桥间的连接，它是充分实现系统的全分散控制结构所必须的。这一领域还比较薄弱。因此，高速现场总线的设计、开发将是竞争十分激烈的领域，这也将是现场总线技术实现统一的重要机会。而选择什么样的网络技术作为高速现场总线的整体框架将是其首要内容。

发展现场总线技术已成为工业自动化领域广为观注的焦点课题，国际上现场总线的研究、开发，使测控系统冲破了长期封闭系统的禁锢，走上了开放发展的征程，这对中国现场总线控制系统的发展是个极好的机会，也是一次严峻的挑战。自动化系统的网络化是发展的大趋势，现场总线技术受计算机网络技术的影响是十分深刻的。网络技术日新月异，发展十分迅猛，一些具有重大影响的网络新技术必将进一步融合到现场总线技术之中，这些具有发展前景的现场总线技术有智能仪表与网络设备开发的软硬件技术；组态技术，包括网络拓扑结构、网络设备、网端互连等；网络管理技术，包括网络管理软件、网络数据操作与传输；人机接口、软件技术；现场总线系统集成技术。

总体来说，自动化系统与设备将朝着现场总线体系结构的方向前进，这一发展趋势是肯定的。既然是总线，就要向着趋于开放统一的方向发展，成为大家都遵守的标准规范，但由于这一技术所涉及的应用领域十分广泛，几乎覆盖了所有连续、离散工业领域，如过

程自动化、制造加工自动化、楼宇自动化、家庭自动化等。大千世界，众多领域，需求各异，一个现场总线体系下可能不止容纳单一的标准。几大技术均具有自己的特点，已在不同应用领域形成了自己的优势，加上商业利益的驱使，它们都各自正在十分激烈的市场竞争中求得发展。人们有理由认为，在未来 10 年内，会出现几大总线标准共存，甚至在一个现场总线系统内，几种总线标准的设备通过路由网关互连实现信息共享的局面。在连续过程自动化领域内，今后 10 年内，FF 基金会现场总线将成为主流发展趋势，LonWorks 将成为有力的竞争对手，HART 作为过渡性产品也能有一定的市场。这 3 种技术是从这一领域的工业需求出发，其用户层的各种功能是专业连续过程设计的，而且充分考虑连续工业的使用环境，如支持总线供电，可满足本质安全防爆要求等。

另外，FF 基金会几乎集中了世界上主要智能仪表制造商，LonWorks 形成了全面的分工合作体系。这些因素对成为这一领域的主流技术是十分关键的。由于 HART 建立在广泛采用的模拟系统之上，它可以充分照顾现有设备和已有投资的效益，技术上也充分考虑连续过程使用环境的需要，因此它已经占有一定的市场份额，其技术本身还在不断完善与更新，如提高传输速率等。国外 HART 仪表的市场份额还在不断增长，呈上升趋势，但是它毕竟是过渡性产品，其生存周期不会很长。国内由于很多项目都是新项目，因此对兼容性的考虑较少，对先进性的考虑较多，HART 在国内的市场份额不会很大。国内市场与国外市场会有比较大的差异，一方面，国外市场上占优势的产品会不断渗透到国内；另一方面，由于国内厂商的规模相对较小，研发能力较差，更多的是依赖技术供应商的支持，比较容易受现场总线技术供应商(芯片制造商等)对国内的支持和市场推广力度的影响。国内仅 LonWorks 技术有实质性的市场活动，所以大部分国内厂商将首先将接受 LonWorks 技术。尽管 FF 号称仪器仪表行业的未来标准，但是由于没有明确的市场策略和在国内的积极的市场活动，市场份额将会受到很大影响。事实表明，所有的现场总线基金会(FF)会员在研制符合 FF 标准的同时，都同时推出采用 LonWorks 技术的应用，由此可见 LonWorks 技术的生命力十分顽强。在离散制造加工领域，由于行业应用的特点和历史原因，其主流技术会有一些差别。Profibus 和 CAN 在这一领域具有较强的竞争力。它们已经在这一领域形成了自己的优势。在楼宇自动化、家庭自动化、智能通信产品等方面，LonWorks 具有独特的优势。由于 LonWorks 技术的特点，在多样化控制系统的应用上将会有较大的发展。

现场总线技术的兴起，开辟了工厂底层网络的新天地。它将促进企业网络的快速发展，为企业带来新的效益，因而会得到广泛的应用，并推动自动化相关行业的发展。

8.2　典型的现场总线

1. 基金会现场总线

基金会现场总线(Foundation Fieldbus，FF)是国际上几家现场总线经过激烈竞争后形成的一种现场总线，由现场总线基金会推出。与私有的网络总线协议不同，FF 不附属于任何一个企业或国家。其总线体系结构是参照 ISO 的 OSI 模型中物理层、数据链路层和应用层，并增加了用户层而建立起来的通信模型。FF 得到了世界上几乎所有的著名仪表制造商的支持，同时遵守 IEC 的协议规范，与 IEC 的现场总线国际标准和草案基本一致，加上它在技术上的优势，所以已成为国际标准之一。FF 提供了 H1 和 H2 两种物理层标准。H1 是用于过程控制的低速总线，传输速率为 31.25Kbit/s，传输距离有 200m、450m、1200m、1900m 共 4 种(加中继器可以延长)，可用总线供电，支持本质安全设备和非本质安全总线设备。H2 为高速总线，其传输速率为 1Mbit/s(此时传输距离为 750m)或 2.5Mbit/s(此时传输距离为 500m)。H1 和 H2 每段节点数可达 32 个，使用中继器后可达 240 个，H1 和 H2 可通过网桥互连。

2. 过程现场总线

过程现场总线(Profibus)由 Siemens 公司提出并极力倡导，已先后成为德国国家标准 DIN19245、欧洲标准 EN50170 和国际标准之一，是一种开放而独立的总线标准，在机械制造、工业过程控制、智能建筑中充当通信网络。Profibus 由 Profibus-PA、Profibus-DP 和 Profibus-FMS 共 3 个系列组成。Profibus-PA 用于过程自动化的低速数据传输，其基本特性同 FF 的 H1 总线，可以提供总线供电和本质安全，并得到了专用集成电路和软件的支持。Profibus-DP 与 Profibus-PA 兼容，基本特性同 FF 的 H2 总线，可实现高速传输，适用于分散的外围设备和自控设备之间的高速数据传输，用于连接 Profibus-PA 和加工自动化。Profibus-FMS 适用于一般自动化的中速数据传输，主要用于传感器、执行器、电气传动、PLC、纺织和楼宇自动化等。后两个系列采用 RS-485 通信标准，传输速率为 9.6Kbit/s～12Mbit/s，传输距离为 100～1200m(与传输速率有关)。介质存取控制的基本方式为主站之间的令牌方式和主站与从站之间的主从方式，以及综合这两种方式的混合方式。Profibus 是一种比较成熟的总线，在工程上的应用十分广泛。

3. LonWorks

LonWorks 是 Echelon 公司开发的数字通信协议。该协议支持多种低成本的通信媒体，如双绞线、电力线、红外线、无线电射频、光纤和同轴电缆等。LonWorks 主要用于工厂自动化、楼宇自动化和住宅自动化。由于它是一种基于嵌入式神经元芯片的总线技术，因此可以很容易地组成对等/主从式、决策设备/传感器总线及高水准的现场总线系统。当用 LonWorks 组成一个客户/服务器网络管理体系结构时，它有极大的潜力。由于 LonWorks 采用高性能、低成本的专用神经元芯片，因此低成本和高性能是该总线系统的最大优势。

【专用神经芯片】

4. 控制局域网

控制局域网(Controller Area Network，CAN)，属于总线式通信网络。CAN 总线规范了任意两个 CAN 节点之间的兼容性，包括电气特性及数据解释协议。CAN 协议分为两层，即物理层和数据链路层。物理层决定了实际传送过程中的电气特性，在同一网络中，所有节点的物理层必须保持一致，但可以采用不同方式的物理层。CAN 的数据链路层功能包括帧组织形式，总线仲裁和检错、错误报告及处理，确认哪个信息要发送，确认接收到的信息及为应用层提供接口等。

CAN 具有如下特点：在任意时刻主动向网络上的其他节点发送信息，而不分主从；通信灵活，可方便地构成多机备份系统及分布式监测、控制系统；网络上的节点可分成不同的优先级以满足不同的实时要求；采用非破坏性总线仲裁技术，当两个节点同时向网络上传送信息时，优先级低的节点主动停止数据发送，而优先级高的节点可不受影响地继续传输数据。其具有点对点、一点对多点及全局广播传送接收数据的功能；通信距离最远可达 10km(5Kbit/s)，通信速率最高可达 1Mbit/s(40m)；网络节点数实际可达 110 个；每一帧的有效字节数为 8 个，传输时间短，受干扰的概率低；每帧信息都有 CRC 校验及其他检错措施，数据出错率极低，可靠性极高；通信介质采用廉价的双绞线即可，无特殊要求；在传输信息出错严重时，节点可自动切断它与总线的联系，以使总线上的其他操作不受影响。

5. 可寻址远程传感器高速通道协议

可寻址远程传感器高速通道协议(Highway Addressable Remote Transducer，HART)协议是由位于美国 Austin 的通信基金会制定的总线标准。它可使用工业现场广泛存在的 4～20mA 模拟信号导线传送数字信号。该协议使用 Bell202 标准频移键控(Frequency Shift Keying，FSK)标准传递信号，即逻辑“1”由频率 1200Hz 的信号代表，逻辑“0”用频率 2200Hz 的信号代表。HART 协议可用来改造通过 4～20mA 电流传送信号的测量仪表和控制设备，可用在任何工业控制场合。因为它是叠加在现有系统上的，所以可对改进智能仪表间的通信提供无风险的解决方案。

8.3　现场总线智能仪表

现场总线的基础是智能仪表。现场总线智能仪表是未来工业过程控制系统的主流仪表，它与现场总线一起组成现场总线控制系统(Fieldbus Control System，FCS)的两个重要部分，将对传统控制系统的结构和方法带来革命性的变化。现场总线智能仪表与一般智能仪表最重要的区别就是采用标准化现场总线接口，便于构成 FCS。FCS 用现场总线在控制现场建立一条高可靠性的数据通信线路，实现各现场总线智能仪表之间及现场总线智能仪表与主控机之间的数据通信，把单个分散的现场总线智能仪表变成网络节点。现场总线智能仪表中的数据处理有助于减轻主控站的工作负担，使大量信息处理就地化，减少了现场仪表与主控站之间的信息往返，降低了对网络数据通信容量的要求。经过现场总线智能仪表预处理的数据通过现场总线汇集到主机上，进行更高级的处理(如系统组态、优化、管理、诊断、容错等)，使系统由面到点，再由点到面，对被控对象进行分析判断，提高系统的可靠性和容错能力。这样 FCS 把各个现场总线智能仪表连接成了可以互相沟通信息，共同完成控制任务的网络系统与控制系统，能更好地体现 DCS 中的“信息集中，控制分散”的功能，提高了信号传输的准确性、实时性和快速性。

以现场总线技术为基础，以微处理器为核心，以数字化通信为传输方式的现场总线智能仪表与一般智能传感器相比，需有以下功能：

(1) 共用一条总线传递信息，具有多种计算、数据处理及控制功能，从而减少主机的负担。

(2) 取代 4～20mA 模拟信号传输，实现传输信号的数字化，增强信号的抗干扰能力。

(3) 采用统一的网络化协议，成为 FCS 的节点，实现传感器与执行器之间信息交换。

(4) 系统可对现场总线智能仪表进行校验、组态、测试，从而改善系统的可靠性。

(5) 接口标准化，具有“即插即用”特性。

8.4 蓝牙技术通信

蓝牙(Bluetooth)技术是一种近距离无线通信标准，于 1998 年 5 月由爱立信、Intel、诺基亚、东芝和 IBM 5 大公司组成的特殊兴趣集团(Special Interest Group，SIG)联合制定。SIG 推出蓝牙技术的目的在于实现最高数据传输速率为 1Mbit/s(有效传播速率为 721Kbit/s)、最大传输距离为 10m 的无线通信，并形成世界统一的近距离无线通信标准。蓝牙技术可提供低成本、低功耗的无线接入方式，被认为是近年来无线数据通信领域重大的进展之一。

蓝牙技术工作在全球通用的 2.4GHz、ISM(I—工业；S—科学；M—医学)频段，数据传输速率为 1Mbit/s。从理论上讲，以 2.4GHz、ISM 频段运行的技术能够使相距 30m 以内的仪器设备相互间成功实现无线连接，数据传输速率可达到 2Mbit/s。蓝牙技术采用了“即插即用”概念，即任意一个采用了蓝牙技术的仪器设备(简称蓝牙设备)一旦搜寻到另一个蓝牙设备，马上可以建立联系，而不需要用户进行任何设置。蓝牙技术支持点对点和一点对多点的无线通信。蓝牙技术最基本的网络组成是微微网(Piconet)。微微网实际上是一种个人局域网，即一种以个人区域(即办公室区域或个人家庭住宅区域)为应用环境的网络架构。微微网由主设备单元和从设备单元组成，一般只有 1 个主设备单元，而从设备单元目前最多可以有 7 个，所有设备单元均采用同一跳频序列。

【跳频序列】

8.4.1 蓝牙技术的主要特色、体系结构与功能单元

1. 蓝牙技术的主要特色

蓝牙技术的主要特色表现在如下方面：

(1) 工作在国际开放的 ISM 频段。现有蓝牙标准定义的工作频率范围是 ISM 中的 2.4～2.4835GHz。在此频段中，用户使用仪器设备不需要向专门管理机构申请频率使用权限。

(2) 短距离。蓝牙 1.0B 版本标准规定的无线通信工作距离是 10m 以内，经过增加射频功率可达到 100m。这样的工作距离范围可使蓝牙技术保证较高的数据传输速率，同时可降低与其他电子产品和无线电技术设备间的干扰；此外，还有利于确保安全性。

(3) 采用跳频扩频技术按蓝牙 1.0B 版本标准的规定，将 2.4～2.4835GHz 之间以 1MHz 划分出 79 个频点，并根据匹克网中主单元确定的跳频序列，采用每秒 1600 次快速跳频。跳频技术的采用使得蓝牙的无线链路自身具备了更高的安全性和抗干扰能力。

(4) 采用时分复用多路访问技术。蓝牙 1.0B 版本标准规定，基带传输速率为 1Mbit/s，

采用数据报的形式按时隙传送数据，每时隙 0.625ms。每个蓝牙设备在自己的时限中发送数据，这在一定程度上可有效避免无线通信中的“碰撞”和“隐藏终端”等问题。

2. 蓝牙标准的协议体系结构

人们提出蓝牙技术协议标准的目的，是允许遵循该标准的各种应用能够进行相互间的操作。为了实现互操作，在与之通信的仪器设备上的对应应用程序必须以同一协议运行。图 8.1 所示的协议列表是一个支持业务卡片交换应用的协议栈(自上至下)实例。该协议栈包括一个内部对象表示规则、vCard、无线传输协议及其他部分。不同应用可运行于不同协议栈。但是，每个协议栈都要使用同一公共蓝牙数据链路的物理层。图 8.1 就是支持互操作应用的蓝牙应用模型上的完整的蓝牙协议栈。

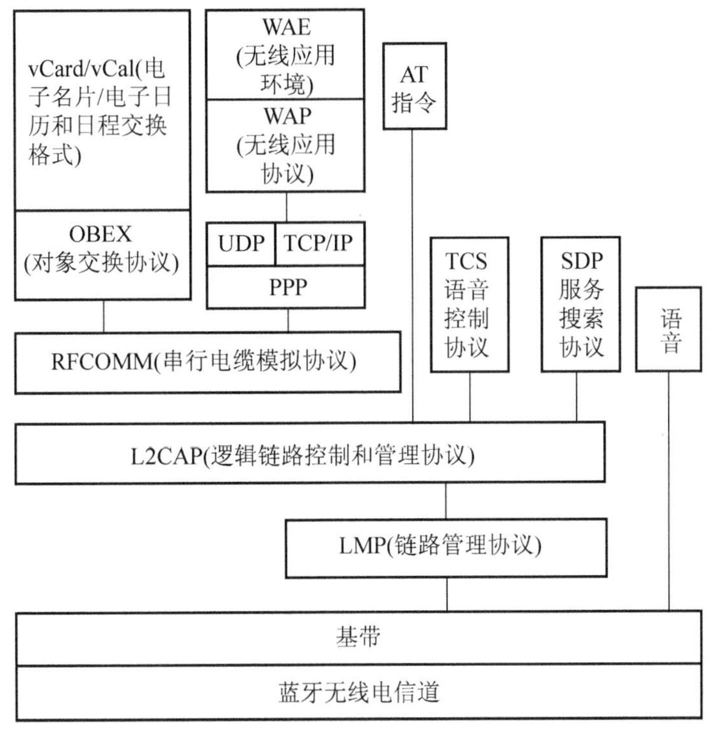

图 8.1　蓝牙协议栈

整个蓝牙协议栈包括蓝牙指定协议(LMP 和 L2CAP)和非蓝牙指定协议(如 OBEX 和 UDP)。设计协议和协议栈的主要原则是尽可能利用现有的各种高层协议，以保证现有协议与蓝牙技术的融合及各种应用之间的互通性，能充分利用兼容蓝牙技术标准的软件、硬件系统。

蓝牙技术标准体系结构中的协议可分为以下 4 层：

(1) 核心协议，包括基带协议(Baseband Protocol，BBP)、链路管理协议(Link Management Protocal，LMP)、L2CAP、服务搜索协议(Service Discovery Protocol，SDP)等。

(2) 电缆替代协议如 RFCOMM(基于 ETSI TS07.17 的串行电线模拟协议)。

(3) 电话传送控制协议如 TCS(二进制、AT 命令集)。

(4) 可选协议，如点对点协议(Point to Point Protocal，PPP)、用户数据报协议(User Datagram Protocal，UDP)、TCP/IP、OBEX、无线应用协议(Wireless Application Protocol，WAP)、vCard、vCal、无线应用环境(Wireless Application Environment)。

除上述协议层外，蓝牙标准还定义了主机控制器接口(Host Controller Interface，HCI)，它为基带控制器、链路管理器、硬件状态和控制寄存器提供命令接口。HCI 可位于 L2CAP 的下层，也可以位于 L2CAP 的上层。

3. 蓝牙系统的功能单元

蓝牙系统一般由以下 4 个功能单元组成：天线单元、链路控制硬件单元、链路管理软件单元和蓝牙软件协议单元，它们的连接关系 8.2 所示。

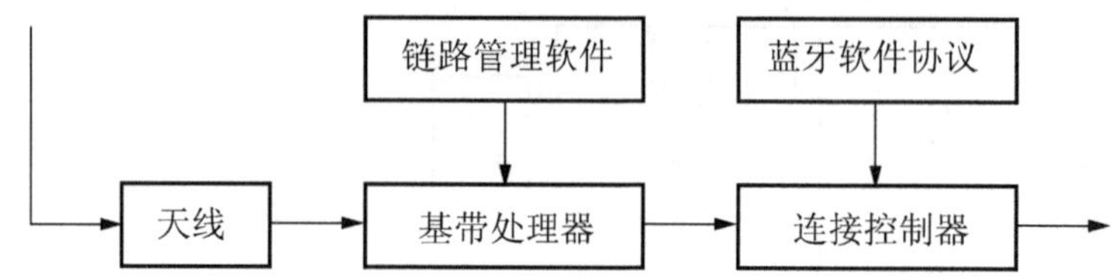

图 8.2　蓝牙系统各功能单元的连接关系图

1) 天线单元

实现蓝牙技术的集成电路芯片要求其天线部分的体积小、质量轻，因此，蓝牙天线属于微带天线。蓝牙技术的空中接口是建立在天线电平为 0dBm 的基础上的。空中接口遵循美国联邦通信委员会(Federal Communications Commission，FCC)有关电平为 0dBm 的 ISM 频段的标准。

2) 链路控制硬件单元

链路控制硬件单元包括基带处理器和连接控制器。在目前已有的运用蓝牙技术实现近距离无线通信的产品中，人们采用了两个集成电路芯片分别作为基带处理器和连接控制器，此外还使用了 30～50 个单独调谐元件。链路控制硬件单元负责处理基带协议和其他一些底层常规协议，它具有 3 种纠错方案：①1/3 比例前向纠错码；②2/3 比例前向纠错码；③数据的自动请求重发方案。

3) 链路管理软件单元

链路管理(Link Management，LM)软件单元携带有链路的数据设置、鉴权、链路硬件配置和其他一些协议。LM 能够发现其他远端 LM 并通过 LMP 与之通信。LM 模块能提供发送和接收数据、建立连接、设置设备模式、鉴权和保密等功能。

4) 蓝牙软件协议单元

蓝牙基带协议适用于语音和数据传输。每个声道支持 64Kbit/s 同步链接。异步信道不仅可支持任一方向上 721Kbit/s 和回程方向 57.6Kbit/s 传输速率的非对称链接，也可以支持 43.2Kbit/s 传输速率的对称链接。因此，它可以足够快地应付蜂窝电话系统非常大的数据传输速率。通常，蓝牙技术的链接范围为 100mm～10m；如果增加传输功率，其链接范围可扩展到 100m。

8.4.2　蓝牙芯片组及其实用连接技术

1. 蓝牙硬件

蓝牙硬件由模拟和数字两个部分组成。其中，模拟部分为 2.4GHz 蓝牙射频收发单元；数字部分包括链路控制器、CPU 内核和蓝牙 I/O 口，如图 8.3 所示。

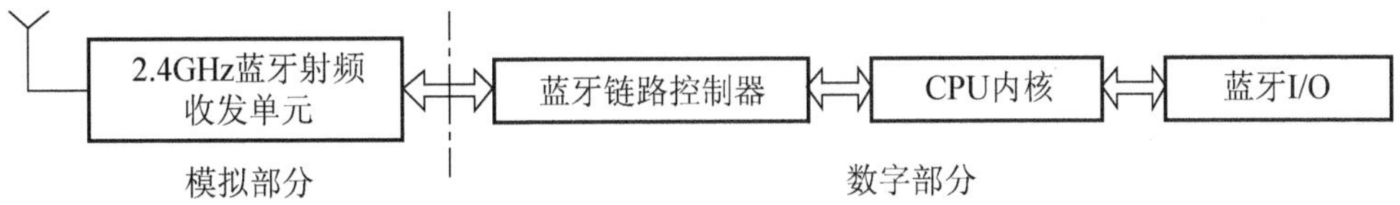

图 8.3　蓝牙硬件结构

2. 物理总线

蓝牙主控器初步支持两种物理总线体系结构，即 USB 和 PC 卡。

(1) USB 方式。USB 方式的物理总线结构如图 8.4 所示。在此方式下，控制、语音和数据通道不再需要额外的物理接口。

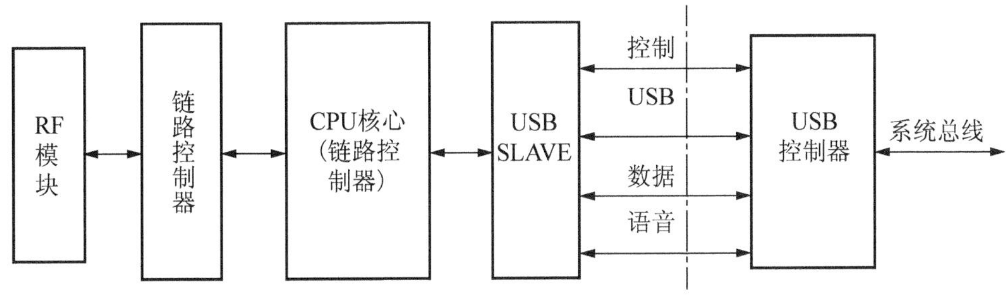

图 8.4　USB 方式的物理总线结构

(2) PC 卡方式。PC 卡方式的物理总线结构如图 8.5 所示，它与 USB 方式不同的是，主 PC 与蓝牙模块之间的通信通过直接访问注册内存进行。

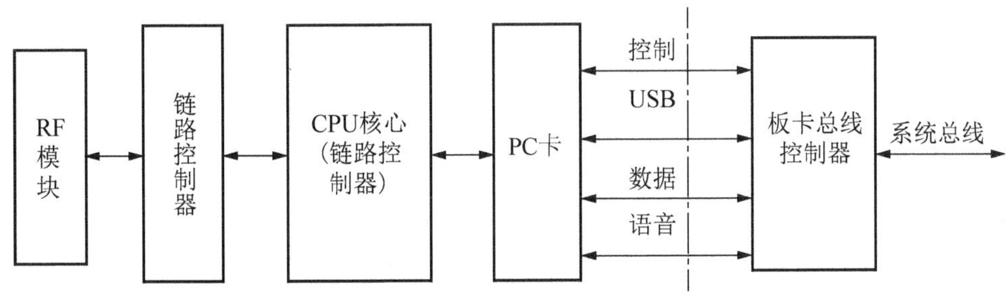

图 8.5　PC 卡方式的物理总线结构

3. 蓝牙芯片及其连接技术

1) 蓝牙芯片

目前的蓝牙产品有很多，其硬件上大多采用一块射频(RF)芯片和一块基带控制芯片构

成蓝牙芯片组，如 7020+W7400、UAA3558+PCD87750、MT1020+PH2401、BlueCoreTMOl 等。蓝牙芯片组配以外加天线、电源及含蓝牙软件栈的 Flash ROM 等就可以构成一个蓝牙模块而应用于各种产品中。

2) 蓝牙模块的连接方式

(1) 采用 USB 方式。这种方式把蓝牙模块当作 USB 的从设备与主机通信，这种方式的最高传输速率可达 12Mbit/s。

(2) 采用 UART/PCM 方式。这种方式用通用异步收发器(Universal Asynchronous Receiver Transmitter，UART)作为数据通信口，而脉冲编码调制(Pulse Code Modulation，PCM)作为语音通信口。用 UART 进行数据通信时，蓝牙模块相当于一个数字电路终端设备，其串行传输速率可达 460.8Kbit/s。

以上两种方式是直接由主机 CPU 通过 HCI 与蓝牙模块实现控制和信息交换，在控制和通信过程中主机需占用资源。这两种方式相当于直接将主机蓝牙化。然而，在复杂控制场合，主机 CPU 除无线通信外还要实现多种其他功能，数据吞吐量大，速度要求高，这时可以采用一块专用控制芯片，负责蓝牙功能模块及与主机的信令交换，如图 8.6 所示。主 CPU 不直接与蓝牙模块联系，当主 CPU 需要使用蓝牙模块时，向专用 CPU 发出服务请求(如传送或接收数据)，由专用 CPU 负责实现蓝牙无线通信功能，包括呼叫、译码解码、纠错等，并将通信结果经处理后存入片外存储设备，以供主 CPU 使用，待通信完成后再向主 CPU 发出应答信号，以报告通信结果(如连接成功、连接失败、发送存储完毕、数据长度、类型等)。主 CPU 根据应答采取相应动作。这样，主 CPU 只需要发出服务请求和接受应答信息就可实现蓝牙功能服务，其资源可在蓝牙无线通信期间被释放出来，其代价是增加适度性能的专用 CPU。

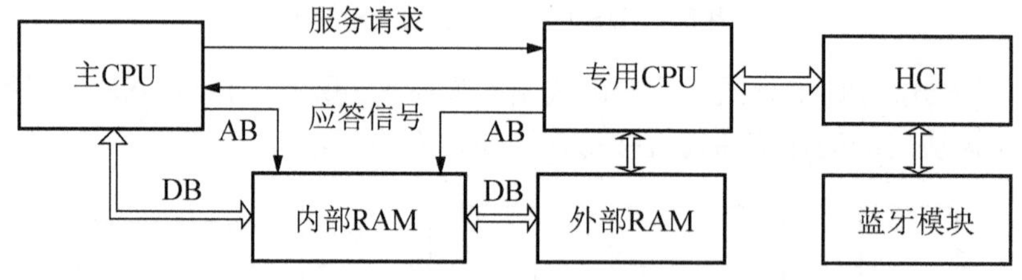

图 8.6 专用控制芯片方式结构框图

8.4.3 基于蓝牙技术的便携式数据采集装置

测控技术的不断发展，对数据传输、处理和管理提出了越来越高的自动化和智能化要求。蓝牙技术可以在短距离内用无线接口来代替有缆连接，因而可以取代现场仪器之间的复杂连线，这对于需要采集大量数据的测控场合非常有用。例如，数据采集设备可以集成单独的蓝牙芯片，或者采用具有蓝牙芯片的单片机提供蓝牙数据接口。在采集数据时，这种设备就可以迅速地将所采集到的数据传送到附近的数据处理装置(如 PC、笔记本式计算机、PDA)，不仅避免了在现场铺设大量复杂连线及对这些接线是否正确的检查与核对，而且不会发生因接线可能存在的错误而造成测控的失误。与传统的以电线或红外方式传输测控数据相比，在测控领域应用蓝牙技术的优点主要表现如下：

(1) 抗干扰能力强。采集测控现场数据经常遇到大量的电磁干扰，而蓝牙系统因采用了跳频扩频技术，故可以有效地提高数据传输的安全性和抗干扰能力。

(2) 无须铺设缆线，降低了环境改造成本，方便了数据采集人员的工作。

(3) 没有方向上的限制，可以从各个角度进行测控数据的传输。可以实现多个测控仪器设备间的联网，便于进行集中监测与控制。

1. 系统结构及功能

图 8.7 所示为应用蓝牙技术构建的无线数据采集装置框图。整个装置由前端数据采集部分和处理传送部分，以及末端的数据接收部分(可以是 PLC 或 PC 等)组成。前端数据采集部分由位于现场的传感器、A/D 转换器和处理器(一般是单片机)组成。传送部分主要是利用自带微带天线的蓝牙模块进行无线的数据传输；采集到的数据信号被传送到 PLC 或 PC。

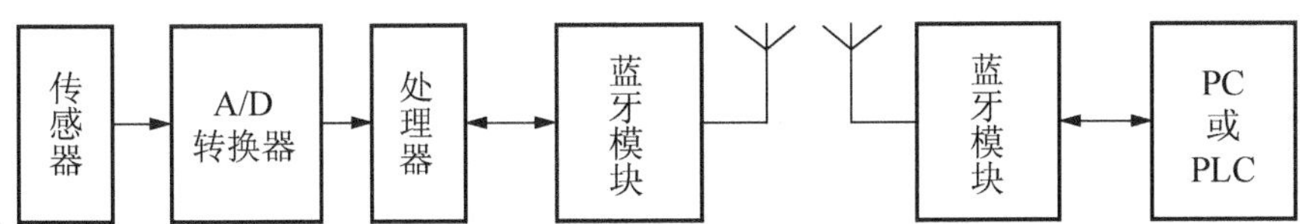

图 8.7 蓝牙无线数据采集装置框图

2. 硬件组成

上述无线数据采集装置的硬件主要包括传感器、信号调理装置、A/D 转换器、处理器(单片机)、蓝牙模块及上位计算机。其中 A/D 转换器是 ADC0809，单片机采用 AT89C51，蓝牙模块为爱立信 ROK 101 008。

008 系列蓝牙模块支持点对多点的通信，每个带蓝牙模块的设备可以组成一个个匹克网，彼此间以主从方式进行数据通信，其内部结构图如图 8.8 所示。其中包括基带控制器、蓝牙射频模块、闪存及外围支持辅助电路。本系统选用的 008 系列模块带有微带天线(一种贴在带有金属板的介质基片上的辐射贴片，其基片的介电常数小于 10，较之常规的微波天线有质量轻、体积小的特点)，输出功率是 2.5mW/4dB，遵从蓝牙 1.1 规范。射频模块内部由 6 部分组成，即压控振荡器是锁相环的一部分，完成调制工作；回路滤波器对压控振荡器的电压进行滤波；RX 及 TX 是输入和输出信号的不平衡耦合器；交换器决定了信号的传输方向；基带控制器除通过 UART 接口控制射频传输器的工作外，还提供了 I2C 接口和 PCM 接口；电压调节器主要对所供给的电压进行滤波和调节。模块内部含有一个 13MHz 的时钟晶体。008 系列蓝牙模块内部还提供有一个最重要的 HCI，通过 UART 实现主控制器与主机之间的通信。基带和射频模块则提供了上层的链接和服务。本装置前端采集和传送部分主要是利用模块提供的 RS-232 传输层接口实现与单片机串口之间的通信。其具体硬件原理图如图 8.8 所示。

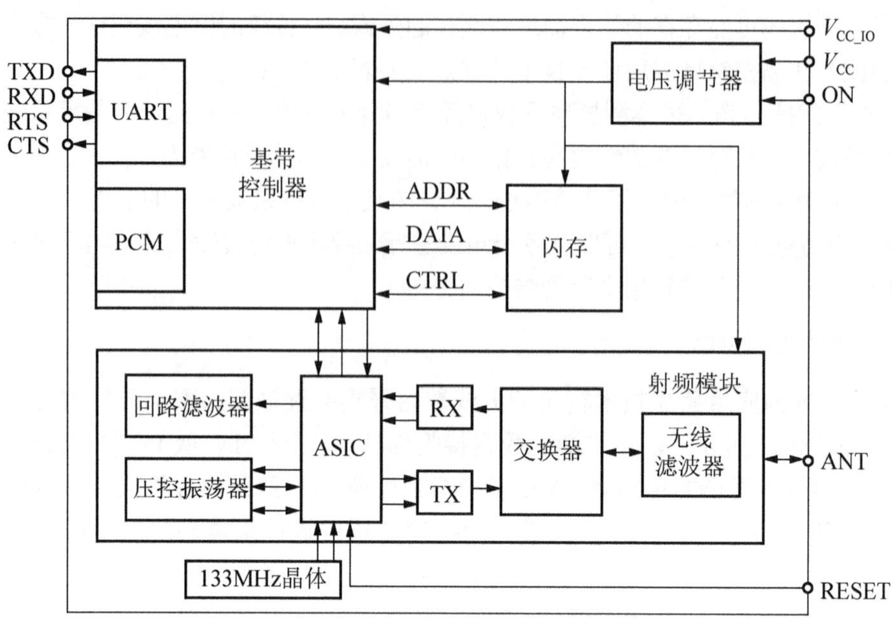

图 8.8　008 系列蓝牙模块内部图解

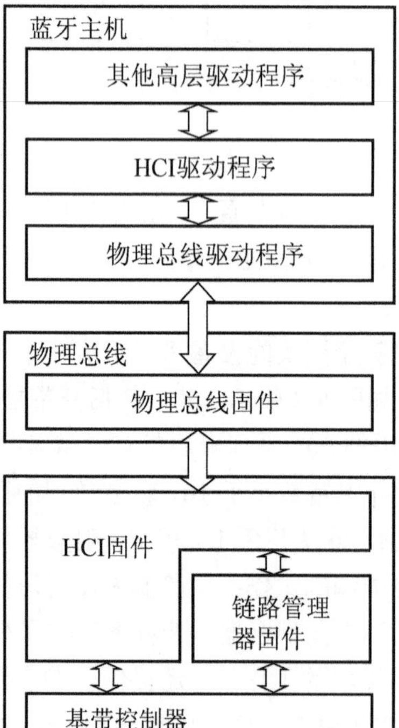

【透明传输】

蓝牙主机
其他高层驱动程序
HCI驱动程序
物理总线驱动程序
物理总线
物理总线固件
HCI固件
链路管理器固件
基带控制器
蓝牙模块

图 8.9　蓝牙软件底层图

3. 软件实现

1) 蓝牙 HCI

HCI 提供了对基带控制器和链路管理器的命令接口，以及对硬件状态和控制注册成员的访问。该接口提供了访问蓝牙硬件的统一方式。图 8.9 所示为蓝牙软件底层图。通过访问基带命令对链路管理器、硬件状态注册器、控制注册器、事件注册器等的访问，HCI 规范实现了蓝牙硬件的 HCI 命令。在主机系统 HCI 驱动程序和蓝牙硬件 HCI 固件之间存在许多层，这些中间层和主控制器传输层提供了在没有数据描述信息的情况下传输数据的能力。主机控制传输层的驱动程序(如物理总线)为 HCI 两层提供相互交换信息的能力。链路指令可使主机控制到其他蓝牙设备的链路层链接。蓝牙设备具有多种用于连接蓝牙硬件的物理总线接口(RS-232、USB 等)，即主控制器的传输层(介于主机和主控制器之间)。主控制器传输层提供了 HCI 信息的透明传输，该传输机制为主机提供向主控制器发送 HCI 指令、HCI 数据及从主控制器接收 HCI 事件、数据处理的能力。蓝牙通信中 HCI 规范对主机和主控制器间交换的指令、事件和数据的分组格式均做了自己的定义。指令分组用于从主机向主控制器发

送指令，当主机完成大多数指令的发送时，即向主控制器发送指令完成事件；同样当主控制器收到指令并准备执行时，将向主机返回一个指令状态事件。事件分组主要供主控制器在事件发生时通知主机。数据分组用于主机与主控制器间交换数据。

2) 发送端的软件实现

工业现场常用 RS-232 接口，因此，在蓝牙主机(即装置中的单片机)和蓝牙主控制器之间采用的物理总线接口为 RS-232。主机和主控制器将通过该接口传送蓝牙 HCI 信息流。HCI-RS-232 传输层可发出 5 种 HCI 分组：指令分组、事件分组、数据分组、错误消息分组和协商分组。为区分分组类型，在 RS-232 传输的分组帧中加上了分组类型指示，见表 8-1，其帧结构见表 8-2。

表 8-1　HCI 分组指示值

分组类型	指令	数据		事件	协商	错误消息
		ACL	SCO			
指示值	0X01	0X02	0X03	0X04	0X05	0X06

表 8-2　RS-232 HCI 传输帧结构

分组类型	序列号	HCI 分组
8 位	8 位	

当每次传送一个以上 HCI 分组时，用以区分分组类型的分组指示器会在 8 位的序列号上加 1。在 RS-232 链路上发送任何字节前，应当在主控制器和主机之间对波特率、奇偶校验值类型、终止位和协议模式进行协商(由协商分组完成)。传送协商分组时，必须遵循协商协议，设置好通信的蓝牙设备双方的参数值。发送端的软件主要是在单片机 89C51 上编程，实现 HCI-RS-232 传输层的通信，即对前端来自传感设备的数据进行 HCI-RS-232 信息格式的打包，然后通过传输层接口 RS-232 实现与蓝牙模块之间的数据传递，要求程序对蓝牙模块进行初始化、复位和链接等。

3) 接收端的软件实现

数据接收在 PC 上实现，在程序中调用 HCI 模块。HCI 模块依据协议规定，完成协议功能、封装 HCI 命令及上层协议数据、处理下层事件。数据接收模块主要通过调用 Windows 提供的 API 函数实现 RS-232 数据的接收。HCI 命令事件处理模块完成命令的封装和事件的解析，当接收函数收到 HCI 事件时，调用 HCI 事件处理模块的事件处理函数，处理完成后依据事件的性质，将响应传到上层。

8.5　蓝牙技术应用实例——程序设计

本节以基于 IAP15F2K61S2 单片机控制的蓝牙智能台灯设计为例介绍相关程序设计内容。其通信原理图如图 8.10 所示。

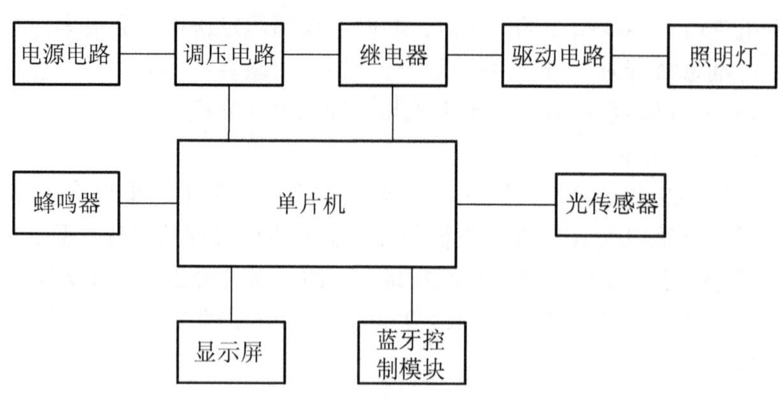

图 8.10　蓝牙通信原理图

1. 设计目的

为了保证学习或使用过程中对于灯光的强度要求恒定，不会因为电压的下降而导致灯光变弱(停电后可照常工作)，解决开关台灯不方便，可以直接通过手机的 App 软件对台灯进行控制。

为了解决床头或书桌上小家电烦多的问题，将闹钟、彩灯与台灯集成为一体，既可以起到装饰的作用也可以作为正常照明使用。

为了解决时钟换电池的烦恼，时钟不用装干电池供电，直接与台灯用相同的电源，并且断电后时间不会停止。

为了解决设置闹钟的烦琐的问题，可以通过手机的 App 软件直接对闹钟进行轻松设置。

2. 技术背景

在系统上电后，灯和彩灯及蜂鸣器进行初始化，将其关闭，液晶屏上显示相应的状态，和当前温度的显示，若打开台灯开关，此时通过 IAP15F2K61S2 单片机对光敏电阻进行采光，判断此时光照的强度是否达到设定的目标值，然后根据其差值调节目前的占空比来改变光照强度，使其达到设定值。打开手机上的 App 软件建立连接，可以对其当前的状态进行修改和设定相应的时间。无线蓝牙控制台灯状态，极大地方便了用户的使用；台灯亮度可以自动调节，节能和护眼；将装饰的美观性和台灯照明的实用性集于一体；当前温度实时显示，更加贴近于生活。通过 PID 算法控制光照强度恒定，用蓝牙串口通信用于建立手机的连接，用 DS18B20 测量当前温度，用 PCF8563 完成对时间的记录，用 LCD12864 显示整个台灯系统的状态。

3. 设计内容

本作品是由 IAP15F2K61S2 单片机控制的手机蓝牙智能台灯。它可以根据台灯旁边光线的强弱来自行控制灯的亮度，达到保护视力的功效，同时用户也可以通过手机直接来控制灯的开关和启动彩灯模式，同时台灯上的液晶，可以显示当前时间、温度，也可以显示闹钟的开关状态和闹钟的闹铃响的时间，该时间支持断电时间续走的功能，同时对于供电电源既可以是电池供电，也可以是 220V 交流供电，扩大了台灯的使用范围。其实物图和手机 App 图如图 8.11 和图 8.12 所示。

图 8.11　智能蓝牙通信台灯实物图

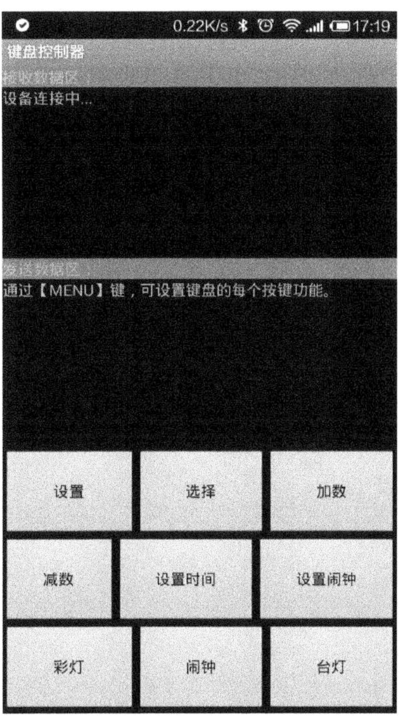

图 8.12　智能蓝牙通信台灯手机 App 图

4. *有益效果*

本作品大多采用自动控制，对单片机进行编程可以灵活地控制继电器，利用继电器对台灯和彩灯的开关进行控制。其可用于家庭中普通用灯，系统的结构简单，所有元件、构件都是市面上成熟的成品，生产成本低、安全可靠，创造的价值大。该系统连接方便，只需要建立蓝牙连接，即可对台灯进行设置，不连接蓝牙，直接打开开关也可以使用，插 220V 交流电源或使用电池也可以使用，相当方便，应用的领域和范围十分广泛。将该套系统运用于生活可以小成本解决实际问题，达到使用方便、快捷的目的，更好地服务于生活。本作品投入实际生活一定能够创造价值和带来便利。

【专利申请】

本作品通过蓝牙通信控制的照明灯，包括电源电路、调压电路、继电器、驱动电路、照明灯、单片机和蓝牙控制模块；电源电路的输入端与市电连接，电源电路的输出端与调压电路的输入端连接，调压电路的输出端与继电器连接，继电器与照明灯连接，所述调压电路和继电器分别与单片机连接，蓝牙控制模块与单片机连接。本作品采用 IAP15F2K61S2 单片机来控制台灯，保证学习或使用过程中对于灯光的强度要求恒定，不会因为电压的下降而导致灯光变弱；同时，采用无线蓝牙控制台灯状态，开关台灯比较方便，可以直接通过手机对台灯进行控制；极大地方便了用户的使用。

思考与练习

1．现场总线有哪些特点？
2．几种典型的现场总线分别是什么？
3．使用 ISM 频段的几种主要无线技术是什么？各自的应用特点有哪些？
4．蓝牙技术都应用在哪些领域？试举例说明。

第 9 章 软件程序设计

前面介绍了硬件的结构、器件等，本章将介绍智能仪表的软件设计部分。硬件电路确定之后，仪表的主要功能将依赖于软件来实现。对同一个硬件电路，配以不同的软件，它所实现的功能也就不同，而且有些硬件电路的功能通常可用软件来替代。研制一台复杂的智能仪表，软件研制的工作量往往大于硬件。因此，智能仪表的设计很大程度上是软件设计，因此设计人员必须掌握软件设计的基本方法和编程技术。

教学要求：掌握软件程序设计的方法和流程。

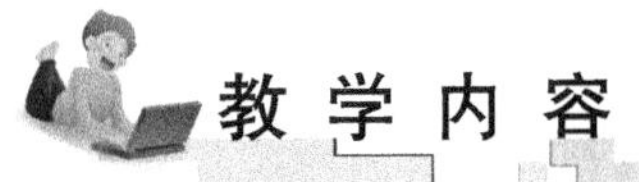

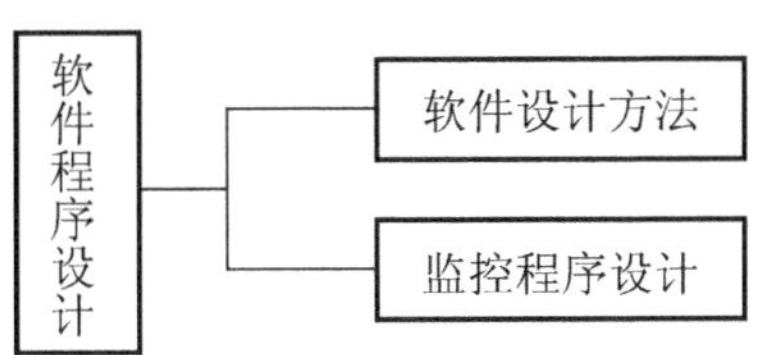

9.1 软件设计方法

软件开发一般经历分析、设计、编程、测试及运行与维护等阶段。智能仪表的软件分析工作已在仪表总体设计时完成。软件设计部分主要是设计软件系统的模块层次结构、控制流程及数据库的结构等。这个阶段可以分为两个部分，即总体设计和详细设计。总体设计完成软件系统的模块划分，设计层次结构、确立模块间的调用及完成全局数据库的设计等工作；详细设计完成每个模块的内部实现算法、控制流程及局部数据结构的设计。软件设计方法是指导软件设计的某种规程和准则，目前广泛采用的设计方法主要是结构化设计(Structure Design，SD)和结构化编程(Structrure Programming，SP)。

9.1.1 结构化设计和编程

1. 结构化设计方法

结构化设计方法由美国IBM公司Constantine等人提出，用于软件系统的总体设计。

其基本思想来源于模块化及“自顶向下”(Top-Down)逐步求精等程序设计技术。利用结构化设计方法设计的软件结构，模块之间相对独立，各模块可以独立地进行编程、测试、排错和修改，使复杂的研制工作得以简化；此外模块的相对独立性能有效防止错误在模块之间蔓延，提高系统的可靠性、可理解性和可维护性。

“自顶向下”设计，概括地说，就是从整体到局部再到细节，即将整体任务划分成若干子任务模块，子任务再分成若干子子任务模块，分层的同时明确各层次之间关系及同一层次各任务之间的关系，经逐层细分最后拟定出各任务细节。软件中的“自顶向下”设计的要领如下：

(1) 确定软件系统结构时，要着眼全局，不要纠缠于细枝末节。

(2) 对于每一个程序模块，应明确规定其输入、输出和模块功能。

(3) 重视模块间传递信息数据的接口设计。

结构化设计中的另一个重要思想是模块化。通常，为了使程序易于编码、调试和排除错误，也为了便于检验和维护，总是设法把程序编写成一个个结构完整、相对独立的程序段。这样的一个程序段，可以看作一个可调用的子程序(即一个程序模块)。把整个程序按照如上所述“自顶向下”的设计来分层分块，一层一层分下去，一直分到最下层的每一模块都能容易地编码时为止，就是所谓的模块化编程(Modular Programming)。

模块化编程有利于程序设计任务的划分，可以让具有不同经验的程序员承担不同功能的模块编程，有利于形成程序员自己的程序库。例如，各种可编程接口、电路的初始化程序及各种数学计算程序等，都可划分为一个个独立的模块，允许被任意调用，而且也便于程序的修改。至于划分模块的具体方法，至今尚无公认的准则，大多数人是凭直觉、经验及一些特殊的方法来构成模块。但是，在进行模块化编程时常常考虑下面一些原则，对编程将会有所帮助。

第一，模块不宜分得过大，过大的模块往往不具有普遍适应性，而且在编写和连接时可能会遇到麻烦；模块也不宜分得过小，过短过小的程序模块会增加工作量；第二，模块必须保证独立性，即一个模块内部的更改不应影响其他模块；第三，模块只能有一个入口和一个出口，这是结构化的一个重要原则；第四，尽可能采用符号化参数，分离 I/O 功能和数值处理功能，减少共同存储单元等；第五，对一些简单的任务，不必勉强分块。因为在这种情况下，编写和修改整个程序比分配和修改模块要更容易一些。

按照结构化设计方法，不管仪表(甚至整个测控系统)的功能如何复杂，都可以将总体任务分解为较为简单的子任务来分别完成，仪表功能再强，分析设计工作的复杂程度不会随之增大，只不过多分解几层而已。

2. 结构化编程

在完成软件系统的总体结构设计后，每一个模块的算法和数据结构由结构化编程方法来确定，其基本要求如下：为确保模块逻辑清晰，应使所有模块只用单入口、单出口和顺序、选择、循环 3 种基本控制结构，尽量减少使用无条件转移语句。

结构化程序设计的优点如下：

(1) 由于每个结构只有一个入口和出口，故程序的执行顺序易于跟踪，便于查错和测试。

(2) 由于基本结构是限定的，故易于装配成模块。

(3) 易于用程序框图来描述。

结构化编程要求在设计过程中采用“自顶向下”逐步求精的设计方法，但是在具体编程时最好采用“自底向上”的方法，即从最底层的模块开始编程，然后进行上一层模块的编程，直至最后完成。这样每编完一层便可进行调试，等最顶层的模块编好并调试完后，整个程序设计也就完成了。实践证明，这种方法可大大减少系统调试的工作，而且不易出现难以排除的故障或问题。

采用结构化编程，无论一个程序包含多少个模块，每个模块包含多少个控制结构，整个程序仍能保持结构清晰，从而使所设计的程序具有易读性、易理解性、通用性好且执行时效高等优点。

9.1.2　软件功能测试

1. 测试目的

为了证明所编制出来的软件没有错误，需要花费大量的时间进行测试，有时测试工作量比编制软件本身所花费的时间还长。测试的目的并非是说明程序能正确地执行它应有的功能，而是假定程序中存在错误，因而要通过执行这个程序来发现尽可能多的错误。所以，测试是“为了发现错误而执行程序”。这一定义对如何设计测试时所选用的实例、什么人应该参加测试等一系列问题有很大的影响。

2. 测试方法

测试的关键是如何设计测试方法。常用的方法有功能测试法和程序逻辑结构测试法两种。

功能测试法并不关心程序的内部逻辑结构和特性，而只检查软件是否符合它预定的功能要求。因此，用这种方法来设计测试用例时，是完全根据软件的功能来设计的。

如果想用功能测试法来发现一个智能仪表的软件中可能存在的全部错误，则必须设想出仪表输入的一切可能情况，从而判断软件是否都能做出正确的响应。一旦仪表在现场中可能遇到的各种情况都已输入仪表，且仪表的处理都是正确的，则可认为这个仪表的软件是没有错误的。但事实上，由于疏忽或手段不具备，无法罗列出仪表可能面临的各种输入情况；即使能全部罗列出来，要全部测试一遍，在时间上也是不允许的。因此使用功能测试法测试过的仪表软件仍有可能存在错误。

程序逻辑结构测试法是根据程序的内部结构来设计测试用例。用这种方法来发现程序中可能存在的所有错误，至少必须使程序中每种可能的路径都被执行过一次。图 9.1 所示是一个小程序的控制流程图。若要使程序走过所有路径，则有 *ABCDG*、*ABCEG*、*ABFG* 3 种走法。随着软件结构的复杂化，可能的路径就越来越多，以致最终不可能试遍所有路径。另外，即使试遍所有路径，也不能保证程序一定符合它的功能要求，因为程序中的有些错误与测试数据有关而与路径无关。

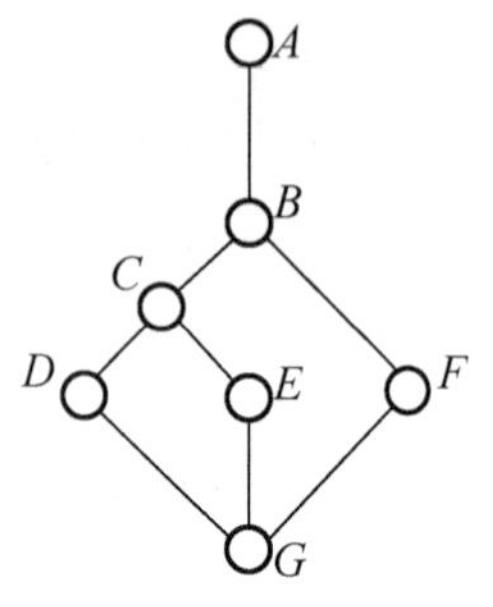

图 9.1　控制流程图

每一种测试方法都各有所长，实际应用时常将它们结合起来使用，通常采用功能测试法设计基本的测试方案，再利用程序逻辑结构测试法做必要的补充。

3. 测试的基本原则

既然“彻底的测试”几乎是不可能的，就应考虑怎样来组织测试和设计测试用例以提高测试的效果。下面是软件测试应遵循的基本原则：

(1) 应避免设计者本人测试自己的程序，由编程者以外的人来进行测试会获得较好的效果。

(2) 测试用例应包括输入信息和与之对应的预期输出结果两部分，否则，由于对输出结果心中无数，会将一些不十分明显的错误输出当作正确结果。

(3) 设计测试用例时，不仅要选用合理的输入数据，而且应选用那些不合理的输入情况，以观察仪表的输出响应。

(4) 测试时除了检查仪表软件是否做了它该做的工作外，还应检查它是否做了不该做的事。

(5) 测试完成后，应妥善保存测试用例、出错统计和最终分析报告，以便下次需要时再用，直至仪表的软件被彻底更新为止。

9.1.3　软件的运行、维护和改进

经过测试的软件仍然可能隐含着错误，同时，用户的需求也经常会发生变化。实际上，用户在仪表及整个系统未正式运行前，往往不可能把所有的要求都提完全。当投入运行后，用户常常会改变原来的要求或提出新的要求。另外，仪表运行的环境也会发生变化。所以在运行阶段仍需对软件进行继续排错、修改和扩充等维护工作。

软件在运行中，设计者常常会发现某些程序模块虽然能实现预期功能，但在算法上还不是最优，或在运行时间、占用内存等方面还需要改进，这就需要修改程序以使其更加完善。智能仪表由于受到仪表机械结构空间及经济成本的约束，其 ROM 和 RAM 的容量是有限的，而它的实时性要求又很强，故在保证功能的前提下优化程序尤其显得重要。

9.2　监控程序设计

9.2.1　概述

智能仪表的软件与通用微型计算机系统不同，后者的命令主要来自键盘或通信接口，而智能仪表则不仅要处理来自仪表按键、通信接口方面来的命令，以实现人机联系(对话)，而且要有实时处理能力，即根据被控过程(对象)的实时中断请求，完成各种测量、控制任务。所谓实时处理，是指仪表直接接受过程的信息采入数据，对其进行处理，并立即送出处理结果。

智能仪表的软件主要包括监控程序、中断服务程序和用于完成各种算法的功能模块。仪表的功能主要由中断服务和功能算法模块来实现。监控程序作为软件设计的核心，其主要作用是能及时地响应来自系统或仪表内部的各种服务请求，有效地管理仪表自身软件、硬件及人机联系设备，与系统中其他仪器设备交换信息，并在系统一旦出现故障时，提供相应的处理。

监控程序包括监控主程序和命令处理子程序两部分。监控主程序是监控程序的核心，主要作用是识别命令、解释命令并获得子程序的入口地址。命令处理子程序负责具体执行命令，完成命令所规定的各项实际动作，主要任务如下：

(1) 初始化管理。

(2) 自诊断实现对仪表自身的诊断处理。

(3) 键盘和显示管理，定时刷新显示器，分析处理按键命令并转入相应的键服务程序。

(4) 中断管理接收因过程通道或时钟等引起的中断信号，区分优先级，实现中断嵌套，并转入相应的实时测量、控制功能子程序。

(5) 时钟管理实现对硬件定时器的处理及由此形成的软件定时器的管理。

监控程序的组成主要取决于测控系统的组成规模，以及仪表和系统的硬件配备与功能，其基本组成如图 9.2 所示。监控主程序调用各功能模块，并将它们联系起来，形成一个有机整体，从而实现对仪表的全部管理功能。

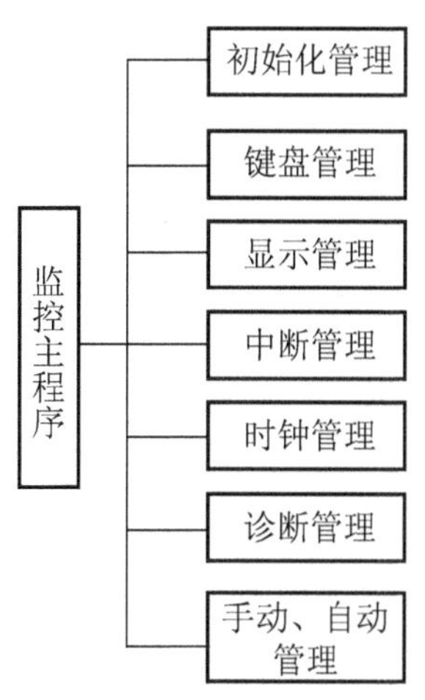

图 9.2　监控程序的基本组成

各功能模块又由各种下层模块(子程序)所支持。智能仪表中常用模块如图 9.3 所示。

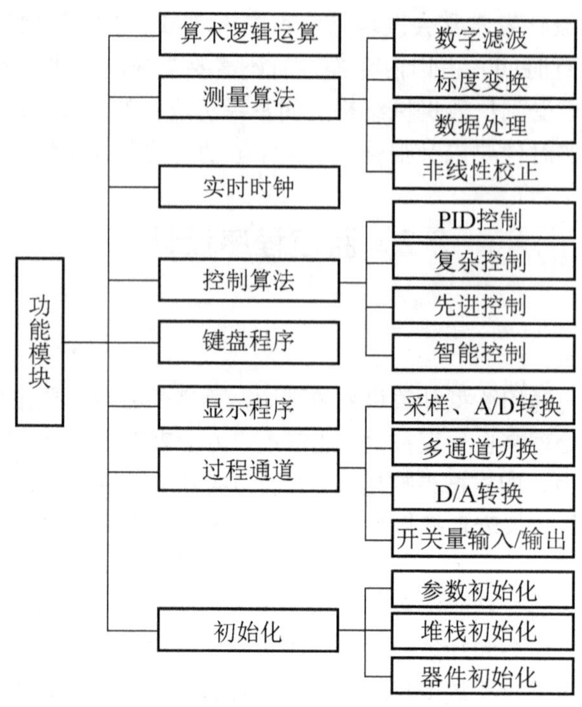

图 9.3 智能仪表功能模块

9.2.2 监控主程序

监控主程序是整个监控程序的一条主线，上电复位后仪表首先进入监控主程序，监控主程序一般都放在 0000H 单元开始的 ROM 中。

如果把整个软件比作一棵树，则监控主程序就是树干，相应的处理模块就是树枝和树叶，监控主程序引导仪表进入正常运行，并协调各部分软件、硬件有条不紊地工作。监控主程序通常可调用可编程器件、I/O 端口和参数的初始化，自诊断管理，键盘显示管理，以及实时中断管理和处理等模块，是“自顶向下”结构化设计中的第一个层次。除了初始化和自诊断外，监控主程序一般总是把其余部分连接起来，构成一个无限循环圈，仪表的所有功能都在这一循环圈中周而复始或有选择地执行，除非掉电或按复位(RESET)键，否则仪表不会跳出这一循环圈。由于各个智能仪表的功能不同、硬件结构不同、程序编制方法不同，因此监控主程序没有统一的模式。图 9.4 给出一个微型计算机温控仪监控主程序示例。

在这个示例中，仪表上电或按键复位后，首先进入初始化，接着对各软件、硬件模块进行自诊断，自诊断后即开放中断，等待实时时钟、过程通道及按键中断(这里键盘也以中断方式向主机提出服务请求)。一旦发生了中断，则判明中断源后进入相应的服务模块。若是时钟中断，则调用相应的时钟处理模块，完成实时计时处理；若是过程通道中断，则调用测控算法；若是面板按键中断，则识别键码并进入散转程序，随之调用相应的键服务模块；若是通信中断，则转入相应的通信服务子程序。无论是哪一个中断源产生中断，均会在执行完相应的中断服务程序后，返回监控主程序，必要时修改显示内容，并开始下一轮循环。

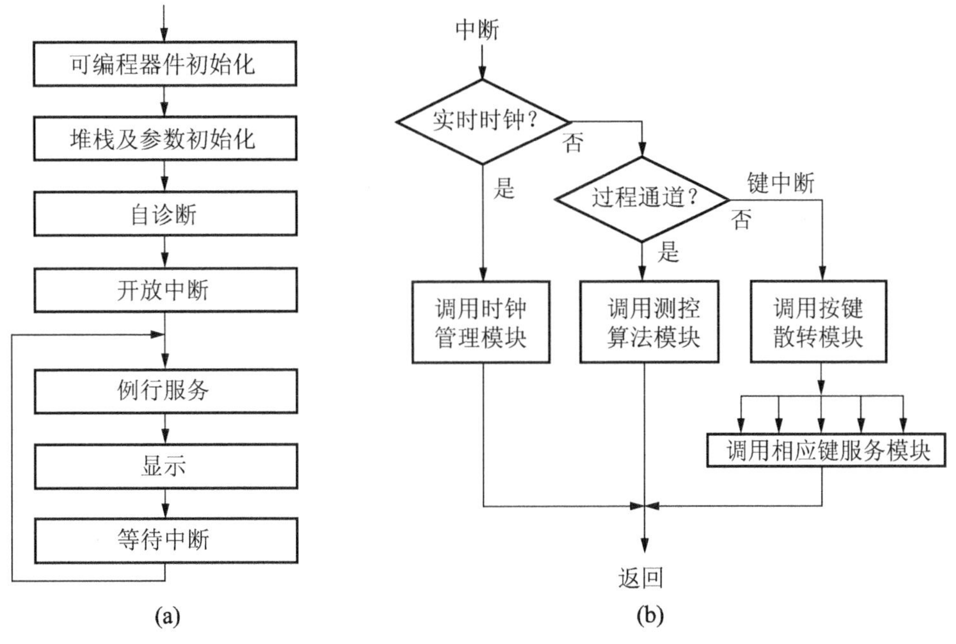

图 9.4 微型计算机温控仪监控主程序

值得指出的是，在编写各种功能模块时，必须考虑模块在运行时可能遇到的所有情况，使其在运行后均能返回主程序中的规定入口。特别要考虑可能出现的意外情况，如做乘法时结果溢出、做除法时除数为零等，使程序不致陷入不应有的死循环或进入不该进入的程序段，导致程序无法正常运行。

9.2.3 初始化管理

初始化管理主要包括可编程器件初始化、堆栈初始化和参数初始化 3 部分。

可编程器件初始化是指对可编程硬件接口电路的工作模式的初始化。智能仪表中常用的可编程器件有键盘显示管理接口 8279、I/O 和 RAM 扩展接口 8155，并行 I/O 接口 8255、定时器/计数器接口 8253 等，这些器件的初始化都有固定的格式，只是格式中的初始化参数随应用方式不同而异，因此都可编成一定的子程序模块以供随时调用。

堆栈初始化是指复位后应在用户 RAM 中确定一个堆栈区域。堆栈是微处理器中一个十分重要的概念，它是实现实时中断处理必不可少的一种数据结构。大多数微处理器允许设计人员在用户 RAM 中任意开辟堆栈区域并采用向上或向下生长的堆栈结构，由堆栈指示器(SP)来管理。

参数初始化是指对仪表的整定参数(如 PID 算法的 K_p、T_i、T_d 3 个参数的初值)、报警值及过程输入/输出通道的数据初始化，系统的整定参数初值由被控对象的特性确定。对于过程输入通道，数据初值(如采样初值、偏差初值、多路电子开关的初始状态、滤波初值等)

一般由测量控制算法决定；对于过程输出通道，通常都置模拟量输出为 0 状态或其他预定状态；而对于开关量输出一般置为无效状态(如继电器处于释放状态等)。

根据结构化思想，通常把这些可调整初始化参数的功能集中在一个模块中，以便集中管理，也有利于实现模块独立性。初始化管理模块作为监控程序的第二层次，通过分别调用上述 3 类初始化功能模块(第三层次)，实现对整个仪表和系统中有关器件的初始化。

9.2.4 键盘管理

智能仪表的键盘可以采用两种方式：其一是采用如 8279 可编程键盘/显示管理接口的编码式键盘，其二是采用软件扫描的非编码式键盘。不论采用哪一种方法，在获得当前按键的编码后，都要控制散转到相应键服务程序的入口，以便完成相应的功能。各键所应完成的具体功能，由设计者根据仪表总体要求，兼顾软件、硬件配置，从合理、方便、经济等因素出发来确定。

1. 一键一义的键盘管理

智能仪表的按键定义一般都比较简单，属一键一义。一个按键代表一个确切的命令或一个数字，编程时只要根据当前按键的编码把程序直接分支到相应的处理模块的入口，而无需知道在此以前的按键情况。有些仪表虽然有二级命令，如多回路微型计算机温控仪，定义了一个回路号键和一个参数键，每一个回路都有一组参数，究竟当前应对哪一个回路的哪一个参数进行操作，取决于在此之前按的是哪一个回路号，但这些按键命令之间的逻辑关系并不复杂，程序设计者目前大多直接从它们的逻辑关系出发，编制程序进行键盘管理，一个键对应一个模块。下面以软件扫描式键盘为例，介绍一键一义的监控程序。

图 9.5 所示为一键一义的监控程序结构，微处理器平时周而复始扫描键盘，当发现有键按下时，首先判断是命令键还是数字键。若是数字键，则把按键读数存入存储器，通常还进行显示；若是命令键，则根据按键读数查阅转移表，以获得处理子程序的入口。子程序执行完成后继续扫描键盘。一键一义键盘管理的核心是一张一维的转移表，如图 9.6 所示，在转移表内按顺序登记了各个处理子程序的转移指令。

下面列出用 MCS-51 汇编语言编写的一键一义典型监控程序。进入该程序时，累加器 A 内包含了键盘的某按键编码，当按键编码小于 0AH 时为数字键，大于或等于 0AH 时为命令键。8031 程序如下：

```
        CLR C
        SUBB A,# 0AH          ;判断是何种闭合键
        JC DIGIT              ;是数字键,转 DIGIT
        MOV DPTR,# TBJ1       ;转移表首址 + DPTR
        ADD A,A               ;键码加倍
        JNC NADD
        INC DPH               ;大于或等于 256 时, DPH 内容加 1
NADD:   JMP @A + DPTR         ;执行处理子程序
TBJ1:   AJMP PROG1            ;转移表
```

```
        AJMP PROG2
        AJMP PROGn
        DIGIT: ……                    ;数字送显示缓冲器,并显示
```

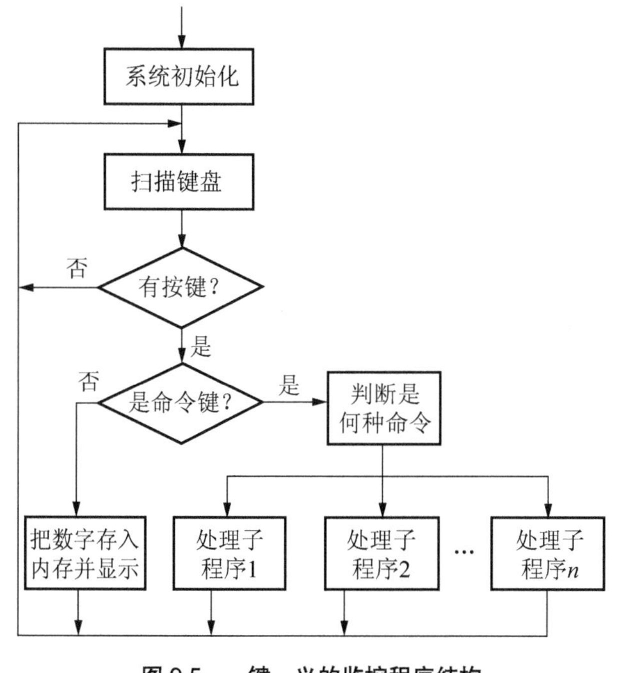

图 9.5　一键一义的监控程序结构

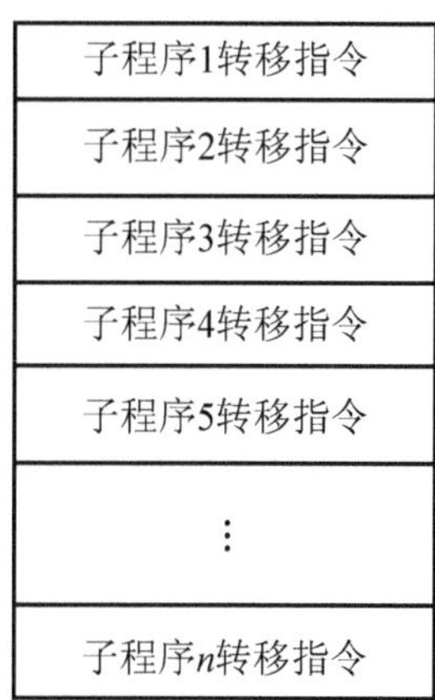

图 9.6　转移表示意图

2. 一键多义的键盘管理

对于功能复杂的智能仪表，若仍采用一键一义，则所需按键过多，这不但增加了费用，而且使面板难以布置，操作也不方便。因此，有些仪表设计成一键多义，即一个按键有多种功能，既可作为多种命令键，又可作为数字键。

在一键多义的情况下，一个命令不是由一次按键完成的，而是由一个按键序列所组成的。换句话说，对一个按键含义的解释，除了取决于本次按键外，还取决于以前按了些什么键。因此对于一键多义的监控程序，首先要判断一个按键序列(而不是一次按键)是否已构成一个合法命令，若已构成合法命令，则执行命令，否则等待新的按键输入。

一键多义的监控程序仍可采用转移表法进行设计，不过这时要用多张转移表。组成一个命令的前几个按键起着引导作用，把控制引向某张合适的转移表，根据最后一个按键编码查阅该转移表，即可找到要求的子程序入口。按键的管理，可以用查寻法或中断法。由于有些按键功能往往需执行一段时间，如修改一个参数，采用单键递增(或递减)的方法，当参数的变化范围比较大时，运行时间就比较长。这时若用查寻法处理键盘，会影响整个仪表的实时处理功能。此外，智能仪表监控程序具有实时性，一般按键中断不应干扰正在进行的测控运算(测控运算一般比按键具有更高的的优先级)，除非是“停止运行”等一类按键。考虑这些因素，人们在设计时常常把键服务设计成比过程通道低一级的中断源。下面举例说明一键多义的键服务处理方法。

设一个微型计算机 8 回路温控仪有 6 个按键：C(回路号 1～8，第 8 回路为环境温度补偿，其余为温控点)、P(参数号，有设定值，实测值，P、I、D 参数值，上、下限报警值，输出控制值等 8 个参数)、△(加 1)、▽(减 1)、R(运行)、S(停止运行)。显然，这些按键都是一键多义的。C 键对应了 8 个回路，且第 8 回路(环境温度补偿回路)与其余 7 个回路不同，它只有实测值一个参数，没有其他参数。P 键对应了每一个回路(第 8 回路除外)的 8 个参数。这些参数，有的能执行±1 功能，如设定值，P、I、D 参数，上、下限报警值；有的不能修改，如实测温度值。△键和▽键的功能执行与否，取决于在它们之前按过的 C 键和 P 键。R 键的功能执行与否，则取决于当前的 C 值。为完成这些功能所设计的键服务流程如图 9.7 所示。

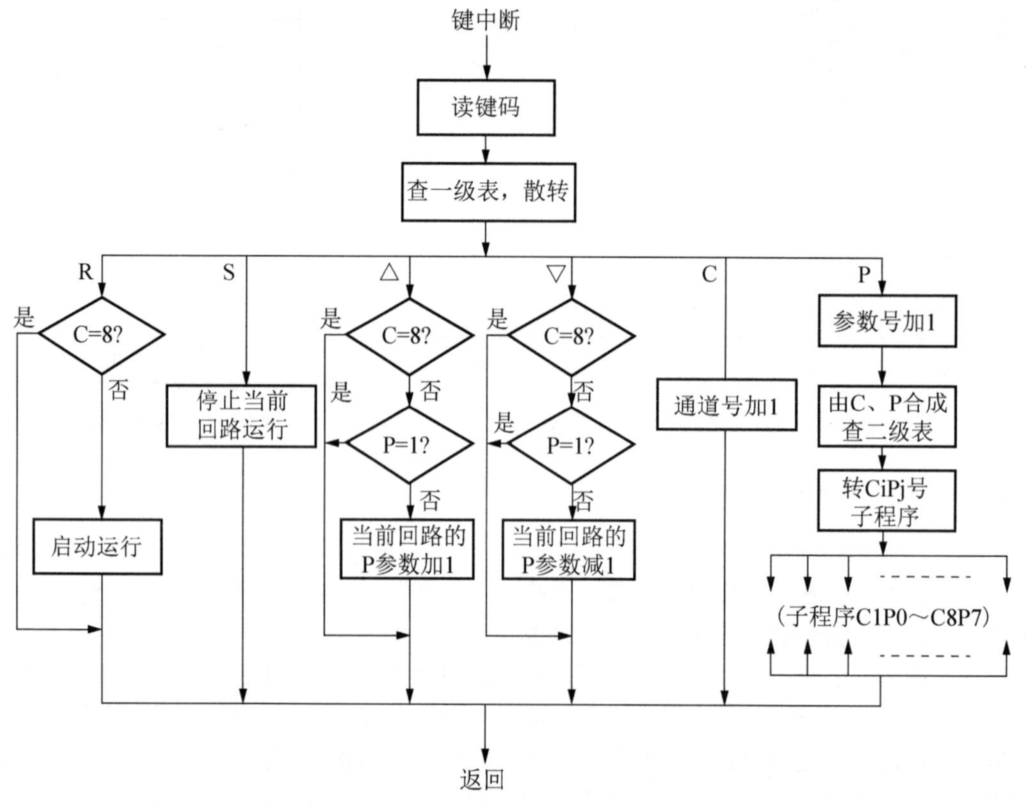

图 9.7　一键多义键服务程序流程图

根据图 9.7 所示流程，可用 MCS-51 指令编制如下键盘管理程序，按键服务子程序略。设键编码为 R:00H、S:01H、△:02H、▽:03H、C:04H 和 P:05H。内存 RAM 20H 中高 4 位为通道(回路)号标记，低 4 位为参数号标记。假设 8279 命令口地址为 7FFFH，数据口地址为 7FFEH。程序中保护现场部分略。

```
KI: MOV DPTR,# 7FFFH
    MOV A,# 40H
    MOVX @DPTR,A                ;读 FIFO 命令送 8279
    MOV DPTR,# 7FFEH
```

```
    MOVX A ,@DPTR                 ;读按键编码
    ADD A,A
    MOV DPTR,# TBJ1               ;一级转移表入口地址→DPTR
    JNC KI1
    INC DPH
KI1: JMP @A + DPTR
TBJ1: AJMP RUN
      AJMP STOP
      AJMP INCR
      AJMP DECR
      AJMP CH AL
      AJMP PARA
RUN: JNB 07H ,RUN1                ;若 C≠8,则转 RUN1
      RETI
RUN1: LCALL RUN2                  ;调用启动运行子程序
      RETI
STOP: LCALL STP1                  ;调用停止当前回路运行的子程序
      RETI
INCR: JNB 07H ,INC1               ;若 C≠8,则转 INC1
      RETI
INC1: MOV R0,# 20H
      MOV A,@R0
      ANL A,# 0FH
      CJNE A,# 01H ,INC2          ;若 P≠1,则转 INC2
      RETI
INC2: LCALL INC3                  ;调用加 1 子程序
      RETI
DECR: 与 INCR 类似,略
CHAL: MOV R0,# 20H
      MOV A,@R0
      ADD A,# 10H                 ;通道号加 1
      MOV @R0,A
      ANL A,# 0F0H
      CJNE A,# 90H ,CHA1          ;判断 C 是否大于 8
      SETB 04H                    ;若 C>8,置 C=1
      CLR 07H
CHA1: RETI
PARA: JB 07H,C8                   ;若 C=8,则转 C8
      MOV R0,# 20H
      MOV A,@R0
      ADD A,# 01H                 ;参数序号 P+1
      JB 03H,PAR1                 ;若 P>7,则转 PAR1
      MOV @R0,A
      AJMP PAR2
PAR1: CLR 03H                     ;P > 7,置 P = 0
PAR2: MOV DPTR,# TBJ2
      ADD A,A
      JNC KI2
      INC DPH
```

```
KI2: JMP @A+DPTR                 ;转二级表
TBJ2: AJMP C1P0                  ;下为通道号 C 对应各参数值 P
                                   的子程序入口
      ……
      AJMP C1P7
      AJMP C2P0
      ……
      AJMP C2P7
      ……
      AJMP C7P7
      C8: ……                     ;对补偿回路的处理
```

上面的程序只是一键多义按键管理程序的一个示例。按排列规律，7 个回路(1～7)，每个回路 8 个参数，共有 56 个转移入口，分别由 56 个键服务功能模块所支持，第 8 回路无参数，由其独立子程序 C8 单独处理。但实际上，针对一个具体的仪表，往往不同回路的同一参数服务功能是相同的，只是服务对象的地址(参数地址、I/O 地址等)不一样，因此在处理时，并不真的需要 56 个功能模块，可视实际情况予以合并。

9.2.5 显示管理

显示是仪表实现人机联系的主要途径。智能仪表的显示方式目前主要有模拟指示、数字显示和模拟数字混合显示 3 种。

对于选用模拟表头作为显示手段的，一般只要在过程输入通道的模拟量部分取出信号送入指示表即可，无需软件管理。

对于数字式显示，随着硬件方案的不同，软件显示管理方法也不同。例如，采用可编程显示接口电路与采用一般锁存电路(用静态或动态扫描法)，其显示驱动方式大不相同，软件管理方法自然也不一样。

对于大多数智能仪表来说，显示管理软件的基本任务有如下 3 个方面：

(1) 显示更新的数据。当输入通道采集了一个新的过程参数，或仪表操作人员输入一个参数，或仪表与系统出现异常情况时，显示管理软件应及时调用显示驱动程序模块，以更新当前的显示数据或显示特征符号。

为了使过程信息、按键内容与显示缓冲区相衔接，设计人员可在用户 RAM 区开辟一个参数区域，作为显示管理模块与其他功能模块的数据接口。

(2) 多参数的巡测和定点显示管理。对于一个多回路仪表，每一个回路都有一个实测值，由于仪表不可能为每一个回路的所有参数都设计一组显示器。因此通常都采用巡回显示的方法辅以定点显示功能，即在一般情况下，仪表作巡回显示，而当操作人员对某一参数特别感兴趣时，可中止巡回方式，进入定点跟踪方式，方式的切换由面板按键控制。

【巡回显示】

在定点显示方式中，显示管理软件只是不断把当前显示参数的更新值送出显示，而不改变通道或参数。

在巡回显示方式的显示管理软件中，每隔一定时间(如 2s)更换一个新的显示参数，并显示该值。值得指出的是，延时时间一般不采用软件延时的方法，因为在软件延时期间，

主机不能做其他事，这将影响仪表的实时处理能力。

(3) 指示灯显示管理。为了报警或使按键操作参数显示醒目，智能仪表常在面板上设置一定数量的晶体指示灯(发光二极管)。指示灯的管理很简单，通常可由与某一指示灯有关的功能模块直接管理，如上、下限报警模块直接管理上、下限报警指示灯，也可在用 RAM 中开辟一个指示灯状态映像区，由各功能模块改变映像区的状态，该模块由监控主程序中的显示管理模块来管理。

9.2.6　中断管理

为了使仪表能及时处理各种可能事件，提高实时处理能力，所有的智能仪表几乎都具有中断功能，即允许被控过程的某一状态或实时时钟或键操作来中断仪表正在进行的工作，转而处理该过程的实时问题。当这一处理工作完成后，仪表再回去执行原先的任务(即监控程序中确认的工作)。一般来说，未经事先“同意”(开放中断)，仪表不允许过程或实时时钟申请中断。在智能仪表中能够发出中断请求信号的外围设备或事件包括过程通道、实时时钟、面板按键、通信接口、系统故障等。

智能仪表在开机时一般处于自动封锁中断状态，待初始化结束、监控主程序执行一条“开放中断”的命令后才使仪表进入中断工作方式。在中断过程中，通常包括如下操作要求：

(1) 必须暂时保护程序计数器的内容，以便使 CPU 在服务程序执行完时能回到它在产生中断之前所处的状态。

(2) 必须将中断服务程序的入口地址送入程序计数器。这个服务程序能够准确地完成申请中断的设备所要求的操作。

(3) 在服务程序开始时，必须将服务程序需要使用的 CPU 寄存器(如累加器、进位位、专用的暂存寄存器等)的内容暂时保护起来，并在服务程序结束时再恢复其内容。否则，当服务程序由于自身的目的而使用这些寄存器时，可能会改变这些寄存器的内容。当 CPU 回到被中断的程序时就会发生混乱。

(4) 对于引起中断而将 INT 变为低电平的设备、仪表或系统必须进行适当的操作使 INT 再次变为高电平。

(5) 如果允许继续发生中断，则必须将允许中断触发器再次置位。

(6) 最后应恢复程序计数器原先被保存的内容，以便返回被中断的程序断点。

以上介绍的是只有一个中断源时的情况。事实上，在实际系统中往往有多个中断源，因此仪表的设计者要根据仪表的功能特点，确定多个中断源的优先级，并在软件上做出相应处理。在运行期间，若多个中断源同时提出申请时，主机应识别出哪些中断源在申请中断，并辨别和比较它们的优先级，使优先级别高的中断请求被响应。另外，当仪表在处理中断时，还要能响应更高优先级的中断请求，而屏蔽掉同级或较低级的中断请求，这就要求设计者精心安排多中断源的优先级别及响应时间，使次要工作不致影响主要工作。

中断是一个十分重要的概念，不同微处理器的中断结构不同，处理方法也各不相同。软件设计人员应充分掌握仪表所选用的微处理器的中断结构，以设计好相应的中断程序模块。中断模块分中断管理模块和中断服务模块两部分。微处理器响应中断后所执行的具体

内容由仪表的功能所决定。与前面的中断过程相对应，中断管理软件模块流程如图 9.8 所示，通常应包括以下功能：断点现场保护；识别中断源；判断优先级；如果允许中断嵌套，则再次开放中断；中断服务结束后恢复现场。

通常，系统掉电总是作为最高级中断源，至于其他中断源的优先级，则由设计人员根据仪表的功能特点来确定。各类单片机都有自己管理中断优先级的一套方法，下面以 MCS-51 单片机为例，说明多中断源中断管理模块的设计。

MCS-51 单片机有两个外部中断输入端，当有两个以上中断源时，可以采用如下两种方法：①利用定时器/计数器的外部事件计数输入端(T0 或 T1)，作为边沿触发的外部中断输入端，这时定时器/计数器应工作于计数方式，计数寄存器应预置满度数；②每个中断源都接在同一个外部中断输入端(INT0 或 INT1)上，同时利用输入口来识别某装置的中断请求，具体线路如图 9.9 所示。

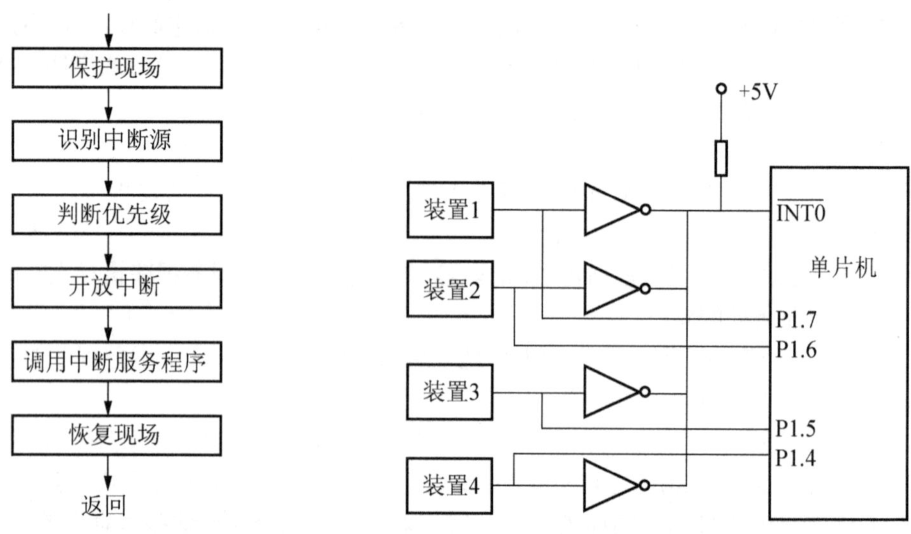

图 9.8　中断管理软件模块流程图　　**图 9.9　多中断源识别电路图**

图 9.9 所示外部中断输入引脚 $\overline{\text{INT0}}$ 上接有 4 个中断源，集电极开路的非门构成或非电路，无论哪个外部装置提出中断请求，都会使 $\overline{\text{INT0}}$ 引脚电平变低。究竟是哪个外部装置申请的中断，可以靠查询 P1.4～P1.7 的逻辑电平获知，这 4 个中断源的优先级由软件排定。下面是有关的程序片段，中断优先级按装置 1～装置 4 由高到低顺序排列。

```
        LJMP INTRPT
        ……
INTRPT: PUSH PSW
        PUSH ACC
        JB P1.7,DINTR1
        JB P1.6,DINTR2
        JB P1.5,DINTR3
        JB P1.4,DINTR4
BACK:  POP ACC
       POP PSW
       RETI
```

```
DINTR1: ……                 ;装置 1 中断服务程序
        AJMP BACK
DINTR2: ……                 ;装置 2 中断服务程序
        AJMP BACK
DINTR3: ……                 ;装置 3 中断服务程序
        AJMP BACK
DINTR4: ……                 ;装置 4 中断服务程序
        AJMP BACK
```

9.2.7　时钟管理

时钟是智能仪表中不可缺少的组成部分。智能仪表中的时钟主要作为定时器，并应用于以下 7 个方面：

(1) 过程输入通道的数据采样周期定时。

(2) 带控制功能的智能仪表控制周期的定时。

(3) 参数修改按键数字增减速度的定时(对一些采用△/▽两个按键来修改参数的仪表，通常总是先慢加减几步，然后快加减或呈指数速度变化)。

(4) 多参数巡回显示时的显示周期定时。

(5) 动态保持方式输出过程通道的动态刷新周期定时。

(6) 电压频率型 A/D 转换器定时电路。

(7) 故障监视电路的定时信号。

要实现上述各种定时，不外乎硬件、软件两种方法。

硬件方法是采用可编程定时器/计数器接口电路(如 CTC 8253)及单片机内的定时电路。使用时只要在监控主程序的初始化程序或时钟管理程序中，对其进行工作方式预置和时间常数预置即可。但由于受到硬件条件上的限制，这种定时方法的定时间隔不可能很长，也难以用 1～2 个定时器实现多种不同时间的定时。软件延时方案虽然简单，仅需编写一段程序，但要占用大量 CPU 时间，且实时性差，定时精度低，是一种不可取的方法。因此，在智能仪表中广泛采用的是软件与硬件相结合的定时方法。这种方案几乎不影响仪表的实时响应，而且能实现多种时间间隔的定时。

在软件与硬件相结合的定时方法中，首先由定时电路产生一个基本的脉冲，当硬件定时时间到时产生一中断信号，监控主程序随即转入时钟中断管理模块，软件时钟分别用累加或递减方法计时，并由软件来判断是否溢出或回零(即定时时间到)。在设计仪表软件结构时，可串行或并行地设置几个软件定时器(在用户 RAM 区)，若一个定时间隔是另一个的整数倍，软件定时器可设计成串行的，若不是整数倍，则可设计成并行的。在软件、硬件相结合的定时方法中，软件定时程序一般不会很长，故对仪表的实时性影响很小，同时还可方便地实现多个定时器功能。

时钟管理模块的任务仅是在监控程序中对各定时器预置初值及在响应时钟中断过程中判断是否时间到，一旦时间到，则重新预置初值，并建立一个标志，以提示应该执行前述 7 种功能中的某项服务程序。服务程序的执行一般都安排在时钟中断返回以后进行，由查询中断中建立的标志状态来决定该执行哪项功能。

9.2.8 手自动控制

与常规控制仪表一样，手自动控制是智能控制仪表必须具备的一个功能。智能控制仪表的基本工作方式是自动控制。但在仪表调试、测试和系统投入运行时，往往要用手动方式来调整输出控制值。手自动控制的基本功能如下

(1) 在手动方式时，能通过一定的手动操作来方便、准确地调整输出值。

(2) 能实现手自动的无扰动切换。

实现手动操作有硬件方法和软件方法两种。目前大多数智能仪表采用软件方法，由仪表面板上的几个按键来实现该功能。这几个键分别是手自动切换键、手动输出加键和手动输出减键。

监控程序通过判断手自动切换键的状态来确定是否进入手操方式。在手操方式时，仪表的控制功能暂停，改由面板上输出加、减两键来调整输出值。应当指出的是，在进行手自动切换时，必须保证实现无扰动切换，这一点在智能仪表中是很容易实现的。软件设计人员只要在用户 RAM 区中开辟一个输出控制值单元(若输出数字量超过 8 位则用两个单元)，作为当前输出控制量的映像，无论是手动还是自动控制，都是对这一输出值的映像单元进行加或减，在输出模块程序作用下，输出通道把该值送到执行机构上去。由于手动和自动是针对同一输出控制量单元进行操作的，因此当操作方式从自动切换到手动时，手动的初值就是切换前自动调节的结果；而从手动切换到自动时，自动调节的初值就是原来手动时的结果，无需做任何特别的处理，这样就用极其简单的方法实现了无扰动切换。

这种手自动控制方案比硬件方法要简单得多，其缺点是当主机、输出通道等硬件电路发生故障时，手动控制也就无法实现了。

9.2.9 自诊断处理

自诊断与故障监控是较高级的智能仪表应具有的基本功能之一，也是提高设备可靠性和可维护性的重要手段。仪表进行自诊断时不应影响它的正常操作。常见的诊断可分为 3 种类型：

(1) 开机自诊断。每当电源接通或复位后，仪表进行一次自诊断，主要检查硬件电路是否正常，有关插件是否插入等。

(2) 周期性自诊断。如果仅在开机时进行自诊断，不能保证在以后的工作过程中仪表不会出现故障。为了使仪表一直处于良好的工作状态，应该在仪表运行过程中，不断地、周期性地进行自诊断。由于这种诊断是自动进行的，因此不为操作人员察觉(除非发生故障而告警)。

(3) 键控自诊断。有些仪表在面板上设计了一个自诊断按键，可由操作人员控制，用来启动自诊断功能。

软件设计人员在编制自诊断程序时，可给各种不同的故障原因设以不同的故障代码。当仪表在自诊断过程中发现故障后，即通过其面板上的显示器显示相应的故障代码，并常用发光二极管伴以闪烁信号，以示提醒。

仪表自诊断的内容很多，通常包括 ROM、RAM、显示器、插件和过程通道等器件的自诊断。

对有些器件的自诊断并不需要增加硬件，如 ROM 和 RAM 的自诊断。ROM 的自诊断可用检查校验和的方法进行。RAM 自诊断的最简单方法是人为地规定一个试验字，依次写入各 RAM 单元，再读出并与写入的试验字进行比较，若两者完全吻合，则检查通过，反之则认为 RAM 有故障。检查 RAM 时，应注意不要破坏存储在其中的原有信息。这种存储器自诊断方法只需编写一段小程序即可实现。显示器的诊断也无须增加硬件，但需依赖于人的观察，不宜放在过程中间进行，一般都放在开机时进行。

对插件或过程通道的自诊断，通常要增加一些硬件。例如，为插件设计一应答信号，由自诊断程序对插件进行寻址，以判断插件是否插入或是否有效；为过程输入通道设计一标准信号源，由自诊断程序启动一段输入采样程序，对标准信号源进行 A/D 转换，可以检查过程输入通道是否正常等。

一些复杂的智能仪表还包括其他自诊断项目，如利用故障监视电路监视 CPU 的工作等。故障监视电路通常是一个硬件计数器，计数脉冲由仪表时钟电路(经分频后)提供，仪表工作正常时，监控程序每隔一定时间产生一个脉冲，使计数器在未计满预定数值前，即复位重新计数，如此周而复始。一旦仪表出现故障，定时清除脉冲不再出现，计数器很快计满而发出报警信号。采用这种方法，可监视仪表的软件及 CPU 等工作情况。

总之，由于各个仪表的功能、结构不一样，具体的自诊断内容也不一样，设计人员应根据所设计仪表的具体要求和情况确定自诊断内容和自诊断方法。

思考与练习

1. 简述智能仪表的软件设计思想。
2. 在智能仪表的设计中，软件测试有哪些方法？请分别说明。
3. 软件测试需遵循哪些基本原则？
4. 智能仪表显示管理软件的任务主要有哪些？显示方式有哪些？
5. 智能仪表的手自动控制要实现哪些基本功能？无扰动切换如何实现？
6. 智能仪表常见的自诊断管理有哪些类型？

第10章 连续调节器

自动化控制仪表包括调节器、执行器、操作器及可编程序调节器等各种新型控制仪表及装置。

自动化控制仪表按使用能源分，有气动仪表和电动仪表；按结构形式分，有基地式仪表、单元组合式仪表和组装式仪表等；按信号类型分，有模拟式仪表和数字式仪表。

单元组合式仪表又分为气动单元组合式仪表和电动单元组合式仪表。

气动单元组合式仪表，简称QDZ仪表。它采用140kPa压缩空气为能源，以20～100kPa为标准统一联络信号。由于QDZ仪表结构简单、价格便宜、性能稳定、工作可靠，具有安全、防火、防爆等特点，因此特别适用于石油、化工等易燃易爆的场合。

智能仪表在我国已逐步应用于工业生产过程控制中。调节器是智能仪表控制系统的核心装置，传统调节器为模拟调节器，其应用理论也是古典控制理论。本章主要介绍PID调节器的阶跃响应和频率特性，详细地分析了PID调节器实例线路，得出了PID调节器的整机传递函数。要求掌握电路结构及电路原理。

教学要求：掌握连续调节器的基本原理和应用方法。

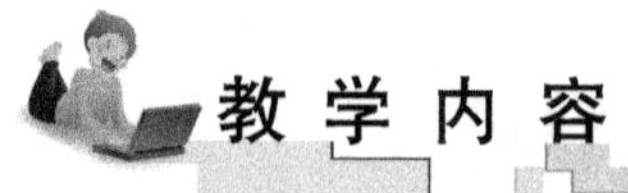

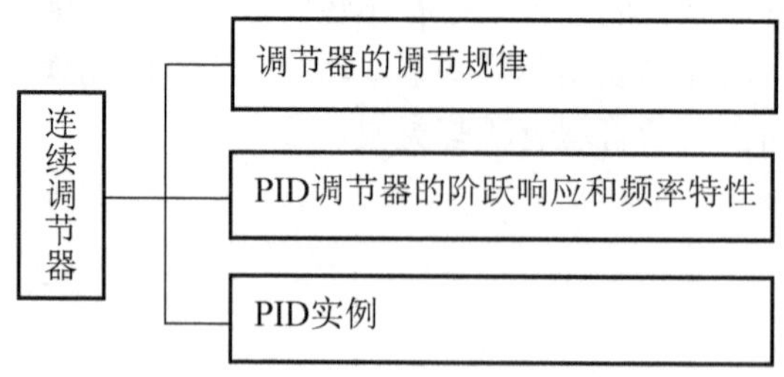

10.1　调节器的调节规律

调节器的作用是把测量值和给定值进行比较，得出偏差后，根据一定的调节规律产生输出信号，推动执行器，对生产过程进行自动调节。要掌握一个调节器的特性，最首要的问题是弄清楚它具有什么样的调节规律，即它的输出量与输入量之间具有什么样的函数关系。

调节器中最简单的一种是两位式调节器，其输出仅根据偏差信号的正负，取 0 或 100% 两种输出状态中的一种，使用这种调节器的优点是执行器特别便宜，如用一个开关便可控制电炉的温度。但由于这种调节器的输出只有通、断两种状态，调节过程必然是一种不断做上下变化的振荡过程，借助调节对象自身热惯性的滤波作用，使炉温的平均值接近于设定值，因此只能用于要求不高的场合。

要使调节过程平稳准确，必须使用输出值能连续变化的调节器，并通过采用比例、微分、积分等算法提高调节质量。实际上，工业生产中使用的绝大多数是输出值能连续变化的调节器。在这类调节器中，比例调节器是最简单的一种，其输出信号 $y(t)$随输入信号 $x(t)$成比例变化，若以 $G(S)$表示这种调节器的传递函数，则可表示为

$$G(S)=Y(S)/X(S)=K_c \tag{10-1}$$

式中，$Y(S)$与 $X(S)$分别为调节器的输出信号、输入信号的拉氏变换式；K_c为调节器的比例增益，为常数。

在自动调节系统中使用比例调节器时，只要被调量偏离其给定值，调节器便会产生与偏差成正比的输出信号，通过执行器使偏差减小。这种按比例动作的调节器，能及时而有力地对干扰起到抑制作用，使误差减小，在生产上有一定的应用。但它有一个不可避免的缺点即存在静态误差，一旦被调量偏差不存在，调节器的输出也就为零，即调节作用是以偏差的存在作为前提条件的。所以使用这种调节器时，不可能做到无静差调节。

要消除静差，最有效的办法是采用对偏差信号具有积分作用的调节器，这种积分调节器的传递函数为

$$G(S)=\frac{Y(S)}{X(S)}=\frac{1}{T_i s} \tag{10-2}$$

式中，T_i为积分时间。

积分调节器的突出优点是，只要被调量存在偏差，其输出的调节作用便随时间不断加强，直到偏差为零。在被调量的偏差消除以后，由于积分规律的特点，输出将停留在新的位置而不回到原位，因而能保持静差为零。

但是，单纯的积分调节也有弱点：动作过于迟缓，不能及时有效地克服扰动的影响，使调节不及时，造成被控变量超调量增加，往往使调节的动态品质变坏，过渡过程时间延长，甚至造成系统不稳定。因此在实际生产中，总是同时使用上面的两种调节规律，把比例作用的及时性与积分作用消除静差的优点结合起来，组成“比例+积分”作用的调节器，简称为 PI 调节器，其传递函数可表示为

$$G(S)=\frac{Y(S)}{X(S)}=K_{\mathrm{c}}\left(1+\frac{1}{T_{\mathrm{i}}s}\right) \tag{10-3}$$

目前，除了使用上述调节规律外，还常使用微分调节规律。单纯的微分调节器的传递函数为

$$G(S)=\frac{Y(S)}{X(S)}=T_{\mathrm{d}}s \tag{10-4}$$

式中，T_{d}为微分时间。

从物理概念上看，微分调节器能在偏差信号出现或变化的瞬间，立即根据变化的趋势，产生强烈的调节作用，使偏差尽快地消除于萌芽状态之中。但是，单纯的微分调节器也有严重的不足之处，它对静态偏差毫无抑制能力，因此不能单独使用，总要和比例或比例积分调节规律结合起来，组成“比例+微分”作用的调节器(简称 PD 调节器)，或“比例+积分+微分”作用的调节器(简称 PID 调节器)。

在 PID 3 种作用调节器中，微分作用主要用来加快系统的动作速度，减小超调，克服振荡；积分作用主要用以消除静差。将比例、积分、微分 3 种调节规律结合在一起，既可达到快速敏捷，又可达到平稳准确，只要 3 种作用的强度配合适当，便可得到满意的调节效果。

这种 PID 调节器的传递函数是

$$G(S)=\frac{Y(S)}{X(S)}=K_{\mathrm{c}}\left(1+\frac{1}{T_{\mathrm{i}}s}+T_{\mathrm{d}}s\right) \tag{10-5}$$

10.2 PID 调节器的阶跃响应和频率特性

10.2.1 PID 调节器的阶跃响应

PID 运算电路的阶跃响应可利用传递函数通过拉氏变换获得，微分调节作用的效果主要体现在阶跃信号输入的瞬间，而积分调节作用的效果则是随时间而增加的。若积分时间 T_{i} 比微分时间 T_{d} 大得多，那么在阶跃信号刚加入的一段时间内($t<4T_{\mathrm{d}}/K_{\mathrm{d}}$)，微分将起主要作用，而积分分量很小，可以忽略不计；但随着时间的推移，积分分量越来越大，微分分量越来越小，最后微分作用可以完全忽略。这样，微分和积分可以分阶段考虑，PID 调节器的阶跃响应如图 10.1 所示。

图 10.1 中整个输出曲线可以看成由比例项、积分项及有限制的微分项 3 部分相加而得，由于微分增益 K_{d} 为有限值，限制了输出曲线在初始瞬间跳变的幅度；而积分增益 K_{i} 的有限值，则限制了积分输出的最终幅度。

这样的阶跃响应表明，当调节器输入端出现偏差信号时，首先由微分和比例作用产生跳变输出，迅速做出反应；此后如果偏差仍不消失，那么随着微分作用的衰减，积分效果与时俱增，直到静差消除为止。当然在实际生产过程中，偏差总是不断变化的，因此比例、积分、微分 3 种作用在任何时候都是协调配合地工作的。

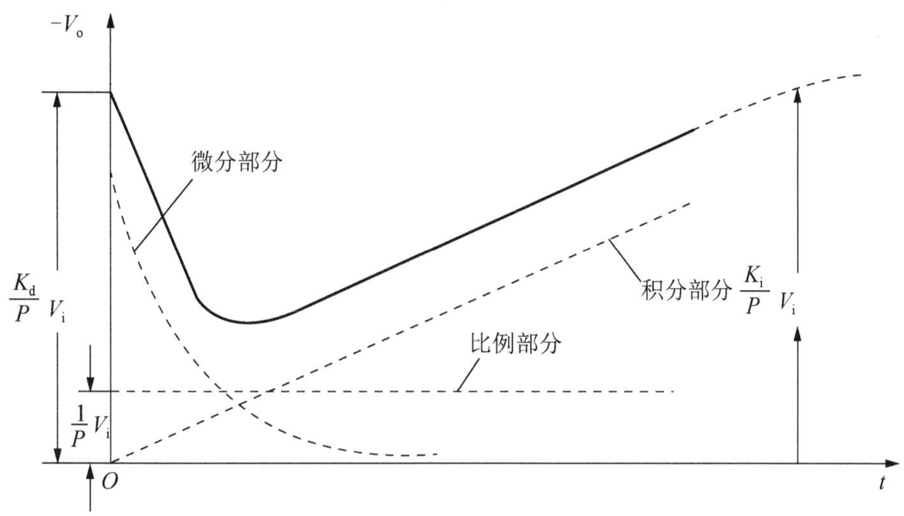

图 10.1　PID 调节器的阶跃响应

10.2.2　PID 调节器的频率特性

实际应用的 PID 调节器，尽管具体电路和结构有各种各样，干扰系数有大有小，但其传递函数总可近似表示为式(10-6)的形式。这样，这类调节器的频率特性不难由此传递函数导出。

$$G(S)=\frac{Y(S)}{X(S)}=\frac{-1}{P}\left(\frac{1+\dfrac{1}{T_i s}+T_d}{1+\dfrac{1}{K_i T_i s}+\dfrac{T_d}{K_d}s}\right) \tag{10-6}$$

式中，P 为调节器的比例度；T_i、T_d 为积分时间和微分时间；K_i、K_d 为积分增益和微分增益。将 jω代入式(10-6)，两边取对数乘以 20，求其对数幅频特性：

$$L(\omega)=20\lg|g(j\omega)|=20\lg\frac{1}{P}+20\lg\sqrt{1+\left(T_d\omega-\frac{1}{T_i\omega}\right)^2}-20\lg\sqrt{1+\left(\frac{T_d}{K_d}\omega-\frac{1}{K_i T_i\omega}\right)^2} \tag{10-7}$$

依据式(10-7)可以绘出实际的 PID 调节器的对数幅频特性，如图 10.2 实线所示，它由两段斜线和三段水平线组成，4 个转折频率分别为

$$\omega_1=\frac{1}{K_i T_i}\qquad \omega_2=\frac{1}{T_i}\qquad \omega_3=\frac{1}{T_d}\qquad \omega_4=\frac{K_d}{T_d}$$

其相应的相频特性可用自控理论求得，也可由最小相位系统的幅频特性与相频特性的关系推出，如图 10.2 中的曲线所示。该图还用虚线做出了式(10-6)表示的“理想”PID 运算装置的对数幅频特性和相频特性。

由图 10.2 可知，作为通用型串联校正装置的 PID 调节器加入控制系统后，依靠积分作用，可使系统变换传递函数在低频段的增益大大提高，从而把调静差减小到接近于零。在高频段，依靠微分作用，可在系统截止频率附近增加正相移，改善系统的稳定性，并展宽

频带，提高调节动作的快速性。在使用中，根据不同的控制对象，可方便地通过修改 PID 参数，满足绝大多数控制系统的要求。由于使用方便，概念清晰，PID 调节器在工业生产中获得了极为广泛的应用。

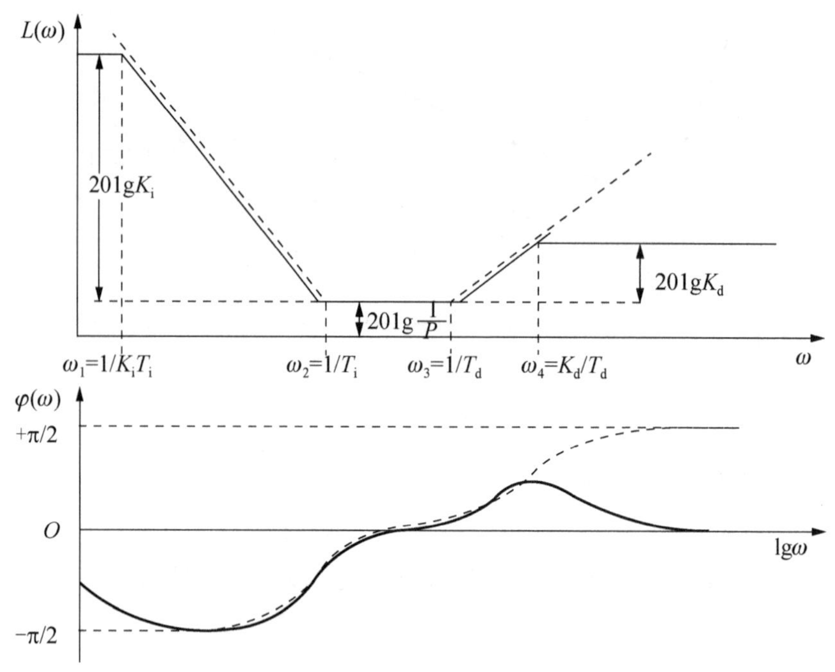

图 10.2　PID 调节器的对数幅频特性图

10.3　PID 实例

10.3.1　模拟控制系统

基本模拟反馈控制回路如图 10.3 所示。被控变量的值由传感器或变送器来检测，这个值与给定值进行比较，得到偏差，模拟调节器依一定控制规律使操作变量变化，以使偏差趋近于零，其输出通过执行器作用于过程。控制规律用对应的模拟硬件来实现，控制规律的修改需要更换模拟硬件。

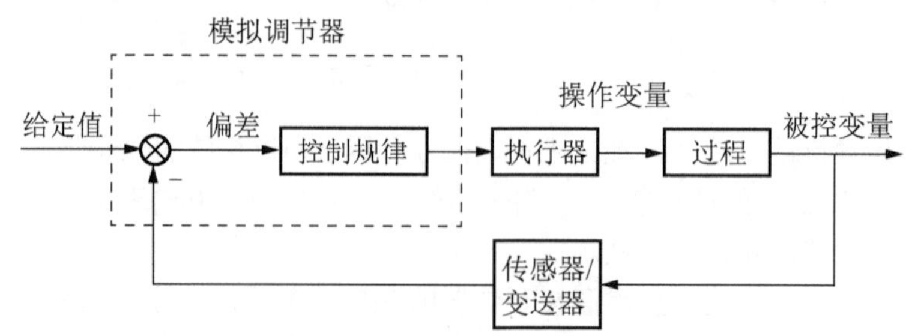

图 10.3　基本模拟反馈控制回路

10.3.2　微机过程控制系统

微型计算机过程控制系统基本框图如图 10.4 所示。该控制系统以微型计算机作为控制器。控制规律的实现，是通过软件来完成的。改变控制规律，只要改变相应的程序即可。

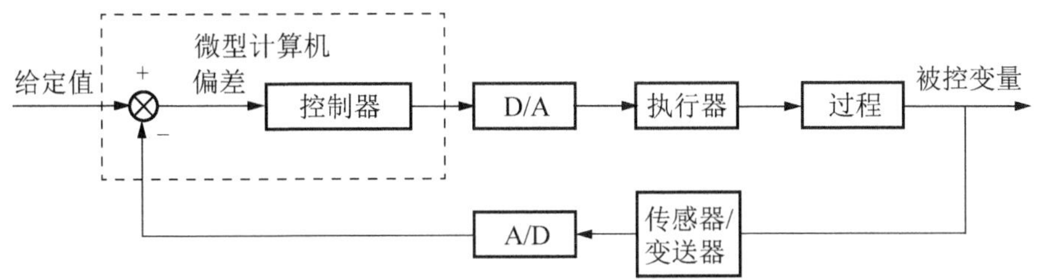

图 10.4　微型计算机过程控制系统基本框图

10.3.3　直接数字控制系统

直接数字控制(Direct Digital Control，DDC)系统是计算机用于过程控制的最典型的一种系统(图 10.5)。微型计算机通过过程输入通道对一个或多个物理量进行检测，并根据确定的控制规律(算法)进行计算，通过输出通道直接控制执行机构，使各被控量达到预定的要求。由于计算机的决策直接作用于过程，故称为直接数字控制。DDC 系统也是计算机在工业应用中最普遍的一种形式。

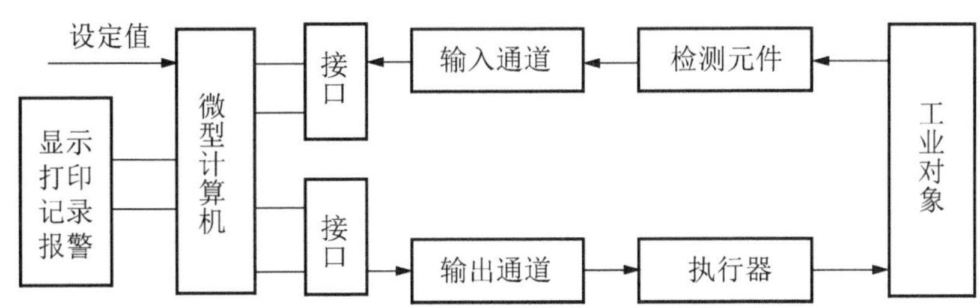

图 10.5　DDC 系统构成框图

思考与练习

1. 什么是调节器的调节规律？
2. PID 调节器的数学表达式是怎样的？
3. 比例、积分、微分 3 种调节规律各有什么特性？
4. 为什么工程上不用数学上理想的微分算式？
5. 说明 PI、PD 调节规律的特点及它们在控制系统中的作用。

第11章 测量算法

所谓算法即计算的方法，它是为了获得某种特定的计算结果而规定的一套详细的计算方法和步骤，只要按照它一步一步地进行，许多复杂的问题都可以得到所需要的结果，并且这些计算工作可以由计算机来完成，算法可以表示为数学公式(又称数学模型)或者表示为操作流程，对同一问题可以采用不同的算法来解决。实际上，算法的概念已推广到为了解决任何一个问题而详细规定的一套无二义的过程。本章介绍测量算法。

教学要求：熟悉各种测量算法。

教学内容

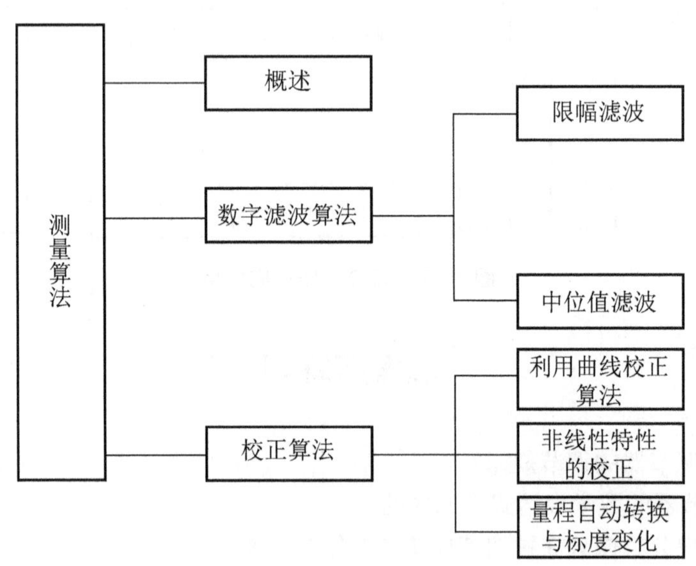

11.1　测量算法概述

测量算法是指直接与测量技术有关的算法，其主要内容包括克服随机误差的数字滤波算法、克服系统误差的校正算法、量程自动切换及工程量变换算法等。

随机干扰会使仪表产生随机误差。随机误差是指在相同条件下测量某一量时，其大小符号做无规律变化的误差，但随机误差在多次测量中服从统计规律。在硬件设计中可以模拟滤波器来削弱随机误差，但是它在低频、甚低频时实现较困难。数字滤波可以完成模拟滤波的功能，而且与模拟滤波相比，它具有如下优势：数字滤波是用程序实现的，无须添加硬件，可靠性高，稳定性好，不存在阻抗匹配的问题，而且多个输入通道可以共用，从而降低系统硬件成本；可以根据需要选择不同的滤波方法或改变滤波器的参数，使用灵活方便；数字滤波器可以对频率很低的信号进行滤波，而模拟滤波由于受电容容量的限制，频率不能太低。

11.2　数字滤波算法

数字滤波算法具有高精度、高可靠性、高稳定性。采用数字滤波算法克服随机误差具有如下优点：

(1) 数字滤波是由软件程序实现的，不需要硬件，因此不存在阻抗匹配的问题。

(2) 对于多路信号输入通道，可以共用一个软件“滤波器”，从而降低仪表的硬件成本。

(3) 只要适当改变滤波器程序或运算参数，就能方便地改变滤波特性，这对于低频脉冲干扰和随机噪声的克服特别有效。

常用的数字滤波算法有一阶惯性滤波、程序判断滤波、中位值滤波、算术平均值滤波、滑动平均值滤波、加权滑动平均滤波等。

11.2.1　一阶惯性滤波

RC 低通滤波器的传递函数为

$$G(S)=\frac{Y(S)}{X(S)}=\frac{1}{\tau S+1} \tag{11-1}$$

将其离散化处理后得到差分方程为

$$Y(k)=(1-\alpha)\cdot Y(k-1)+\alpha\cdot X(k-1) \tag{11-2}$$

式中，常系数 $\alpha=T_S/\tau$，T_S 为采样周期；τ 为 *RC* 滤波器的时间常数；$X(k-1)$为第 $k-1$ 次采样值；$Y(k-1)$、$Y(k)$分别为第 $k-1$、k 次滤波输出值。

一阶惯性滤波算法对周期性干扰具有良好的抑制作用，其不足之处是带来相位滞后，灵敏度低，滞后的程度取决于 α 值的大小。

11.2.2 程序判断滤波

经验说明，许多物理量的变化都需要一定时间的，相邻两次采样值之间的变化有一定的限度。程序判断滤波的方法，便是根据生产经验，确定出相邻两次采样信号之间可能出现的偏差ΔY。若超过此偏差值，表明该输入信号是干扰信号，应该去掉；若小于此偏差值，则信号作为本次采样值。当采样信号由于随机干扰，如大功率用电设备的起动或停止，造成电源的尖锋干扰或误测，以及变送器不稳定而引起的严重失真等，可分为限幅滤波和限速滤波两种。

1. 限幅滤波

限幅滤波就是将两次相邻的采样值相减，求出其增量(以绝对值表示)，再与两次采样允许的最大差值ΔY进行比较，若小于或等于最大差值ΔY则取本次采样值；若大于最大差值ΔY，则取上次采样值作为本次采样值，即当$Y(k)-Y(k-1)\leqslant\Delta Y$时，$Y(k)=Y(k-1)$，取本次采样值；当$Y(k)-Y(k-1)>\Delta Y$时，$Y(k) > Y(k-1)$，取上次采样值，其中$Y(k)$为第$k$次采样值；$Y(k-1)$为第$(k-1)$次采样值。

这种程序滤波方法，主要用于变化比较缓慢的参数，如温度、物理位置等测量系统。

限幅滤波的基本方法是比较相邻(n和$n-1$时刻)的两个采样值$y(n)$和$y(n-1)$，根据经验确定两次采样允许的最大偏差，如果两次采样值$y(n)$和$y(n-1)$的差值超过了允许的最大偏差范围，则认为发生了随机干扰，并认为后一次采样值$y(n)$为非法值，应予以剔除。剔除$y(n)$后，可用$y(n-1)$代替$y(n)$，若未超过允许的最大偏差范围，则认为本次采样值有效。

例：设当前采样值存于30H，上次采样值存于31H，结果存于32H，最大允许偏差设为01H限幅滤波程序如下：

```
    PUSH  ACC               ;保护现场
    PUSH  PSW
    MOV  A,30H              ;Y(n)→A
    CLR  C
    SUBB A,31H              ;求Y(n)-Y(n-1)
    JNC  LP0                ;Y(n)-Y(n-1)≥0吗?
    CPL  A                  ;Y(n)<Y(n-1),求补
LP0:CLR  C
    CJNE A,#01H,LP2         ;Y(n)-Y(n-1)>ΔY吗?
LP1: MOV  32H,30H           ;等于ΔY,本次采样值有效
    SJMP LP3
LP2:JC   LP1                ;小于ΔY,本次采样值有效
    MOV  32H,31H            ;大于ΔY,Y(n)=Y(n-1)
LP3:POP  PSW
    POP  ACC
    RET
```

只有当本次采样值小于上次采样值时，才进行求补，保证本次采样值有效。

2. 限速滤波

限幅滤波是用两次采样值来决定采样结果，而限速滤波则最多可用3次采样值来决定

采样结果。设顺序采样时刻 t_1、t_2、t_3 所采集的参数分别为 $Y(1)$、$Y(2)$、$Y(3)$，则：

(1) 当 $Y(2)-Y(1)\leqslant\Delta Y$ 时，$Y(2)$输入计算机。

(2) 当 $Y(2)-Y(1)>\Delta Y$ 时，$Y(2)$不能采用，但保留，继续采样得到 $Y(3)$。

(3) 当 $Y(3)-Y(2)\leqslant\Delta Y$ 时，$Y(3)$输入计算机。

(4) 当 $Y(3)-Y(2)>\Delta Y$ 时，则取 $\frac{Y(2)+Y(3)}{2}$ 输入计算机。

限速滤波程序流程如图 11.1 所示。限速滤波是一种折中的方法，既照顾了采样的实时性，又顾及了采样值变化的连续性。在实际使用中，可用 $\|Y(2)-Y(1)|+|Y(3)-Y(2)\|/2$ 取代ΔY，这样也可基本保持限速滤波的特性，虽然增加了运算量，但灵活性大为提高。

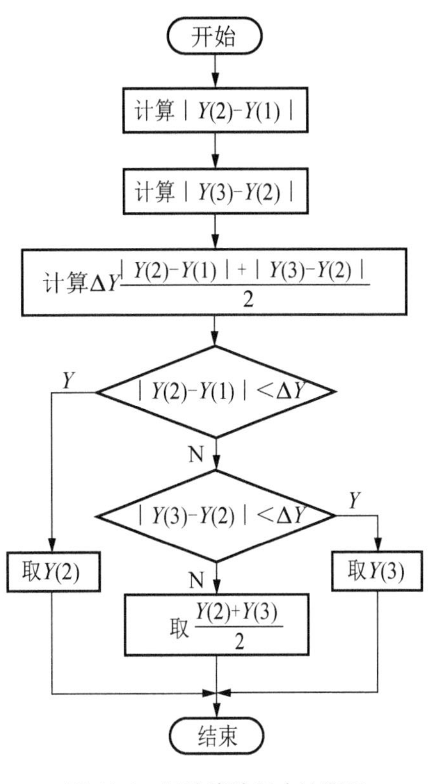

图 11.1　限速滤波程序流程图

11.2.3　中位值滤波

所谓中位值滤波是对某一参数连续采样 n 次(取 n 为奇数)，然后把 n 次的采样值从小到大，或从大到小排队，再取其中间值作为本次采样值。对于变化缓慢的变量，采用中位值滤波效果比较好，但对快速变化的参数则不宜采用。

中位值滤波程序设计的实质是，首先把 N 个采样值从小到大或从大到小进行排队，然后取中间值。其中采样值的排序可以采用冒泡法、沉底法等。程序流程如图 11.2 所示，连续采样次数 $N=3$，且 M 为所获得的中间值，Y_1、Y_2、Y_3 为依次连续采样 3 次的数据。

中位值滤波能有效地克服偶然因素引起的波动或采样器不稳定引起的误码等脉冲干扰。对温度、液位等缓慢变化的被测参数采用此法能收到良好的滤波效果，但对于流量、压力等快速变化的参数一般不宜采用中位值滤波。

设 SAMP 为存放采样值的内存单元首地址，DATA 为存放滤波值的内存单元地址，N 为采样值个数。中位值滤波程序如下：

```
FILTER:MOV  R3,#N-1                ;置循环初值
  SORT:MOV  A,R3
       MOV  R2,A                   ;循环次数送 R2
       MOV  R0,#SAMP               ;采样值首地址送 R0
  LOOP:MOV  A,@R0
       INC  R0
       CLR  C
       SUBB A,@R0                  ;y(n)-y(n-1)→A
       JC   DONE                   ;y(n)<y(n-1)转 DONE
       ADD  A,@R0                  ;恢复 A
```

```
XCH  A,@R0                     ;y(n)≥y(n-1),交换数据
DEC  R0
MOV  @R0,A
INC  R0
DONE: DJNZ R2,LOOP             ;R2≠0,继续比较
DJNZ R3,SORT                   ;R3≠0,继续循环
DEC  R0
MOV  A,#N                      ;计算中值地址
CLR  CRRC  A
ADD  A,R0
MOV  R0,A
MOV  DATA,@R0                  ;存放滤波值
RET
```

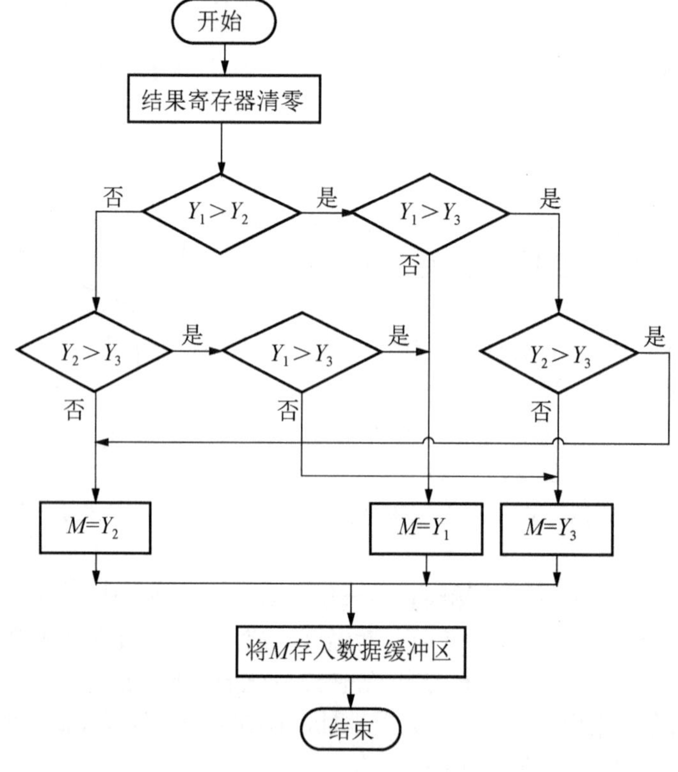

图 11.2　中值滤波流程图

11.2.4　算术平均值滤波

算术平均值法数字滤波公式为

$$Y = \frac{1}{N}\sum_{i=1}^{N} X_i \tag{11-3}$$

由此可见，算术平均值法滤波是把一个采样周期内 N 次采样值 X 相加，然后再除以采样次数 N，得到该周期内的采样值 Y。算术平均值滤波的平滑度和灵敏度取决于 N 的大小。

当 N 较大时，平滑度高，但灵敏度低；当 N 较小时，平滑度低，但灵敏度高。应根据具体情况选取 N，一般为 2 的整数幂，对于一般流量测量，取 N=8 或 16，对于压力等测量，取 N=4。算术平均值滤波特别适用于信号本身在某一数值附近上下波动的情况，但不能用于脉冲干扰严重的场合。

11.2.5　滑动平均值滤波

算术平均值滤波需要连续采样 N 个数据，然后求算术平均值。由于必须采样 N 个数据，需要的时间较长，因而检测的速度较慢。为了克服这个缺点，可以采用滑动平均值滤波法。所谓的滑动平均值滤波法就是在 RAM 区建立一个数据缓冲区，依次存放 N 次的采样数据，每采进一个新的数据，就将最早采集的那个数据丢掉，然后求包括新数据在内的 N 个数据的算术平均值。这样，每采进一个新的数据，就可以计算出一个新的平均值，大大加快了数据的处理速度。这种滤波程序设计的关键是，每采样一次，移动数据块一次，然后求出新一组数据的和，再求平均值。

11.2.6　加权滑动平均滤波

在算术平均值滤波和滑动平均滤波算法中，N 次采样值在输出结果中的权重是均等的。对于时变信号采用这种的滤波算法，会引入滞后，N 越大，滞后越严重。为了增加新的采样数据在滑动平均中的比例，以提高系统对当前采样值的灵敏度，可采用加权滑动平均滤波法。它是对滑动平均滤波的一种改进，即对不同时刻的数据加以不同的权。通常越接近现时刻的数据，权系数越大。这种滤波算法为

$$Y_n = \frac{1}{N}\sum_{i=0}^{N-1} C_i X_{n-i} \tag{11-4}$$

式中，Y_n 为第 n 次采样值经滤波后的输出；X_{n-i} 为经过滤波的 $n-i$ 次滤波值；C_i 为常数，且满足以下关系式：

$$C_0 + C_1 + \cdots + C_{N-1} = 1，\quad C_0 > C_1 > \cdots > C_{N-1} > 0 \tag{11-5}$$

一阶 RC 网络结构如图 11.3 所示。

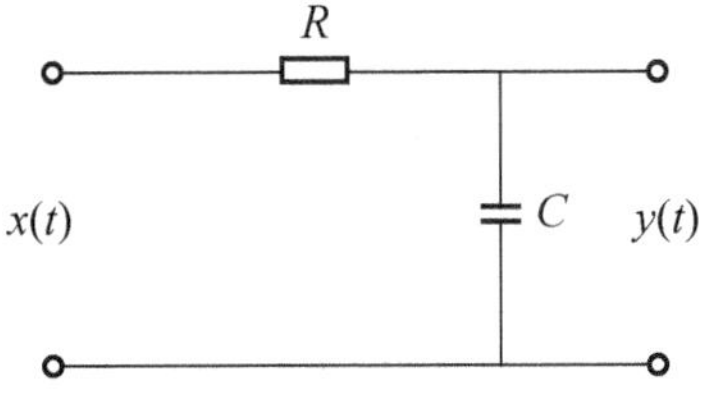

图 11.3　一阶 *RC* 网络结构

假设滤波器的输入电压为 $x(t)$，输出为 $y(t)$，它们之间存在如下关系：

$$RC \cdot \frac{\mathrm{d}y(t)}{\mathrm{d}t} + y(t) = x(t) \tag{11-6}$$

应用它们的采样值，即

$$y(n) = y(n\cdot\Delta t)，\quad x(n) = x(n\cdot\Delta t)\, y(n) = y(n\cdot\Delta t) \tag{11-7}$$

如果采样间隔 Δt 足够小，则令式(11-6)的离散值近似为

$$RC\cdot\frac{y(n)\Delta t-y(n-1)\Delta t}{\Delta t}+y(n)\Delta t=x(n)\Delta t$$

则可化为 $y(n)=ax(n)+by(n-1)$，可见，系数 $a+b=1$

对于直流，$y(n)=y(n)-1$，此时满足 $x(n)=y(n)$，即该滤波器的直流增益为 1。若取采样间隔 Δt 足够小，则 $a\approx\Delta t/RC$，滤波器的截止频率为

$$f_c=\frac{1}{2\pi RC}\approx\frac{a}{2\pi\Delta t}$$

系数 a 越大，滤波器的截止频率越高。若取Δt=50μs，a=1/16，则截止频率为

$$f_c=\frac{1/16}{2\pi\times50\times10^{-6}}\approx198.9(\text{Hz})$$

实现一阶惯性滤波算法的程序如下：

设 $Y(n-1)$在 DATA1 为首地址的单元中，$X(n)$在 DATA2 为首地址的单元中，均为双字节。取 a=0.25，b=0.75，滤波结果在 R2、R3 中。

```
FOF: MOV  R0,#DATA1
     MOV  R1,#DATA2
     CLR  C            ;0.5Y(n-1),存入 R2、R3 中
     INC  R0
     MOV  A,@R0
     RRC  A
     MOV  R2,A
     DEC  R0
     MOV  A,@R0
     RRC  A
     MOV  R3,A
     MOV  A,@R0        ;X(n)+Y(n-1)
     ADD  A,@R1
     MOV  R7,A
     INC  R0
     INC  R1
     MOV  A,@R0
     ADDC A,@R1
     CLR  C
     RRC  A            ;[X(n)+Y(n-1)]×0.5 存入 R6、R7 中
     MOV  R6,A
     MOV  A,R7
     RRC  A
     MOV  R7,A
     CLR  C            ;[X(n)+Y(n-1)]×0.25
     MOV  A,R6
     RRC  A
     MOV  R6,A
     MOV  A,R7
     RRC  A
     ADD  A,R3         ;0.25×[x(n)+y(n-1)]+0.5y(n-1)存于 R2、R3 中
```

```
        MOV  R3,A
        MOV  A,R6
        ADDC A,R2
        MOV  R2,A
        RET
```

11.3 校正算法

系统误差是指在相同条件下，多次测量同一量时，其大小和符号保持不变或按一定规律变化的误差。

恒定系统误差：恒定不变的误差，如校验仪表时标准表存在的固有误差、仪表的基准误差等。

变化系统误差：按一定规律变化的误差，如仪表的零点和放大倍数的漂移、热电偶冷端随室温变化而引起的误差等。

系统误差的模型校正法：在某些情况下，对仪表的系统误差进行理论分析和数学处理，可以建立仪表的系统误差模型，从而可以确定校正系统误差的算法和表达式。

例如，在仪表中用运算放大器测量电压时，常会引入零位和增益误差。设测量信号 x 与真值 y 是线性关系，即 $y=a_1x+a_0$，为了消除这一系统误差，可用这一电路分别去测量标准电势 V_R 和短路电压信号，以此获得两个误差方程：

$$\begin{cases} V_R = a_1x_1 + a_0 \\ 0 = a_1x_0 + a_0 \end{cases} \tag{11-8}$$

解此方程组，得

$$\begin{cases} a_1 = V_R / (x_1 - x_0) \\ a_0 = V_R x_0 / (x_0 - x_1) \end{cases} \tag{11-9}$$

从而可得校正算式：

$$y = V_R\left(x - x_0\right)/\left(x_1 - x_0\right) \tag{11-10}$$

11.3.1 利用校准曲线通过查表法修正系统误差

在较复杂的仪器中，对较多的误差来源往往不能充分了解，因此难以建立适当的误差模型。这时可通过实验，即通过实际校准求得测量的校准曲线，然后将曲线上各校准点的数据存入存储器的校准表格中，在以后的实际测量中，通过查表求得修正了的测量结果。

获得校准曲线的过程为在仪器的输入端逐次加入一个已知量(如电压)x_1、x_2、…、x_n，并得到实际测量结果 y_1、y_2、…、y_n。于是可做出如图 11.4 所示的校准曲线。将实际测量得到的这些 y_n 值作为存储器中的一个地址，把对应的诸 x_n 值作为内容存入其中，这就建立了一张校准表格。然后，在实际测量时测得一个 y_n 值，就令单片机去访问这个地址 y_n，读出其内容 x_n，此 x_n 即为被测量经修正过的值。对于 y 值介于某两个校准点 y_n 和 y_{n+1} 之间时，可按最邻近的一个值 y_n 或 y_{n+1} 去查找对应的 x 值作为最后结果，那么这个结果将带有一定的残余误差。

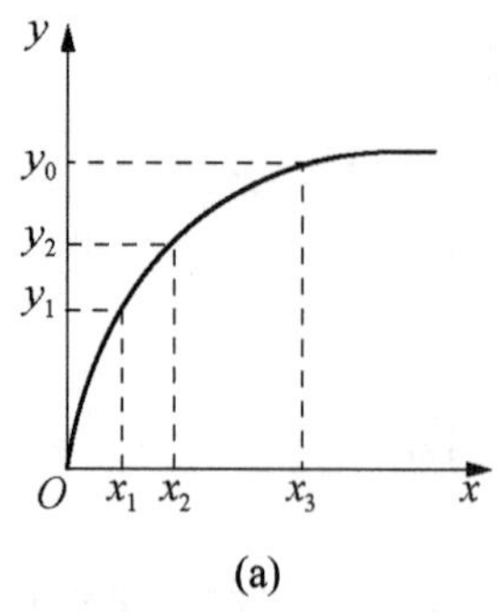

(a)

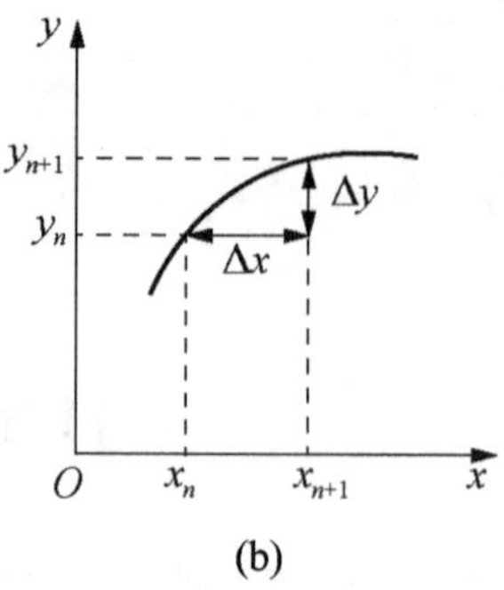

(b)

图 11.4 校准曲线

在任意两个校准点之间的校准曲线段，可以近似地看成一段直线段，设这段直线的斜率为S=dx/dy,(注意，校正时y是自变量，x是函数值)，校准曲线的最大斜率为S_m，由图 11.4(b)可见，可能引起的最大残余误差为

$$\Delta x = S_m \Delta y \tag{11-11}$$

其中

$$\Delta y = y(n+1) - y(n) \tag{11-12}$$

若考虑取双向误差，残余误差的绝对值可减小一半，即为

$$\pm\Delta x = \pm S_m \Delta y/2 \tag{11-13}$$

设 Y 为 y 的量程，校准时取恒等间隔的 N 个校准点，即

$$y(n+1) - y(n) = \Delta y = Y/N \tag{11-14}$$

于是得

$$\Delta x = S_m Y/2N \tag{11-15}$$

此外，还应考虑数据字长有限引起的误差，假定字长为 B 位二进制数，由此造成的误差将为数据字长的最低位的一半，即

$$\frac{1}{2}L_{SB} = \frac{1}{2}(X/2^B) \tag{11-16}$$

这里 X 是 x 的量程，于是实际总误差应为

$$\Delta x = \frac{S_m Y}{2N} + \frac{X}{2^{B+1}} \tag{11-17}$$

校准表所占的存储空间为

$$M = N \times B \text{ 位} \tag{11-18}$$

显然应使 M 值尽可能小，以节约存储器。从式(11-18)得校准点数为

$$N = \frac{M}{B} \tag{11-19}$$

$$M = \frac{S_m \times B(Y/X)}{2(\Delta x/X - 1/2^{B+1})} \tag{11-20}$$

令 dM/dB=0，可求得对应于最小存储空间 M 所应取的字长 B 的关系为

$$2\left(\frac{\Delta x}{X}\right)=\frac{1+B\times\ln 2}{2^B} \tag{11-21}$$

从而得最小存储空间为

$$M=\frac{(S_m/S)\times 2^B}{\ln 2} \tag{11-22}$$

式中，$S=X/Y$。

11.3.2 非线性特性的校正

非线性校正又称线性化过程非线性校正的方法很多，例如，利用校准曲线用查表法做修正；利用分段折线法获得校正算法，直接从所描绘的非线性方程中获得算法等。

线性化的关键是找出校正函数，有时校正函数很难找到，这时只能用多项式或解析函数进行拟合。

假设器件的输出 x 与输入 y 之间的特性关系 $x=f(y)$存在非线性，现计算下列函数：

$$R=g(x)=g[f(y)]$$

式中，R 为校正系数。使 R 与 y 之间保持线性关系，函数 $g(x)$便是要找的校正函数。

11.3.3 量程自动转换与标度变换

如果传感器和显示器的分辨率一定，而仪表的测量范围很宽，为了提高测量精度，智能化测量控制仪表应能自动转换量程。

量程的自动转换可采用程控放大器来实现(图 11.5)。采用程控放大器后，可通过控制来改变放大器的增益，对于幅值小的信号采用大增益，对于幅值大的信号改用小增益，使进入 A/D 转换器的信号满量程达到均一化。

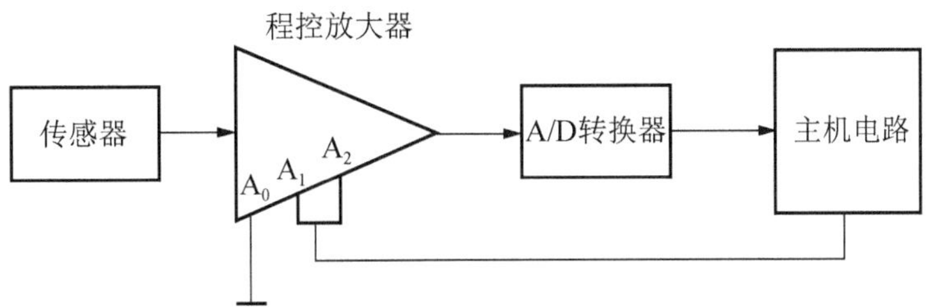

图 11.5 程控放大器量程转换原理图

常用的程控放大器芯片如下：

PGA100 是一种多路输入的程控增益放大器芯片。它将多路转换输入和程控增益控制集成在一个芯片内，这对于小信号多路数据采集系统来说特别适用。

PGA100 的主要特性为增益精度高，非线性小，稳定时间短，通道之间的串扰小，有 8 个二进制的增益控制：×1、×2、×4、×8、×16、×32、×64、×128。

图 11.6 所示为 PGA100 的引脚排列。PGA100A0～A5 用来选择增益和模拟输入通道引脚，选择方式见表 11-1。

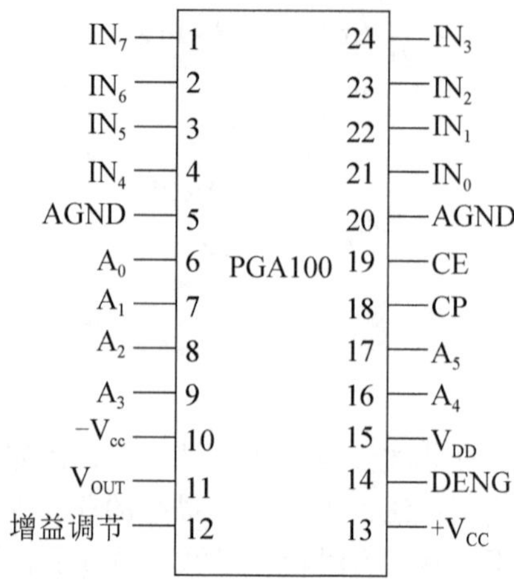

图 11.6　PGA100 的引脚排列图

表 11-1　PGA100A0～A5 用来选择增益和模拟输入通道选择表

A5	A4	A3	增益	A2	A1	A0	通道
0	0	0	1	0	0	0	IN0
0	0	1	2	0	0	1	IN1
0	1	0	4	0	1	0	IN2
0	1	1	8	0	1	1	IN3
1	0	0	16	1	0	0	IN4
1	0	1	32	1	0	1	IN5
1	1	0	64	1	1	0	IN6

程控增益是利用芯片内部的精密电阻网络实现的，当精密电阻网络引出端 3～10 脚分别与 1 脚相连时，其增益范围为 21～28；当要求增益为 29 时，应将 10 脚、11 脚与 1 脚相连；当要求增益为 210 时，应将 10、11、12 脚与 1 脚相连；当 3～12 脚均不与 1 脚相连时，增益为 1。因此只要在 1 脚和 2～12 脚之间加一个多路开关就能方便地实现程控增益。

智能化测量控制仪表在读入被测模拟信号并转换成数字量后，往往要转换成操作人员所熟悉的工作量。这是因为被测对象的各种数据的量纲与 A/D 转换的输入值是不一样的。例如，温度的单位为℃，压力的单位为 Pa，流量的单位为 m^3/h 等。这些参数经传感器和 A/D 转换后得到一系列的数码，这些数码并不等于原来带有量纲的参数值，它仅仅对应于参数的大小，故必须把它转换成带量纲的数值后才能运算、显示或打印输出，这种转换就是标度变换。

线性标度变换的公式如下：

$$Y=\frac{(Y_{max}-Y_{min})(X-N_{min})}{N_{max}-N_{min}}+Y_{min} \tag{11-23}$$

式中，Y 为参数测量值；Y_{max} 为测量范围最大值；Y_{min} 为测量范围最小值；N_{max} 为 Y_{max} 对应的 A/D 转换值；N_{min} 为 Y_{min} 对应的 A/D 转换值；X 为测量值 Y 对应的 A/D 转换值。

一般情况下，Y_{max}、Y_{min}、N_{max} 和 N_{min} 都是已知的，因而可把式(11-23)变成如下形式：

$$Y=a_1X+a_0$$

式中 a_1 和 a_0 为待定值。a_0 取决于零点值，a_1 为比例系数。

例如：一个数字温度计的测量范围为-50～+150℃，则 Y_{min}=-50℃，Y_{max}=150℃，而且当 Y_{min}=-50℃时，N_{min}=0；Y_{max}=150℃时，N_{max}=1800。

在编程前，先根据 Y_{max}、Y_{min}、N_{max} 和 N_{min} 求出 a_1 和 a_0，然后编出按 X 求 Y 的程序。如果 a_1 和 a_0 允许改变，则将其放在 RAM 中，测量时根据 RAM 中的 a_1 和 a_0 来计算 Y 值。RAM 中的 a_1 和 a_0 可由键盘来改变，为了保存 a_1 和 a_0，RAM 应具有掉电保护功能，如果 a_1 和 a_0 不变，则可在编程时将它们作为常数写入 EPROM 中。

思考与练习

1．什么是仪表的系统误差？克服系统误差的方法有哪些？它们有什么特点？

2．什么是仪表的随机误差？克服随机误差的方法有哪些？它们有什么特点？

3．某一数字温度计，测量范围为−100～+200℃，其对应的 A/D 转换器输出范围为 0～2000，求当 A/D 输出为 1000 时对应的实际温度值(设标度变换为线性)。

第12章 智能控制算法

智能仪表在我国已逐步应用于工业生产过程控制中。工业生产的工作环境往往比较恶劣，干扰严重，这些干扰有时会严重破坏仪表的器件或程序，使仪表产生误动作。因此，这类仪表能否大量进入工业生产领域进行实时控制，能否提高生产的经济效益的关键之一是仪表的抗干扰性能。为了保证仪表稳定可靠的工作，在着手电路、结构和软件设计的同时，必须周密考虑和解决抗干扰问题。本章介绍智能仪表控制算法。

教学要求：熟悉各种智能控制算法。

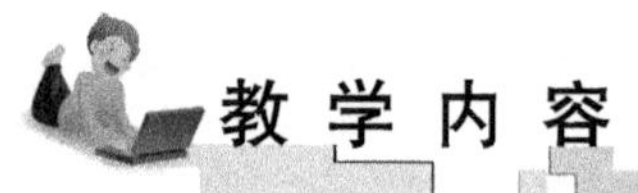

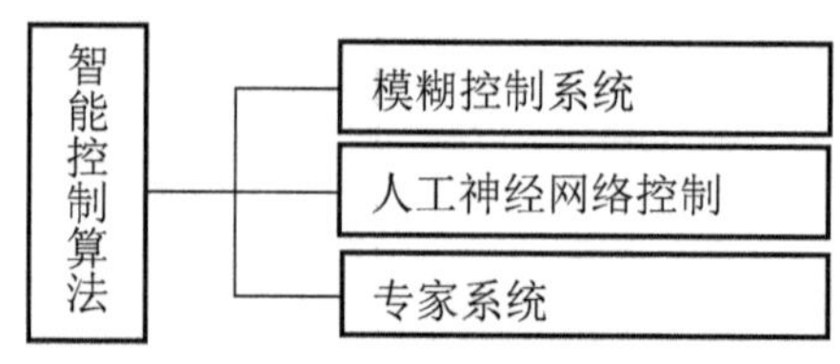

12.1　模糊控制系统

所谓模糊控制，就是在控制方法上应用模糊集理论、模糊语言变量及模糊逻辑推理的知识来模拟人的模糊思维方法，用计算机实现与操作者相同的控制。该理论以模糊集合、模糊语言变量和模糊逻辑为基础，用比较简单的数学形式直接将人的判断、思维过程表达出来，从而逐渐得到了广泛应用。其应用领域包括图像识别、自动机理论、语言研究、控制论及信号处理等方面。在自动控制领域，以模糊集理论为基础发展起来的模糊控制为将人的控制经验及推理过程纳入自动控制提供了一条便捷途径。

12.1.1　知识库

知识库包括模糊控制器参数库和模糊控制规则库。模糊控制规则建立在语言变量的基础上。语言变量取值为“大”“中”“小”等这样的模糊子集，各模糊子集以隶属函数表明基本论域上的精确值属于该模糊子集的程度。因此，为建立模糊控制规则，需要将基本论域上的精确值依据隶属函数归并到各模糊子集中，从而用语言变量值(大、中、小等)代替精确值。这个过程代表了人在控制过程中对观察到的变量和控制量的模糊划分。由于各变量取值范围各异，因此首先将各基本论域分别以不同的对应关系，映射到一个标准化论域上。通常，对应关系取为量化因子。为便于处理，将标准论域等分离散化，再对论域进行模糊划分，定义模糊子集，如 NB、PZ、PS 等。

同一个模糊控制规则库，对基本论域的模糊划分不同，控制效果也不同。具体来说，对应关系、标准论域、模糊子集数及各模糊子集的隶属函数都对控制效果有很大影响。这 3 类参数与模糊控制规则具有同样的重要性，因此把它们归并为模糊控制器的参数库，与模糊控制规则库共同组成知识库。

模糊控制规则的来源有 3 条途径：基于专家经验和实际操作、基于模糊模型、基于模糊控制的自学习。

12.1.2　模糊化

将精确的输入量转化为模糊量 F 有两种方法：

(1) 将精确量转换为标准论域上的模糊单点集。精确量 x 经对应关系 G 转换为标准论域 x 上的基本元素，则该元素的模糊单点集 F 为

$$\begin{cases} uF(u)=1, & u=G(x) \\ uF(u)=0, & u\neq G(x) \end{cases} \tag{12-1}$$

(2) 将精确量转换为标准论域上的模糊子集。精确量经对应关系转换为标准论域上的基本元素，在该元素上具有最大隶属度的模糊子集，即为该精确量对应的模糊子集。

12.1.3　模糊推理

最基本的模糊推理形式为

(1) 前提 1，若 A，则 B。

(2) 前提 2，若 A'，则 B'。

其中，A、A' 为论域 U 上的模糊子集，B、B' 为论域 V 上的模糊子集。前提 1 称为模糊蕴含关系，记为 $A \to B$。在实际应用中，一般先针对各条规则进行推理，然后将各个推理结果综合而得到最终推理结果。

12.1.4 精确化

推理得到的模糊子集要转换为精确值，以得到最终控制量输出 y。目前常用两种精确化方法：

(1) 最大隶属度法。该方法在推理得到的模糊子集中，选取隶属度最大的标准论域元素的平均值作为精确化结果。

(2) 重心法。该方法将推理得到的模糊子集的隶属函数与横坐标所围面积的重心所对应的标准论域元素作为精确化结果。在得到推理结果精确值之后，还应按对应关系，得到最终控制量输出 y。

12.2 人工神经网络控制

12.2.1 人工神经网络概述及特点

【生物神经网络】

人工神经网络是生物神经网络的一种模拟和近似，主要从两个方面进行模拟：一方面是结构和实现机理方面，它涉及生物学、生理学、心理学、物理及化学等许多基础学科。由于生物神经网络的结构和机理非常复杂，现在从这方面模拟还仅处于尝试阶段；另一方面是功能方面，即尽量使人工神经网络具有生物神经网络的某些功能特性，如学习、识别、控制等。目前应用的神经网络均是对功能方面的模拟。

人工神经网络具有以下特点：

(1) 具有自适应功能，主要是根据所提供的数据，通过学习和训练，找出和输出之间的内在联系，从而求得问题的解答，而不是依靠对问题的经验知识和规则，因而具有良好的自适应性。

(2) 具有泛化功能，能够处理那些未经训练的数据，而获得相应于这些数据的合适的解答；也能处理那些有噪声或不完全的数据，从而显示了很好的容错能力。

(3) 非线性映射功能，现实的问题非常复杂，各因素间互相影响，呈现出复杂的非线性关系，神经元网络为处理这些问题提供了有用的工具。

(4) 高度并行处理信息，此特点使用硬件实现的神经网络的处理速度远远高于普通计算机。

(5) 高度的并行性，人工神经网络由许多相同的简单处理单元并联组合而成，大量简单处理单元的并行活动，使其处理信息的能力大大提高。

(6) 高度的非线性全局作用，人工神经网络的每个神经元接收大量其他神经元的输入，并通过并行网络产生输出，影响其他神经元。网络之间的这种相互制约和影响，实现了从输入状态到输出状态空间的非线性映射。从全局的观点来看，网络整体性能不是网络局部性能的简单叠加，而是表现出某种集体性行为。

(7) 良好的容错性和联想记忆功能，人工神经网络通过自身的网络结构能够实现对信息的记忆，所记忆的信息以分布式存储在神经元之间的权值中，使得网络具有良好的容错性，并能进行聚类分析、特征提取、模式复原等模式信息处理工作，又适宜做模式分类、模式联想等模式识别工作。人工神经网络可以通过训练和学习来获得网络的权值和结构，呈现出很强的自学能力和对环境的自适应能力，便于现有计算机技术虚拟实现。

12.2.2　人工神经网络在控制系统中的应用

人工神经网络控制的研究始于 20 世纪 60 年代。1960 年，Widrow 和 Hoff 首先将人工神经网络运用于控制系统。Kilmer 和 McCulloch 提出了 KMB 神经网络模型，并在“阿波罗”登月计划中的应用取得了良好的效果。1964 年，Widrow 等用神经网络对小车倒立摆系统控制取得成功。

人工神经网络控制可以分为监视控制、逆控制、神经适应控制、实用反向传播控制和适应评价控制等。在智能控制系统中，最重要的是和知识基有关的推理机型，以及随环境变化的适应能力。一般而言，推理是以符号为元素执行的，而客观世界中的信号是数值，为了理解过程的状态，需要实施数值数据到符号数据的映射，这就要把数值数据进行分类。另外，对过程的控制需要自适应控制器。人工神经网络的分类功能和学习能力可以使其有效地用于智能控制系统，人工神经网络用于控制系统是“物尽其用”的必然结果。

IEEE 神经网络协会出版刊物主席 Toshio Fukuda 教授和《神经计算应用手册》的作者 P. J. Werbos 把神经网络控制系统分为 5 大类：一是监视控制；二是逆控制；三是神经适应控制；四是实用反问传播控制；五是适应评价控制。根据划分情况，神经网络控制系统有 5 类不同的结构，而且人工神经网络在控制系统中的位置和功能有所不同，学习方法也不尽相同。

人工神经网络的智能化特征与能力使其应用领域日益扩大，潜力日趋明显。目前，人工神经网络的主要应用于以下几个领域。

1. 信息领域

人工神经网络作为一种新型智能信息处理系统，其应用贯穿信息的获取、传输、接收与加工利用等各个环节。

(1) 信号处理：人工神经网络广泛应用于自适应信号处理和非线性信号处理。前者如信号的自适应滤波、时间序列预测、谱估计、噪声消除等，后者如非线性滤波、非线性预测、非线性编码、调制解调等。

(2) 模式识别：模式识别涉及模式的预处理变换和将一种模式映射为其他类型的操作。人工神经网络不仅可以处理静态模式如固定图像、固定能谱等，还可以处理动态模式如视频图像、连续语音等。

(3) 数据压缩：在数据传送存储时，数据压缩至关重要。神经网络可对待传送的数据提取模式特征，只将该特征传出，接收后再将其恢复成原始模式。

2. 自动化领域

人工神经网络和控制理论与控制技术相结合，发展为人工神经网络控制。为解决复杂的非线性不确定、不确知系统的控制问题开辟了一条新的途径。

(1) 系统辨识：在自动控制问题中，系统辨识的目的是建立被控对象的数学模型。多年来控制领域对于复杂的非线性对象的辨识，一直未能很好地解决。神经网络所具有的非线性特性和学习能力，使其在系统辨识方面有很大的潜力，为解决具有复杂的非线性、不确定性和不确知对象的辨识问题开辟了一条有效途径。

(2) 神经控制器：控制器在实时控制系统中起着“大脑”的作用，神经网络具有自学习和自适应等智能特点，因而非常适合于做控制器。对于复杂非线性系统神经控制器所达到的控制效果往往明显好于常规控制器。

(3) 智能检测：所谓智能检测一般包括干扰量的处理、传感器输入特性的非线性补偿、零点和量程的自动校正及自动诊断等。这些智能检测功能可以通过传感元件和信号处理元件的功能集成来实现。在综合指标的检测(如对环境舒适度这类综合指标的检测)中，以神经网络作为智能检测中的信息处理元件便于对多个传感器的相关信息(如温度、湿度、风向和风速等)进行复合、集成、融合、联想等数据融合处理，从而实现单一传感器所不具备的功能。

3. 工程领域

(1) 汽车工程：汽车在不同状态参数下运行时，能获得最佳动力性与经济性的挡位称为最佳挡位。利用神经网络的非线性映射能力，通过学习优秀驾驶员的换挡经验数据，可自动提取蕴含在其中的最佳换挡规律。另外，神经网络在汽车制动自动控制系统中也有成功的应用，该系统能在给定制动距离、车速和最大减速度的情况下以人体感受到最小冲击实现平稳制动而不受路面坡度和车重的影响。人工神经网络在载重车柴油机燃烧系统方案优化中也得到了应用，有效降低了油耗和排烟度，获得了良好的社会经济效益。

(2) 军事工程：人工神经网络同红外搜索与跟踪系统配合后，可发现和跟踪飞行器。例如，借助于人工神经网络可以检测空间卫星的动作状态是稳定、倾斜、旋转还是摇摆，一般正确率可达95%。

(3) 化学工程：人工神经网络在制药、生物化学、化学工程等领域的研究与应用蓬勃开展，取得了不少成果。例如，在谱分析方面，应用人工神经网络在红外谱、紫外谱、折射光谱和质谱与化合物的化学结构间建立某种确定的对应关系方面的成功应用。

由于人工神经网络控制器实际上是一个非线性控制器，因此一般难以对其进行稳定性分析。全局逼近网络在控制系统中的作用，主要体现在两个方面：提供一个类似于传统控制器的神经网络控制器；为神经网络控制器进行在线学习，提供性能指标关于控制误差梯度的反向传播通道，如建立被控对象的正向网络模型等。此外，结合稳定性分析，对人工神经网络的控制结构方案进行特别设计，还可以为分析复杂问题提供一个有效的解决途径。

4. 基于局部逼近神经网络的控制

局部逼近神经网络只是对输入空间一个局部邻域中的点，才有少数相关连接权发生变化，如 CMAC、径向基函数(Radial Basis Function，RBF)和 FLN 网络等。由于在每次训练中只是修正少量连接权，而且可修正的连接权是线性的，因此其学习速度极快，并且可保证全空间上误差全平面的全局收敛特性可以实时应用。其不足之处是采用间断超平面对非线性超曲面的逼近，可能精度不够，同时也得不到相应的导数估计；采用高阶 B 样条的 BMAC 控制，则部分弥补了 CMAC 的不足，但计算量略有增加；基于高斯径向函数(RBF)的直接自适应控制，是有关非线性动态系统的神经网络控制方法中，较为系统且逼近精度最高的一种方法，但它需要的固定或可调连接权太多，且 RBF 的计算也太多，利用目前的串行计算机仿真实现时，计算量与内存过大，很难实时实现。

5. 模糊神经网络控制

模糊神经网络控制系统的基本思路：利用模糊 box 分割问题空间，使每个模糊 box 不仅具有欧洲标准委员会(Committee European Normalization，CEN)给出的评分，含有作为控制作用的输出语言变量，而且整个模糊 box 还隐含定义了模糊规则库。模糊神经网络主要有 3 种结构：输入信号为普通变量，连接权为模糊变量；输入信号为模糊变量，连接权为普通变量；输入信号与连接权均为模糊变量。模糊神经网络还可根据网型及学习算法中的点积运算是使用模糊逻辑运算还是使用模糊算术运算，分成常规型模糊神经网络和混合型模糊神经网络。

12.2.3　人工神经网络的研究现状和发展方向

早在 20 世纪初，人们从模仿人脑智能的角度出发，研究出了人工神经网络，又称连接主义模式。其借鉴了人脑的结构和特点，并通过大量简单处理单元，互连组成了大规模并行分布式、信息处理和非线性动力学系统。该系统具有巨量并行性、结构可靠性、高度非线性、自学习性和自组织性等特点，它能够解决常规信息处理方法难以解决或无法解决的问题。人工神经网络的产生给人类社会带来了巨大的进步，但是随着社会的发展，神经网络结构的整体能力与其限制性已逐渐表现出来。

目前，对人工神经网络研究的趋势主要从以下 3 点进行分析：

1. 增强对智能和机器关系问题的认识

研究人类智能一直是科学发展中最有意义，也是空前困难的挑战性问题。20 世纪 80 年代中期出现了“连接主义”的革命或并行分布处理(Parallel Distributed Processing，PDP)，又被称为神经网络，它具有自学习、自适应和自组织的特点，而这些正是神经网络研究需要进一步增强的主要功能。构建多层感知器与自组织特行图级联想的复合网络是增强网络解决实际问题能力的一个有效途径。

2. 探索更有效的学习新算法

在当前人工神经网络学习算法中，都有一个无法避免的缺陷，就是在学习新的模式样本时，会造成已有的知识破坏。于是在给定的学习误差条件下，人工神经网络必须对这些样本周而复始的反复学习，这样不仅造成反复迭代次数多，学习时间长，而且易陷入局部极小值。因而有必要进一步去构思更有效的学习新算法，以便能类似于生物神经网络那样实现知识的积累和继承。Amari 运用微分流形理论创建的信息几何，首次将非欧式空间的研究带入人工神经网络模型的研究，Amari 在信息几何中的开拓性工作，是在非线性空间研究的一个极其重要的工作，研究了神经网络模型结构在整个信息处理模型空间中的各种表示，所具有的变化能力和限制，为解释人脑神经功能提供了一定的理论基础，使得从整体结构上对神经网络进行分析成为可能，为进一步构思更有效的网络结构和学习算法提供了强有力的分析工具。

3. 解决多功能多方法的转换问题

这种转换问题就是多网络的协同工作问题，单独的人工神经网络不能完成像人脑那样的高级智能活动，将这些不同的智能信息处理方法综合在一起，构成整体神经网络智能系统，必然需要在多网络之间进行工作协调。Hinton 和他的研究小组，提出通过神经网络抽取模式结构为目标，形成外界环境在神经网络中的内在表示机理，并把其作为发展人工神经网络的基础，探索通过结构组合来达到完成具有更高水平的混合模拟人工神经网络机构和非监督学习人工神经网络。另外，人们正在考虑基于生命模型信息处理技术的目的和意义，包括进化计算、人工生命等。研究者已经开始从分子水平上来揭示人类思维之谜，用一些生物学上的发现来研究生物计算机。

总之，目前人工神经网络依赖的是一种典型的非线性、非欧式空间模型。如何把基于知识表、非结构化推理、连接主义的非线性函数逼近和基于生命模型系统联系起来是科学界面临的一个挑战。人工神经网络控制的研究，无论从理论上还是从应用上目前都取得了很大进展，但是，离模拟真实的生物神经系统还相距甚远，所使用的形式神经网络模型无论从结构还是网络规模上，都是真实神经网络的极简单模拟，因此神经网络控制的研究还非常原始，结果也大都停留在仿真或实验室研究阶段，完整、系统的理论体系，大量艰难而富有挑战性的理论问题尚未解决。

【鲁棒性】

今后的研究应致力于以下几方面：基础理论研究，包括神经网络的统一模型与通用学习算法，网络的层数、单元数、激发函数的类型、逼近精度与拟逼近非线性映射之间的关系，持续激励与收敛，神经网络控制系统的稳定性、能控性、能观性及鲁棒性等；研究专门适合于控制问题的动态神经网络模型，解决相应产生的对动态网络的逼近能力与学习算法问题；神经网络控制算法的研究，特别是适合于神经网络分布式并行计算特点的快速学习算法；对成熟的网络模型与学习算法，研究相应的神经网络控制专用芯片。

12.3 专 家 系 统

12.3.1 专家系统的定义

专家系统(Expert System，ES)，就是一种在特定领域内具有专家水平解决问题能力的程序系统。它能够有效地运用专家多年积累的有效经验和专门知识，通过模拟专家的思维过程，解决需要专家才能解决的问题，它能对决策的过程做出解释，并有学习功能，即能

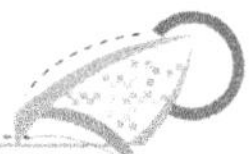

自动增长解决问题所需的知识。简而言之，专家系统是一种模拟人类专家解决领域问题的计算机程序系统。其核心部分是知识和推理。

12.3.2　专家系统的原理

专家系统在本质上是一类知识系统，它对问题的解答及推理判断主要是以该领域专家的知识为基础的。知识库和推理机是专家系统的核心，建立知识库的关键是知识的获取和表示，推理机将获取的知识进行逻辑化、系统化处理。

1. 知识的获取

知识获取是把用于问题求解的专门知识从知识源(包括专家、教科书、专业期刊、资料库及知识工程师)中提炼出来，并转化为计算机程序的过程。

2. 知识的表示

知识表示是对给定事物的一种约定描述，是知识的符号化过程。通常知识库中的知识主要以规则和对象的形式存在。在实际应用中，知识表示可以采用谓词逻辑方法、产生式规则法、框架法及面向对象方法等。

3. 推理控制策略

推理机是专家系统模拟专家的推理方式，将用户提供的条件与知识库中的知识或规则进行比较、分析，推出结论的模块，是专家系统的核心。目前常用的推理控制策略有数据驱动控制(即正向推理)、目标驱动控制(即反向推理)和混合控制(即双向推理)不精确推理，基于模型的推理，基于实例的推理，推理冲突消解策略。无论选用哪种推理方法，均可在推理机制中加入启发式规则，以提高推理的效率。

12.3.3　专家系统的分类

1. 按专家系统特性和处理问题的类型分类

1) 解释型专家系统

解释型专家系统是通过对已知信息和数据进行分析和推理，从而确定它们的含义，给出相应解释的一类专家系统。

2) 诊断型专家系统

诊断型专家系统是根据输入系统有关被诊断对象的信息，来推断出相应对象存在的故障和产生故障的原因，并进一步给出排除故障方法的一类专家系统。

3) 设计型专家系统

设计型专家系统是根据用户输入的设计要求数据，求解出满足设计要求的目标配置方案的一类专家系统。

4) 预测型专家系统

预测型专家系统是通过对过去知识及当前的事实与数据进行分析，推断未来情况的一类专家系统。

5) 规划型专家系统

规划型专家系统是根据给定的规划目标数据，制订出某个能够达到目标的动作规划或行动步骤的一类专家系统。

6) 监视型专家系统

监视型专家系统是一类用于对被监控对象进行实时的、不断的观察，并能对观察到的情况及时做出适当反应的专家系统。

7) 控制型专家系统

控制型专家系统是用来对一个受控对象或客体的行为进行适当调节与管理，以使其满足预期要求的一类专家系统。

8) 调试型专家系统

调试型专家系统是对失灵的对象制订出排除故障的规划并实施排除的一类专家系统。

9) 教学型专家系统

教学型专家系统是一类可根据学生学习的特点，制订适当的教学计划和教学方法，以对学生进行教学和辅导的专家系统。

10) 修理型专家系统

修理型专家系统是对发生故障的系统或设备进行处理，使其恢复正常工作的一类专家系统。

除了以上 10 种类型的专家系统外，决策型和管理型的专家系统也是近年来颇受人们重视的两类专家系统。

2. 按系统的体系结构分类

1) 集中式专家系统

集中式专家系统是一类对知识及推理进行集中管理的专家系统。对于集中式专家系统，又可根据系统知识库和推理机构的组织方式，细分为层次式结构、深-浅双层结构、多层聚焦结构及黑板结构等专家系统。

2) 分布式专家系统

分布式专家系统是指将知识库或(和)推理机分布在一个计算机网络上的一类专家系统。

3) 神经网络专家系统

神经网络专家系统采用人工神经网络技术进行建造，以神经网络为体系结构实现知识表示和求解推理。

4) 符号系统与神经网络相结合的专家系统

符号系统与神经网络相结合的专家系统是一种混合型专家系统，它将神经网络和符号处理系统有机结合起来应用于专家系统的知识表示与推理求解。

12.3.4 专家系统的一般特点

专家系统的一般特点如下：

1) 启发性

专家系统能够运用专家的知识和经验进行推理、判断与决策。

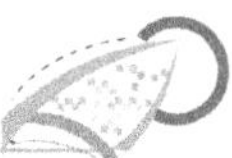

2) 透明性

专家系统能够解释本身推理过程或行为，并回答用户提出的问题，使用户能够理解它的推理过程，提高用户对系统的信任度，增加系统的透明度。

3) 灵活性

一般专家系统的体系结构都采用了知识库与推理机相分离的构造原则，彼此既有联系，又相互独立。当对知识库等进行增删修改或更新时，灵活方便，对推理程序不会造成大的影响，甚至可以将某个技术上成熟的专家系统中的知识库抽去，使其变为一个专家系统建造工具，用于建造不同应用领域的专家系统。

4) 交互性

专家系统一般都是交互式系统，这种交互性有利于系统从专家那里获取知识，又便于用户在求解问题时输入条件或事实。

5) 推理有效性

专家系统能高效、稳定、高速地工作。

6) 复杂性

人类的知识丰富多彩，思维方式多种多样，要想使计算机完全模拟人类的思维方法去解决问题，还是一件非常复杂和困难的工作。

7) 实用性

专家系统是根据问题的实际需求开发的，因而具有坚实的应用背景。

8) 知识的专门性

专家系统的知识具有专门性，且只局限于所面向的领域，针对性很强。

9) 易推广性

专家系统使人类专家的领域知识突破了时间和空间的限制，专家系统程序可永久保存，并可复制任意多的副本或在网上供不同地区或不同部门的人们使用。

12.3.5　专家系统的基本结构

一个最基本的专家系统应由 6 个部分组成，包括数据库及其管理系统、知识库及其管理系统、推理机、解释器、知识获取机构和人机接口(图 12.1)。

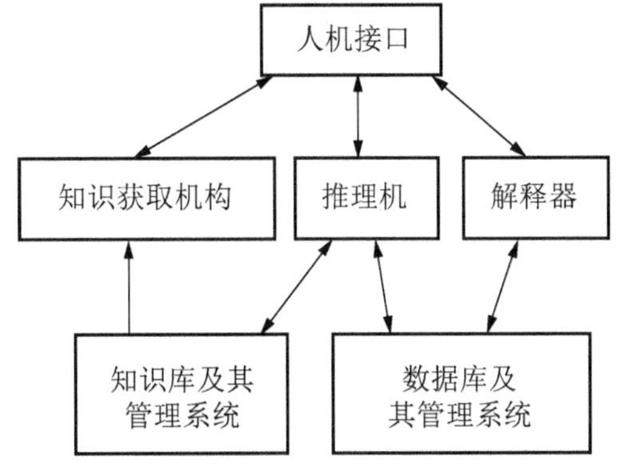

图 12.1　专家系统的基本结构

1. 数据库及其管理系统

数据库又称综合数据库，用来存储有关领域问题的初始事实、问题描述及系统推理过程中得到的各种中间状态或结果等，系统的目标结果也存在于其中。数据库相当于专家系统的工作存储器，其规模和结构可根据系统目的的不同而不同，在系统推理过程中，数据库的内容是动态变化的。在求解问题开始时，它存放的是用户提供的初始事实和对问题的基本描述；在推理过程中，它又把推理过程所得到的中间结果存入其中；推理机将数据库中的数据作为匹配条件去知识库中选择合适的知识(规则)进行推理，再把推理的结果存入数据库中；这样循环往复，继续推理，直到得到目标结果。

2. 知识库及其管理系统

知识库是专家系统的知识存储器，用来存放被求解问题的相关领域内的原理性知识或一些相关的事实及专家的经验性知识。

知识库建立的关键是要解决知识的获取和知识的表示问题。

知识库管理系统实现对知识库中知识的合理组织和有效管理，并能根据推理过程的需求去搜索、运用知识和对知识库中的知识做出正确的解释；它还负责对知识库进行维护，以保证知识库的一致性、完备性、相容性等。

3. 推理机

推理机(Inference Engine)用于记忆所采用的规则和控制策略的程序，使整个专家系统能够以逻辑方式协调地工作。推理机通过算法或决策策略来进行与知识库内各项专门知识的推论，依据使用者的问题来推得正确的答案。

推理机的问题解决算法可以区分为 3 个层次：

(1) 一般途径，即利用任意检索(Blind Search)随意寻找可能的答案，或利用启发式检索(Heuristic Search)尝试寻找最有可能的答案。

(2) 控制策略，即有前推式(Forward Chaining)、回溯式(Backward Chaining)及双向式(Bi-directional) 3 种。前推式是从已知的条件中寻找答案，利用数据逐步推出结论；回溯式则先设定目标，再证明目标成立。

(3) 额外的思考技巧，用来处理知识库内数个概念间的不确定性，一般使用模糊逻辑(Fuzzy Logic)来进行演算。

推理机会根据知识库、使用者的问题及问题的复杂度来决定适用推论层次。

4. 解释器

解释器(Explicator)能够向用户解释专家系统的行为，包括解释推理结论的正确性及系统输出其他候选解的原因。

5. 知识获取机构

知识获取机构是专家系统中的一个重要组成部分，它由一组程序组成，负责系统知识的获取。

知识获取机构的基本任务是从知识工程师那里获得知识或从训练数据库中自动获取

知识，并把得到的知识送入知识库中，并确保知识的一致性及完整性。

6. 人机接口

接口又称界面，它能够使系统与用户进行对话，使用户能够输入必要的数据、提出问题和了解推理过程及推理结果等。

接口的主要功能是提供相关数据的输入与输出，可分为 3 个主要部分：

(1) 发展者接口，目的在于方便协助系统发展者进行知识萃取、知识库与推理机的编辑与修订，并能对专家系统进行测试、记录，并说明系统运作的过程、状态与结果。

(2) 使用者接口，即专家系统与使用者之间的沟通桥梁，强调系统使用的亲和性与简易性，提供多种操作方法，并指示正确的行为模式。

(3) 系统接口，为系统与其他软件、硬件设备的整合管理，如连接其他数据库系统、外部档案、绘图软件或传感器等，均需透过此系统接口来进行。

12.3.6　专家系统的优势

专家系统的优点具体地说，包括下列 8 个方面：

(1) 专家系统能够高效率、准确、周到、迅速和不知疲倦地进行工作。

(2) 专家系统解决实际问题时不受周围环境的影响，也不可能遗漏忘记。

(3) 可以使专家的专长不受时间和空间的限制，以便推广珍贵和稀缺的专家知识与经验。

(4) 专家系统能促进各领域的发展。

(5) 专家系统能汇集多领域专家的知识和经验，以及他们协作解决重大问题的能力。

(6) 军事专家系统的水平是一个国家国防现代化的重要标志之一。

(7) 专家系统的研制和应用，具有巨大的经济效益和社会效益。

(8) 研究专家系统能够促进整个科学技术的发展。

12.3.7　专家系统应用的领域

专家系统应用(Expert System Application)是针对实际领域，建造专家系统，用来辅助或代替领域专家解决实际问题。目前，专家系统的应用几乎渗透到各行各业。近年来专家系统技术逐渐成熟，广泛应用在工程、科学、医药、军事、商业等方面，而且成果相当丰硕，甚至在某些应用领域，还超过了人类专家的智能与判断。其功能应用领域概括如下：

解释(Interpretation)，对专家系统操作过程有所解释，便于更好理解人机接口机制。

预测(Prediction)，如预测可能由黑蛾所造成的玉米损失(如 PLAN)。

诊断(Diagnosis)，如诊断血液中细菌的感染(MYCIN)，又如诊断汽车柴油发动机故障原因的 CATS 系统。

故障排除(Fault Isolation)，如电话故障排除系统 ACE。

设计(Design)，如专门设计小型电动机弹簧与电刷的专家系统 Motor Brush Designer。

规划(Planning)，较出名的有辅助规划 IBM 计算机主架构布置、重安装与重安排的专家系统 CSS，以及辅助财物管理的 PlanPower 专家系统。

监督(Monitoring)，如监督 IBM MVS 操作系统的 YES/MVS。

除错(Debugging)，如侦查学生减法算术错误原因的 BUGGY。

修理(Repair)，如修理原油储油槽的专家系统 SECOFOR。

行程安排(Scheduling)，如制造与运输行程安排的专家系统 ISA，又如工作站(Work Shop)制造步骤安排系统。

教学(Instruction)，如教导使用者学习操作系统的 TVC 专家系统。

控制(Control)，帮助 Digital Corporation 计算机制造及分配的控制系统 PTRANS。

分析(Analysis)，如分析油井储存量的专家系统 DIPMETER 及分析有机分子可能结构的 DENDRAL 系统。它是最早的专家系统，也是较成功者之一。

维护(Maintenance)，如分析电话交换机故障原因之后，能建议人类该如何维修的专家系统 COMPASS。

架构设计(Configuration)，如设计 VAX 计算机架构的专家系统 XCON，以及设计新电梯架构的专家系统 VT 等。

校准(Targeting)，如校准武器准心的专家系统 BATTLE。

诊断即基于观察到的事实推断潜在的问题，教学即智能教学模仿人类教师的教学方法，解释即对观察到的事实进行解释，监测即比较观察数据和预测数据以判断性能，规划即规划行为以产生预期结果，预测即预测给定情况的结果，补救即对问题给定补救措施。

12.3.8 专家系统的发展趋势

目前的专家系统发展确实存在一些限制，在未来的发展中，新一代专家系统比目前的专家系统更为先进，功能更为强大。许多目前专家系统缺失将会被改善，相信未来专家系统应该具有的特征有并行分布处理、多专家系统协同工作、高级系统设计语言和知识表述语言、具有自主学习功能、引入新的推理机制、具有纠错和自我完善能力、先进的智能人机接口。

未来发展的专家系统，能经由感应器直接由外界接收资料，也可由系统外的知识库获得资料，在推理机中除推理外，还能拟定规划，仿真问题状况等。知识库所存的不只是静态的推论规则与事实，更有规划、分类、结构模式及行为模式等动态知识[9]。

专家系统已经被成功地运用到工业、农业、地质矿产业、科学技术、医疗、教育、管理、工程、军事等众多领域，并已产生了巨大的社会效率和经济效率。它实现了人工智能从理论研究走向实际应用，从一般思维方法探讨转入专门知识运用的重大突破。

思考与练习

1．常用的智能控制算法有哪些？简述各控制算法的概念。
2．模糊控制算法中，模糊化是怎样实现的？
3．人工神经网络控制有哪些优点？
4．人工神经网络控制有哪些具体的应用？
5．专家系统按系统体系结构如何进行分类？
6．专家系统应用领域广泛，具体应用于哪些方面？

第 13 章 硬件与软件的抗干扰技术

智能仪表在我国已逐步应用于工业生产过程控制中。工业生产的工作环境往往比较恶劣，干扰严重，这些干扰有时会严重破坏仪表的器件或程序，使仪表产生误动作。因此，这类仪表能否大量进入工业生产领域进行实时控制，能否提高生产经济效益的关键之一是仪表的抗干扰性能。为了保证仪表稳定可靠的工作，在着手电路、结构和软件设计的同时，必须周密考虑和解决抗干扰问题。本章介绍智能仪表硬件电路的抗干扰措施。

教学要求：掌握智能仪表的硬件与软件抗干扰措施。

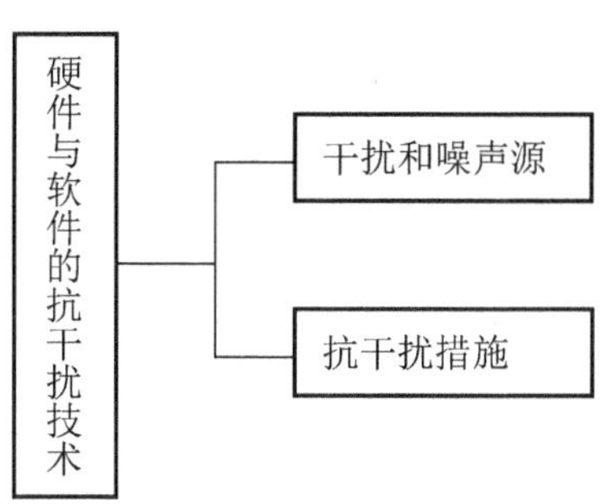

13.1 干扰和噪声源

干扰进入智能仪表和系统的渠道主要有 3 个：空间(电磁)感应、传输通道、配电系统，如图 13.1 所示。

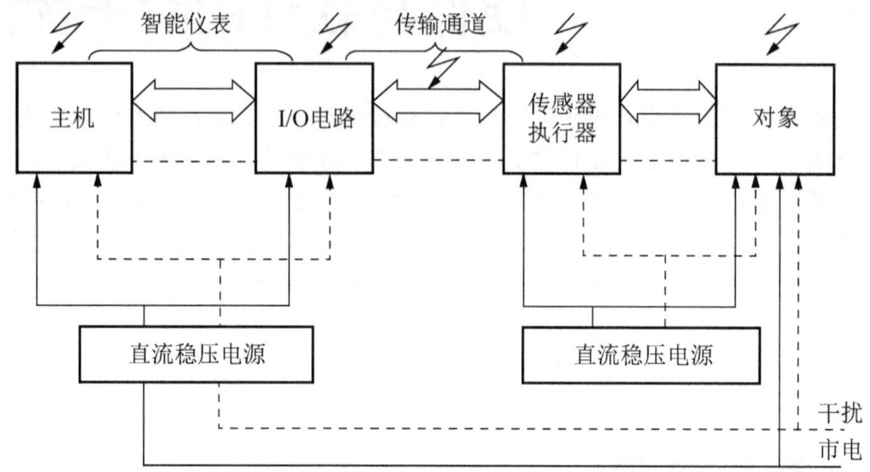

图 13.1 干扰进入智能仪表和系统的主要渠道

一般情况下，经空间感应进入的干扰在强度上远远小于从另外两个渠道进入的干扰，空间感应形式的干扰可通过良好的“屏蔽”和正确的“接地”加以解决。所以，抗干扰措施的主要目的是尽力切断来自传输通道和配电系统的干扰，并抑制部分已进入仪表的干扰作用。干扰按进入仪表的方式可分为串模干扰、共模干扰、数字电路干扰及电源和地线系统的干扰等。

13.1.1 串模干扰

串模干扰是指干扰电压与有效信号串联叠加后作用到仪表上的干扰，如图 13.2 所示。串模干扰主要来自于高压输电线、与信号线平行敷设的输电线及大电流控制线所产生的空间电磁场。

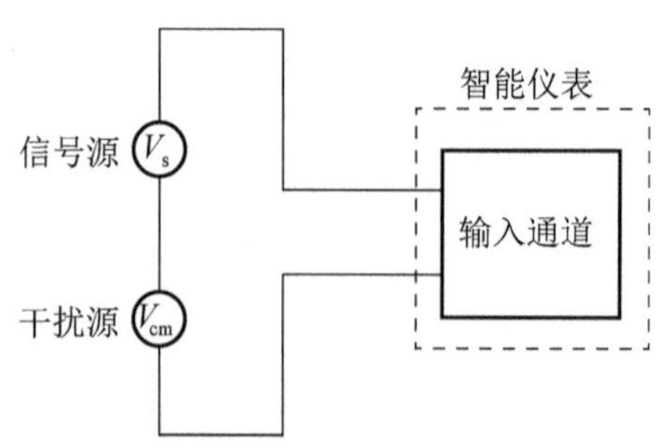

图 13.2 串模干扰示意图

通常，由传感器来的信号有时长达一二百米，此时干扰源通过电磁和静电耦合在信号线上的感应电压数值相当可观。例如，一路电线与信号线平行敷设，信号线上的电磁感应电压和静电感应电压分别都可达到毫伏级，然而来自传感器的有效信号电压的动态范围通常仅有几十毫伏，甚至更小。

由此可知，由于测量控制系统的信号线较长，通过电磁和静电耦合所产生的感应电压有可能大到与被测有效信号相同的数量级，甚至比后者大得多；同时，对于测量控制系统而言，由于采样时间短，工频的感应电压也相当于缓慢变化的干扰电压，这种干扰信号与有效直流信号一起被采样和放大，造成有效信号失真。

除了信号线引入的串模干扰外，信号源本身固有的漂移、纹波和噪声，以及电源变压器不良屏蔽或稳压滤波效果不佳等也会引入串模干扰。

13.1.2　共模干扰

共模干扰是指输入通道两个输入端上共有的干扰电压。这种干扰可以是直流电压，也可以是交流电压，其幅值可达几伏甚至更高，取决于现场产生干扰的环境条件和仪表的接地情况。

在测量控制系统中，由于检测元件和传感器分散在生产现场的各个地方，因此被测信号 V_s 的参考接地点和仪表输入信号的参考接地点之间往往存在一定的电位差 V_{cm}，如图 13.3 所示。由图 13.3 可见，对于输入通道的两个输入端来说，分别有 V_s+V_{cm} 和 V_{cm} 两个输入信号。显然，V_{cm} 是转换器输入端上共有的干扰电压，故称共模干扰电压。

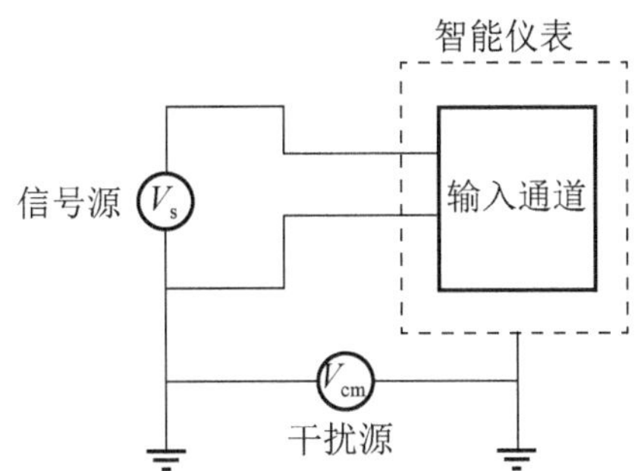

图 13.3　共模干扰示意图

在测量电路中，被测信号有单端对地输入和双端不对地输入两种输入方式，如图 13.4 所示。对于存在共模干扰的场合，不能采用单端对地输入方式，因为此时的共模干扰电压将全部成为串模干扰电压，如图 13.4(a)所示。所以，必须采用图 13.4(b)所示的双端不对地输入方式。

由图 13.4(b)可见，共模干扰电压 V_{cm} 对两个输入端形成两个电流回路(如虚线表示)，每个输入端 A、B 的共模电压为

$$V_B = \frac{V_{cm}}{(Z_{s2}+Z_{cm2})} \cdot Z_{cm2}$$

$$V_A = \frac{V_{cm}}{(Z_{s1}+Z_{cm1})} \cdot Z_{cm1} \tag{13-1}$$

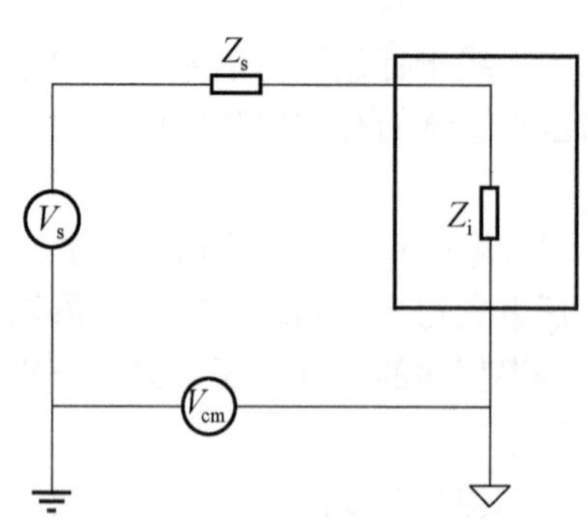

(a) 单端对地输入方式

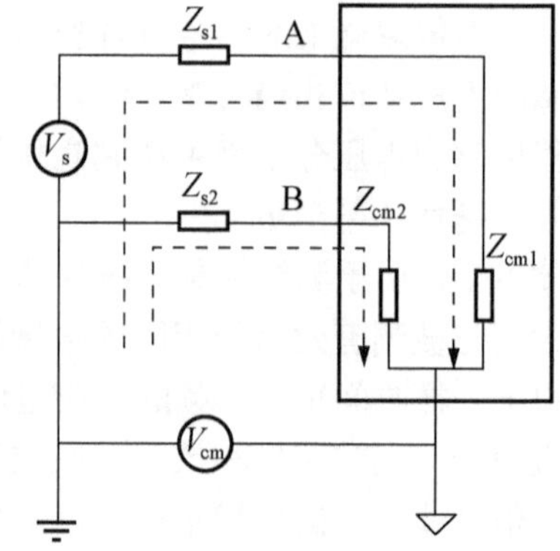

(b) 双端不对地输入方式

图 13.4 被测信号的输入方式

Z_s—信号源内阻；Z_i—输入通道的输入阻抗

因此，在两个输入端之间呈现的共模电压为

$$V_{AB}=V_A-V_B=\frac{V_{cm}}{(Z_{s1}+Z_{cm1})}\cdot Z_{cm1}-\frac{V_{cm}}{(Z_{s2}+Z_{cm2})}\cdot Z_{cm2}$$
$$=V_{cm}\left(\frac{Z_{cm1}}{Z_{s1}+Z_{cm1}}-\frac{Z_{cm2}}{Z_{s2}+Z_{cm2}}\right) \tag{13-2}$$

式中，Z_{s1}、Z_{s2} 为信号源内阻；Z_{cm1}、Z_{cm2} 为输入通道的输入阻抗。

如果 $Z_{s1}=Z_{s2}$ 和 $Z_{cm1}=Z_{cm2}$，则 $V_{AB}=0$，表示不会引入共模干扰，但上述条件实际上很难满足，往往只能做到 Z_{s1} 接近于 Z_{s2}，Z_{cm1} 接近于 Z_{cm2}，因此 $V_{AB}\neq 0$，也就是说实际上总存在一定的共模干扰电压。显然，当 Z_{s1}、Z_{s2} 越小，Z_{cm1}、Z_{cm2} 越大，并且 Z_{cm1} 与 Z_{cm2} 越接近时，共模干扰的影响就越小。一般情况下，共模干扰电压 V_{cm} 总是转化成一定的串模干扰出现在两个输入端之间。

输入通道的输入阻抗通常由直流绝缘电阻和分布耦合电容产生的容抗决定。差分放大器的直流绝缘电阻可做到 $10^9\Omega$，工频下寄生耦合电容可小到几皮法(容抗达到 $10^9\Omega$数量级)，但共模电压仍有可能造成 1%的测量误差。

13.1.3 数字电路干扰

在数字电路的元件和元件之间、导线和导线之间、导线和元件之间、导线与结构件之间都存在分布电容。某一个导体上的信号电压(或噪声电压)通过分布电容使其他导体上的电位受到影响，这种现象称为电容性耦合。下面以一个实际例子分析电容耦合的特点。

图 13.5 中，C_{AB} 是两导线之间的分布电容，C_{AD} 是 A 导线对地的分布电容，C_{BD} 是 B 导线对地的分布电容，R 是输入电路的对地电阻。图 13.5(a)为平行布线的 A 和 B 之间电容性耦合情况的示意图。

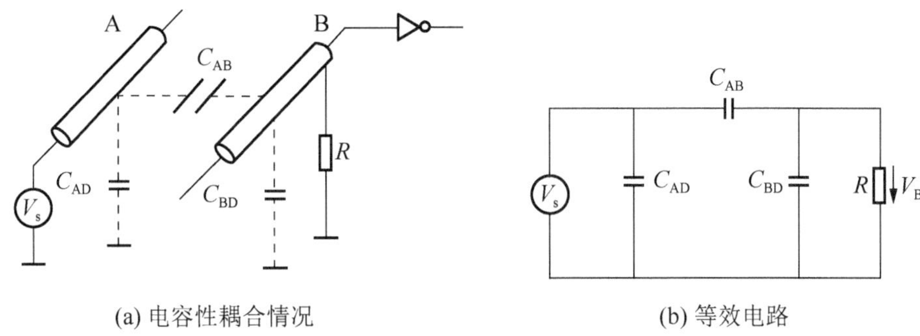

图 13.5　平行导线的电容耦合

图 13.5(a)所示电容性耦合的等效电路如图 13.5(b)所示，其中 V_s 为等效的信号电压。若ω为信号电压的角频率，B 导线为受感线，则不考虑 C_{AD} 时，B 导线上由于耦合形成的对地噪声电压(有效值) V_B 为

$$V_B = \left| \frac{j\omega C_{AB}}{\frac{1}{R} + j\omega(C_{AB} + C_{AB})} \right| \cdot V_s \tag{13-3}$$

在下述两种情况下，可将式(13-3)简化如下：

(1) 当 R 很大时，即

$$R_m = \frac{1}{\omega(C_{AB} + C_{BD})} \tag{13-4}$$

则有

$$V_B \approx \frac{C_{AB}}{(C_{AB} + C_{BD})} \times V_s \tag{13-5}$$

可见，此时 V_B 与信号电压频率基本无关，而是正比于 C_{AB} 和 C_{BD} 的电容分压比。显然，只要设法降低 C_{AB}，就能减小 V_B。因此在布线时应增大两导线间的距离，并尽量避免两导线平行。

(2) 当 R 很小时，即

$$R_n = \frac{1}{\omega(C_{AB} + C_{BD})} \tag{13-6}$$

则有

$$V_B \approx |j\omega R C_{AB}| \cdot V_s \tag{13-7}$$

此时 V_B 正比于 C_{AB}、R 和信号幅值 V_s，而且与信号电压频率ω有关。因此，只要设法降低 R 就能减小耦合到受感回路的噪声电压。实际上，R 可看作受感回路的输入等效电阻，从抗干扰考虑，降低输入阻抗是有利的。

现假设 A、B 两导线的两端均接有门电路，如图 13.6 所示。当门 1 输出一个方波脉冲，而受感线(B 线)正处于低电平时，可以从示波器上观察到如图 13.7 所示的波形。

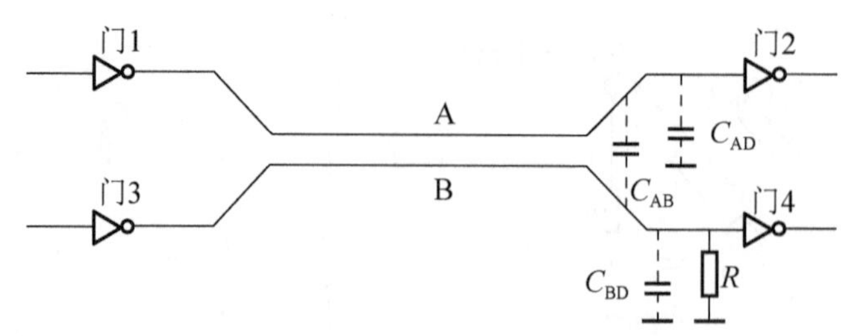

图 13.6　布线干扰

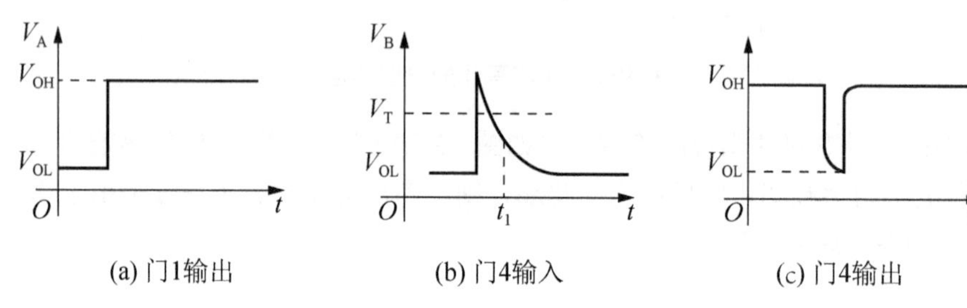

图 13.7　干扰脉冲图

图 13.7 中，V_A 表示信号源，V_B 为感应电压。若耦合电容 C_{AB} 足够大，使得正脉冲的幅值高于门 4 的开门电平 V_T，脉冲宽度也足以维持使门 4 的输出电平从高电平下降到低电平时，门 4 就输出一个负脉冲，即干扰脉冲。

在印制电路板上，两条平行的印制导线间的分布电容为 0.1～0.5pF/cm，与靠在一起的绝缘导线间的分布电容有相同的数量级。

除以上所介绍的干扰和噪声之外，还有其他干扰和噪声，如由印制电路板电源线与地线之间的开关电流和阻抗引起的干扰、元器件的热噪声、静电感应噪声等。

13.1.4　电源干扰

有一些干扰是从电源窜入的，电源干扰一般有以下几种：

(1) 当同一电源系统中的晶闸管通断时产生的尖峰，通过变压器的一次侧与二次侧间的电容耦合到直流电源中去产生干扰。

(2) 附近的断电器动作时产生的浪涌电压，由电源线经变压器级间电容耦合产生的干扰。

(3) 共用同一个电源的附近设备接通或断开时产生的干扰。

13.2　抗干扰措施

13.2.1　串模干扰的抑制

串模干扰的抑制能力用串模抑制比 NMR 来衡量：

$$\mathrm{NMR} = 20\lg\frac{V_{\mathrm{nm}}}{V_{\mathrm{nm1}}}(\mathrm{dB}) \tag{13-8}$$

式中，V_{nm}为串模干扰电压；V_{nm1}为仪表输入端由串模干扰引起的等效差模电压。

假设有效信号的动态范围为 30mV，要求测量准确度为 0.1%，则串模干扰必须被抑制到 0.03mV 以下，即 $V_{nm}\leqslant 0.03\text{mV}$。通常 V_{nm}为毫伏级，假定 $V_{nm}=30\text{mV}$，则应做到：

$$\text{NMA}\geqslant 20\lg\frac{30}{0.03}=60(\text{dB}) \tag{13-9}$$

一般要求 NMR≥40～80dB。

通常对串模干扰的抑制，可以采取以下几种措施：

(1) 如果串模干扰频率比被测信号频率高，则采用输入低通滤波器来抑制高频串模干扰；如果串模干扰频率比被测信号频率低，则采用输入高通滤波器来抑制低频串模干扰；如果串模干扰频率落在被测信号频谱的两侧，则采用带通滤波器较为适宜。

在智能仪表中，主要的抗串模干扰措施是用低通输入滤波器滤除交流干扰，而对直流串模干扰则采用补偿措施。常用的低通滤波器有 *RC* 滤波器、*LC* 滤波器、双 T 滤波器及有源滤波器等，其原理图如图 13.8 所示。

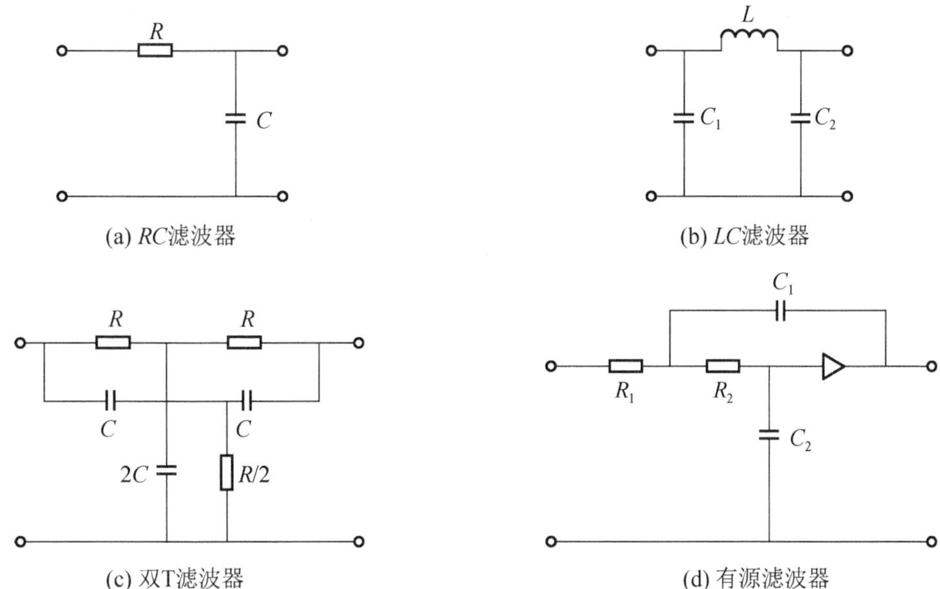

图 13.8　滤波器原理图

RC 滤波器的结构简单，成本低，不需调整，但它的串模抑制比不高，一般需 2～3 级串联使用才能达到规定的 NMR 指标。另外，其时间常数 *RC* 较大，而 *RC* 过大会影响放大器的动态特性。

LC 滤波器的串模抑制比较高，但需要绕制电感，体积大、成本高。

双 T 滤波器对一固定频率的干扰具有很高的抑制比，偏离该频率后抑制比迅速减小。其主要滤除工频干扰，而对高频干扰不起作用，其结构虽然简单，但调整比较麻烦。

有源滤波器可以获得较理想的频率特性，但作为仪表输入级，有源器件(运算放大器)的共模抑制比一般难以满足要求，其本身带来的噪声也较大。

通常，仪表的输入滤波器都采用 *RC* 滤波器，在选择电阻和电容参数时除了要满足

NMR 指标外，还要考虑信号源的内阻抗，兼顾共模抑制比和放大器动态特性的要求，故常用两级阻容低通滤波网络作为输入通道的滤波器。如图 13.9 所示，它可使 50Hz 的串模干扰信号衰减至 1/600Hz 左右。该滤波器的时间常数小于 200ms，因此，当被测信号变化较快时应当相应改变网络参数，以适当减小时间常数。

用双积分 A/D 转换器可以削弱周期性串模干扰的影响。这是因为此类转换器是对输入信号的平均值而不是瞬时值的转换，所以对周期性串模干扰具有抑制能力。如果取积分周期等于主要串模干扰的周期或其整数倍，则通过双积分 A/D 转换器后，对串模干扰的抑制有更好的效果。

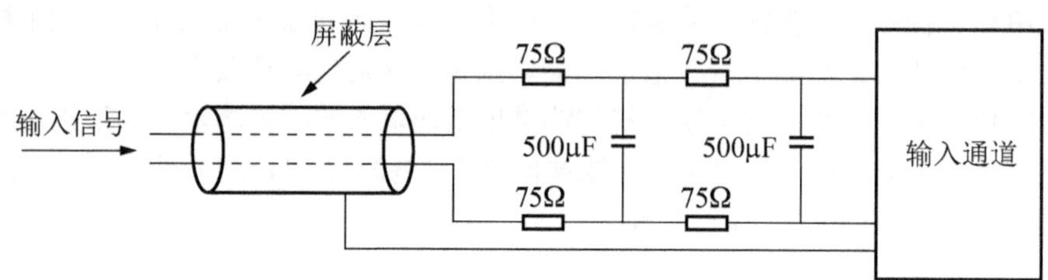

图 13.9　两级阻容低通滤波网络图

(2) 对于主要来自电磁感应的串模干扰，应尽可能早地对被测信号进行前置放大，以提高回路中的信号噪声比；或者尽可能早地完成 A/D 转换或采取隔离和屏蔽等措施。

(3) 从选择器件入手(如 A/D 转换器采用双积分型)，采用高抗扰度逻辑器件通过提高阈值电平来抑制低噪声的干扰，或采用低速逻辑器件来抑制高频干扰；此外，也可以人为地通过附加电容器来降低某个逻辑电路的工作速度来抑制高频干扰。对于主要由所选用的元器件内部热扰动产生的随机噪声所形成的串模干扰，或在数字信号的传送过程中夹带的低噪声或窄脉冲干扰，这种方法是比较有效的。

(4) 如果串模干扰的变化速度与被测信号相当，则一般很难通过以上措施来抑制这种干扰。此时应从根本上消除产生串模干扰的原因。对测量元件或变送器(如热电偶、压力变送器、差压变送器等)进行良好的电磁屏蔽。信号线应选用带有屏蔽层的双绞线或同轴电缆线，并应有良好的接地系统。另外，利用数字滤波技术对已经进入计算机的带有串模干扰的数据进行处理，从而可以较理想地滤掉难以抑制的串模干扰。

13.2.2　共模干扰的抑制

共模干扰的抑制能力用共模抑制比 CMR 来表示：

$$\mathrm{CMR} = 20\lg\frac{V_{\mathrm{cm}}}{V_{\mathrm{cm1}}}(\mathrm{dB}) \tag{13-10}$$

式中，V_{cm} 为共模干扰电压；V_{cm1} 为仪表输入端由共模干扰引起的等效电压。

设计比较完善的差分放大器，可在不平衡电阻为 1000Ω的条件下，使 CMR 达到 100～160dB。共模干扰是常见的干扰源，抑制共模干扰是关系到智能仪表能否真正应用于工业过程控制的关键。常见的共模干扰抑制方法有以下几种：

(1) 利用双端输入的运算放大器作为输入通道的前置放大器，其抑制共模干扰的原理与图 13.4(b)相似。

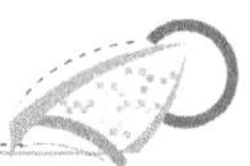

(2) 用变压器或光电耦合器把各种模拟负载与数字信号源隔离开来，也就是把“模拟地”与“数字地”断开，被测信号通过变压器耦合或光电耦合获得通路，共模干扰由于不成回路而得到有效的抑制，如图 13.10 所示。当共模干扰电压很高或要求共模漏电流非常小时，常在信号源与仪表的输入通道之间插入一个隔离放大器。隔离放大器利用光电耦合器的光隔离技术或变压器耦合的载波隔离技术，隔绝共模干扰的窜入途径。

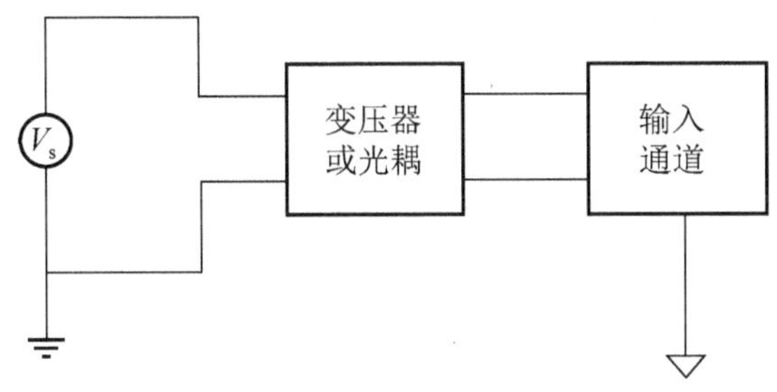

图 13.10　输入隔离图

(3) 采用浮地输入双层屏蔽放大器来抑制共模干扰，如图 13.11 所示。

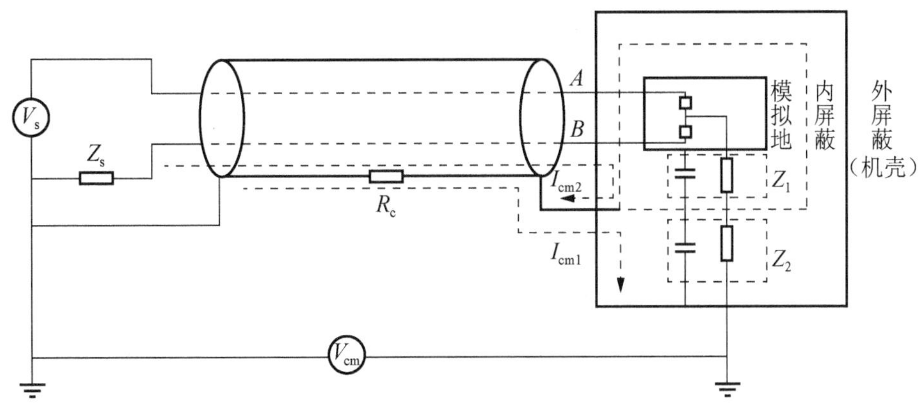

图 13.11　浮地输入双层屏蔽放大器

这是利用屏蔽方法使输入信号的“模拟地”浮空，从而达到抑制共模干扰的目的。图 13.11 中 Z_1 和 Z_2 分别为模拟地与内屏蔽罩之间和内屏蔽罩与外屏蔽层(机壳)之间的绝缘阻抗，它们由漏电阻和分布电容组成，所以此阻抗值很大。图 13.11 中，用于传送信号的屏蔽线的屏蔽层和 Z_2 为共模电压 V_{cm} 提供了共模电流 I_{cm1} 的通路。由于屏蔽线的屏蔽层存在电阻 R_c，因此共模电压 V_{cm} 在 R_c 电阻上会产生较小的共模信号，它将在模拟量输入回路中产生共模电流 I_{cm2}，I_{cm2} 在模拟输入量回路中产生串模干扰电压。显然，由于 $R_c \leqslant Z_2$，$Z_s \geqslant Z_1$，因此由 V_{cm} 引入的串模干扰电压是非常微弱的。所以这是一种十分有效的共模抑制措施。

由于下述原因，这种方法实际上往往得不到上述的效果：

① 放大器的屏蔽罩不可能十分完整。

② 在高温高湿度地区，放大器对屏蔽罩、屏蔽罩对机壳及屏蔽线芯线对屏蔽层的绝缘电阻会大幅度下降。

③ 对于交流而言，由于系统寄生电容较大，对交流的抗共模干扰能力往往低于直流。

另外，在方案实施时还要注意以下几点：

① 信号线屏蔽层只允许一端接地，并且只在信号源侧接地，放大器侧不得接地。当信号源为浮地方式时，屏蔽只接信号源的低电位端。

② 模拟信号的输入端要相应地采取三线采样开关。

③ 在设计输入电路时，应使放大器两输入端对屏蔽罩的绝缘电阻尽量对称，并且尽可能减小线路的不平衡电阻。

采用浮地输入的仪表输入通道结构，虽然增加了一些器件，如每路信号都要用两芯屏蔽线和三线开关，但对放大器本身的抗共模干扰能力的要求大大降低，因此这种方案已获得广泛应用。

13.2.3 过程通道的抗干扰

1. 开关量输入/输出通道的抗干扰

【光电隔离器—光耦定义、参数】

就过程通道而言，由于它直接与对象相连，因此无论是开关量输入/输出通道，或是模拟量输入/输出通道，都是干扰进入的渠道。要切断这条渠道，就要去掉对象与过程通道之间的公共地线，实现彼此电隔离以抑制干扰脉冲，可采用的器件有变压器和光电耦合器。

理论分析和实际应用都证明，光电耦合器比变压器能更有效地抑制干扰脉冲，其内部结构如图 13.12(a)所示。

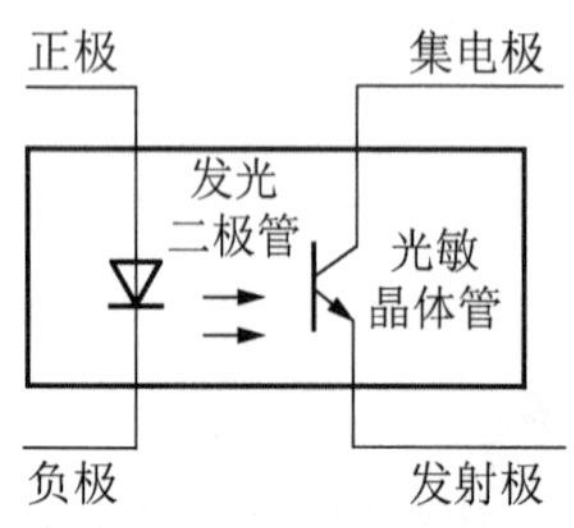

(a) 光电耦合器

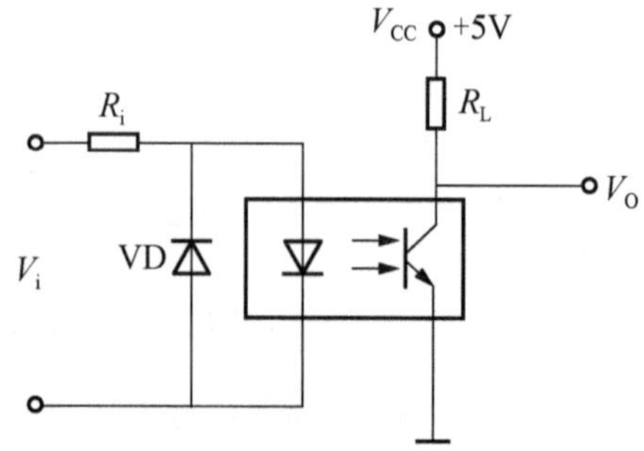

(b) 接入光电耦合器的数字电路

图 13.12 二极管、晶体管的光电耦合器

光电耦合器之所以具有很强的抗干扰能力，主要有以下几个原因：

(1) 光电耦合器的输入阻抗很低，一般在 100～1000Ω，而干扰源的内阻一般都很大，通常为$10^5 \sim 10^6\,\Omega$。根据分压原理可知，这时能馈送到光电耦合器输入端的噪声自然会很小。即使有时干扰电压的幅度较大，但所提供的能量却很小，即只能形成很微弱的电流。光电耦合器输入部分的发光二极管，只有在通过一定强度的电流时才能发光；输出部分的光敏晶体管只在一定光强下才能工作，如图 13.12(b)所示。因此电压幅值很高的干扰，由于没有足够的能量而不能使二极管发光，从而得到有效抑制。

(2) 输入回路与输出回路之间的分布电容极小，一般仅为 0.5～2pF，而绝缘电阻又非常大，通常为$10^{11} \sim 10^{13}\Omega$，因此回路一边的各种干扰噪声很难通过光电耦合器馈送到另一边去。

(3) 光电耦合器的输入回路与输出回路之间是光耦合的，而且又是在密封条件下进行的，故不会受到外界光的干扰。

【光耦合器的作用】

接入光电耦合器的数字电路如图 13.12(b)所示，其中 R_i 为限流电阻，VD 为反向保护二极管。由图 13.12(b)可以看出，这时并不要求所输入的 V_i 值一定要与 TTL 逻辑电平一致，只要经 R_i 限流之后符合发光二极管的要求即可。R_L 是光敏晶体管的负载电阻(R_L 也可接在光敏晶体管的射极端)。当 V_i 使光敏晶体管导通时，V_o 为低电平(即逻辑 0)；反之为高电平(即逻辑 1)。R_i 和 R_L 的选用说明如下：若光电耦合器选用 GO103，发光二极管在导通电流 I_F=10mA 时，正向压降 $V_F \leqslant 1.3$V，而光敏晶体管导通时的压降 V_{ce}=0.4V。假设输入信号的逻辑 1 电平为 V_i=12V，并取光敏晶体管导通电流 I_c=2mA，则 R_i 和 R_L 为

$$R_i=(V_i-V_F)/I_F=(12-1.3)/10=1.07(\text{k}\Omega)$$

$$R_L=(V_{cc}-V_{ce})/I_c=(5-0.4)/2=2.3(\text{k}\Omega)$$

需要强调指出的是，在光电耦合器的输入部分和输出部分必须分别采用独立的电源，如果两端共用一个电源，则光电耦合器的隔离作用将失去意义。另外，变压器是无源器件，其性能虽不及光电耦合器，但结构简单。

【光电隔离的优点】

有时，在光电耦合器的输入端也可以采用交流电源，如图 13.13 所示。

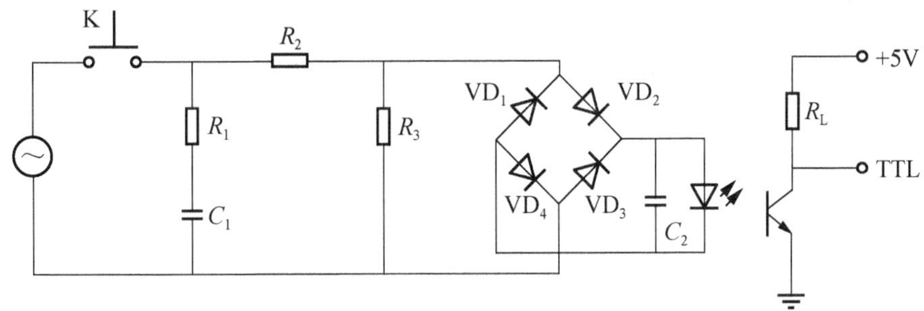

图 13.13　采用交流电源的开关量输入隔离电路

图 13.13 中 R_1 和 C_1 组成滤波电路，R_2 和 R_3 组成分压电路，对交流输入电压进行分压，取出合适的电压加在整流桥路上。当 K 闭合时，若电源处于正半周，则电流的流向为 R_2、VD_2、发光二极管、VD_4，然后返回；若电源处于负半周，则电流的流向为 VD_3、发光二极管、VD_1、R_2，返回。因此，不论电源处于哪半周，按下 K 时，在光电耦合器输出端总能产生一个 TTL 电平的开关量信号。C_2 用于消除交流电源过零时可能产生的毛刺。

【力特(Z-TEK)光电隔离器】

【串口隔离器(Isolators)-CE 2109(RS-232 光电隔离器)】

开关量输入电路接入光电耦合器后，由于光电耦合器的抗干扰作用，使夹杂在输入开关量中的各种干扰脉冲都被挡在输入回路的一边。另外，光电耦合器还起到很好的安全保障作用，即使故障造成 V_i 与电力线相接也不至于损坏智能仪表，因为光电耦合器的输入回路与输出回路之间可耐很高的电压

(GO103 为 500V，有些光电耦合器可达 1000V，甚至更高)。

光电隔离器件应用广泛，性能好，典型的有产品力特(Z-TEK)光电隔离器和串口隔离器(CE2109 RS-232 光电隔离器)，各自特性明显。

开关量输出电路往往直接控制着动力设备的启停，经它引入的干扰就更强烈。就抗干扰设计而言，对于启停负载不太大的设备来说，虽然这时也可以采用光电隔离的方式，

【PID 调节】

但一般情况下不如采用继电器隔离输出的方式更直接，因为继电器触点的负载能力远远大于光电耦合器的负载能力，能直接控制动力回路。采用继电器作开关量隔离输出时，在输出锁存器与低压小型或灵敏继电器之间要使用驱动器，如每块电路里有两个驱动门的 75452P，它的输出电流为 300mA，几乎能驱动任意型号的低压小型或灵敏继电器。图 13.14 所示是用一块 74LS273 作为输出锁存器，用 4 块 75452P 作为驱动器的开关量输出电路，其中 J_0～J_7 是低压小型或灵敏继电器。每个继电器与电源之间都接有一个二极管，用以保护驱动器。

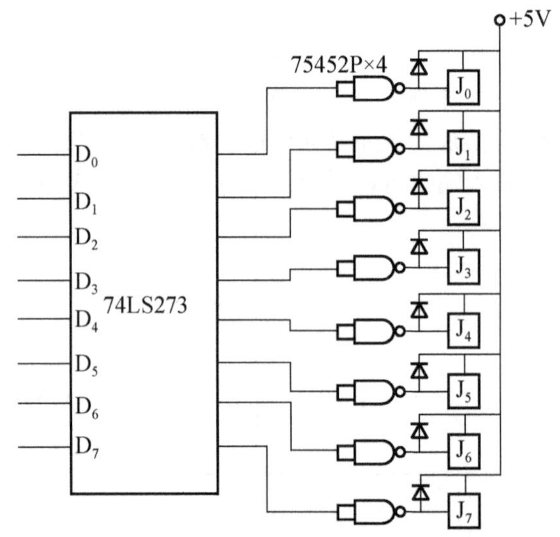

图 13.14　继电器隔离的开关量输出电路图

在启停负载很大时，应尽量避免采用全触点式的间接控制设计，即由小型继电器的触点控制中间继电器或交流接触器的线包回路，再由中间继电器或交流接触器的触点控制动力回路的设计。因为大负载触点在接通或断开时产生的火花和电弧具有十分强烈的干扰作用，所以此时可采用可控硅代替中间继电器或交流接触器。

继电器隔离的开关量输出电路适合于控制对响应速度要求不是很高的启停操作，因为继电器的响应延迟大约需要几十毫秒。光电耦合器的延迟时间通常都在 10μs 之内，所以对启停操作的响应时间要求很高的输出控制应采用光电耦合器。光电耦合器的驱动电流一般选在 10～20mA 就可以，因此不必使用像 75452P 那样的驱动器，只使用一般的三态缓冲门就可以了，如 74LS367、74LS244 等，它们的输出电流为 24mA，因而可以驱动光电耦合器。

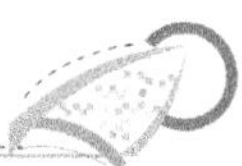

2. 模拟量输入/输出通道的抗干扰

模拟量 I/O 电路与外界的电气隔离可用安全栅来实现。安全栅是有源隔离式的四端网络，它同变送器相接时，输入信号由变送器提供；同执行部件相接时，它的输入信号由电压/电流变换器提供，都是 4～20mA 的电流信号。它的输出信号是 4～20mA 的电流信号，或 1～5V 的电压信号。经过安全栅隔离处理后，可以防止一些故障性的干扰损害智能仪表。但是，一些强电干扰还会经此或通过其他一些途径，从模拟量输入、输出电路进入系统。因此在设计时，为保证仪表在任何时候都能工作在既平稳又安全的环境里，要另加隔离措施加以防范。

由于模拟量信号的有效状态有无数个，而数字(开关)量的状态只有两个，因此叠加在模拟量信号上的任何干扰，都因有实际意义而起到干扰作用，叠加在数字(开关)量信号上的干扰，只有在幅度和宽度都达到一定量值时才能起作用。这表明抗干扰屏障的位置越往外推越好，最好能推到模拟量入口、出口处。也就是说，最好把光电耦合器设置在 A/D 电路模拟量输入和 D/A 电路模拟量输出的位置上。要想把光电耦合器设置在这两个位置上，就要求光电耦合器必须具有能够进行线性变换和传输的特性。但限于线性光耦的价格和性能指标等方面原因，目前一般都采用逻辑光电耦合器，此时，抗干扰屏障应设在最先遇到的开关信号的工作位置上，对于 A/D 转换电路来说，光电耦合器设在 A/D 芯片和模拟多路开关芯片这两类电路的数字量信号线上。对于 D/A 转换电路来说，光电耦合器应设在 D/A 芯片和采样保持芯片的数字量信号线上。对于具有多个模拟量输入通道的 A/D 转换电路来说，各被测量的接地点之间存在电位差，从而引入共模干扰，故仪表的输入信号应连接成差分输入的方式。为此，可选用差分输入的 A/D 芯片，如 ADC0801 等，并将各被测量的接地点经模拟量多路开关芯片接到差分输入的负端。

图 13.15 所示是具有 4 个模拟量输入通道的抗干扰电路原理图。这个电路与 MCS51 单片机的外围接口电路 8155 相连。8155 的 A 口作为 8 位数据输入口，C 口的 PC_0 和 PC_1 作为控制信号输出口。4 路信号的输入由 4052 选通，以 14433 A/D 转换器转换成 $3\frac{1}{2}$ 位 BCD 码数字量。因为 14433 为 CMOS 集成电路，驱动能力小，故其输出通过 74LS244 驱动光电耦合器。数字信号经光电耦合器与 8155 的 A 口相连。4052 的选通信号由 8155 的 C 口发出，两者之间用光电耦合器隔离。14433 的转换结束信号 EOC 通过光电耦合器由 74LS74 D 触发器锁存，并向单片机的中断输入端发出中断请求。

必须注意的是，当用光电耦合器来隔离输入通道时，必须对所有的信号(包括数字量信号、控制信号、状态信号)全部隔离，使得被隔离的两边没有任何电气上的联系，否则这种隔离是没有意义的。

利用光电耦合器来隔离并行输入数据线和控制线的方式，逻辑结构比较简单，硬件和软件处理上也比较方便，但需利用较多的光电耦合器，这就提高了硬件成本。为了减少光电耦合器，降低仪表成本，并能达到仪表输入通道与主机电路隔离的目的，在速度要求不高的情况下可采用并/串变换技术，把 A/D 转换结果和其他必要的标志信号转换成串行数据，以串行的方式输入主机。图 13.16 给出以 A/D 转换器 7135 为主的输入通道与 8031 主机电路串行连接的光电隔离原理图。

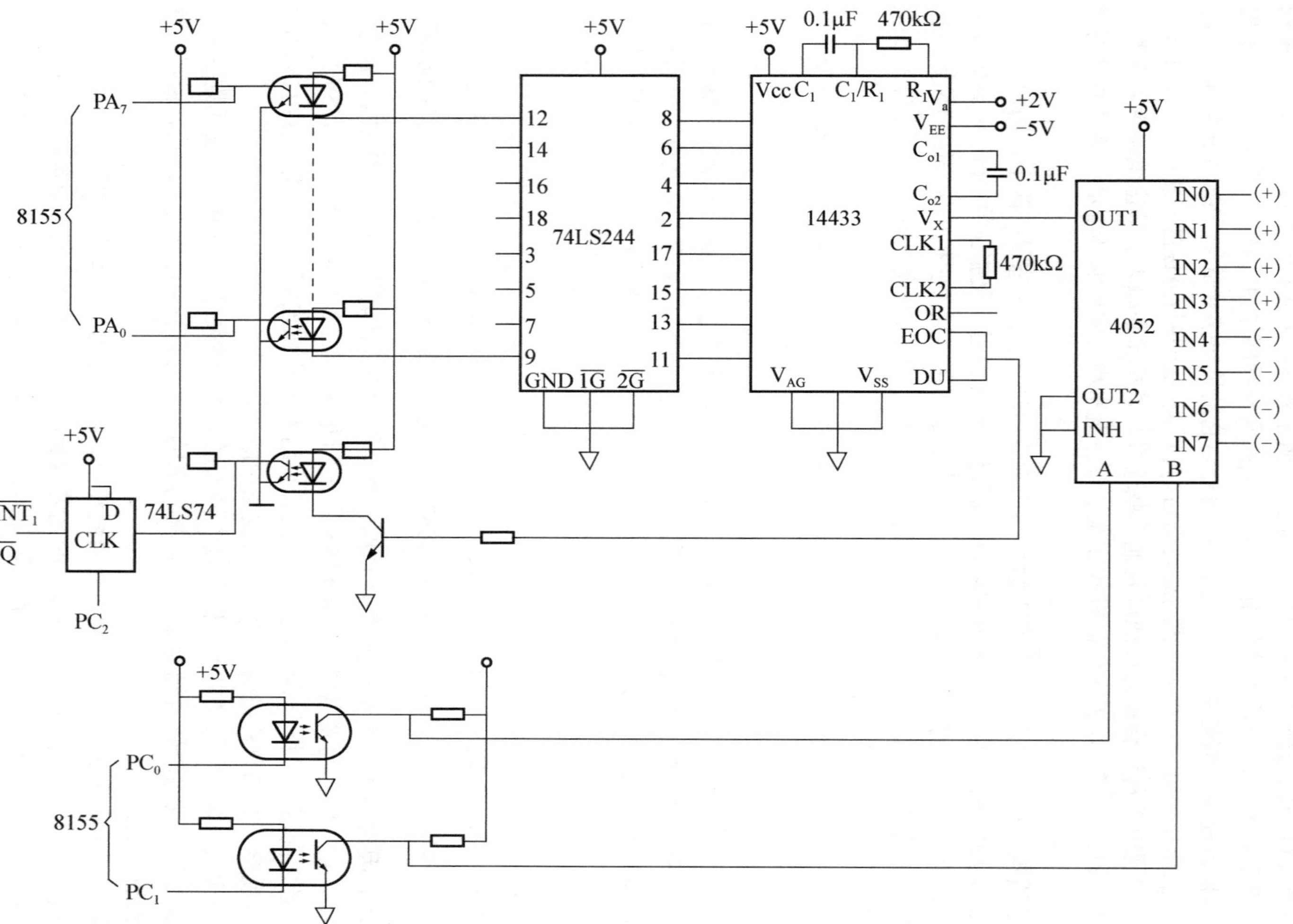

图 13.15　具有 4 个模拟量输入通道的抗干扰电路原理图

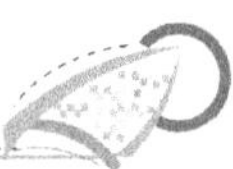

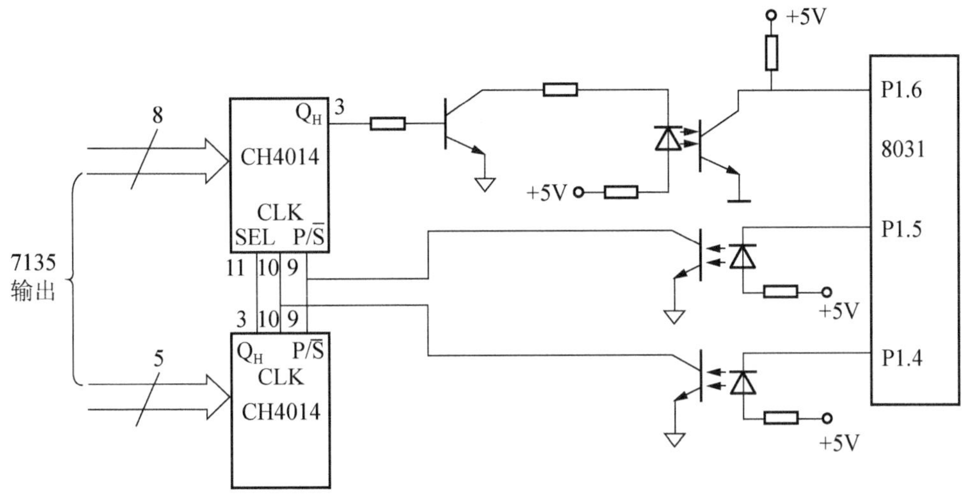

图 13.16 输入通道与 8031 主机电路串行连接的光电隔离原理图

7135 是 $4\frac{1}{2}$ 位 BCD 码双积分 A/D 转换器，输入通道中采用的两片 CH4014 是 8 位静态移位寄存器。A/D 转换结果(BCD 码和数字驱动信号)及 POL、OR、UR、STB 等信号分 8 位和 5 位分别加在 CH4014 上。在 8031 的控制下，由它的 I/O 口 P1.5、P1.4 发出控制信号，经光电隔离加至 CH4014 的 $P/\overline{S}$ (并、串控制)端和 CLK(移位控制)端，实现并/串变换。串行数据由 CH4014 的引脚 3 输出，经光电隔离送至 8031 的 P1.6。用上述方法来实现隔离仅需 3 个光电耦合器。

有些 A/D 转换器本身就是串行输出，这种 A/D 转换器与主机串行连接时就不再需要移位寄存器了，只要光电隔离就可以。图 13.17 所示为 MAX186 与 8031 单片机连接的光电隔离原理图。

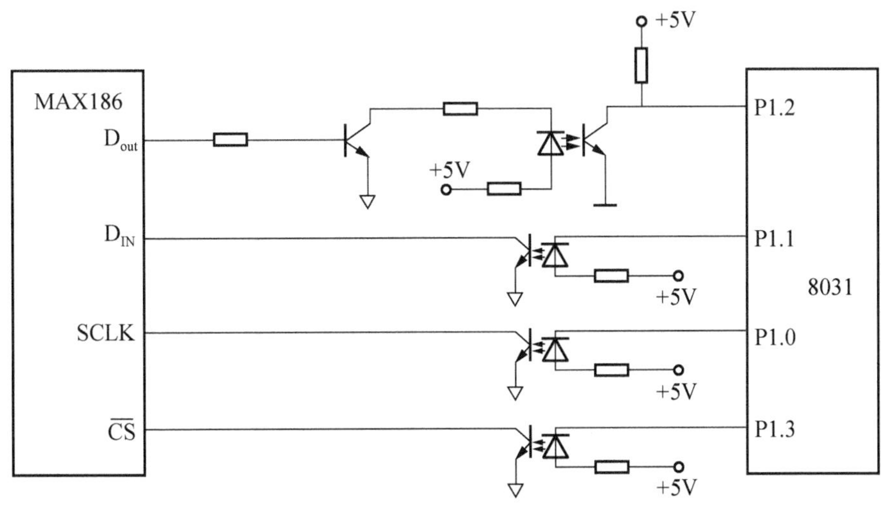

图 13.17 MAX186 与主机连接的光电隔离原理图

除了上述利用光电耦合器的开关特性在模拟量通道数字电路部分进行隔离的方法外，还可利用光电耦合器的线性耦合特性，直接对模拟信号进行隔离。由于光电耦合器的线性耦合区一般只能在一个特定的范围内，因此应保证被测信号的变化范围始终在此线性区域内。由于，所谓光电耦合器的“线性区”实际上仍存在一定程度的非线性失真，因此应当采取非线性校正措施，否则将产生较大的误差。

图 13.18 所示是一个具有补偿功能的线性光电耦合实用电路图。

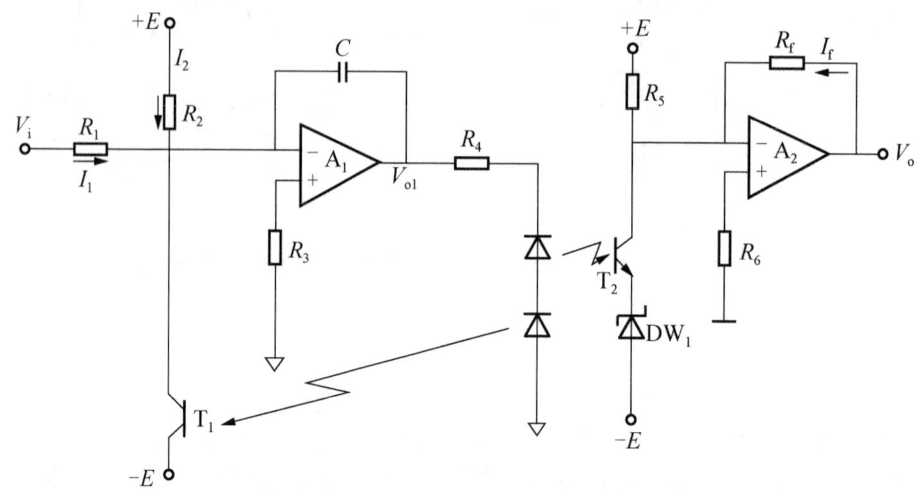

图 13.18 具有补偿功能的线性光电耦合电路图

图 13.18 中，光电耦合器为 TIL117，应配对使用。其中的一只(T_1)作非线性及温度补偿。运算放大器为经挑选的μA741(F007)，以提高信号传输精度。*C* 为消振电容。电路的 I/O 关系为

$$V_o = \frac{R_f}{R_1} V_i \tag{13-11}$$

式中，R_f 为运算放大器 A_2 的反馈电阻；R_1 为运算放大器 A_1 的输入电阻。

由图 13.18 可知，该电路可实现模拟信号的光电隔离。只要 T_1、T_2 严格配对，从理论上说，可以做到完全的补偿，实现理想隔离传输。但是，由于光电耦合器的非线性放大，完全配对是不可能做到的。因此，图 13.18 介绍的方法，仅适用于要求不太高的大信号的情况。如果信号较小，要求耦合精度较高，则应寻求其他隔离方法。

图 13.19 所示是具有 8 个模拟量输出通道的抗干扰 D/A 转换电路的逻辑原理图。两片 54HC373 既可以作为锁存器，又具有驱动作为隔离用的光电耦合器的驱动器。D/A 芯片是 12 位的 DAC1210，按图 13.19 所示的接法，它的输出更新完全由 $\overline{CS}$ 信号控制。8 个采样/保持电路 LF398 各输出一路模拟量信号，它们各自的高电平选通信号由 8D 锁存器 74LS273 提供，C_H 是它们的保持电容。经光电耦合器输出的 12 位数据信号接到 DAC1210 的 12 个数字输入端上，其中的 8 位信号也连接到 8D 锁存器 74LS273 的输入端上。可利用来自 8031 的 P2.6、P2.7 和 $\overline{WR}$ 经驱动和光电耦合后，分别选通 8D 锁存器 74LS273 和 DAC1210。而 P2.4、P2.5 和 $\overline{WR}$ 可作为两个 54HC373 的输入锁存和输出选通信号。

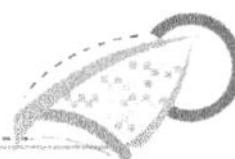

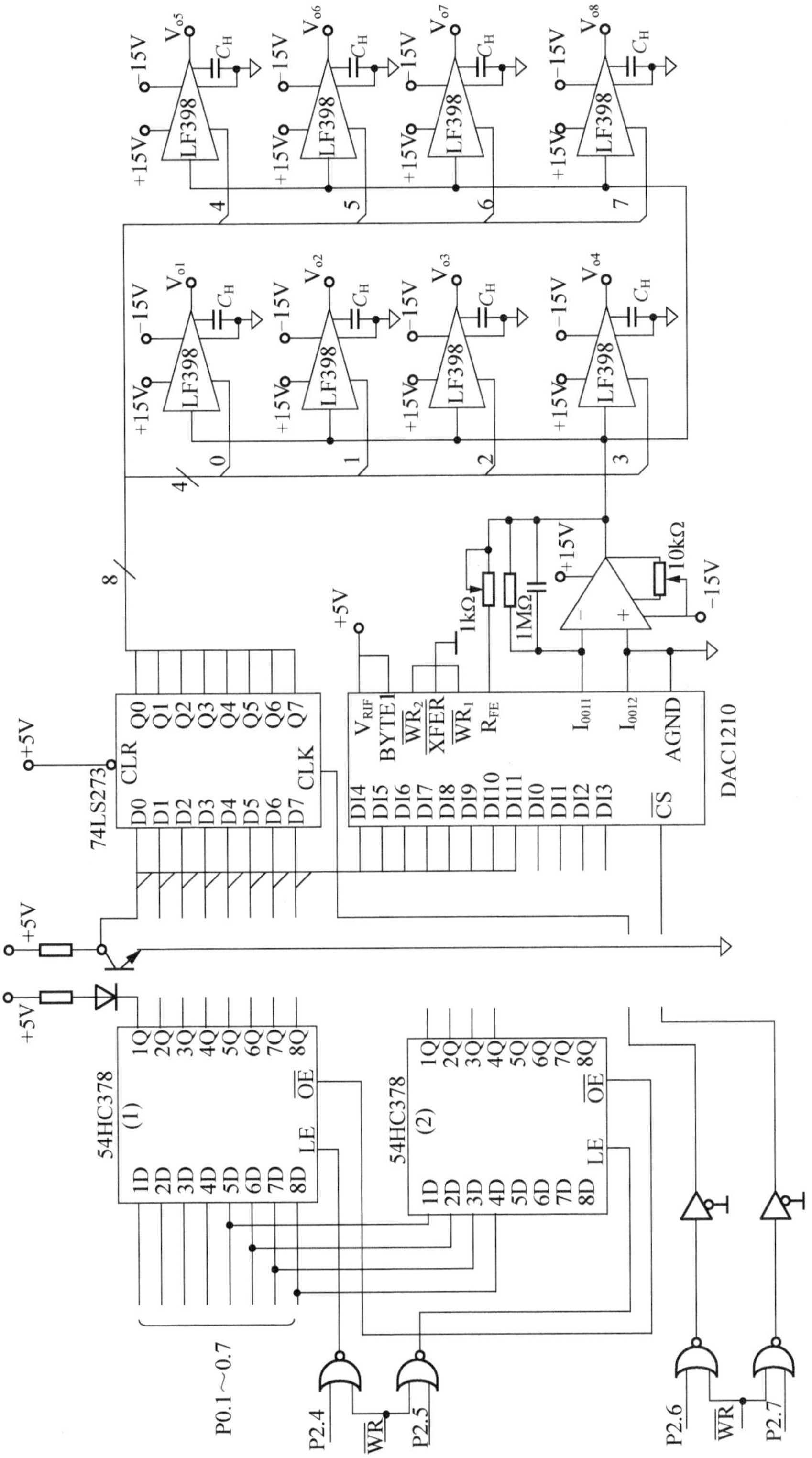

图 13.19　8 通道模拟量输入的抗干扰 D/A 转换电路图

13.2.4 电源与电网干扰的抑制

1. 抑制电网干扰的措施

为了抑制电网干扰所造成稳压电源的波动，可以采取以下一系列措施：

(1) 采用能抑制交流电源干扰的计算机系统电源，如图 13.20 所示。图 13.20 中，电抗器用来抑制交流电源线上引入的高频干扰，让 50Hz 的基波通过；变阻二极管用来抑制进入交流电源线上的瞬时干扰(或大幅值的尖脉冲干扰)；隔离变压器的一次侧、二次侧之间加有静电屏蔽层，以进一步减小进入电源的各种干扰。该交流电压再通过整流、滤波和直流稳压后将干扰抑制到最小。

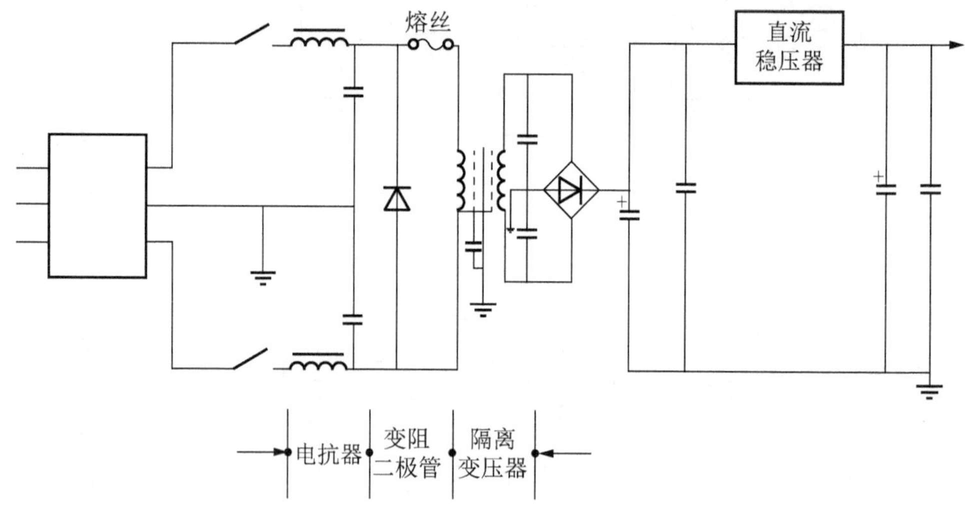

图 13.20 电源抗干扰图

(2) 不间断电源 UPS 是一种新型电源，它除了有很强的抗干扰能力外，更重要的是万一电网断电，它能以极短的时间(小于 3ms)切换到后备电源上，后备电源能维持 10min 以上(满载)或 30min 以上(半载)的供电时间，以便操作人员及时处理电源故障或采取应急措施。在要求较高的控制场合可采用 UPS。

(3) 以开关式直流稳压器代替各种稳压电源。由于开关频率可达 10～20kHz 或更高，因此变压器、扼流圈都可小型化。高频开关晶体管工作在饱和状态和截止状态，效率可达 60%～70%，而且抗干扰性能强。

2. 印制电路板电源开关噪声的抑制

图 13.21 所示为印制电路板与电源装置的接线状态。由图 13.21 可看出，从电源装置到集成电路 IC 的电源地端之间有电阻和电感。另外，印制电路板上的 IC 是 TTL 电路时，当以高速进行开关动作时，其开关电流和阻抗会引起开关噪声。因此，无论电源装置提供的电压是多么稳定，V_{cc} 线、GND 线也会产生噪声，使数字电路发生误动作。

降低这种开关噪声的方法有两种：第一种是以短线向各印制电路板并行供电，而且印制电路板里的电源线采用格子形状或用多层板，做成网眼结构以降低线路的阻抗；第二种是在印制电路板上的每个 IC 都接入高频特性好的旁路电容器，将开关电流经过的线路限制在印制电路板内一个极小的范围内。旁路电容可用 0.01～0.1μF 的陶瓷电容器。旁路电容器的引线要短且紧靠在需要旁路的集成器件的 V_{cc} 与 GND 端，若远离则毫无意义。

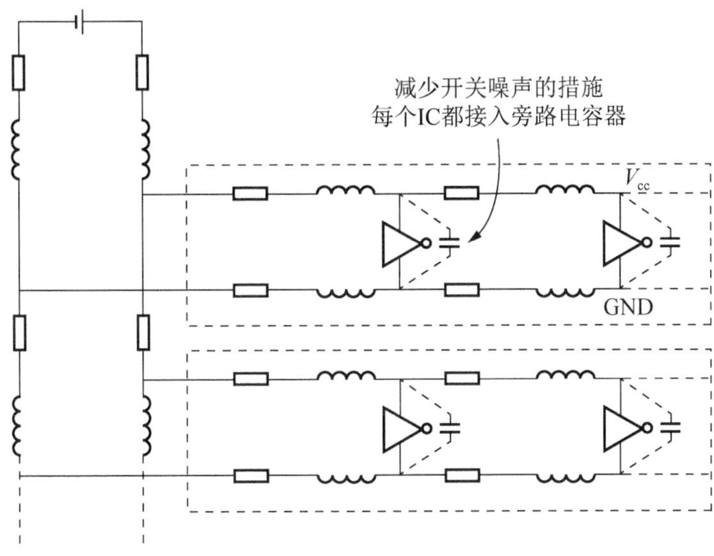

图 13.21　电路板的接线状态图

若在一台仪表中有多块逻辑电路板，则一般应在电源和地线的引入处附近并接一个 10～100μF 的大电容和一个 0.01～0.1μF 的瓷片电容，以防止板与板之间的相互干扰，但此时最好在每块逻辑电路板上装一片或几片“稳压块”，形成独立的供电，防止板间干扰。

13.2.5　地线系统的抑制

正确接地是仪表系统抑制干扰所必须注意的重要问题。在设计中若能把接地和屏蔽正确地结合，可很好地消除外界干扰的影响。

接地设计的基本目的是消除各电路电流经公共地线时所产生的噪声电压，以及免受电磁场和地电位差的影响，即不使其形成地环路。

接地设计应注意如下几个方面：

(1) 一点接地和多点接地的使用原则。一般高频电路应就近多点接地，低频电路应一点接地。在低频电路中，接地电路形成的环路对干扰影响很大，因此应一点接地；在高频时，地线上具有电感，因而增加了地线阻抗，而且地线变成了天线，向外辐射噪声信号，因此，要多点就近接地。

(2) 屏蔽层与公共端的连接。当一个接地的放大器与一个不接地的信号源连接时，连接电缆的屏蔽层应接到放大器公共端，反之应接到信号源公共端。高增益放大器的屏蔽层应接到放大器的公共端。

(3) 交流地、功率地、同信号地不能共用。流过交流地和功率地的电流较大，会造成数毫伏甚至几伏电压，这会严重地干扰低电平信号的电路。因此信号地应与交流地、功率地分开。

(4) 屏蔽地(或机壳地) 接法随屏蔽目的不同而异，电场屏蔽是为了解决分布电容问题，一般接大地；电磁屏蔽主要避免雷达、短波电台等高频电磁场的辐射干扰，地线用低阻金属材料做成，可接大地，也可不接；磁屏蔽是防磁铁、电动机、变压器、线圈等的磁感应和磁耦合的，办法是用高导磁材料使磁路闭合，一般接大地。

(5) 电缆和插接件的屏蔽。在电缆和插接件的屏蔽中应注意：①高电平和低电平线不要走同一条电缆，不得已时，高电平线应单独组合和屏蔽，同时要仔细选择低电平线的位置；②高电平线和低电平线不要使用同一插接件，不得已时，要将高低电平端子分立两端，中间留接高低电平引地线的备用端子；③设备上进出电缆的屏蔽应保持完整，电缆和屏蔽体也要经插件连接，两条以上屏蔽电缆共用一个插件时，每条电缆的屏蔽层都要用一单独接线端子，以免电流在各屏蔽层中流动。

13.3 软件抗干扰技术

13.3.1 软件抗干扰概述

1. 软件抗干扰必要性

窜入智能仪表中的干扰频谱比较宽，并且是随机的，采用硬件抗干扰技术措施，只能抑制某些频率段的干扰，仍有一些干扰会侵入智能仪表。这些干扰轻则影响智能仪表的测量与控制精度，比如：叠加在系统被测模拟输入信号上的噪声干扰会导致系统较大的测量误差；重则使智能仪表无法工作，如窜入智能仪表的干扰作用于 CPU 部位，会破坏程序计数器 PC 的状态，导致程序从一个区域跳转到另一个区域，或者是程序在地址空间内“跑飞”，或使程序陷入死循环，导致智能仪表失控。所以有必要采用软件抗干扰技术。

2. 软件抗干扰技术的基本概念

软件抗干扰技术是当智能仪表受干扰后使其恢复正常运行或当输入信号受干扰后去伪求真的一种辅助方法。

硬件抗干扰是主动措施，软件抗干扰是被动措施。

3. 软件抗干扰的优点

软件抗干扰的优点是设计灵活，节省硬件资源。

4. 软件抗干扰技术的研究内容

(1) 采用软件方法抑制叠加在模拟输入信号上的噪声干扰，如数字滤波技术。

(2) 当干扰使运行程序发生混乱，导致程序乱飞或陷入死循环时，采取使程序纳入正规的措施，如指令冗余、软件陷阱及 WATCHDOG 技术。

13.3.2 指令冗余技术

1. 指令冗余技术概述

51 系列单片机的所有指令均不超过 3 个字节。指令由操作码和操作数两部分组成。

操作码：指明 CPU 完成什么样的操作。

操作数：是操作码的操作对象。

单字节指令：仅有一个操作码，隐含操作数，如 RET。

双字节指令：第一个字节是操作码，第二个字节是操作数。如，MOV R1, #data MOV R7, #data。

3 字节指令：第一个字节是操作码，后两个字节是操作数。如： MOV DPTR, #data16 CJNE A, direct, rel。

CPU 区别某个数据是操作码还是操作数完全由取指令的顺序决定。 CPU 取指令的过程是先取操作码，后取操作数。

CPU 复位后，首先取指令的操作码，然后顺序取出操作数。当一条完整的指令执行完后，紧接着取下条指令的操作码、操作数。一旦 PC 因干扰出现错误，程序就会脱离正常的运行轨道，出现“跑飞”，出现操作数数值改变及将操作数当作操作码的错误。

当程序“跑飞”到单字节指令上时，会自动纳入正轨。当“跑飞”到双字节指令上时，有两种可能：

① 若“跑飞”程序在取指令时落到操作码上，则程序纳入正轨；

② 若“跑飞”程序在取指令时落到操作数上，仍将出错。当“跑飞”到 3 字节指令上时，程序纳入正轨的概率更小，出错概率更大。

指令冗余的定义：为了使“跑飞”程序在程序区迅速纳入正轨，在程序中应多用单字节指令，在关键的地方人为地插入一些单字节指令 NOP，或将有效单字节指令重写，这就是指令冗余。

(1) NOP 的用法。在双字节指令或 3 字节指令之后插入两个单字节 NOP 指令，就可保证其后的指令不会因为前面指令的“跑飞”而继续。因为“跑飞”程序即使落到操作数上，在执行两个单字节空操作指令 NOP 后，也会使程序回到正轨。

一般在对程序流向起决定作用的指令(如 RET、ACALL、LJMP、JZ、JC 等)和某些对系统工作状态起重要作用的指令(如 SETB、EA 等)之前插入两条 NOP 指令，确保这些指令正确执行。

(2) 重要指令冗余。对那些对程序流向起决定作用的指令和那些对系统工作状态有重要作用的指令的后面，可重复写这些指令，以确保这些指令的正确执行。

(3) 采用指令冗余技术的条件。

①“跑飞”的程序必须指向程序运行区。

② 执行到冗余指令。

13.3.3 软件陷阱技术

当“跑飞”程序进入程序区时可以使用指令冗余技术，而当“跑飞”程序进入非程序区或表格区时，使用指令冗余技术的条件不满足，此时可采用软件陷阱技术，拦截“跑飞”程序，将其迅速引向一个指定位置，然后对程序运行出错进行处理。

1. 软件陷阱的基本概念

软件陷阱是指用引导指令将“跑飞”程序强行引向复位入口地址 0000H，再在此处将程序转向专门处理程序出错的程序。

对 51 系列单片机，可利用表 13-1 所列的两种方法设置软件陷阱。

表 13-1 设置软件陷阱

方法	软件陷阱形式	对应入口地址
方法 1	NOP NOP LJMP 0000H	0000H: LJMP MAIN
方法 2	LJMP 0202H LJMP 0000H	0000H:LJMP MAIN 0202H:LJMP 0000H

2. 软件陷阱的设计

当未使用的中断因干扰而开放时，在对应的中断服务程序中设置软件陷阱，就能及时捕捉到错误的中断。

在中断服务程序中要注意：返回指令可用 RETI，也可用 LJMP。

例如：程序跑飞到了未使用的中断区，则中断服务程序可为

```
NOP
NOP
POP    direct1                  ;将断点弹出堆栈区
POP    direct2
LJMP   0000H                    ;转到 0000H 处
```

中断服务程序也可为

```
NOP
NOP
POP    direct1                  ;将原断点弹出堆栈区
POP    direct2
PUSH   00H                      ;断点地址改为 0000H
PUSH   00H
RETI
```

中断程序中的 direct1、direct2 为主程序中非使用单元。

13.3.4 WATCHDOG 技术(程序运行监视系统)

当程序“跑飞”到一个临时构成的死循环中时，指令冗余和软件陷阱技术都无能为力了，智能仪表将完全瘫痪，这时可利用人工复位按钮采用人工复位摆脱死循环。但是操作者不可能一直监视着系统，再者即使监视着仪表，也是在已经引起不良后果之后才进行人工复位。而利用 WATCHDOG 技术可以让仪表自己监视自己的运行情况。

1. WATCHDOG 技术特性

(1) 本身能独立工作，基本上不依赖于 CPU。

(2) CPU 隔一固定时间和该系统打一次交道，以表明系统“目前运行正常”。

(3) 当 CPU 掉入死循环后，能及时发觉并使系统复位。

在增强型 51 系列单片机中，已经设计了利用 WATCHDOG 的硬件电路，普通型 51 系列单片机中没有设置，必须由用户自己建立。

要达到 WATCHDOG 的真正目标，必须有硬件部分，它完全独立于 CPU 之外。如果为了简化硬件电路，没有硬件部分，也可用软件 WATCHDOG 技术(可靠性稍差)。

2. 硬件 WATCHDOG

硬件 WATCHDOG 的硬件部分是一独立于 CPU 之外的单稳部件，可用单稳电路构成，也可用自带脉冲源的计数器构成。

CPU 正常工作时，每隔一段时间就输出一个脉冲，将单稳系统触发到暂稳态，当暂稳态的持续时间设计得比 CPU 的触发周期长时，单稳系统就不能回到稳态。

当 CPU 陷入死循环后，再不能去触发单稳系统，单稳系统就可以顺利返回稳态，用它返回稳态时输出的信号作为复位信号，就能使 CPU 退出死循环。

例如，用计数器构成的 WATCHDOG 电路如图 13.22 所示。

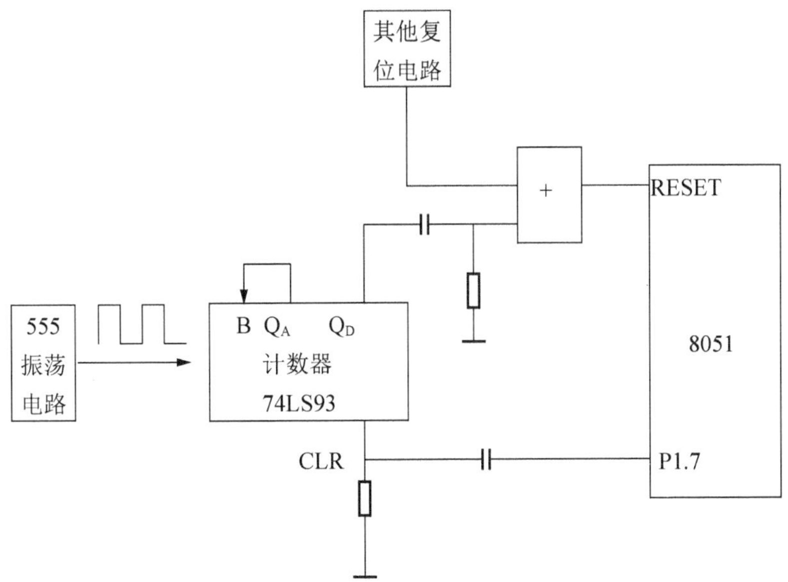

图 13.22　计数器型 WATCHDOG 电路

将 555 接成一个振荡器，74LS93 接成 16 进制计数器，当数到 8 个脉冲时 Q_D 端变成高电平。单片机用一条输出端口输出清零信号，只要每次清零脉冲的时间间隔短于 8 个脉冲周期，计数器就总也计不到 8，Q_D 端保持低电平。当 CPU 受干扰而进入死循环时，就不能送出复位脉冲，计数器很快数到 8，Q_D 端立刻变成高电平，经过微分电路输出一个正脉冲，使 CPU 复位。

其他复位电路：上电复位、人工复位。

通过或门综合后加到 RESET 端。

3. 纯软件 WATCHDOG 系统

为了简化电路，可采用纯软件 WATCHDOG 系统。当系统掉进死循环后，只有比这个死循环更高级的中断子程序才能夺走对 CPU 的控制权，从而跳出死循环。

思考与练习

1. 简述常见噪声源的种类及主要特点。
2. 简述智能仪表系统的干扰来源。它们是通过什么方式进入仪表内部的？
3. 什么是串模干扰和共模干扰？抑制干扰影响的主要途径是什么？
4. 如何抑制地线系统的干扰？接地设计时应注意哪些问题？
5. 软件抗干扰中有哪几种对付“跑飞”的措施，它们各有何特点？
6. 为了减小干扰，设计印制电路板时应注意哪些问题？

第 14 章 智能仪表设计实例

研制智能仪表是一项复杂和细致的工作。在设计仪表时，先按仪表功能要求拟定总体设计方案，并论证方案的正确性且做出初步评价，然后分别进行硬件、软件的具体设计工作。就硬件而言，选用已有的单片机或嵌入式系统和其他大规模集成电路制作功能模板，以满足仪表的各种需要；至于智能仪表的性能指标和操作功能的实现，还必须依赖于软件的设计，这是智能仪表与普通仪表相比在设计方面的一个重大区别。鉴于设计一台智能仪表要涉及硬件和软件技术，因此设计人员应有较广泛的知识和技能，具有良好的技术素质。同时，在仪表研制中设计者还必须遵循若干准则，提出解决问题的办法，这样才能设计出符合要求的智能仪表。

本章先提出若干设计准则，然后通过几个设计实例说明整台仪表的设计过程和方法。

教学要求：掌握智能仪表设计实例的规则和方法。

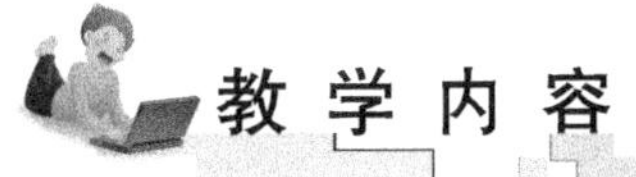

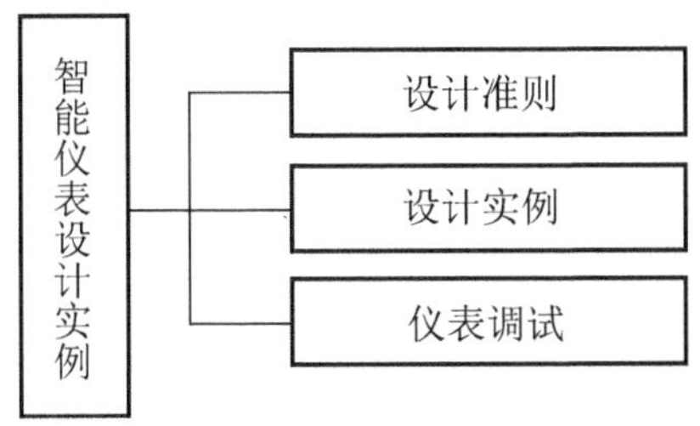

14.1 设计准则

设计智能仪表一般应遵循如下准则。

1) 从整体到局部(自顶向下)的设计原则

在硬件或软件设计时，应遵循从整体到局部，即自顶向下的设计原则，力求把复杂的、难处理的问题，分解为若干个简单的、容易处理的问题，再一个一个地加以解决。开始时，设计人员首先根据仪表功能和实际要求提出仪表设计的总任务，并绘制硬件和软件总框图(总体设计)，然后将总任务分解成一批可以独立表征的子任务，这些子任务还可以再向下分，直到每个低级的子任务足够简单，可以直接而且容易地实现为止。低级模块相当简单，可以采用某些通用化的模块(模件)，也可作为单独的实体进行设计和调试，并对它们进行各种试验和改进，从而能够以最低的难度和最大的可靠性组成高一级的模块。将各种模块有机地结合起来，便可完成原设计任务。

2) 经济性要求

为了获得较高的性价比，设计仪表时不应盲目追求复杂、高级的方案。在满足性能指标的前提下，应尽可能采用简单的方案，因为方案简单意味着元器件少、可靠性高，也就比较经济。

智能仪表的造价取决于研制成本和生产成本。研制成本只花费一次，就第一台样机而言，主要的花费在于系统设计、调试和软件研制，样机的硬件成本不是考虑的主要因素。当样机投入生产时，生产数量越大，每台产品的平均研制费用就越低，在这种情况下，生产成本就成为仪表造价的主要因素，显然仪表硬件成本对产品的成本有很大影响。如果硬件成本低，且生产量大，则仪表的造价就低，在市场上就有竞争力。相反，当仪表产量较小时，研制成本就成了决定仪表造价的主要因素，在这种情况下，宁可多花费一些硬件开支，也要尽量降低研制经费。在考虑仪表的经济性时，除造价外还应顾及仪表的使用成本，即使用期间的维护费、备件费、运转费、管理费、培训费等，必须综合考虑后才能看出真正的经济效果，从而做出选用方案的正确决策。

3) 可靠性要求

所谓可靠性是指产品在规定的条件下和规定的时间内完成规定功能的能力。可靠性指标除了可用完成规定功能的概率表示外，还可用平均无故障时间、故障率、失效率或平均寿命等来表示。

对于智能仪表或系统来说，无论在原理上如何先进，在功能上如何全面，在精度上如何高级，如果可靠性差、故障频繁、不能正常运行，则该仪表或系统就没有使用价值，更谈不上经济效益。因此在智能仪表的设计过程中，对可靠性的考虑应贯穿每个环节，采取各种措施提高仪表的可靠性，以保证仪表能长时间地稳定工作。

就硬件而言，仪表所用元器件的质量和结构工艺是影响可靠性的重要因素，故应合理地选择元器件和采用极限情况下试验的方法。所谓合理地选择元器件是指在设计时对元器件的负载、速度、功耗、工作环境等参数应留有一定的安全量，并对元器件进行老化检查

和筛选；极限情况下试验是指在研制过程中，一台样机要承受低温、高温、冲击、振动、干扰、烟雾和其他试验，以验证其对环境的适应性。为了提高仪表的可靠性，还可采用“冗余结构”的方法，即在设计时安排双重结构(主件和备用件)的硬件电路，这样当某部件发生故障时，备用件自动切入，从而保证了仪表的可靠连续运行。

就软件来说，应尽可能地减少故障。在设计软件时，采用模块化设计方法，不仅易于编程和调试，还可减少故障和提高软件的可靠性。另外，对软件进行全面测试也是检验错误、排除故障的重要手段。与硬件类似，也要对软件进行各种“应力”试验，如提高时钟速度、增加中断请求率、子程序的百万次重复等，甚至还要进行一定的破坏性试验。虽然这要付出一定代价，但必须经过这些试验才能证明所设计的仪表是否合适。

随着智能仪表在生产中的广泛应用，对仪表可靠性的要求已提到越来越重要的位置。与此相应，可靠性的评价不能仅仅停留在定性的概念分析上，而是应该科学地进行定量计算，进行可靠性设计，特别是较复杂的仪表这一点尤为必要。至于如何进行可靠性设计，读者可参阅相关专著。

4) 操作和维护的要求

在仪表的硬件和软件设计时，应当考虑操作方便，尽量降低对操作人员的专业知识要求，以便产品的推广应用。仪表的控制开关或按钮不能太多、太复杂，操作程序应简单明了，输入输出应采用十进制数表示，使操作者无需专业训练，便能掌握仪表的使用方法。

智能仪表还应具有很好的可维护性，为此仪表结构要规范化、模块化，并配有现场故障诊断程序，一旦发生故障，应能保证有效地对故障进行定位，以便调换相应的模件，使仪表尽快地恢复正常运行。为了便于现场维修，近年来广泛使用专业分析仪器，它要求在研制仪表电路板时，在有关节点上注明“特征”(通常是 4 位十进制数字)，现场诊断时利用被监测仪表的微处理器产生激励信号。采用这种方法进行检测(直到元器件级)，可以迅速发现故障，从而使故障维修时间大为减少。

除上述这些基本准则外，在设计时还应考虑仪表的实时性要求。由于智能测控仪表直接应用于工业过程，因此应能及时反映工业对象中工艺参数的变化情况，并能立即进行实时处理和控制。为了使仪表对各种实时信号(A/D 转换结束信号、可编程器件的中断信号、实时开关信号、掉电信号等)迅速做出响应，应采用中断功能强的单片机，并编制相应的中断服务程序模块。

此外，仪表造型设计也极为重要。总体结构的安排、部件间的连接关系、细部美化等都必须认真考虑，最好由专业人员设计，使产品造型优美、色泽柔和、美观大方、外廓整齐、细部精致。

14.2 设计实例

14.2.1 温度程序控制仪

升、降温度是科研和生产中经常遇到的一类控制。为了保证生产过程正常安全地进行升、降温度，提高产品质量和数量，减轻工人的劳动强度及节约能源，常要求加热对象(如

【AI-3700 人工智能温度控制器】

电炉)的温度按某种指定的规律变化。温度程序控制仪就是这样一种能对加热设备的升、降温度速率和保温时间实现严格控制的面板式控制仪表，它集温度变送、显示和数字控制于一体，用软件实现程序升、降温度的 PID 调节。

1. 设计要求

对温度程序控制仪的测量、控制要求如下：

(1) 实现 n 段($n \leqslant 30$)可编程调节，程序设定曲线如图 14.1 所示，有恒速升温段、保温段和恒速降温段 3 种控温线段。操作者只需设定转折点的温度 T_i 和时间 t_i，即可获得所需程控曲线。

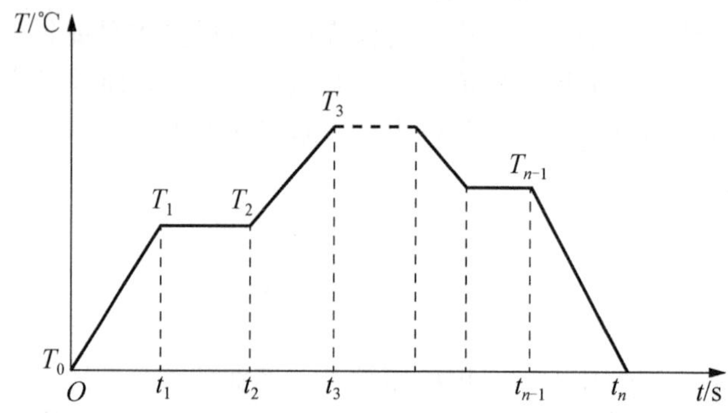

图 14.1 程序设定曲线图

(2) 具有 4 路模拟量(热电偶 mV)输入，其中第一路用于调节；设有冷端温度自动补偿、热电偶线性化处理和数字滤波功能，测量精度达±0.1%，测量范围为 0～1100℃。

(3) 具有一路模拟量(0～10mA)输出和 8 路开关量输出，能按时间顺序自动改变输出状态，以实现系统的自动加料、放料，或者用作系统工作状态的显示。

(4) 采用 PID 调节规律，且具有输出限幅和防积分饱和功能，以改善系统动态调节品质。

(5) 采用 6 位 LED 显示，2 位用于显示参数类别，4 位用于显示数值。任何参数在显示 5s 后，会自动返回被调温度的显示。运行开始后，LED 可显示瞬时温度和总时间值。

(6) 具有超限报警功能。超限时，发光管以闪光形式报警。

(7) 输入、输出通道和主机都用光电耦合器进行隔离，使仪表具有较强的抗干扰能力。

(8) 可在线设置或修改参数和状态，如程序设定曲线转折点温度 T_i 和转折点时间 t_i 值、PID 参数、开关量状态、报警参数和重复次数等，并可通过总时间 t 值的修改，实现跳过或重复某一段程序的操作。

(9) 具有 12 个功能键。其中，10 个是参数命令键，包括测量值键(PV)、T_i 设定键(SV)、t_i 设定键(TIME1)、开关量状态键(VAS)、开关量动作时间键(TIME2)、PID 参数设置键(PID)、偏差报警键(AL)、重复次数键(RT)、输出键(OUT)和启动键(START)；2 个是参数修改键，即递增(△)和递减(▽)键，参数增减速度由慢到快。此外还可设置复位键(RESET)，手、自动切换开关和正、反作用切换开关。

(10) 仪表具有掉电保护功能。

2. 系统组成和工作原理

加热炉控制系统框图如图 14.2 所示。其控制对象为电炉，检测元件为热电偶，执行器为晶闸管电压调整器(ZK-0)和晶闸管。图中 14.2 虚线框内是温度程控仪，它包括主机电路、过程输入/输出通道、键盘、显示器及稳压电源。

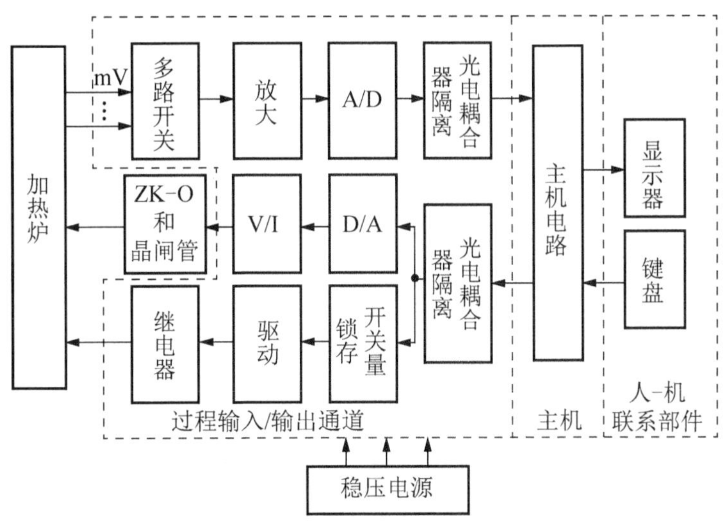

图 14.2　加热炉控制系统框图

控制系统工作过程如下：炉内温度由热电偶测量，其信号经多路开关送入放大器，毫伏信号经放大后由 A/D 电路转换成相应的数字量，再通过光电耦合器隔离，进入主机电路。由主机进行数据处理、判断分析，并对偏差按 PID 规律运算后输出数字控制量。数字控制量经光电耦合器隔离，由 D/A 电路转换成模拟量，再通过 V/I 转换得到 0～10mA 的直流电流。该电流送入晶闸管电压调整器(ZK-0)，触发晶闸管，对炉温进行调节，使其按预定的升、降曲线规律变化。另外，主机电路还输出开关量信号，发出相应的开关动作，以驱动继电器或发光二极管。

【动画：热电偶温度计】

3. 硬件结构和电路设计

硬件结构框图如图 14.2 虚线框内的部分所示，下面就各部分电路设计做具体说明。

1) 主机电路及键盘、显示器接口

按仪表设计要求，可选用指令功能丰富、中断能力强的 MCS-51 单片机作为主机电路的核心器件。由 8031 构成的主机电路如图 14.3 所示。

主机电路包括单片机及外接存储器、I/O 接口电路。程序存储器和数据存储器容量的大小同仪表数据处理和控制功能有关，设计时应留有余量。本仪表程序存储器容量 8KB(选用一片 2764)，数据存储器容量为 2KB(选用一片 6116)。并行 I/O 接口电路(本仪表为 8155)的选用与输入/输出通道、键盘、显示器的结构和电路形式有关。

图 14.3 所示的主机电路采用全译码方式，由 138 译码器的 Y0、Y2、S1、S2 和 S3 选通存储器 6116、外部扩展器 8155 及 D/A 转换器和锁存器Ⅰ、Ⅱ74LS373。低 8 位地址信

号由P0口输出，锁存在74LS373中，高8位地址(P2.0～P2.4)由P2口输出，直接连至2764和6116的相应端。8155用作键盘、显示器的接口电路，其内部的256字节的RAM和14位的定时器/计数器也可供使用。A/D电路的转换结果直接从8031的P1口输入。

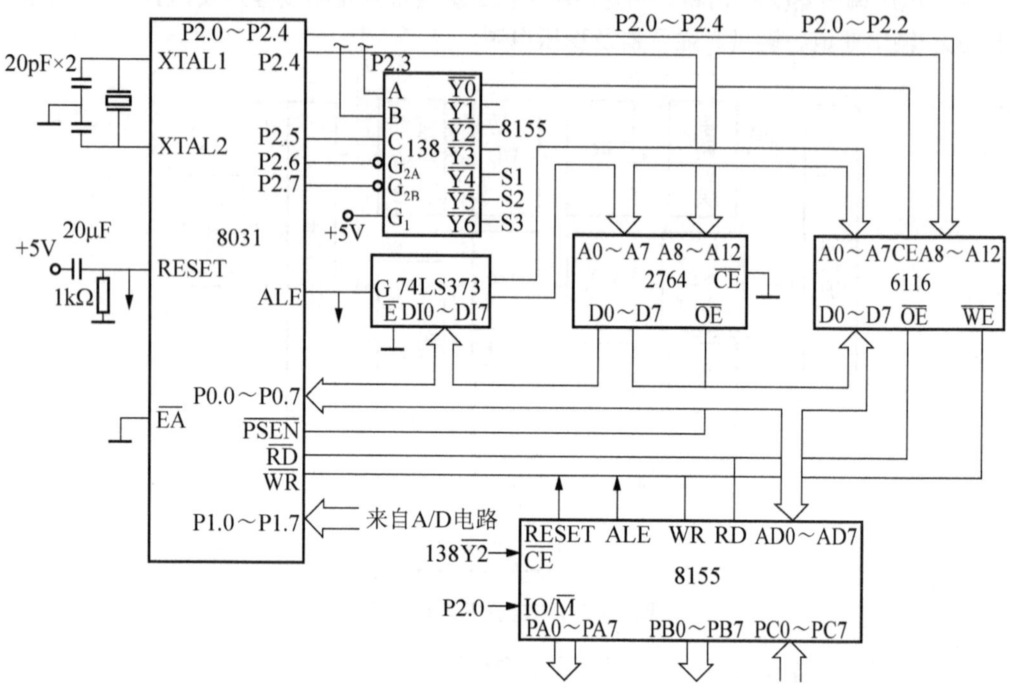

图 14.3 由 8031 构成的主机电路

掉电保护功能的实现有两种方案：一是选用EEPROM(2816或2817等)，将重要数据置于其中；二是加备用电池，如图14.4所示。稳压电源和备用电池分别通过二极管接于存储器(或单片机)的 V_{CC} 端，当稳压电源电压大于备用电池电压时，电池不供电；当稳压电源掉电时，备用电池工作。

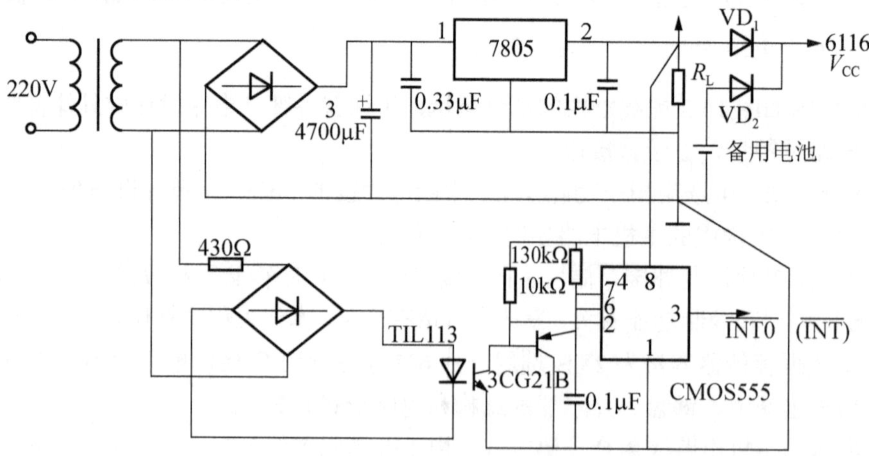

图 14.4 备用电池的连接和掉电检测电路图

仪表内还应设置掉电检测电路(图 14.4)，以便在检测到掉电时，将断点(PC 及各种寄存器)内容保护起来。图 14.4 中 CMOS555 接成单稳形式，掉电时 3 端输出低电平脉冲作为中断请求信号。

光电耦合器的作用是防止因干扰产生误动作。在掉电瞬间，稳压电源在大电容支持下，仍维持供电(约几十毫秒)，这段时间内，主机执行中断服务程序，将断点和重要数据置入 RAM。

2) 模拟量输入通道

模拟量输入通道包括多路开关、热电偶冷端温度补偿电路、线性放大器、A/D 转换器和隔离电路。模拟量输入通道结构及外围设备和 8031 接口如图 14.5 所示。

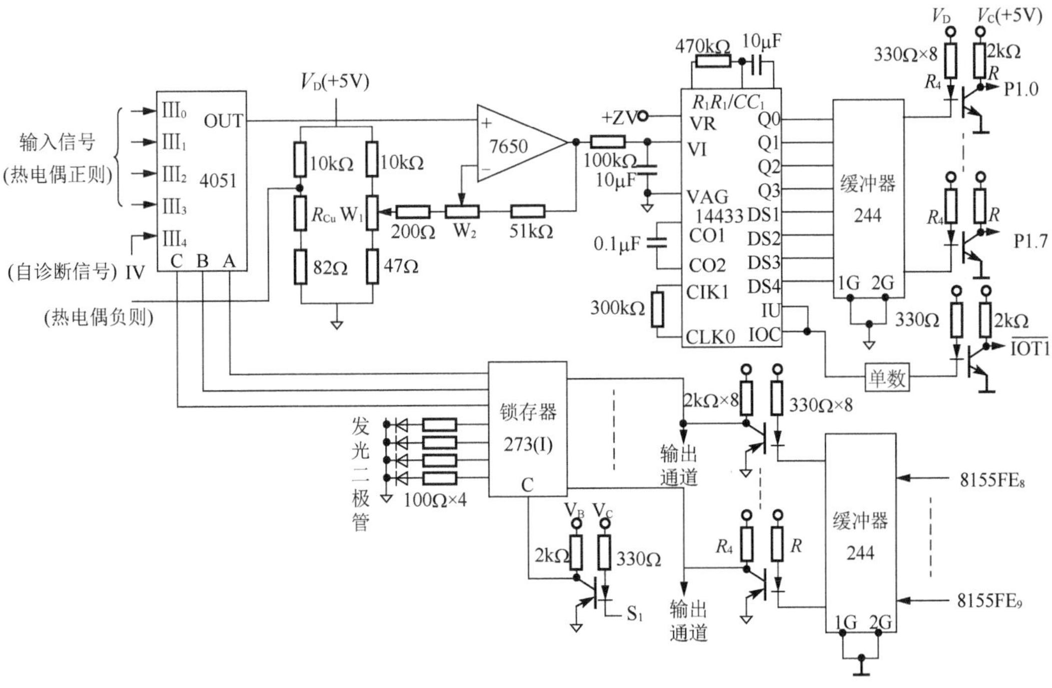

(a) 模拟量输入通道结构图

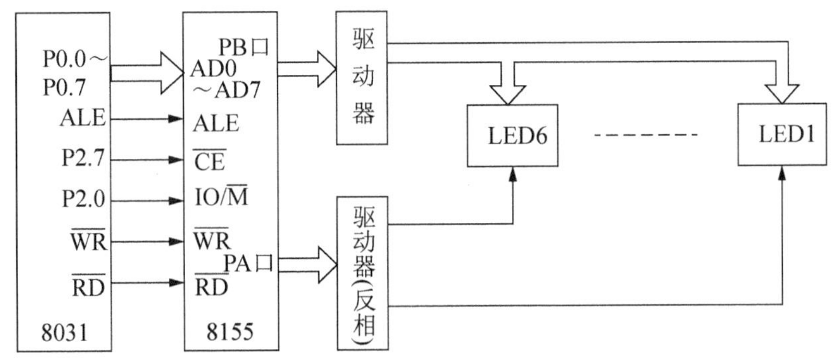

(b) LED 显示器通过 8155 和 8031 的接口图

图 14.5 模拟量输入通道结构及外围设备和 8031 接口

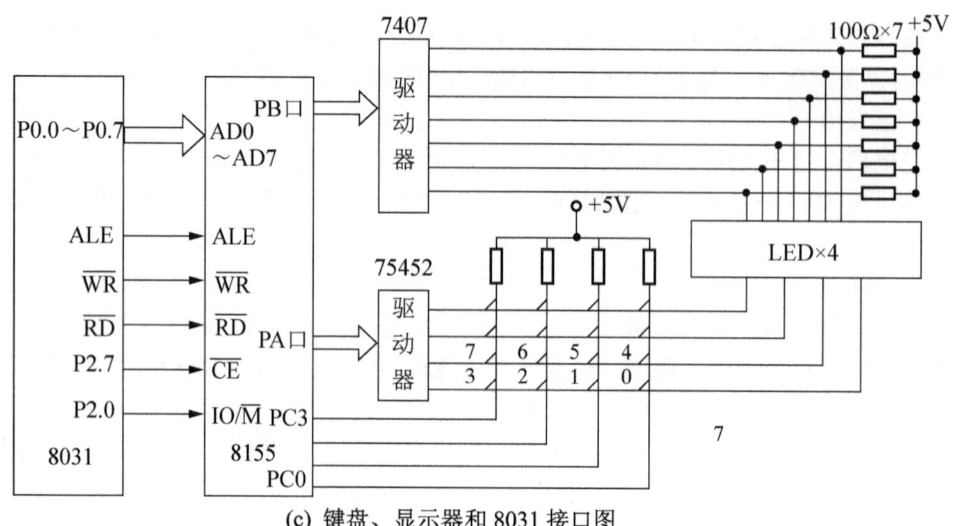

(c) 键盘、显示器和 8031 接口图

图 14.5　模拟量输入通道结构及外围设备和 8031 接口(续)

测量元件为镍-铬热电偶、镍-铝热电偶，在 0～1100℃测量范围内，其热电势为 0～45.10mV。多路开关选用 CD4051(或 AD7501)，它将 5 路信号依次送入放大器，其中，第 1～4 路为测量信号，第 5 路(TV)来自 D/A 电路的输出端，供自诊断使用。多路开关的接通由主机电路控制，选择通道的地址信号锁存在 74LS273(I)中。

冷端温度补偿电路是一个桥路，桥路中铜电阻 R_{Cu} 起补偿作用，其阻值由桥臂电流(0.5mA)、电阻温度系数(α)和热电偶热电势的单位温度变化值(K)算得。算式如下：

$$R_{Cu} = \frac{K}{0.5\alpha} \tag{14-1}$$

例如，镍-铬热电偶、镍-铝热电偶在 20℃附近的平均值为 0.04mV/℃，铜电阻 20℃时的α为 0.00396，可求得 20℃时的 R_{Cu} 约为 20.2Ω。

运算放大器选用低漂移高增益的 7650，采用同相输入方式，以提高输入阻抗。输出端加接阻容滤波电路，可滤去高频信号。放大器的输出电压为 0～2V(即 A/D 转换器的输入电压)，故放大倍数约为 50 倍，可用 W2(1kΩ)调整放大器的输出电压。放大器的零点由 W1(100Ω)调整。

按仪表设计要求，选用双积分型 A/D 转换器 MC14433。该转换器输出 $3\frac{1}{2}$ BCD 码，相当于二进制 11 位，其分辨率为 1/2000。A/D 转换的结果(包括结束信号 EOC)通过光电耦合器隔离后输入 8031 的 P1 口。图 14.5(a)中的缓冲器(74LS244)专为驱动光电耦合器而设置。单向稳压器用以加宽 EOC 脉冲宽度，使光电耦合器能正常工作。

主机电路的输出信号经光电耦合器隔离(在译码信号 S1 控制下)锁存在 74LS273(Ⅰ)中，以选通多路开关并点亮 4 个发光二极管。发光二极管用来显示仪表的手、自动工作状态和上、下限报警。

隔离电路采用逻辑型光电耦合器，该器件体积小、耐冲击、绝缘电压高、抗干扰能力

强，其原理及线路已在 13.2.3 节中做过介绍，本节仅对参数选择做简要说明。光电器件选用 GO103(或 TIL117)，发光二极管在导通电流 I_F=10mA 时，正向压降 V_F=1.4V，光敏二极管导通时的压降 V_{CE}=0.4V，取其导通电流 I_C=3mA，则 R_i 和 R_L 的计算如下：

$$R_i = \frac{5-1.4}{10\times10^{-3}} = 360(\Omega)$$

$$R_L = \frac{5-0.4}{3\times10^{-3}} = 1.8(\text{k}\Omega)$$

3) 模拟量和开关量输出通道

模拟量输出通道由隔离电路、D/A 转换器、V/I 转换器组成，开关量输出通道由隔离电路、输出锁存器和驱动器组成，如图 14.6 所示。

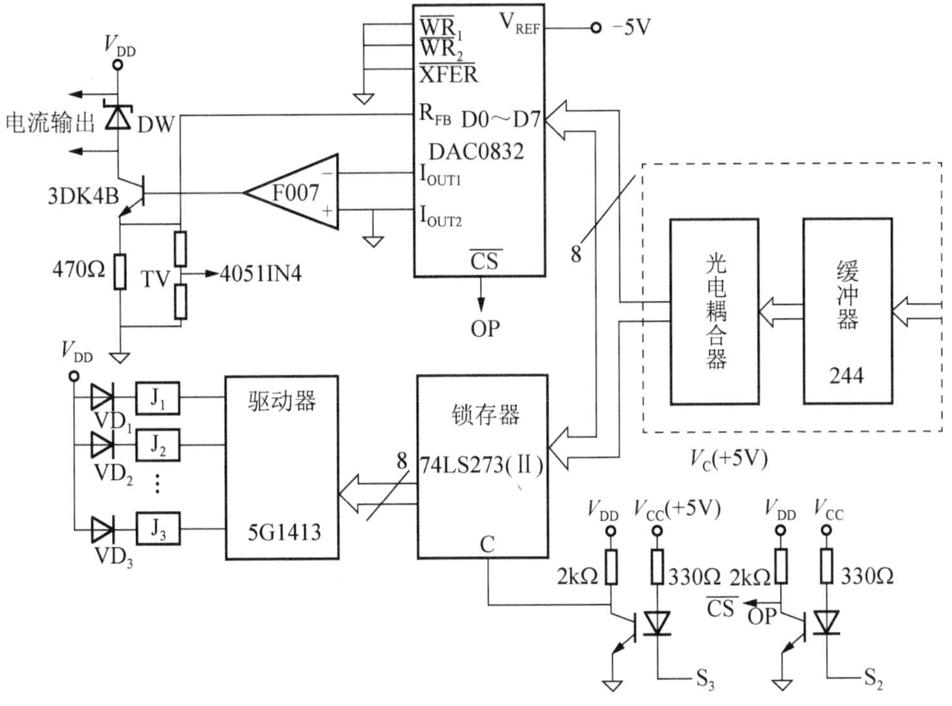

图 14.6 输出通道逻辑电路图

D/A 转换器选用 8 位、双缓冲的 DAC0832，该芯片将调节通道的输出转换为 0～5V 的模拟电压，再经 V/I 电路(3DK4B)输出 0～10mA 电流信号。

8 位开关量信号锁存在 74LS273(Ⅱ)中，通过 5G1413 驱动继电器 J1～J8 和发光二极管 VD_1～VD_8。继电器和发光二极管分别用来控制阀门和指示阀的启、闭状态。

图 14.6 中虚线框中的隔离电路部分与图 14.5 所示的输入通道可以共用，即主机电路的输出经光电耦合器分别连至图 14.5 所示模入通道的锁存器 74LS273(Ⅰ)及图 14.6 中 74LS273(Ⅱ)和 DAC0832 的输入端，信号输入哪一个器件则由主机的输出信号 S_1、S_3 和 S_2(经光电耦合器隔离)来控制。

4. 软件结构和程序框图

温度程序控制仪的软件设计采用结构化和模块化设计方法。温度控制软件分为监控程序和中断服务程序两大部分，每一部分又由许多功能模块构成。

1) 监控程序

监控程序包括初始化模块、显示模块、键扫描与处理模块、自诊断模块和手操处理模块。监控主程序及自诊断程序、键扫描与处理程序的框图如图 14.7～图 14.12 所示。

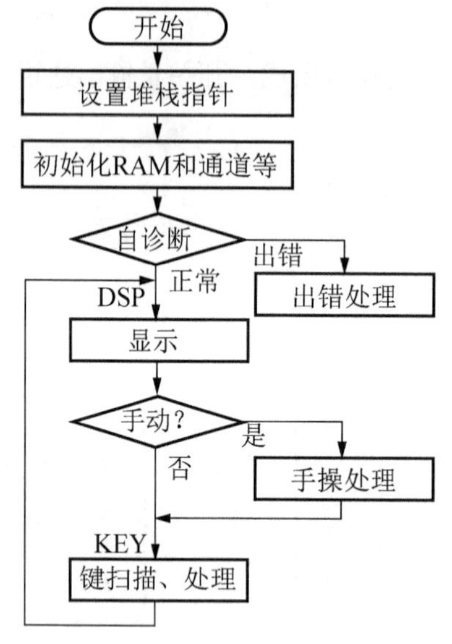

图 14.7 监控程序框图

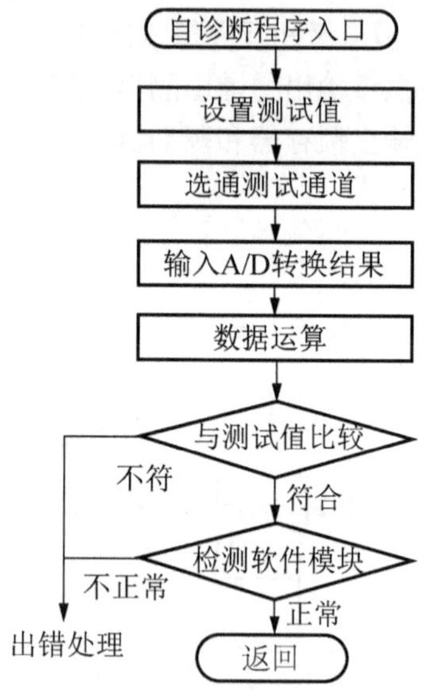

图 14.8 自诊断程序框图

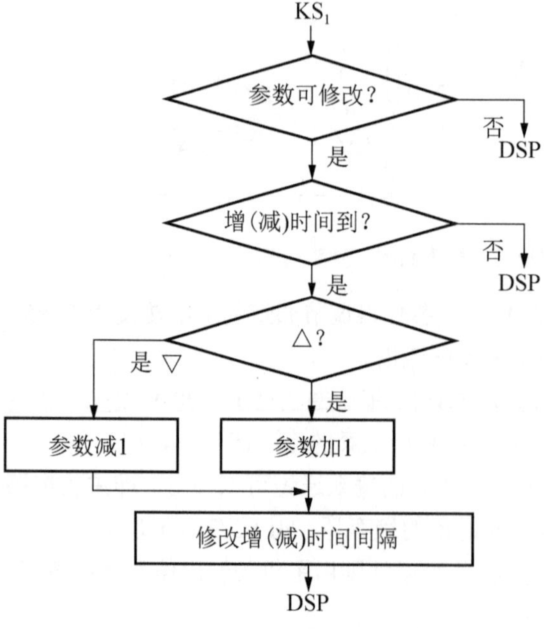

图 14.9 参数增、减键处理程序框图

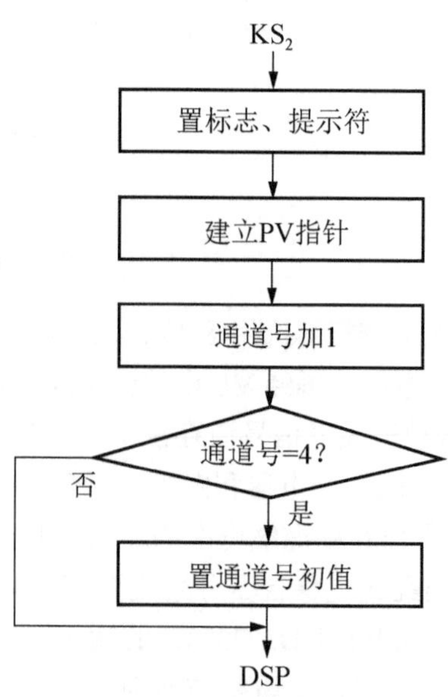

图 14.10 测量值键处理程序框图

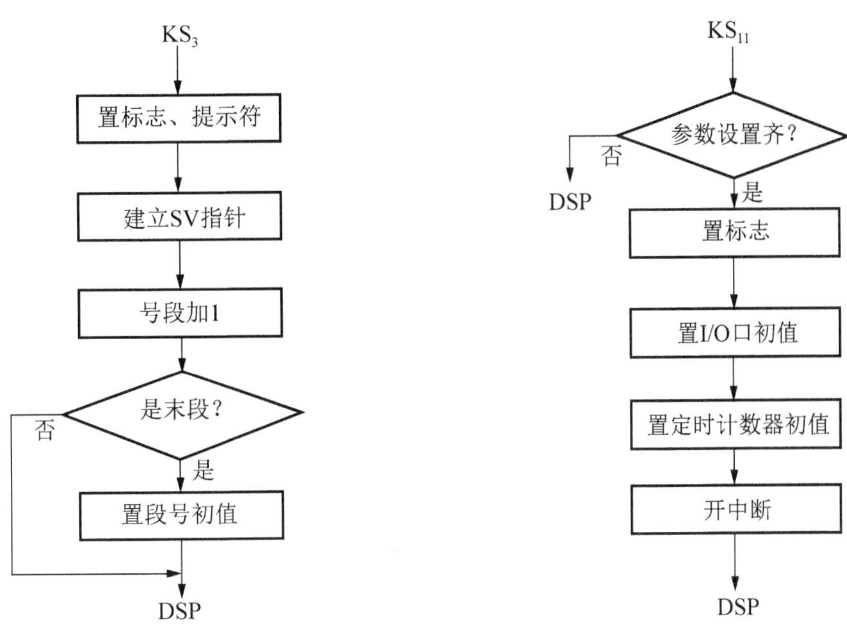

图 14.11　参数设定键处理程序框图　　　　**图 14.12　启动键处理程序框图**

仪表上电复位后，程序从 0000H 开始执行，首先进入系统初始化模块，即设置堆栈指针，初始化 RAM 单元和通道地址等；接着程序执行自诊断模块，检查仪表硬件电路(输入通道、主机、输出通道、显示器等)和软件部分运行是否正常。在该程序中，先设置一测试数据，由 D/A 电路转换成模拟量(TV)输出，再从多路开关 IN_4 通道输入(图 14.5)，经放大和 A/D 转换后送入主机电路，通过换算，判断该数据与原设置值之差是否在允许范围内，若超出这一范围，表示仪表异常，即予以报警，以便及时做出处理。同时，自诊断程序还检测仪表各种软件模块的功能是否符合预定的要求。若诊断结果正常，程序便进入显示模块、键扫描与处理模块，判断手动并进入手操处理模块的循环圈中。

在键扫描与处理模块中，程序首先判断有否命令输入，若有，则立即计算键号，并按键编号转入执行相应的键处理程序(KS_1～KS_{11})。键处理程序完成参数设置、显示和启动程序控制仪控制温度的功能。按键中除“△”和“▽”键在按下时执行参数增、减命令外，其余各键均在按下又释放后才起作用。图 14.9～图 14.12 分别为参数增、减键处理程序(KS_1)框图，测量值键处理程序(KS_2)框图，参数设定键处理程序(KS_3)框图和启动键处理程序(KS_{11})框图。其余键处理程序与 KS_3 程序类似，故它们的框图不再逐一列出。

KS_1 程序的功能是在“△”或“▽”键按下时，参数自动递增或递减(速度由慢到快)，直至键释放为止。该程序先判断由上一次按键所指定的参数是否可修改(PV 值不可修改，SV、PID 等值可修改)，以及参数增、减时间到否，再根据按下的“△”或“▽”键确定参数加 1 或减 1，并且修改增、减时间间隔，以便逐渐加快参数的变化速度。

KS_2 和 KS_3 程序的作用是显示各通道的测量值和设置各段转折点的温度值。程序中的置标志、提示符和建立参数指针用于区分键命令、确定数据缓冲器，以便显示和设置与键命令相应的参数。通道号(或段号)加 1 及判断是否为末段等则用来实现按一下键自动切至下一通道(或下一段)的功能，并可循环显示和设置参数。

KS_{11}程序首先判断参数是否置全，置全了才可转入下一框，否则不能启动，应重置参数。程序在设置I/O口(8155)的初值、定时器/计数器(8031的T1和T2)的初值和开中断之后，便完成了启动功能。

2) 中断服务程序

中断服务程序包括A/D转换中断程序、时钟中断程序和掉电中断程序。A/D转换中断程序的任务是采集各路数据；时钟中断程序确定采样周期，并完成数据处理、运算和输出等一系列功能。14433中的A/D转换中断程序已在4.1.2节中做过详细介绍，掉电中断程序的功能也在本节硬件部分做了说明，本节主要介绍时钟中断程序。

时钟中断信号由CTC发出，每0.5s一次(若硬件定时不足0.5s，可采用9.2.7节中所述软、硬件结合的定时方法)。主机响应后，即执行中断服务程序。服务程序由数字滤波、标度变换和线性化处理、判断通道、计算运行时间、计算偏差、超限报警、判断正反作用和手动操作、PID运算及输出处理等模块组成，其框图如图14.13所示。

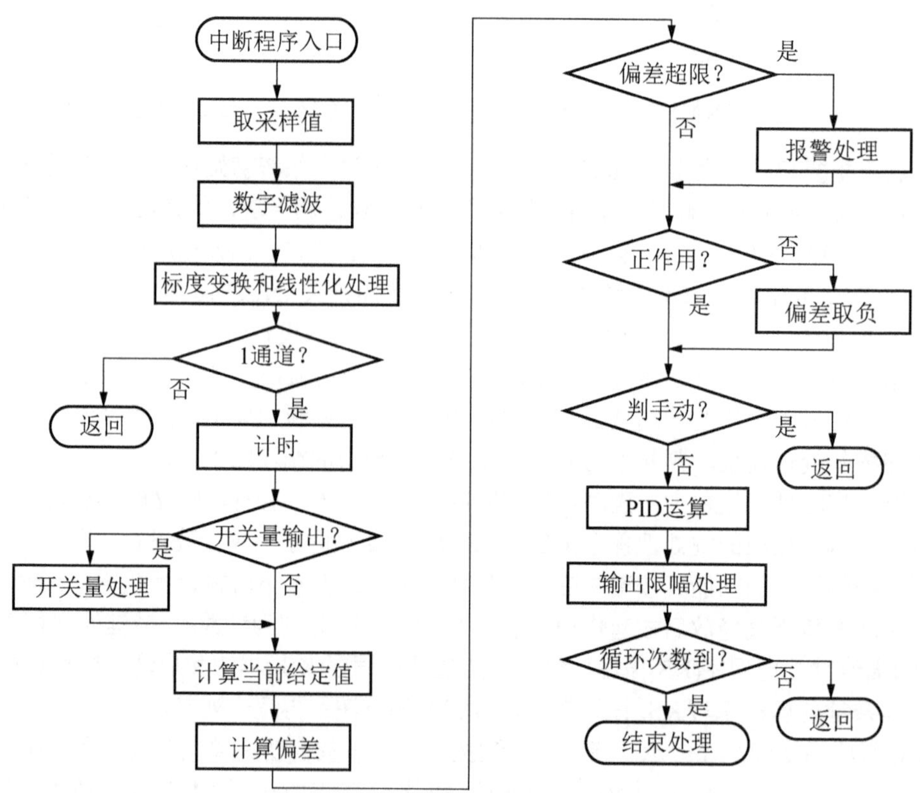

图14.13 中断服务程序框图

数字滤波模块的功能是滤除输入数据中的随机干扰分量。该模块采用4点递推平均滤波方法。

由于热电偶mV信号和温度之间呈非线性关系，因此在标度变换(工程量变换)时必须考虑采样数据的线性化处理。有多种处理方法可供使用，现采用折线近似的方法，把K型热电偶 0～1100℃范围内的热电特性分成 7 段折线进行处理，这 7 段分别为 0～200℃、200～350℃、350～500℃、500～650℃、650～800℃、800～950℃和 950～1100℃，处理后的最大误差在仪表设计精度范围之内。

标度变换公式如下：

$$T_{PV} = T_{min} + (T_{max} - T_{min})\frac{N_{PV} - N_{min}}{N_{max} - N_{min}} \tag{14-2}$$

式中，N_{PV}、T_{PV} 分别为某折线段 A/D 转换结果和相应的被测温度值；N_{min}、N_{max} 分别为该线段 A/D 转换结果的初值和终值；T_{min}、T_{max} 分别为该段温度的初值和终值。

图 14.14 给出了线性化处理的程序框图，程序首先判断属于哪一段，然后将相应段的参数代入公式，便可求得该段被测温度值。为区分线性化处理的折线段和程序控制曲线段，框图中的折线段转折点的温度用 $T_0' \sim T_7'$ 表示。

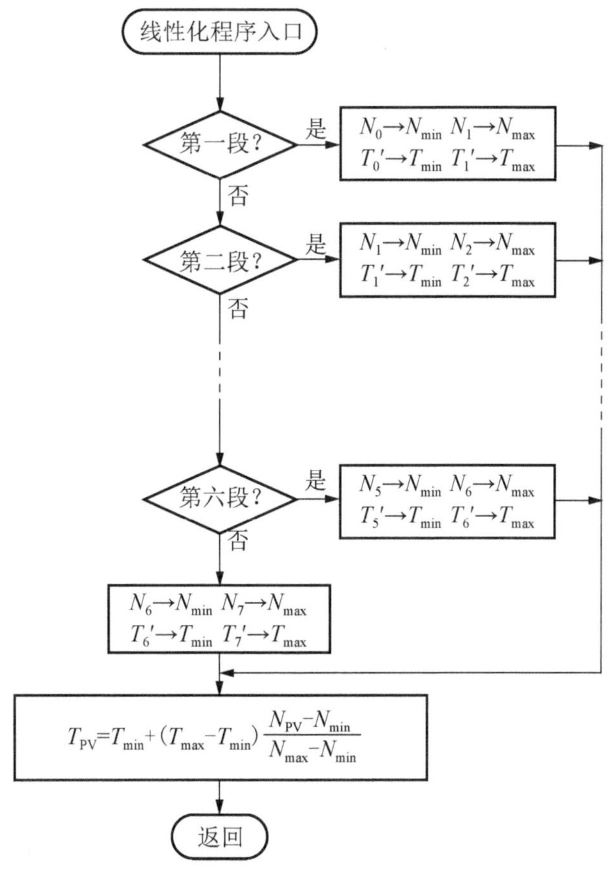

图 14.14　线性化处理的程序框图

仪表的第 1 通道是调节通道，其他通道不进行控制，故在求得第 2～4 通道的测量值后，即返回主程序。

计时模块的作用是求取运行总时间，以便确定程序运行至哪一段程序控制曲线段，何时输出开关量信号。

由于给定值随程序控制曲线而变，因此需随时计算当前的给定温度值，计算公式如下：

$$T_{SV}=T_i+(T_{i+1}-T_i)\frac{t-t_i}{t_{i+1}-t_i} \tag{14-3}$$

式中，T_{SV}、t 分别为当前的给定温度值和时间；T_i、T_{i+1} 分别为当前程序控制曲线段的给定温度初值和终值；t_i、t_{i+1} 分别为该段的给定时间初值和终值。

T_{SV} 的计算式虽然与上述线性化处理计算式的参数含义和运算结果不一样，但两者在形式上完全相同，故在计算 T_{SV} 时可调用线性化处理程序。

仪表控制算法采用不完全微分型 PID 控制算法，其传递函数如下：

$$\frac{U(s)}{E(s)}=\left(\frac{T_D S+1}{\frac{T_D}{K_D}S+1}\right)\left(1+\frac{1}{T_I S}\right)K_P \tag{14-4}$$

差分化后可得输出增量算式为

$$\Delta u(n)=K_P\left[u_D(n)-u_D(n-1)\right]+K_P\frac{T}{T_I}u_D(n) \tag{14-5}$$

其中：

$$u_D(n)=u_D(n-1)+\frac{T_D}{\frac{T_D}{K_D}+T}\left[e(n)-e(n-1)\right]+\frac{T}{\frac{T_D}{K_D}+T}\left[e(n)-u_D(n-1)\right] \tag{14-6}$$

上面各式中各参数的意义及计算输出值的程序框图参见控制算法。

程序控制仪的输出值(包括积分项)还需进行限幅处理，以防积分饱和，故可获得较好的调节品质。

14.2.2 变频调速控制器

1. 变频调速系统

目前，交流调速系统中应用范围最广、最有发展前途的是变频调速装置，由于其结构简单、运行可靠、节能效果显著，因而正逐步取代直流调速装置，应用于传动控制和各种变速系统中。

变频调速系统由整流滤波、主回路(逆变器)、控制器和故障检测等部分组成，如图 14.15(a)所示。

控制器是系统的核心，它产生脉宽调制(PWM)波形，驱动主回路中的功率开关管，输出正弦三相交流电，使电动机以规定转速运行。

在 PWM 方式中，正弦波脉冲宽度调制(SPWM)是基本的脉冲调制方式之一，其原理如图 14.15(b)所示。控制器输出脉冲的宽度是按正弦规律变化的，即各个矩形脉冲波下的面积接近于正弦波下的面积，这样主回路的输出电压就接近于正弦波。

2. 控制器功能和硬件配置

1) 控制器功能

变频控制器输出 PWM 波的频率由外控模拟电压或键盘设定，工作频率范围通常为 2～120Hz，精度为 0.5%；电压/频率曲线(相当于电动机负载特性)及频率变化斜率均可随意设定，以满足各种电气传动装置的需要，控制器还具有过载保护功能，当检测到过电压、过电流、短路等故障信号时，即能自动切断变频电源，从而保护主回路功率开关管和电动机免受损坏。

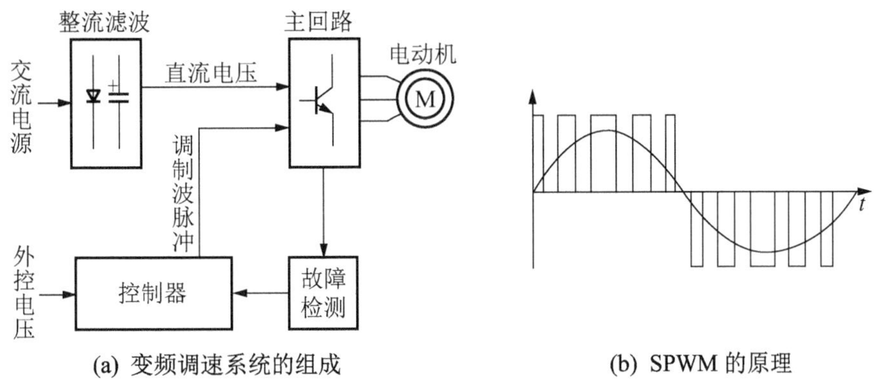

(a) 变频调速系统的组成　　(b) SPWM 的原理

图 14.15　变频调速系统

2) 硬件配置

硬件逻辑电路如图 14.15 所示。根据控制器实时处理速度和精度的要求，本系统选用 MCS-8098 准 16 位单片机作为主控部件，该芯片扩展少量外围器件便可构成完整的控制器电路。有关 MCS-8098 单片机的资料可查阅相关书刊或文献。

3. 变频算法和软件设计

1) 变频算法

变频调速软件的主要任务是求取调制波脉冲的宽度 τ_K，通常采用规则采样法，其算式如下。

A 相：

$$\tau_{KA}=\frac{T_c}{2}\left[1+M\cdot\sin(\omega t)\right] \tag{14-7}$$

B 相：

$$\tau_{KB}=\frac{T_c}{2}\left[1+M\cdot\sin(\omega t-120°)\right] \tag{14-8}$$

C 相：

$$\tau_{KC}=\frac{T_c}{2}\left[1+M\cdot\sin(\omega t-240°)\right] \tag{14-9}$$

式中，T_c 为采样周期(即载波脉冲周期)，其大小取决于运行频率；M 为调制系数，也随运行频率而变，它的变化规律由 V/F 曲线确定，M 值应限制在 1 以内。

规则采样法虽然简单实用，但在电源利用率和抑制谐波(谐波对电动机不利)方面存在问题。近年来人们曾提出多种优化方法，如改进的规则采样法、非线性采样法、空间电压矢量法等，试图提高变频调速系统的性能，已取得了一些效果。本控制器利用空间电压矢量概念推导了叠加 3 倍频的正弦波方法(推导从略)，即在上述算式中增加一项$\frac{1}{4}\sin(3\omega t)$。理论分析和实际运行表明，该方法能减少低次谐波，系统输出电压畸变小，电源利用率较高。

2) 软件设计

按变频调速控制器的功能，将系统软件设计成几个功能相对独立的模块，即主控模块、键盘中断模块、显示模块、软件定时中断模块和脉宽计算模块、外控模块及故障识别模块。这里着重介绍主控模块和软件定时中断模块。

主控模块完成系统初始化，包括可编程芯片的命令设置、运行参数和高速输入/输出部件置初值、故障识别与显示、运行状态的判断与控制，以及中断管理等，并调用外控模块、输入外控命令。其程序流程如图 14.16 所示。

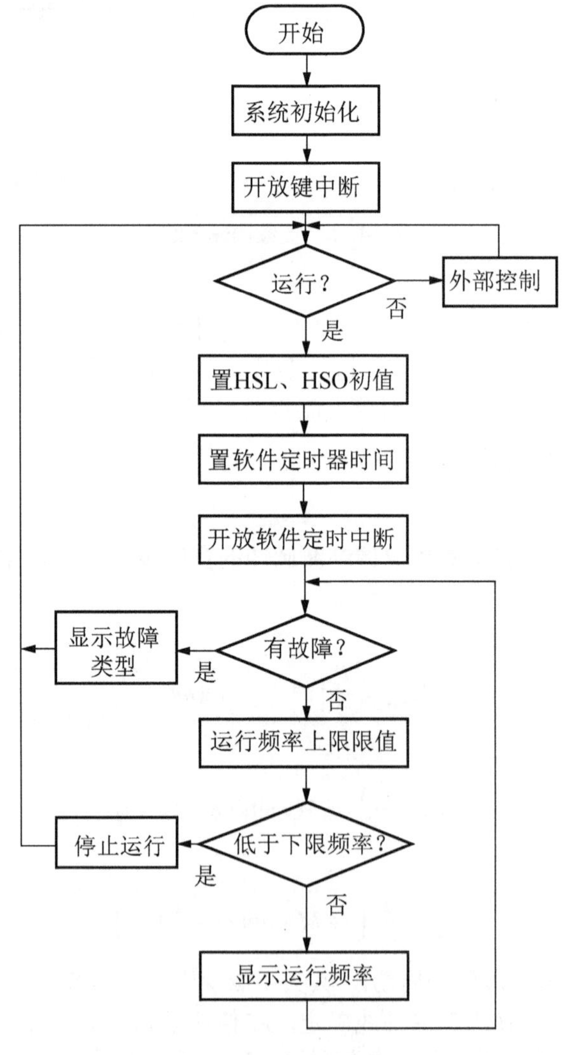

图 14.16 主控程序流程

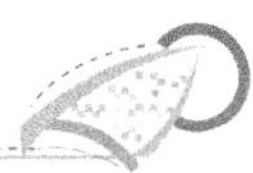

程序从 2080H 单元开始执行，在电动机启动前，若有键盘中断，则执行相应的服务程序，设置运行参数；运行后，若主回路无故障，则主控程序进入正常循环运行，在运行过程中不断响应软件定时中断，计算脉宽，并向主回路输出三相 PWM 波。

软件定时中断模块完成 PWM 波的生成和输出任务，程序流程如图 14.17 所示。本控制器是利用 8098 的高速输出部件 HSO 来实现这一功能的。从 HSO 的工作原理和脉冲的产生过程可知，要形成三相 PWM 波，需设置每一相脉冲的前沿时刻(由脉冲公式算得)和相应的命令，还要设置下一周期的起始和终止时间，软件定时中断程序完成一个三相 PWM 波的输出。由于 HSO 是以定时器 T1 为计时基准的，因此脉冲的前后沿时刻应是定时器时间值的偏移量。

根据上述要求，产生三相调制波脉冲总共需三路 HSO(HSO0～HSO2)和一个软件定时器，程序定时将脉冲输出命令和前后沿时刻传送到 HSO 的有关寄存器中，从而在 HSO0、HSO1 和 HSO2 端连续输出 A、B、C 三相 PWM 脉冲信号。

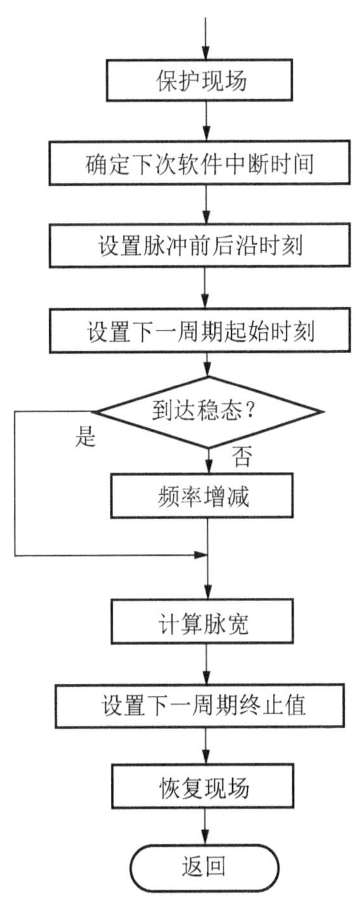

图 14.17　软件定时中断程序流程

14.2.3　多通道 pH 控制器

在抗菌素、胰岛素等生物制品的生产过程中，pH 的精确控制对于保证制品质量和提高生产效率是极为重要的。由于生产过程中 pH 的变化具有严重的非线性特性，即在中和点(pH=7)附近具有极高的灵敏度，而在此区域之外灵敏度大为降低，因此，对 pH 的控制存在一定的困难。

人们曾使用多种方法，例如，采用增益可变的非线性调节器(包括可编程调节器)或变结构控制系统来解决这一难题，取得了一定的效果。本控制器采用具有可调不灵敏区的时间比例调节规律，通过继电器的开关动作(驱动阀门)控制中和剂(酸和碱)的加入量，达到控制 pH 的目的。

1. *设计要求*

对 pH 控制器的测量、控制要求如下。

(1) 通道数：四通道，相互隔离。

(2) 输入信号：1～5V，4～20mA，DC(相当于 0～14.00pH)。

(3) 输出信号：继电器开关信号。

(4) 设定值范围：100%FS。

(5) 控制误差：<0.1pH。

(6) 显示：$3\frac{1}{2}$位 pH，2 位特征值。

(7) 上、下限报警：可任意设定。

(8) 调节方式：时间比例。

(9) 调节参数：比例带δ为 0～9.99pH，不灵敏区 NSB 为 0～9.99pH，周期 CP 为 0～999s，最大接通时间 FS 为 0～999s。

(10) 通信方式：串行 RS-232C(或 RS-422)。

该控制器可作为小型集散系统中的现场级控制仪表。

2. 硬件组成

本仪表硬件结构与温度程序控制仪类似，两者区别是图 14.3 中的 6116 换成 EEPROM2816；键盘、显示器接口芯片改用 8279。整个电路分为主机电路、输入通道、输出通道、键盘显示模块和通信模块 5 个部分。输入通道的 A/ D 转换器为 MC14433。开关量输出信号经 5G1413 驱动电路吸放继电器。

3. 控制特性

如前所述，仪表采用时间比例调节规律，控制特性如图 14.18 所示(设 SP=7pH)。

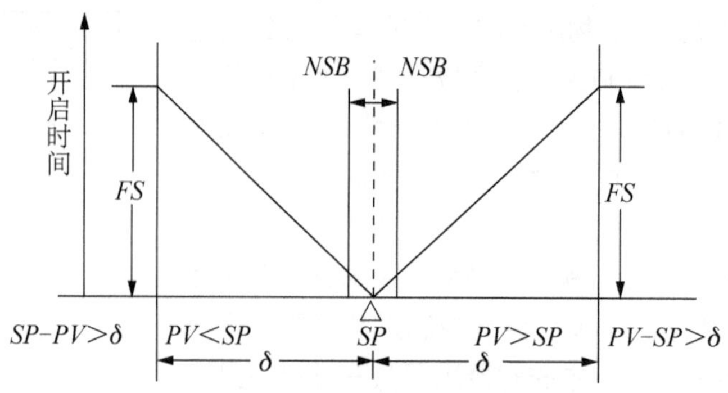

图 14.18　仪表控制特性

当$|PV-SP|>\delta$时，阀门开闭时间比最大，此时开启时间为 FS；当$|PV-SP|\leqslant\delta$时，阀门开闭时间比同偏差有关，此时开启时间为$(|PV-SP|/\delta)FS$；当$|PV-SP|\leqslant NSB$时，阀门开闭时间比为零，即阀门全关。

由图 14.18 可知，控制特性的斜率由 FS 和δ决定。设置不灵敏区 NSB 的目的是防止过调现象。δ、NSB、FS 等参数的大小与对象特性和中和剂(酸或碱)的强弱有关。

4. 软件设计

整个仪表软件由监控程序和中断服务程序两大部分组成，各程序的流程如图 14.19～图 14.21 所示。

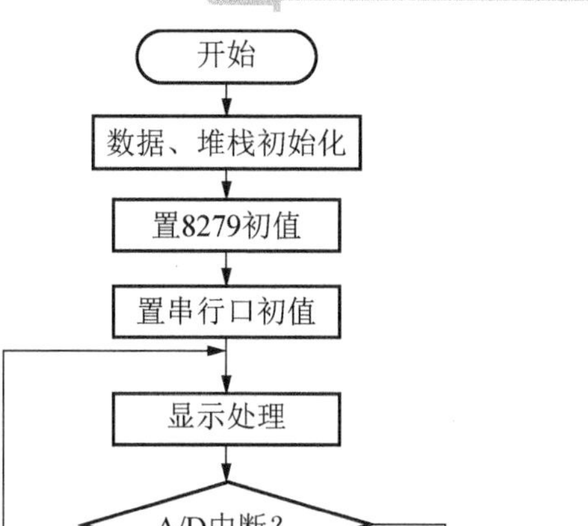

图 14.19　监控程序流程

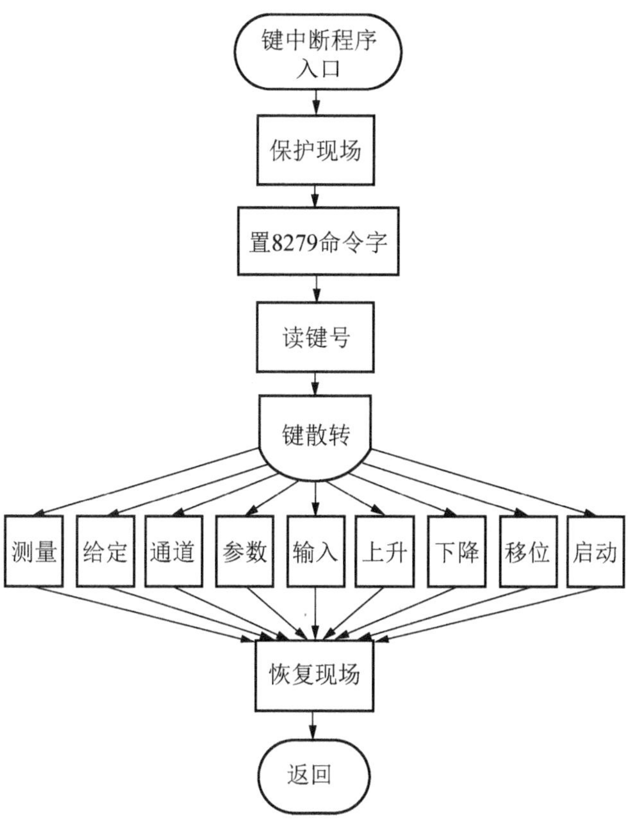

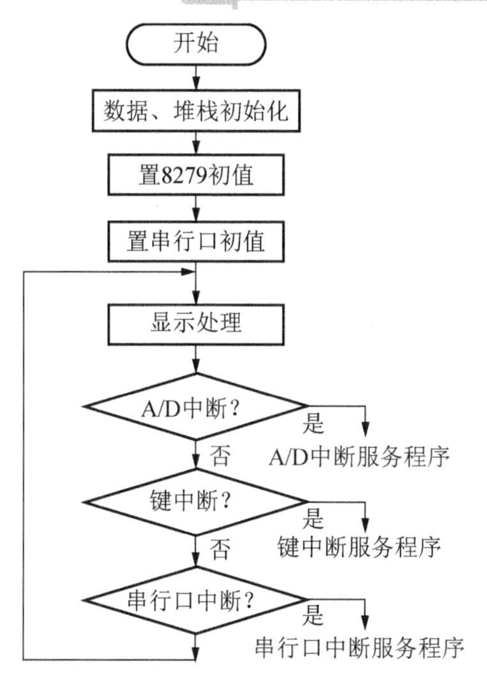

图 14.20　键中断服务程序流程

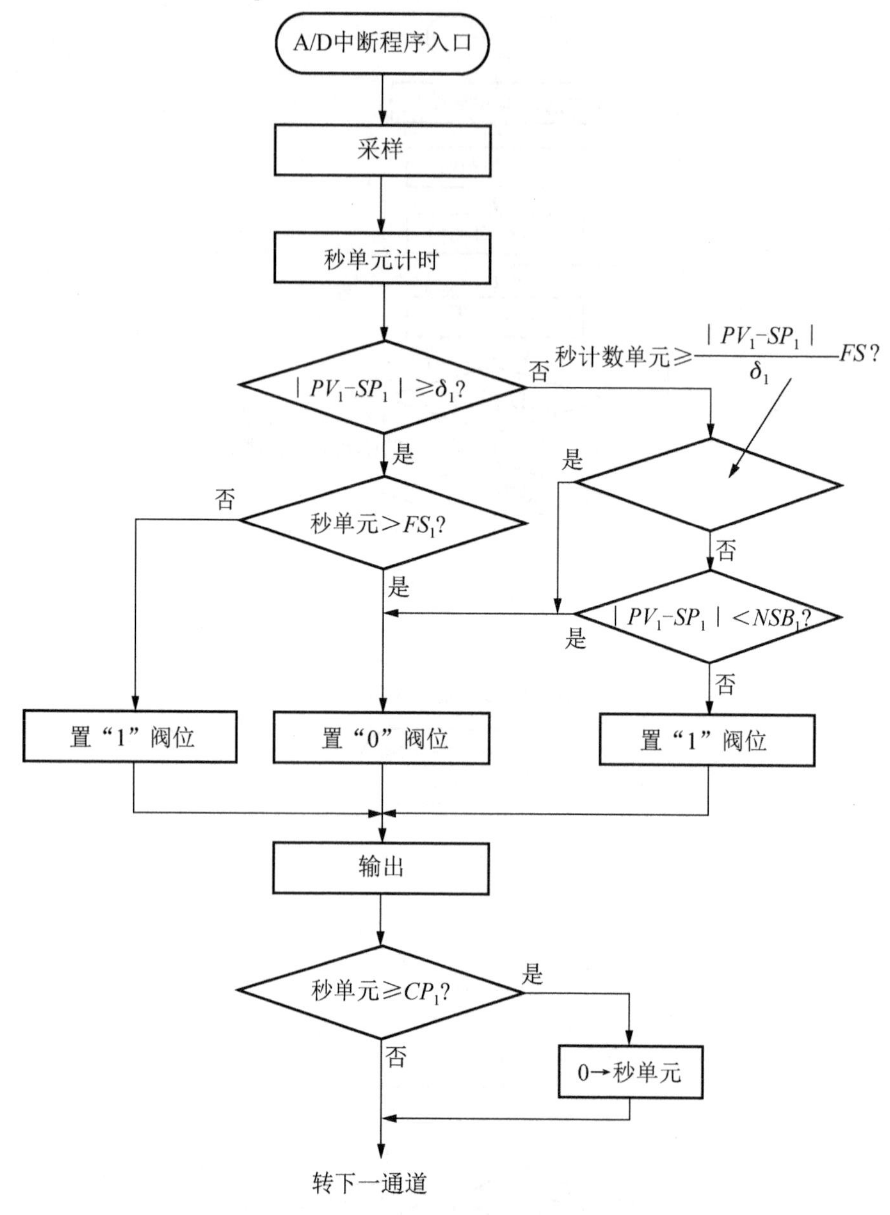

图 14.21 采样和控制程序流程

1) 监控程序

监控程序中初始化模块包括数据堆栈初始化和可编程器件 8279、串行口的初始化。显示处理模块的作用是根据按键的命令将相应的数据存入 8279 的显示 RAM 中，以便显示各种参数，同时确定数据位的闪动与否。

监控程序在执行上述模块的同时等待键盘、A/D 或串行口的中断请求，以便主机响应中断后转入相应的服务子程序，执行完毕后返回主程序。

2) 中断服务程序

键中断服务程序的功能是从 8279 的 FIFO 中读取键号，并转入相应的键处理程序，如

图 14.20 所示，以完成通道选择、参数显示、设定数据和启动等任务。

A/D 中断服务程序完成数据采集和控制输出。8031 从 14433 读取 A/D 转换结果，经工程量变换后存入显示单元。采入一个数据需 0.25s，四通道采集完毕，秒计数单元加 1，以此作为系统定时基准。控制输出部分的工作程序按偏差大小，定时将阀门开启或关闭，以实现时间比例控制的要求。

串行口中断服务程序完成数据通信任务。8031 采用中断方式接收和发送数据。串行口设置为工作方式 3，由第 9 位判断地址或数据。当本仪表与上位计算机送出的地址码一致时，就发出应答信号给上位计算机，从而与上位计算机联络沟通，同时将 0 送入控制位 SM2。接着 8031 接收来自上位计算机的数据或命令，再向上位计算机发送数据。

14.3 仪表调试

调试的目的是排除硬件和软件的故障，使研制的样机符合预定设计指标。本节就智能仪表研制中常见的故障和调试方法做概要的叙述。

14.3.1 常见故障

在智能仪表的调试过程中，经常出现的故障有下列几种：

(1) 线路错误。硬件的线路错误往往是在电路设计或加工过程中造成的。这类错误包括逻辑出错、开路、短路、多线粘连等。其中短路是最常见且较难排除的故障。智能仪表体积一般都比较小，印制板的布线密度很高，由于工艺原因，经常造成引线与引线之间的短接。开路则常常是由于金属孔不好，或插接件接触不良造成的。

(2) 元器件失效。元器件失效的原因有两个方面：一是元器件本身损坏或性能差，如电阻、电容、电位器、晶体管和集成电路的失效或技术参数不合格；二是装接错误造成的元件损坏，如电解电容、二极管、晶体管的极性错误，集成块安装方向颠倒等。此外，电源故障(电压超出正常值、极性接错、电源线短路等)，也可能损坏器件，对此须予以特别注意。

(3) 可靠性差。样机不稳定即可靠性差的因素如下：焊接质量差、开关或插件接触不良所造成的时好时坏，滤波电路不完善(如各电路板未加接高、低频滤波电容)等因素造成的仪表抗干扰性能差，器件负载超过额定值引起逻辑电平的不稳定，以及电源质量差、电网干扰大、地线电阻大等原因导致仪表性能的降低。

(4) 软件错误。软件方面的问题往往是由于程序框图或编码错误造成的。对于计算程序和各种功能模块要经过反复测试后，才能验证它的正确性。有些程序，如输入程序、输出程序要在样机调试阶段才能发现其故障所在。

有的软件错误比较隐蔽，容易被忽视，如忘记清“进位位”；有的故障查找起来往往很费时，如程序的转移地址有错、软件接口有问题、中断程序中的错误等。

此外，判断错误属于软件还是硬件，也是一件困难的事情，这就要求研制者具有丰富的微机硬件知识和熟练的编程技术，才能正确断定错误的起因，迅速排除故障。

14.3.2 调试方法

调试包括硬件调试、软件调试和样机联调，调试流程如图 14.22 所示。

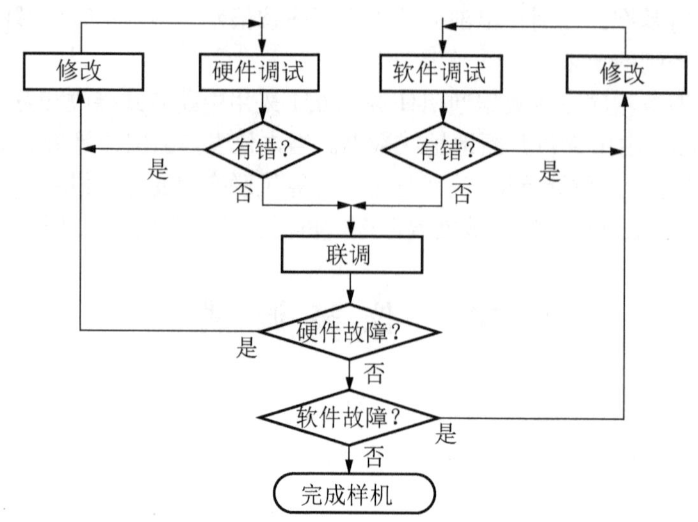

图 14.22 智能仪表调试流程

由于硬件和软件的研制是相对独立地平行进行的，因此软件调试在硬件完成之前，而硬件是在无完整的应用软件情况下进行调试的。它们需要借助另外的工具为之提供调试的环境。硬件、软件分调完毕，还要在样机环境中运行软件，进行联调。在调试中找出缺陷，判断故障源，对硬件、软件进行修改，反复进行这一过程，直至确定没有错误之后，才能进入样机研制的最后阶段，即固化软件、组装整机、全面测试样机性能并写出技术文件。

调试可分静态调试和动态调试两个步骤进行。

1. *静态调试*

静态调试的流程如图 14.23 所示。集成电路元器件未插上电路板之前，应该先利用蜂鸣器或欧姆表仔细检查线路。在排除所有的线路错误之后，再接上电源，并用电压表测试加在各个集成电路器件插座上的电压，特别要注意电源的极性和量程。

插入集成电路元器件的操作必须在断电的情况下进行，而且要仔细检查插入位置和引脚是否正确，正确无误后再通电。如果发现某器件太热、冒烟或电流太大等，应马上切断电源，查找故障。为谨慎起见，元器件的插入可以分批进行，逐步插入，以避免大面积损坏元器件。

元器件插入电路并通电之后，便可用示波器检查噪声电平、时钟信号和电路中其他脉冲信号，还可利用逻辑测试笔测试逻辑电平，用电压表测量元器件的工作状态等。如果发现异常，应重新检查接线，直至符合要求，才算完成了静态测试。

通过检查线路来排除故障并不困难，但很浪费时间，必须十分仔细，反复校核，才能查出错误。

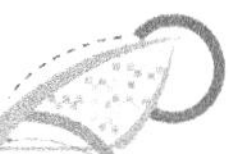

用蜂鸣器、欧姆表检查线路

所有线路是否均已检查?

否

是

检查原因

不插IC片通电检查每个IC插座电压是否正常?

否

是

断电、检查原因

插入IC片通电检查是否有器件太热或冒烟?

是

否

检查逻辑电平是否正常?

否

是

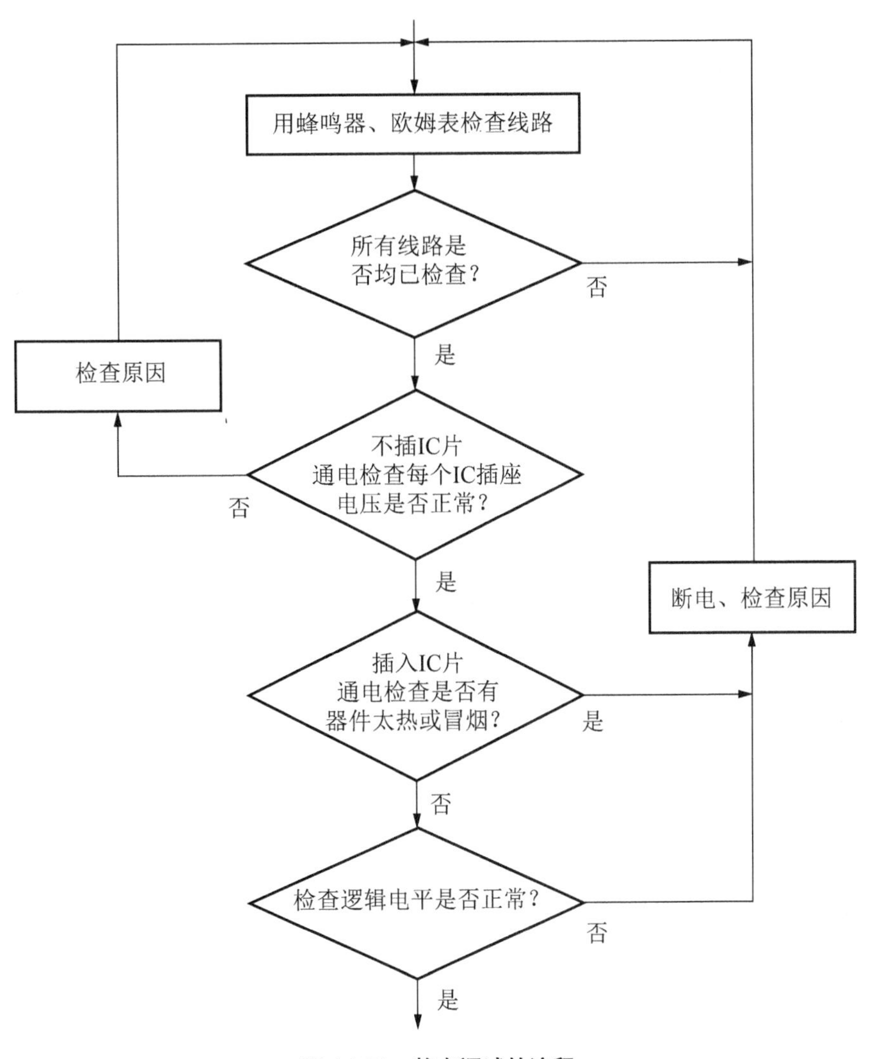

图 14.23　静态调试的流程

2. 动态调试

通过静态调试排除故障之后，就可进行动态调试。进行动态调试的有力工具是联机仿真器。如果没有这种工具，也可使用其他方法，如利用单板机或个人计算机进行调试。

1) 通过运行测试程序对样机进行测试

预先编制简单的测试程序，这些程序一般由少数指令组成，而且具有可观察的功能，即测试者能借助适当的硬件观察到运行的结果。例如，检查微处理器时，可编制一个自检程序，让它按预定的顺序执行所有的指令。如果微处理器本身有缺陷，便不能按时完成操作，此时，定时装置自动发出报警信号。

研制人员可以编制一个连续对存储单元读写的程序，使机器处于不停的循环状态。这样就可以用示波器观察读写控制信号、数据总线信号和地址信号，检查系统的动态运行情况。

从一个输入口输入数据，并将它从一个输出口输出，可用来检验 I/O 接口电路。利用 I/O 测试程序可测试任意输入位，如果某一输入位保持高电平，则经过测试程序传送后，对应的输出位也应为高电平，否则，说明样机的 I/O 接口电路或微处理器存在故障。

总之，研制人员可根据需要编制各种简单的测试程序。在简单的测试通过之后，便可尝试较复杂的调试程序或应用程序，在样机系统中运行，排除种种故障，直至符合设计要求为止。

采用上述办法时，把测试程序预先写入 EPROM 或 EEPROM 中，再插入电路板让 CPU 执行，也可借助计算机和接口电路来测试样机的硬件和软件。

2) 对功能块分别进行调试

对于较复杂样机的调试，可以采用“分而治之”的办法，首先把样机分成若干功能块，如主机电路、过程通道、人机接口等，分别进行调试，然后按先小后大的顺序逐步扩大，完成对整机的调试。

对于主机电路，测试其数据传送、运算、定时等功能是否正常，可通过执行某些程序来完成。例如，检查读写存储器时，可先将位图形信号(如 55H、AAH)写入每一个存储单元，然后读出它，并验证 RAM 的写入和读出是否正确。检查 ROM 时，可在每个数据块(由 16 字节、32 字节、64 字节、128 字节和 256 字节组成)的后面加上 1B 或 2B 的“校验和”。执行一测试程序，从 ROM 中读出数据块，并计算它的“校验和”，然后与原始的“校验和”比较。如果两者不符，说明器件出了故障。

调试过程输入通道时，可输入一标准电压信号，由主机电路执行采样输入程序，检查 A/D 转换结果与标准电压值是否相符；调试输出通道可测试 D/A 电路的输出值与设定的数字值是否对应，由此断定过程通道工作正常与否。

调试人机接口(键盘、显示器接口)电路时，可通过执行键盘扫描和显示程序来检测电路的工作情况，若键输入信号与实际按键情况相符，则电路工作正常。

3) 联机仿真

联机仿真是调试智能仪表的先进方法。联机仿真器是一种功能很强的调试工具，它用一个仿真器代替样机系统中实际的 CPU。使用时，将样机的 CPU 芯片拔掉，用仿真器提供的一个 IC 插头插入 CPU(对单片机系统来说就是单片机芯片)的位置。对样机来说，它的 CPU 虽然已经换成了仿真器，但实际运行工作状态与使用真实的 CPU 并无明显差别，这就是所谓“仿真”。由于联机仿真器是在开发系统控制下工作的，因此可以利用开发系统丰富的硬件和软件资源对样机系统进行研制和调试。

联机仿真器还具有许多功能，包括检查和修改样机系统中所有的 CPU 寄存器和 RAM 单元；能单步、多步或连续地执行目标程序，也可根据需要设置断点，中断程序的运行；可用主机系统的存储器和 I/O 接口代替样机系统的存储器和 I/O 接口，从而使样机在组装完成之前就可以进行调试。另外联机仿真器还具有一种往回追踪的功能，能够存储指定的一段时间内的总线信号，这样在诊断出错误时，通过检查出错之前的各种状态信息，可以很方便地去寻找故障的原因。

思考与练习

1．简单阐述智能仪表设计的主要流程及注意事项。

2．说明仪表调试过程中常见的故障及解决方法。

3．分别说明仪表静态调试及动态调试流程。

4．智能仪表是如何对温度进行补偿的？

5．某温度控制装置要求温度上升速度为 5℃/min，温度控制误差小于 0.5℃。试问该装置中的 A/D 转换器是否可以采用 14433 组件，简要说明理由。

第15章 虚拟仪器技术及应用

由于虚拟仪器结构形式的多样性和使用领域的广泛性，因此目前对于虚拟仪器这一概念的表述比较多，还没有统一的定义。广义地讲，基于计算机的数字化数据采集、测试、分析系统就称为虚拟仪器。更简单地说，基于计算机的自动测试仪器系统即是虚拟仪器，它实际上更多的是一种“概念性”的仪器。

教学要求：掌握虚拟仪器的概念与分类、系统组成与结构及虚拟仪器软件开发平台。

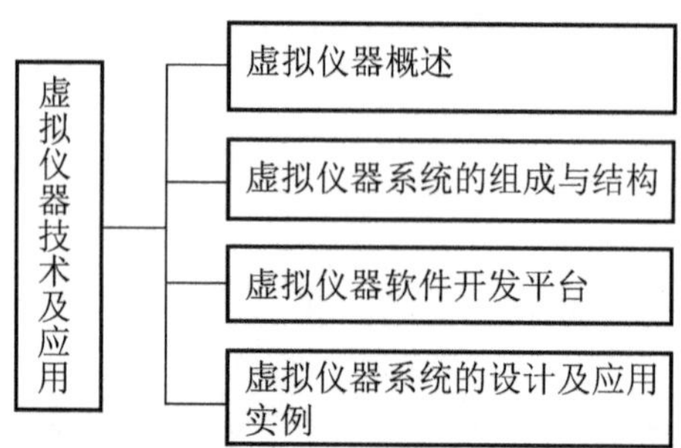

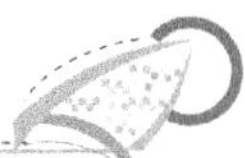

15.1　虚拟仪器概述

15.1.1　虚拟仪器的定义

虚拟仪器(Virtual Instruments，VI)最早是美国国家仪器公司(National Instruments，NI)于 1986 年提出的。“虚拟”的含义实际上强调了软件在该类仪器中的作用，也体现了虚拟仪器与主要通过硬件实现仪器功能的传统仪器的主要不同点。正因为虚拟仪器是基于计算机的仪器测试系统，所以导致了虚拟仪器与传统仪器在结构、组成、功能等方面的不同。由于虚拟仪器结构形式的多样性和使用领域的广泛性，因此目前对于虚拟仪器这一概念的表述比较多，还没有统一的定义。广义地讲，基于计算机的数字化数据采集、测试、分析系统称为虚拟仪器。更简单地说，基于计算机的自动测试仪器系统即是虚拟仪器，它实际上更多的是一种“概念性”的仪器。图 15.1 给出了一般意义上的虚拟仪器系统结构。就某特定的虚拟仪器而言，其结构可能是图 15.1 所示系统结构中的一种形式。不同类型结构的虚拟仪器有不同的性能特性和使用场合，因此虚拟仪器的使用有一定的行业特性，如航天测控领域使用比较多的是 VXI 等总线类的虚拟仪器，这是因为这类虚拟仪器能够满足该领域应用对稳定性、可靠性和功能等方面的特殊要求，一般在实验室，使用比较多的是 PC 总线的虚拟仪器系统。

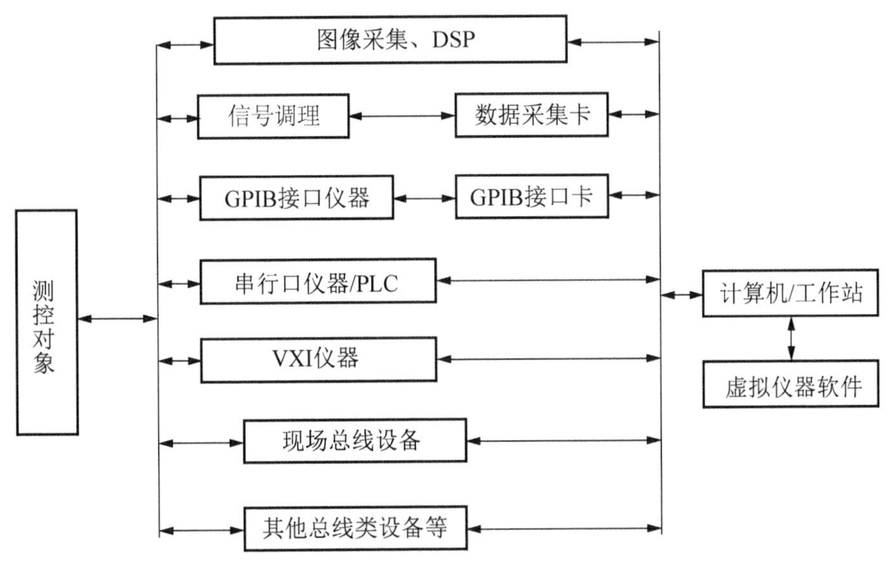

图 15.1　虚拟仪器的构成框图

虚拟仪器利用计算机强大的软件、硬件资源，并根据用户需求定义和设计仪器系统，以满足所需的测试功能。由于计算机系统有强大的数据处理能力，因此虚拟仪器系统能容易地完成对仪器的数据采集、控制、分析、存储、结果显示与输出等，并可以完成一些高级的自诊断功能。另外，可视化软件开发系统的出现，使用户可以建立友好生动的虚拟仪器面板，而集成在虚拟仪器软件中的在线帮助功能又能给操作者提供及时的帮助和指导，使得虚拟仪器的操作使用十分容易。虚拟仪器可代替传统仪器，改变传统仪器的使用方式，提高仪器的功能和使用效率，改善仪器的性价比，使用户可以根据自己的需要灵活地组态和配置自己的仪器系统和功能。由于虚拟仪器的功能主要通过软件来实现，因此虚拟仪器的功能可以做到模块化，易于扩展、升级和维护。虚拟仪器可在相同的硬件系统上，通过不同的软件配置实现功能完全不同的各种测量仪器，即软件系统是虚拟仪器的核心，软件可以定义各种仪器，因此可以说“软件即仪器”(The software is the instrument)。和其他测量仪器一样，虚拟仪器在功能上主要由数据采集与控制、数据测试和分析、结果输出及显示 3 部分组成，还可以具体细分为以下几点：

(1) 系统配置与初始化。

(2) 数据采集、控制，具有设置 A/D 采样时间、同步、预触发等复杂功能。

(3) 数据分析与处理，包括时域分析与频域分析等功能，如频谱分析、相关(自相关、互相关)分析、统计分析等功能。

(4) 数据存储与管理。

(5) 分析结果显示与输出。

(6) 网络功能。

(7) 在线帮助功能，虚拟仪器不仅具有良好的人机界面，更重要的是它还具有生动的人机交互功能。虚拟仪器操作人员随时可以获得相关的操作帮助、系统信息提示等。随着多媒体技术的发展，虚拟仪器系统可以做到更加人性化。

此外，对某些特定应用的虚拟仪器系统，还应该具有智能诊断和决策功能。虽然虚拟仪器系统可以采集到大量的数据，但如何将这些数据转换为有用的信息，并最终转换为有用的知识，已成为虚拟仪器系统开发必须关注的内容。

15.1.2 虚拟仪器与传统仪器的比较

【虚拟仪器与传统仪器对比】

伴随着信息技术的发展，特别是大规模集成电路技术、计算机软硬件技术、测试技术、网络技术等的发展，电子仪器经历了从传统仪器到虚拟仪器的发展过程。传统仪器主要包括模拟仪器、数字化仪器和智能仪器等。

虚拟仪器在发展过程中，不断吸取最新 PC 技术、测试技术(如 VXI/PXI 功能模块仪器)、网络技术、软件技术(如 ActiveX、COM、DCOM)及传统仪器的优点。因此，虚拟仪器与传统仪器的应用领域既有交叉又有不同。虽然在对速度和带宽要求较高的专业测试领域，传统仪器具有较大的优势；但虚拟仪器具有强大的运算和数据处理能力，既能适应复杂环境下的测试，也能完成对复杂过程的测试。与传统仪器相比，虚拟仪器有许多新的特性。

(1) 虚拟仪器的智能性大大增强。由于虚拟仪器系统基于计算机丰富的软件、硬件资源和强大的数据处理能力，因此在虚拟仪器系统中不仅可以实现大量的自诊断、自校正等功能，提高仪器的可操作性，还可以实现复杂的神经、模糊、专家系统等软计算(Soft Computing)功能，极大地提高仪器对信号的分析、处理和综合能力。

(2) 融合了计算机强大的硬件资源。虚拟仪器突破了传统仪器在数据处理、显示、存储等方面的限制，大大增强了传统仪器的功能。

(3) 利用了计算机丰富的软件资源。一方面，虚拟仪器实现了部分仪器硬件的软件化，节省了物质资源，增加了系统灵活性；另一方面，通过软件技术和相应数值算法，实时、直接地对测试数据进行各种分析与处理；此外，通过图形用户界面(Graphical User Interface，GUI)技术，可真正做到界面友好、人机交互。

(4) 基于计算机总线和模块化仪器总线。虚拟仪器硬件实现了模块化、系列化，大大缩小系统尺寸，可方便地构建模块化仪器(Instrument on a Card)。

(5) 基于计算机网络技术和接口技术。虚拟仪器具有方便、灵活的互联能力，广泛支持如 CAN、LonWorks、Profibus 等多种工业总线标准。因此，利用虚拟仪器技术可方便地构建大型分布式自动测试系统，实现网络化和分布式测试，不仅可以提升系统功能，还可以提高系统的可靠性和可维护性。

(6) 基于计算机的开放式标准体系结构。虚拟仪器的硬件、软件都具有开放性、模块化、可重复使用及互换性等特点。因此，用户可根据自己的需要，选用不同厂家的产品，使仪器系统的开发更为灵活，效率更高，缩短了系统组建时间。

(7) 虚拟仪器系统升级和更新周期短、成本低。计算机技术的发展促进了虚拟仪器技术的出现和发展。因此从理论上讲，虚拟仪器可以和计算机软件、硬件的升级同步进行，而传统仪器技术更新周期长，仪器升级过程工作量很大，成本高。

总之，虚拟仪器系统概念是对传统仪器概念的重大突破，是仪器仪表工业新的里程碑。它是在对大规模、自动化、智能化电子测控系统的需求愈发迫切的形势下，将仪器技术、计算机软件与硬件技术、网络技术和通信技术等有机结合的产物。目前虚拟仪器技术发展非常迅速，成为国内外测试技术界和仪器制造界十分关注的话题。虚拟仪器技术所走的是一条标准化、开放性、多厂商的技术路线，经过十多年发展，正沿着总线与驱动程序的标准化、硬件/软件的模块化、硬件模块的即插即用、编程平台的可视化等方向发展。随着计算机网络技术、多媒体技术、分布式技术等的飞速发展，融合了计算机技术的虚拟仪器技术的内容会更加丰富。

15.1.3　虚拟仪器的分类

目前，虚拟仪器有两类：一类是基于 PC 的仪器，它由 PC、能插入 PC 机箱的插卡或模块，以及相关测试软件(如 LabVIEW、LabWindows/CVI、HP-VEE、TestPoint 等)构成，如基于 PC 的示波器、任意波形发生器、波形分析仪、函数发生器、逻辑分析仪、电压表和数据采集产品等；另一类虚拟仪器是基于 VXI 和 Compact PCI/PXI 模块的测试系统，如用于生产测试的高性能专用测试系统、数据采集系统和自动测试设备(Automatic Test Equipment，ATE)等。虚拟仪器通常可分为 6 种类型。

第一类：PC 总线——插卡型虚拟仪器。

这种方式借助插入计算机内的数据采集卡与专用的软件(如 LabVIEW)来完成测试任务。它充分利用计算机总线、机箱、电源及软件的便利。其性能主要取决于 A/D 转换技术等。

当然，由于受 PC 机箱和总线的限制，且电源功率不足，在机箱内部的噪声电平较高，插槽数目不多，插槽尺寸较小，机箱内无屏蔽等限制，再加上现有计算机主板几乎不再配置ISA总线的情况，限制了价格低廉的ISA总线I/O卡件的使用。然而，由于插卡式仪器价格较低、用途广泛，特别适合于教学部门和各种实验室使用。

第二类：并行口式虚拟仪器。

并行口式虚拟仪器是最新发展的一系列可连接到计算机并行口的测试装置。它们把硬件集成在一个采集盒里或一个探头上，把软件装在计算机上。这类虚拟仪器通常可以完成各种虚拟仪器的功能，典型的有LINK公司的DSO-21××系列数字示波器。这类虚拟仪器的最大好处是既可与笔记本式计算机相连，方便野外作业，又可与台式PC相连，实现台式和便携式两用，非常方便。

第三类：通用接口总线方式的虚拟仪器。

通用接口总线(General Purpose Interface Bus，GPIB)，是计算机和仪器间的标准通信协议。GPIB的硬件规格和软件协议已纳入国际工业标准IEEE 488.1和IEEE 488.2。

GPIB是最早的仪器总线，目前多数仪器都配置了遵循IEEE 488的GPIB接口。它的出现使电子测量由独立的单台手工操作向大规模自动测试系统发展，典型的GPIB系统由一台PC、一块GPIB接口卡和若干台GPIB形式的仪器通过GPIB电缆连接而成。在标准情况下，一块GPIB接口卡可接入多达14台仪器，电缆长度可达20m。在价格上，GPIB仪器既有比较便宜的仪器，又有异常昂贵的仪器。但是GPIB的数据传输速度一般低于500Kbit/s，不适合对系统速度要求较高的应用。GPIB技术允许用计算机实现对仪器的操作和控制，从而替代传统的人工操作方式；也可以方便地把多台仪器组合起来，形成大规模的自动测量系统。通常GPIB测量系统的结构和命令简单、造价较低，主要市场在台式仪器市场，适合于要求高的精确度，但不要求有大量数据传输时的应用。

第四类：VXI总线方式虚拟仪器。

VXI(VMEbus eXtension for Instrumentation)是VME总线在仪器领域的扩展，是1987年在VME总线、Eurocard标准(机械结构标准)和IEEE 488等的基础上，由主要仪器制造商共同制定的开放性仪器总线标准。它是VME总线在虚拟仪器领域的扩展，具有稳定的电源，强有力的冷却能力和严格的射频干扰/电磁干扰(RFI/EMI)屏蔽。由于它具有标准开放、结构紧凑、数据吞吐能力强、定时和同步精确、模块可重复利用、众多仪器厂家支持等优点，因此很快得到了广泛应用。VXI系统最多可包含256个装置，主要由主机箱、零槽控制器、具有多种功能的模块仪器和驱动软件、系统应用软件等组成。VXI系统中各功能模块可随意更换，并通过即插即用方式组成新系统。因此采用VXI技术还可以解决由于技术进步而造成的测试设备过时或更新换代问题。VXI模块化仪器大体上可分为信号源(模拟或数字信号源)、测量模块(包括电压/电流、频率/时间/相位、功率等模拟量测量，A/D或D/A等各种数字测试产品)、射频和微波产品、电源/电子负载。目前，国际上有两个VXI总线组织：①VXI联盟，负责制定VXI的硬件(仪器级)标准规范，包括机箱背板总线、电源分布、冷却系统、零槽模块、仪器模块的电气特性、机械特性、电磁兼容性及系统资源管理和通信规程等内容；②VXI总线即插即用(VXI Plug&Play，VPP)系统联盟，其宗旨是通过制定一系列VXI的软件(系统级)标准来提供一个开放性的系统结构，真正实现VXI总线产品的“即插即用”。

这两套标准组成了VXI的标准体系，实现了VXI的模块化、系列化、通用化及VXI

仪器的互换性和互操作性。VXI 价格相对较高，主要适用于尖端的测试领域。

经过十多年的发展，VXI 系统的组建和使用越来越方便，尤其在组建大、中规模自动测量系统及对速度、精度要求高的应用场合，有其他仪器无法比拟的优势。然而，组建 VXI 总线对硬件要求较高，系统造价也比较高。VXI 总线仪器一般作为军工、航空、航天等领域测控应用的首选仪器总线，而在其他领域使用相对较少。目前绝大部分模块化仪器采用 VXI 总线技术。据统计，全世界可用的 VXI/PXI 模块化仪器有 1500 多种，并且正以每年 150～200 种的速度增加。

第五类：PXI 总线方式的虚拟仪器。

PXI(PCI eXtension for Instrumentation)是 PCI 在仪器领域的扩展，是 NI 公司于 1997 年发布的一种新的开放性、模块化仪器总线规范。其核心是 Compact PCI 结构和 Microsoft Windows 软件。PXI 是在 PCI 内核技术上增加了成熟的技术规范和要求形成的。PXI 增加了用于多板同步的触发总线和参考时钟、用于精确定时的星形触发总线，以及用于相邻模块间高速通信的局部总线等，来满足试验和测量用户的要求。PXI 兼容 Compact PCI 机械规范，并增加了主动冷却、环境测试(温度、湿度、振动和冲击试验)等要求。这样一来，可保证多厂商产品的互操作性和系统的易集成性。PXI 具有高度的可扩展性，提供 8 个扩展槽；而台式 PCI 系统只有 3～4 个扩展槽，通过使用 PCI-PCI 桥接器，可扩展到 256 个扩展槽。因此，台式 PC 的性价比优势和 PCI 总线面向仪器领域的必要扩展结合起来，将形成未来主流的虚拟仪器平台。

第六类：现场总线方式的虚拟仪器系统。

针对一些大型系统数据采集点多、地理分散的特点，若采用上述几种方式构建虚拟仪器系统代价必然很高。现场总线技术的发展及其在测控领域中的广泛应用使采用现场总线方式构建虚拟仪器系统成为可能。由于现场总线种类繁多，可依据具体应用选取合适的现场总线来构建虚拟仪器系统。

总之，计算机领域的每一次技术进步都给仪器界带来了变化。计算机的总线技术从 ISA、VME 到 PCI，测试仪器从 GPIB 总线、VXI 总线到 PXI，从而产生了 GPIB、VXI 和 PXI 等不同类型的虚拟仪器系统。近年来，从事虚拟仪器开发的厂家和公司开始将和 IEEE 1394 串行总线用于虚拟仪器开发，这一方面是因为虚拟仪器系统的主机通常采用 PC，而目前 PC 几乎都配置有 USB 接口，另外配置 IEEE 1394 总线接口的计算机也越来越多；另一方面是因为具有 USB 接口的产品越来越多。微软公司的 Windows 98 全面支持 USB 总线，Windows CE 和 Windows 2000/XP 也都广泛支持 USB，Sun 公司和 Digital 公司的产品也已经支持 USB。但是，USB 总线目前只限于用在较简单的测试系统中，当采用虚拟仪器组建自动测试系统时，更有前途的是采用 IEEE 1394 串行总线，这是因为 IEEE 1394 是一种高速串行总线，能够以 100Mbit/s、200Mbit/s 或 400Mbit/s 等速率传送数据，显然会成为虚拟仪器发展有前途的总线之一。

15.1.4　虚拟仪器产品的国内外发展和应用状况

虚拟仪器利用 PC 强大的图形环境和在线帮助功能，建立类似计算机图形界面的虚拟仪器面板，完成对仪器的控制、数据分析与显示，代替传统仪器并改变传统仪器的使用方式，提高仪器的功能和使用效率，大幅度降低仪器的价格，使用户可以根据自己的需要定义仪器的功能。虚拟仪器可以广泛应用于电子测量、电力工程、物矿勘探、医疗、振动分析、声学分析、故障诊断及教学科研等多方面。国际上从 1988 年开始陆续有虚拟仪器产品面市，当时有 5 家制造商推出了 30 种产品。此后，虚拟仪器产品成倍增加，到 1994 年年底，虚拟仪器制造厂已达 95 家，共生产 1000 多种虚拟仪器产品，销售额达 2.93 亿美元，约占整个仪器销售额 73 亿美元的 4%。美国是虚拟仪器的诞生地，也是全球最大虚拟仪器制造国。生产虚拟仪器的主要厂家有惠普公司(现为安捷伦)，目前它生产有 100 多种型号的虚拟仪器，Tektronix 公司，目前已生产有 80 多种型号的虚拟仪器；另外，NI 公司近年来在这方面的发展也相当迅速。这些厂家的产品在国际市场上有较强的竞争力，目前已开始进入中国市场，但由于价格较高、有些无中文界面，因此还没有被用户广泛接受。国内于 1985 年由北京东方振动和噪声技术研究所提出了 PC 卡泰(PCCATAI)，即微机卡式采集测试、分析仪的概念。20 世纪 90 年代中期以来，国内重庆大学、哈尔滨工业大学、西安交通大学等单位及北京中科泛华测控技术有限公司等在研究开发虚拟仪器产品，以及引进、消化 NI 公司和 HP 公司产品方面做了一系列有益的工作，并取得了一批成果。

15.1.5 虚拟仪器系统与计算机监视控制和数据采集系统

监视控制和数据采集(Supervisory Control And Data Acquisition，SCADA)系统是生产过程控制和事务管理自动化最为有效的计算机软件、硬件系统。它包含两个层次的含义：一个是底层的智能数据采集系统(包括集中式数据采集和分布式数据采集)，也就是通常所说的下位机；另一个是数据处理和显示系统，即上位机人机接口(Human Machine Interface，HMI)系统，也称为 MMI(Man-Machine Interface)系统。下位机通常指硬件层上的，即各种数据采集设备(如各种 RTU、FTU、PLC 及各种智能控制设备等)。这些智能采集设备与生产过程和事务管理的设备或仪表相结合，实时感知设备中各种参数的状态，并将这些状态信号转换成数字信号，通过特定数字通信或数字网络传递到 HMI 系统中；在必要的时候，这些智能系统也可以向设备发送控制信号。上位机 HMI 系统在接受这些信息后，以适当的形式(如声音、图形、图像等方式)显示给用户，以达到监视的目的；同时数据经过处理后，告知用户有关设备各种参数的状态(报警、正常或报警恢复)，这些处理后的数据可能会保存到数据库中，也可能通过网络系统传输到不同的监控平台上，还可能与其他系统(如 MIS、GIS)结合，以形成功能更强的系统；HMI 系统还可以接受操作人员的指示，将控制信号发送到下位机中，以达到控制的目的。广义地讲，DCS 也属于 SCADA 系统的一种。SCADA 系统已经广泛地用于石油化工、钢铁、机械制造、交通、能源、食品、水及污水处理等公用设施的控制。

从表面上看，基于各种 PC 总线插卡(或智能数据采集终端)的虚拟仪器系统与 SCADA 系统有一定的相似性和共同点：它们都是基于计算机的信息处理系统。因此，它们首先都具有一套数据采集硬件设备，如传感器、变送器、信号调理设备、各种类型的板卡设备和通信网络适配器等。在获得数字化信号后，根据需要进行各自的信息处理。由于虚拟仪器系统和 SCADA 系统的各自作用及应用对象不同，决定了它们对信息的处理方式、处理工具和处理过程不同，它们的系统结构也有较大的不同，采用的计算机系统在硬件和软件上

也有较大的区别。SCADA 系统更多的是要实现对过程的有效控制，保证生产的正常运转，并在此基础上，力争实现一个工段乃至全厂的优化运行，为企业的增产增效做贡献，其侧重点在控制、管理和优化等方面；而虚拟仪器系统对数据处理的侧重点在分析过程的特性(本文不讨论单纯替代硬件产品的数字化信号源等虚拟仪器系统产品)，揭示系统内在的规律和特征参数(并不完全等同于在控制系统设计中运用的过程数学模型)。通常，SCADA 系统的控制对象特性比较复杂，简单的虚拟仪器系统只是用来替代一些传统的硬件仪器，而相对复杂的虚拟仪器系统研究对象也比较单一和确定(或者是复杂对象的某一个或几个特性、复杂系统中的某一个对象)，研究目的比较明确。虚拟仪器主要用于构建通信、电子、半导体和汽车工业等领域的自动测试系统，而 SCADA 系统主要用在过程监控中。

15.1.6 虚拟仪器技术的发展前景与展望

计算机软件/硬件技术、网络技术和通信技术的飞速发展为虚拟仪器技术的发展打下了坚实的基础，巨大的需求也给从事虚拟仪器系统开发的企业创造了巨大的市场机会。当然，技术的进步又会促使用户对虚拟仪器系统提出更高的要求。一般认为，以下几个方面将是虚拟仪器技术的发展前沿和重点。

(1) 虚拟仪器在软件方面要向标准化方向发展。

(2) 各种标准的、功能更强的、面向行业应用的虚拟仪器专用硬件(模块)的开发。

(3) 智能虚拟仪器系统的研究与开发。

(4) 各种嵌入式虚拟仪器系统的研发。

(5) 网络化虚拟仪器系统的开发和应用。

15.2 虚拟仪器系统的组成与结构

虚拟仪器系统在结构上包括硬件与软件两部分，其结构如图 15.2 所示。硬件部分主要包括数据采集设备、计算机及其附件等，软件部分包括操作系统软件和虚拟仪器软件系统。

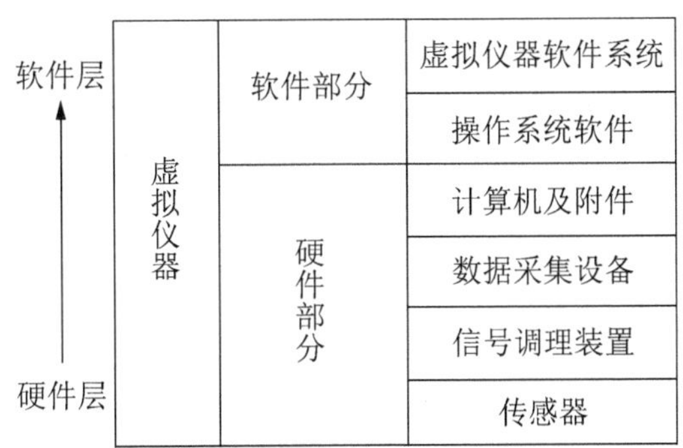

图 15.2 虚拟仪器层次结构图

15.2.1 虚拟仪器系统硬件的构成

虚拟仪器系统硬件的组成主要有各种传感器(检测仪表)设备、信号调理装置、数据采集设备(包括各种I/O板卡、通信适配器、模块化仪器机箱等)、计算机及附件。

1. 数据采集设备

数据采集设备主要有传感器、采样/保持装置、信号调理装置、A/D卡和D/A卡、通信卡等，这些部件构成了虚拟仪器测试系统的基础。没有高质量的传感器和各种高质量的调理放大器，测试系统就没有了基础。对于任何测试和测控系统，传感器是必需的，它是信息系统的源头，传感器的性能对虚拟仪器系统的精度及可靠性等起决定作用。因此必须根据被测变量的特性、仪器使用环境、系统要求等多种因素选用传感器。

对于同步采样的场合，采样/保持装置(Sample/Holding)是不可或缺的，它们能确保不同通道采集的数据是同步的。

信号调理(Signal Conditioning)的功能主要包括放大、滤波、隔离、多路复用(电荷放大、电压放大、热电偶、微积分、应变桥路平衡、激励电源和线性化)。在某些应用场合，高质量的抗混滤波器也是不可缺少的。根据采样定理，抗混滤波频率至少应为采样频率的一半。

A/D卡和D/A卡实现模拟量与数字量的相互转换。在选择A/D卡时应着重考虑以下几点。

(1) 精度(分辨率)。根据虚拟仪器系统的精度要求，选择合适的A/D精度(如12位、16位、18位甚至24位等)。精度选择过低，达不到系统要求；精度选择过高，会导致硬件成本增加，使数据量急剧增加，对计算机系统性能的要求也更高。

(2) 输入信号范围、极性输入信号范围要包含传感器的输出。极性包括单极性和双极性。极性选择依赖于传感器的输出信号，若进入A/D卡的信号是双极性的，则A/D卡必须有双极性输入功能。通常传感器的输出信号进行调理后方可进入A/D卡。

(3) 输入通道数。根据系统实际采集的变量数目，确定A/D卡的输入通道数目，输入通道数应不小于实际采集的变量数。

(4) A/D转换的启动方式。通常A/D转换的启动方式有软件触发和硬件触发。对某些实时性要求高的场合，这一点很重要。

(5) 采样频率(或转换速率) 采样频率指在单位时间内(如每秒钟)A/D卡采集的数据量，对高速数据采集系统(如振动监测仪器系统)，这一点必须加以考虑。

(6) 总线类型。根据采用的计算机系统的总线情况，选用相应总线的A/D卡。

(7) 附加功能。为了节约成本，有时希望A/D卡上集成定时器、数字量输入、数字量输出功能及具备同步采集等附加功能。

采用基于现场总线结构的虚拟仪器系统时，需要配置相应的通信适配器。

2. 计算机及附件系统

在虚拟仪器系统中，必须配备计算机系统。究竟选择普通台式计算机、便携式计算机、工作站、嵌入式计算机还是高性能工业控制计算机，应视具体应用而定。在此基础上，再确定计算机的配置，如系统主频、CPU频率、存储容量、内存容量、显卡、光盘驱动器、打印机等。

15.2.2　虚拟仪器系统软件体系的结构

为了推动虚拟仪器技术的发展，1987 年世界上五大仪器公司联合提出了一种在 VME 计算机总线基础上扩展而成的模块化仪器总线规范，即 VXI 总线规范，并于 1992 年成为工业领域的国际标准(IEEE 1155 标准)。VXI 仪器模块作为虚拟仪器的代表，在测试速度上有了极大提高，从而更好地满足了测试实时性的要求。同时，VXI 总线的系统结构为虚拟仪器的开发提供了更为理想的平台。以 VXI 总线系统为代表的开放式模块化系统，在硬件方面为虚拟仪器系统的组成提供了极大的方便。但是，任何虚拟仪器的实现都必须在软件支持下才能工作。为了与硬件在世界范围内的开放及标准化相适应，虚拟仪器系统也迫切要求有一个具有统一格式与基础的软件结构，这就是虚拟仪器软件结构提出的最初动因。

为了补充和发展 VXI 总线规范对于虚拟仪器系统软件结构定义，使 VXI 仪器模块更易于使用，并在系统级上使 VXI 总线系统成为一个真正开放的系统结构，1993 年，在 VXI 总线联合会的基础上，进一步成立了 VXI 总线即插即用联盟，目的在于定义和推行一些标准化准则和操作规程，解决 VXI 总线规范中尚未包含的系统级及软件结构的问题。VXI 即插即用规范越来越被广大的仪器生产厂家所接受，被称为 VPP 系统。虚拟仪器系统软件体系的结构如图 15.3 所示。

虚拟仪器软件体系结构(Virtual Instrumentation Software Architecture，VISA)的实质就是标准的 I/O 函数库及其相关规范的总称。一般称这个 I/O 函数库为 VISA 库。它驻留于计算机系统之中，并实现仪器总线的特殊功能，是计算机与仪器之间的软件层连接，以实现对仪器的程序控制。它对于仪器驱动程序开发者来说是一个个可调用的操作函数集。仪器驱动程序是完成对某一特定仪器控制与通信的软件程序集，它是应用程序实现仪器控制的桥梁。每个仪器模块都有自己的仪器驱动程序，仪器厂商以源码的形式提供给用户。应用软件建立在仪器驱动程序之上，直接面对操作用户，通过提供直观友好的测控操作界面、丰富的数据分析与处理功能，来完成自动测试任务。

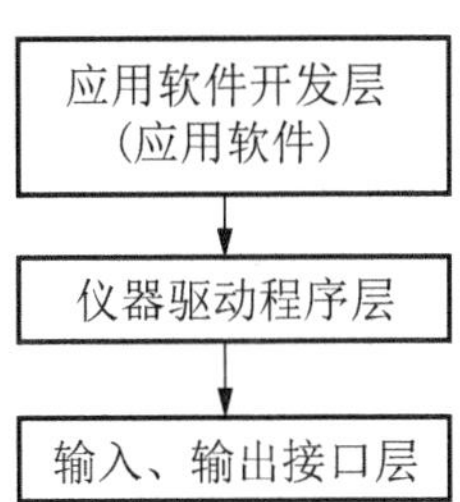

图 15.3　虚拟仪器系统软件体系的结构

(1) I/O 接口软件存在于仪器与仪器驱动程序之间，是一个完成对仪器内部寄存器单元进行直接存取数据操作，对 VXI 总线背板与器件进行测试与控制，并为仪器与仪器驱动程序提供信息传递的底层软件层，它是实现开放的、统一的虚拟仪器系统的基础与核心。在 VPP 系统规范中，详细规定了虚拟仪器系统 I/O 接口软件的特点、组成、内部结构与实现规范，并将符合 VPP 规范的虚拟仪器系统 I/O 接口软件定义为 VISA。

(2) 仪器驱动程序。每个仪器模块均有自己的仪器驱动程序。仪器驱动程序的实质是为用户提供用于仪器操作的较抽象的操作函数集。应用程序对仪器的操作是通过仪器驱动程序来实现的，而仪器驱动程序对于仪器的操作与管理，又是通过 I/O 软件所提供的统一基础和统一格式的函数库(VISA)的调用来实现的。对于应用程序设计人员来说，一旦有了仪器驱动程序，就算还不十分了解仪器的内部操作过程，也可以进行虚拟仪器系统的设计工作。仪器驱动程序是连接上层应用软件与底层 I/O 软件的纽带和桥梁。在过去，仪器供应厂家在提供仪器模块的同时所提供的仪器驱动程序类似于一个“黑匣子”，用户无法对其做出修改。仪器的功能是由供应厂家而不是由用户本身来规定的。VPP 规范明确地定义了仪器驱动程序的组成结构与实现，明确规定仪器生产厂家在提供仪器模块的同时，必须提供仪器驱动程序的源程序文件与动态链接库(DLL)文件，并且由于仪器驱动程序的编写在 VISA 软件的共同基础上，因此仪器驱动程序之间有很大的互参考性，仪器驱动程序源代码容易理解，因此给予了用户修改仪器驱动程序的权利和能力，使用户可以对仪器功能进行扩展，将仪器使用的主动权真正交给了用户。

(3) 应用软件开发环境。应用软件开发环境的选择，可因开发人员的喜好不同而不同，但最终都必须提供给用户界面友好、功能强大的应用程序。

15.2.3 VISA 简述

在 VPP 系统中，VISA 作为一个 I/O 接口软件被详细定义。在形式上，VISA 与现在的 I/O 库很相似。VISA 实现了各种库的统一，是一组函数集，通过它可以直接访问计算机的硬件设备。VISA 本身不具备编程能力，它只是一个应用软件的开发接口。其层次如图 15.4 所示。

1. VISA 的特点

与其他作为 VISA 功能子集的 I/O 软件相比，VISA 具有以下几个特点：

(1) VISA 的 I/O 控制功能独立于仪器类型，利用 VISA 库生成的仪器驱动程序，可对于消息基器件的驱动与对于寄存器基器件的驱动，形式上与使用上是一致的。

(2) VISA 的 I/O 控制功能适应于单处理器结构、多处理器结构及分布式网络系统结构。

(3) VISA 的 I/O 控制功能独立于操作系统、编程语言及网络机制等。

(4) VISA 不仅能实现对于 VXI 仪器的控制，也可以实现对于 GPIB、RS-232 等仪器的控制，从而可以实现仪器系统的兼容性，为在过去的仪器系统基础上实现系统结构的改进与扩展提供了保障。

(5) VISA 的 I/O 库，对于仪器模块的最终用户来说，是一种方便易用的控制集，对于设计复杂系统的设计人员来说，也提供了丰富的控制功能，既可以实现仪器模块的控制，又可以实现系统的管理功能。

2. VISA 的内部结构

VISA 的内部结构如图 15.5 所示。

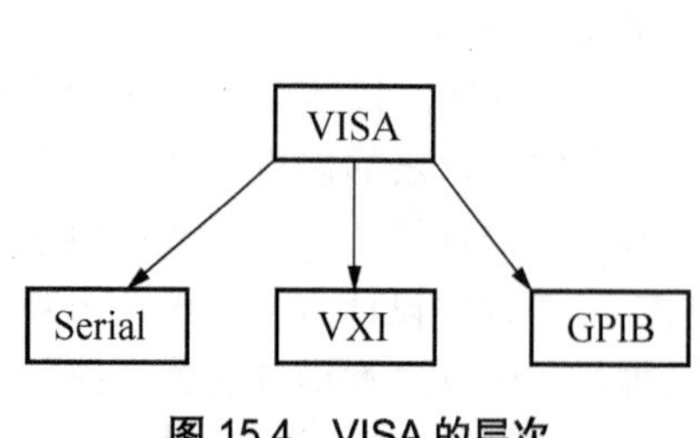

图 15.4　VISA 的层次

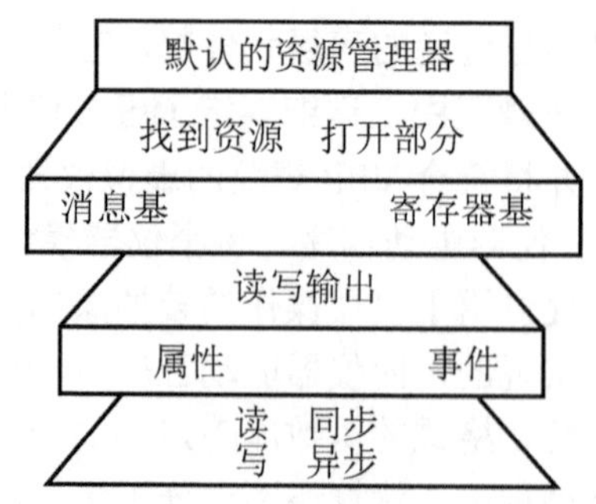

图 15.5　VISA 的内部结构

资源管理器用于管理、控制、分配 VISA 资源的操作。各种操作功能主要包括资源寻址、资源创建与删除、资源属性的读取与修改、操作激活、事件报告、并行与存取控制、默认值设置等。在资源管理器的基础上，VISA 列出了各种仪器的各种操作功能，并能实现操作功能的合并。在这个基础上所实现的资源可以包括不同格式的操作，如读资源包括了消息基的读，也包括了寄存器基的读，既可以包括 GPIB 仪器的读，又可以包括 VXI 模块的读。在 VISA 的结构中，仪器类型的不同体现在资源名称的不同。对于 VISA 的使用者来说，不同类型仪器的使用在形式和方法上都是一样的。

15.2.4　虚拟仪器设备的互换性和互操作性

长期以来，互换性成为许多工程师建造测试系统的目标。因为在很多情况下，仪器硬件要进行更换、升级或重新配置，而更新的模块很可能是其他设备厂家的产品，因此迫切需要一种不需要改变测试程序代码就可更新仪器硬件改进系统的方法。虽然 VPP 规范通过 VISA 解决了仪器驱动程序与硬件接口的无关性(如 VXI 测试设备由 GPIB 零槽更换为 1394 零槽，只需要重新安装新零槽的驱动程序，而不必改变仪器驱动程序的代码)。但这还不能满足仪器设备的互换性(Interchangeability)和互操作性(Interoperability)的要求。可互换虚拟器(Interchangeable Virtual Instruments，IVI)解决了测试应用软件与仪器驱动程序的无关性，如 VXI 测试设备中的多用表模块由 HP 1411A 更换为 Racal 4125A，只需要改变计算机上的一些设置，而不必改变测试应用程序的代码。IVI 建立在 VPP 基础上，比 VPP 更高一个层次，也是对 VPP 的补充。1998 年 11 月 10 日，安捷伦等公司宣布成立开放式数据采集协会(Open Data Acquisition Association，ODAA)，并公布了开放式数据采集标准(Open Data Acquisition Standard，ODAS)，此标准有两个基于微软公司的 COM 和 DCOM 技术的关联标准，一个是 IVI，另一个是用于过程控制的 OLE(OLE for Process Control，OPC)，其最终目标是使各个不同厂家生产的 PC 的数据采集软件、硬件具有广泛的互换性。

1. IVI 技术

1998 年 9 月由 Tektronix、Advantest、NI 等测试仪器供应商、系统集成商和用户成立的 IVI 基金会以开发可支持不同厂商生产的仪器模块的驱动器。IVI 基金会是最终用户、系统集成商和仪器制造商组成的一个开放的联盟。目前，该组织已经制定了 5 类仪器的规范，包括示波器/数字化仪(IVI Scope)、数字多用表(IVI Dmm)、任意波形发生器/函数发生器(IVI FGen)、开关/多路复用器/矩阵(IVI Switch)及电源(IVI Power)。IVI 是在 VXI 即插即用技术的基础上发展起来的一项新技术，其使用户可以在不改动软件的情况下更换测试系统中的仪器，也就是说，IVI 示波器的驱动程序通用于所有 IVI 兼容示波器，而无须考虑生产厂商或测试平台。这一针对测试系统开发者的 IVI 规范，通过提供标准的通用仪器类软件接口可以节省大量工程开发时间，其主要作用为关键的生产测试系统发生故障或需要重新校正时，无需离线进行调整；可在由不同仪器硬件构成的测试系统上开发单一测试软件系统，以充分利用现有资源；在实验室开发的测试代码可以移植到生产环境中的不同仪器上。IVI 仪器最近又出现了模块中再分模块的构建方案，即在原有的一个模块上，可以安装若干个小型化模块，从而可更有效地利用模块空间，并进一步提高仪器组建的灵活性。

ODAS将使虚拟仪器走上标准化、通用化、系列化和模块化。通用虚拟仪器IVI技术，将建立标准设备驱动程序，使用户在测试过程中不需要更改软件程序就可以替换设备。IVI规范还支持跨平台的互操作性，如在LabVIEW或LabWindows/CVI上开发的、支持ISA总线插卡的测试程序只需稍加修改，即能支持PCI总线插卡，这就是应用软件所应有的跨平台支持能力。

【PCI总线插卡】

IVI基金会成员经常召开系统联盟会议，来讨论仪器类的规范和制定新仪器类规范，并在适当的时候成立专门的工作组来处理特殊技术问题，如为新仪器类建立规范，结合仪器规范建立应用程序的标准(如设立标准波形的文件格式和帮助文件)，定义仪器驱动程序的测试步骤，建立故障报告和分布式更新机制，调查计算机的工业标准为软件通信、软件封装制定规范等。IVI基金会努力从基本的互操作性到可互换性，为仪器驱动程序提升了标准化水平。通过为仪器类制定一个统一的规范，使测试工程师获得更大的硬件独立性，减少了软件维护和支持费用，缩短了仪器编程时间，提高了运行性能。

由于所有仪器不可能具有相同功能，因此不可能建立一个单一的编程接口。正因为如此，IVI基金会制定的仪器类规范被分成基本能力和扩展属性两部分。前者定义了同类仪器中绝大多数仪器所共有的能力和属性(IVI基金会的目标是支持某一确定类仪器中95%的仪器)，后者则更多地体现了每类仪器的许多特殊功能和属性。

1) IVI驱动程序的结构

IVI驱动程序通过产生仪器类驱动程序(Instrument Class)来实现仪器可互换性。一个仪器驱动程序用来控制一个特定类型仪器(如示波器、多用表或函数发生器)的一系列功能和属性。以常用的虚拟仪器软件开发平台软件NI LabWindows/CVI为例，其IVI Driver Toolset包含了5大类仪器，即示波器、数字多用表、任意函数/波形发生器、开关和电源。这些仪器类驱动程序调用特定仪器的驱动程序来控制实际仪器。用户可以改变测试系统中的具体仪器驱动程序(相应地改变硬件仪器)而不用修改测试程序。IVI驱动程序结构如图15.6所示。

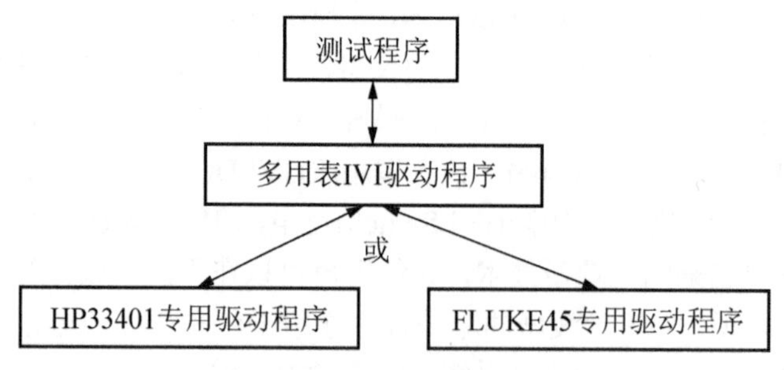

图15.6 IVI驱动程序的结构

使用可互换性仪器的时候，首先利用NI工具软件Measurement & Automation eXplore(MAX)配置系统中的仪器，设定仪器逻辑名称、逻辑地址、驱动程序所在的位置等，然后在测控程序中调用IVI驱动程序函数，这样在系统硬件变换的时候只需要在MAX中重新指定系统应用的仪器，不需要更改程序代码，使升级和维护系统非常容易。

2) IVI 驱动程序功能

IVI 驱动程序除了保证仪器的可互换性外，还具有两个重要的新功能，即仪器仿真功能和状态缓存功能。

(1) 仪器仿真功能。IVI 驱动程序的仪器仿真功能，可以使用户在没有硬件仪器的条件下开发调试测控程序。仪器仿真功能可分为 3 种类型，即仪器驱动程序调用、参数范围检查和测量数据/错误状态仿真。仪器程序调用是最低层次的仪器仿真。

仪器驱动程序的第一个参数都是利用仪器初始化命令得到的仪器句柄。如果用户开发过程中没有仪器，则初始化命令不能正常完成，也就无法获得合法的仪器句柄，后面程序中调用的驱动程序函数将返回运行错误。为了解决这个问题，IVI 驱动程序有一个特殊的初始化函数 InitWithOptions，利用这个函数，用户可以预置仪器的多重属性。如果将 simulation 属性设置为 1，则初始化函数将不对仪器进行访问，直接返回一个合法的仪器句柄，供后面的驱动程序函数使用。

参数范围检测是第二层次的仪器仿真。用户向仪器发送参数的时候，必须保证参数有效(在仪器允许的范围内)。IVI 驱动程序用纯软件的方法进行参数有效范围检查，不需要对仪器进行访问就可以确保用户发送给仪器的参数的有效性。这样，组件测试系统的用户在购买仪器之前可以安装仪器的 IVI 驱动程序，按照测试要求编写测试程序代码，如果选择的仪器不能完成测试所需要的设置，IVI 驱动程序将返回错误信息，说明所选仪器不符合测试要求。

测量数据仿真是仪器用来采集数据的，用户最需要的仪器仿真功能就是仿真仪器采集的数据。IVI 驱动程序有两种仿真测量数据的方法，交互式仿真和自动仿真。利用交互式仿真方法进行仿真时，每当程序试图从仪器读取测量数据的时候，驱动程序就会弹出一个界面让用户输入测量结果，并把用户指定的结果数值返回给程序作为测量结果。利用自动仿真方法进行仿真，用户首先设定测量结果的可能范围，当程序试图从仪器读取测量数据的时候，驱动程序会自动从用户设定的范围中随机得到一个数值作为测量结果返回给程序。

(2) 仪器状态缓存功能。用户在使用仪器进行测量之前必须先对仪器进行设置，应用仪器的驱动程序时，由于仪器的状态未知，即使仪器当前状态与期望状态相同，只要应用程序中调用了相应的设置函数，驱动程序就会按照要求与仪器进行通信和设置。在实际应用中，很多时候要用仪器连续进行相似的测量，但为了避免程序流程中的某些特殊分支影响仪器状态，每次测量之前都要调用仪器设置函数对仪器进行配置。例如，一台信号发生器通常有 4 个主要参数，即信号波形、信号频率、信号幅度和直流偏置。如果使用这台信号发生器产生扫描信号，则在每次改变信号频率的同时也要重新设置其他 3 个参数，这样会增加程序运行时间，影响测量效率。

IVI 驱动程序的仪器状态缓存功能可以解决这个问题。在 IVI 驱动程序中，高层的仪器配置函数最终都是调用底层的仪器属性设置函数来实现其功能的，而仪器属性设置函数在第一次设置仪器属性的同时记录了该设置，下一次设置此属性的时候如果设定值与保存值不同则进行重新设置，相同则不访问仪器，直接返回；当仪器查询此属性的设置时也不需要访问仪器，直接将保存值返回给程序。这样，IVI 驱动程序智能地消除了冗余操作，明显地提高测试速度及性能，而且不给编程者带来附加的操作复杂性。此外，IVI 驱动程序还可以检查有效数据范围及仪器工作状态是否正常，提高仪器工作的可靠性。

3) IVI 驱动程序开发(以 LabWindows/CVI 为开发工具)

在 LabWindows/CVI 环境下进行开发相对比较容易。一方面，NI 开发的 IVI 驱动程序库已经包含了仪器的类驱动程序，软件开发人员只要按照 IVI 的规范开发自己仪器的专用驱动程序，就可以实现仪器的互换性；另一方面，这个软件包提供了开发驱动程序的许多工具，并有一个自动的开发向导，允许创建一个包含大多数驱动程序代码的模板，这样开发和测试驱动程序代码就变得很容易。

IVI 驱动程序开发向导的操作分为两个阶段：①产生仪器驱动程序文件的基本结构框架(源代码、头文件、函数树面板文件)；②利用一个浏览器/代码产生向源代码文件中添加和仪器属性相关的各种函数(如设置、查询等)。利用此开发向导得到驱动程序源代码文件不仅包含各驱动程序函数的框架，而且写好了许多外部功能的代码，只有与仪器功能联系密切的程序代码需要开发者自己完成。编写好全部驱动程序代码后，再生成动态链接库、编写仪器软面板、生成可执行文件、制作安装盘，就完成了 IVI 驱动程序的开发。

4) 五类 IVI 仪器驱动程序介绍

IVI 仪器驱动程序通常分为以下五类：

(1) IVI 示波器类把示波器视为一个通用的、可以采集变化电压波形的仪器来使用。其用基本能力来设置示波器，如设置典型的波形采集(包括设置水平范围、垂直范围和触发)、波形采集的初始化及波形读取。其基本能力仅仅支持边沿触发和正常的采集，除了基本能力外，IVI 示波器类定义了它的扩展属性，包括自动配置、求平均值、包络值和峰值、设置高级触发(如视频、毛刺和宽度等触发方式)、执行波形测量(如求上升时间、下降时间和电压的峰峰值等)。

(2) IVI 电源类把电源视为仪器，并可以作为电压源或电流源，其应用领域非常宽广。IVI 电源类支持用户自定义波形电压和瞬时现象产生的电压。其用基本能力来设置供电电压及电流的极限、打开或关闭输出，用扩展属性来产生交、直流的电压、电流及用户自定义的波形、瞬时波形、触发电压和电流等。

(3) IVI 函数发生器类定义了产生典型函数的规范。输出信号支持任意波形序列的产生，包括用户自定义的波形。其用基本能力来设置基本的信号输出函数，包括设置输出阻抗、参考时钟源、打开或关闭输出通道、对信号进行初始化及停止产生信号；用扩展属性来产生一个标准的周期波形或特殊类型的波形，并可以通过设置幅值、偏移量、频率和初相位来控制波形。

(4) IVI 开关类规范是由厂商定义的一系列通道。这些通道通过内部的开关模块连接在一起。其用基本能力来建立或断开通道间的相互连接，并判断在两个通道之间是否有可能建立连接；用扩展属性可以等待触发，建立连接。

(5) IVI 多用表类支持典型的数字多用表。其用基本能力来设置典型的测量参数(包括设置测量函数、测量范围、分辨率、触发源、测量初始化及读取测量值)，用扩展属性来配置高级属性，如自动范围设置及回零。IVI 多用表类定义了两个扩展的属性，即 IVIDmmMultipoint 扩展属性对每一个触发采集多个测量值，IVIDmmDeviceinfo 扩展属性查询各种属性。

2. OPC 技术

虚拟仪器系统与工业控制系统一样，都存在两类数据交换问题：第一，计算机如何从现场设备采集数据；第二，其他仪器系统如何与它们进行实时数据通信。对于这两类问题的一种有效解决方案就是采用如图 15.7(a)所示的基于驱动程序的客户/服务器模型。在此模型中，首先，分别为不同的数据源(包括现场设备及软件数据库)开发不同的驱动程序(即服务器)；然后，在各个应用程序(即客户)中分别为不同的服务器开发不同的接口程序。对于由多种硬件和软件系统构成的复杂系统而言，这种模型的缺点是显而易见的。客户应用程序开发方要处理大量与接口有关的任务，不利于系统开发和维护，因此这类系统的可靠性、稳定性及扩展性较差；硬件开发商要为不同的客户应用程序开发不同的硬件驱动程序。如何使技术人员专注于系统功能的开发，而不被复杂的数据接口问题所困扰是亟待解决的问题。OPC 规范正是在这样的背景下提出来的，OPC 规范的第一个版本是在微软公司的倡导下由 OPC 基金会于 1996 年制定。OPC 规范定义了一个工业标准接口，它基于微软公司的 OLE/COM 技术，采用如图 15.7(b)所示的基于 OPC 的客户/服务器结构，使过程控制中的控制系统、现场设备与工厂管理应用程序之间具有更大的互操作性。OLE/COM 是一种客户/服务器模式，具有语言无关性、代码重用性、易于集成性等优点。OPC 规范了接口函数，不管现场设备以何种形式存在，客户都以统一的方式去访问，从而保证软件对客户的透明性，使得用户完全从低层的开发中脱离出来。由于 OPC 规范基于 OLE/COM 技术，同时 OLE/COM 的扩展远程 OLE 自动化与 DCOM 技术可支持 TCP/IP 等多种网络协议，因此可以将 OPC 客户、服务器在物理上分开，分布于网络中不同节点上。OPC 把硬件供应商和软件开发商分离开来，硬件开发商通过提供带 OPC 接口的服务器，使得任何带有 OPC 接口的客户程序都可采用统一方式存取不同硬件厂商的设备。正是因为 OPC 技术的标准化和适用性，所以其在短短的几年内得到了工业控制领域硬件和软件制造商的承认和支持，事实上它已经成为工业控制软件业界公认的标准。

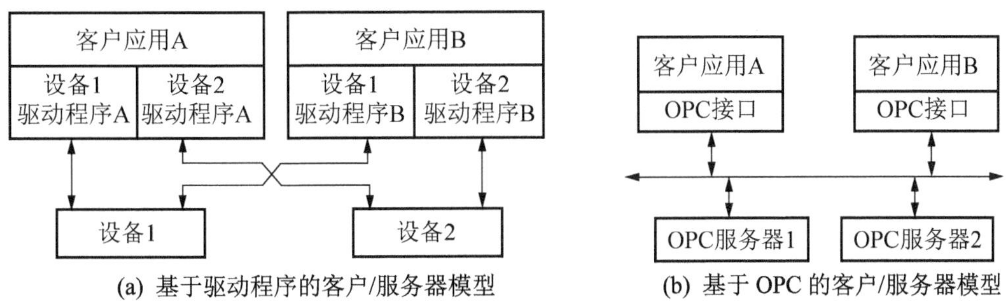

图 15.7 测控系统实时数据通信的两种方法

OPC 规范是一种硬件和软件的接口标准。OPC 技术规范包括两套接口，OPC 定制接口(Custom Interface)和 OPC 自动化接口(Automation Interface)，如图 15.8 所示。OPC 定制接口用于以 C++来创建客户应用程序。若客户的应用程序使用 Microsoft Visual Basic 之类的脚本语言(Scripting Languages)编写，则选用自动化接口。使用 OPC 定制接口可以达到最佳的性能，OPC 自动化接口则较简单。OPC 服务器具体确定了可以存取的设备和数据、数据单元的命名方式及对具体设备存取数据的细节，并通过 OPC 标准接口开放给外部应用程序。各个 OPC 客户程序可通过 OPC 标准接口对各 OPC 服务器管理的设备进行操作，而不需要关心服务器实现的细节。数据存取服务器一般包括服务器、组和数据项 3 种对象。OPC 服务器负责维护服务器的信息，并作为组对象的容器。组对象维护自己的信息并提供容纳和组织 OPC 数据单元的架构。

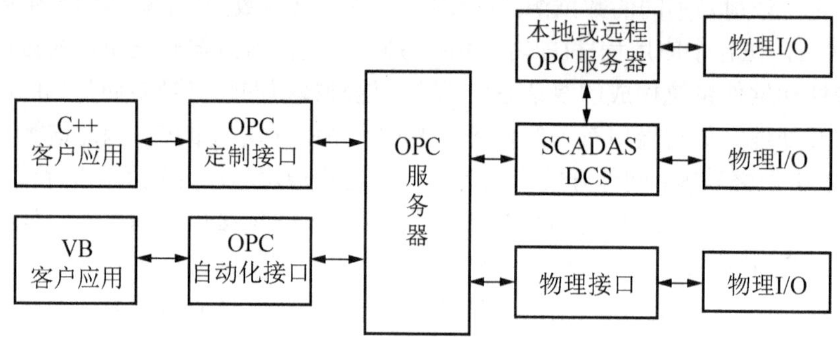

图 15.8 OPC 客户和服务器

显然，OPC 技术应用于虚拟仪器的开发，可降低用户的成本，提高系统的稳定性、开放性、可扩展性、互操作性和互换性，提高虚拟仪器系统的应用和开发水平。

15.3 虚拟仪器软件开发平台

随着计算机数字技术在各类仪器、仪表及测控系统中的应用越来越广泛，测控软件平台对各种测控系统的设计与开发所起的作用越来越大。根据应用的要求，选择好的测控软件平台能够缩短系统开发周期、统一设计标准，提高系统性能，降低开发费用。近年来，世界各国的虚拟仪器公司开发了不少虚拟仪器的软件开发平台，以方便用户利用这些平台组建自己的虚拟仪器或测试系统，并编制测试软件。

【实例：虚拟仪器开发】

对于虚拟仪器应用软件的编写，大致可分为以下两种方式：

(1) 用通用编程语言进行编写，通用编程语言主要有微软公司的 Visual Basic 与 Visual C++，Borland 公司的 Delphi 和 C++ Builder 等。为了简化用通用编程语言开发虚拟仪器应用软件的过程，NI 新推出了 Measurement Studio，其中包含了一些面向 Visual Basic 和 Visual C++的专门用于测控应用的 ActiveX，以方便用户采用通用语言开发平台开发虚拟仪器应用软件。

(2) 用专业测控语言开发平台进行开发。这又可以分为两种，一种基于图形化编程语言(Graphics Language)，如 HP-VEE 及 NI 的 LabVIEW(Laboratory Virtual Instruments Engineering Workbench)；另一种就是可视化编程语言，如 NI LabWindows/CVI。

应用软件还包括通用数字处理软件。通用数字处理软件包括用于数字信号处理的各种功能函数，如频域分析的功率谱估计、快速傅氏变换(Fast Fourier Transformation，FFT)、逆 FFT 和细化分析等，时域分析的相关分析、卷积运算、反卷运算、均方根估计、差分积分运算和排序等，以及数字滤波等。这些功能函数为用户进一步扩展虚拟仪器的功能提供了基础。

15.3.1　LabWindows/CVI 的组成、功能及特点

LabWindows/CVI 是 NI 开发的 32 位面向计算机测控领域的软件开发平台。它可以在多种操作系统下运行，而且可以在不同的操作系统下保持兼容性。它以 ANSIC 为核心，将功能强大、使用灵活的 C 语言与用于数据采集、分析和表达的测控专业工具有机地结合起来。它的集成化开发平台、交互式编程方法、丰富的面板功能和库函数大大增强了 C 语言的功能，为熟悉 C 语言的开发人员建立自动检测系统、自动测试环境、数据采集系统和过程监控系统等提供了一个理想的软件开发环境。

LabWindows/CVI 将源代码编辑，32 位 ANSIC 编译、连接、调试及 ANSIC 库集中在一个交互式开发环境中。因此，用户可以快速方便地编写、调试和修改应用程序，形成的可执行文件允许在多种操作系统下运行。其编程采用事件驱动和回调函数方式，编程方法简单易学。LabWindows/CVI 建立在开放式软件体系结构之上，以项目文件为主体框架，将 C 源代码文件、头文件、库文件、目标文件、用户界面文件、动态链接库、仪器驱动程序等多功能组件集于一体，并为开发各类测控系统提供了多种函数库支持：

(1) 为数据采集提供了 7 个函数库，包括仪器库、GPIB/GPIB 488.2 库、数据采集(Data Acquisition，DAQ)库、DAQ 的 I/O 库、RS-232 库、VISA、IVI 库和 VXI 库。

(2) 为数据分析提供了 3 个函数库，包括格式化与 I/O 库、分析库和可选的高级分析库。

(3) 为数据描述提供了用户界面库。

(4) 为网络和通信提供了 4 个函数库，即动态数据交换库(Dynamic Data Exchange，DDE)、传输控制协议(TCP/IP)库、DataSocket 库和 Active X 自动化库。

按照虚拟仪器采集、分析与显示三大功能模块，NI 提供的库函数可归纳为图 15.9 所示的结构。

与一般的可视化软件开发工具(如 Visual C++、Delphi 等)相比，LabWindows/CVI 提供了众多的面向测控应用的库函数，因此它极大地提高了测控系统软件开发的灵活性、功能和效率。

LabWindows/CVI 的开发环境由工程窗口、源文件窗口和用户界面窗口 3 个部分组成，分别完成对工程文件、各类源代码文件和用户界面文件的管理。LabWindows/CVI 对每一个函数都提供一个函数面板，用户可利用这些函数面板进行交互式编程，不仅可减少源代码语句的输入量，而且可减少程序语法错误，提高工程设计的效率和可靠性。当应用软件调试完成后，可以使用配给工具(Distribution Kit)将项目文件生成自动安装文件(setup.exe)，以方便对项目文件的管理。LabWindows/CVI 作为新一代测控软件开发平台，以其功能强大、灵活性好、兼容性全、简单易学等特点而被广泛用于各种测控系统的开发。

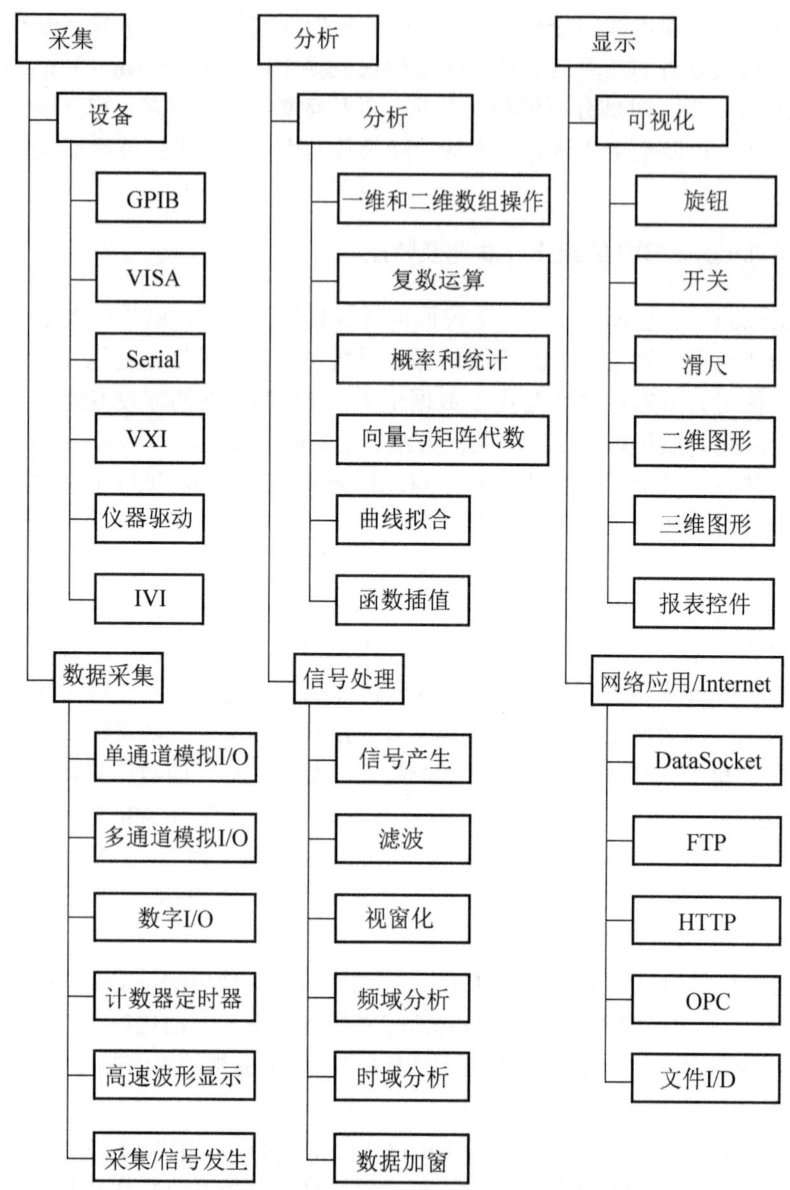

图 15.9　NI 面向测控应用库函数结构图

15.3.2　LabWindows/CVI 开发环境介绍

LabWindows/CVI 开发环境有以下 3 个最主要的窗口(Window)与函数面板(Function Panel)：

(1) 项目工程窗口(Project Window)。

(2) 用户接口编辑窗口(User Interface Editor Window)。

(3) 源代码窗口(Source Window)。

1. 项目工程窗口

在项目工程窗口中列出了组成该项目工程的所有文件，项目工程窗口中的各菜单项功能如下：

File 用于创建、保存或打开文件。利用该菜单用户可以打开项目工程文件(*.prj)、源代码文件(*.c)、头文件(*.h)及用户接口文件(*.uir)等。

Edit 用于在项目工程中添加或移去文件。

Build 用于使用 LabWindows/CVI 编译链接器。

Run 用于运行一个项目工程。

Windows 用于访问某个已经打开的窗口，如用户接口编辑窗口、源代码窗口。

Tools 用于运行向导(wizard)或已添加到 Tools 菜单中的一些工具。

Options 用于设置 LabWindows/CVI 的编程环境。

Help 用于 LabWindows/CVI 在线帮助及 Windows SDK 的函数帮助。

工程项目文件显示了所列文件的状态，其各项的含义如图 15.10 所示。

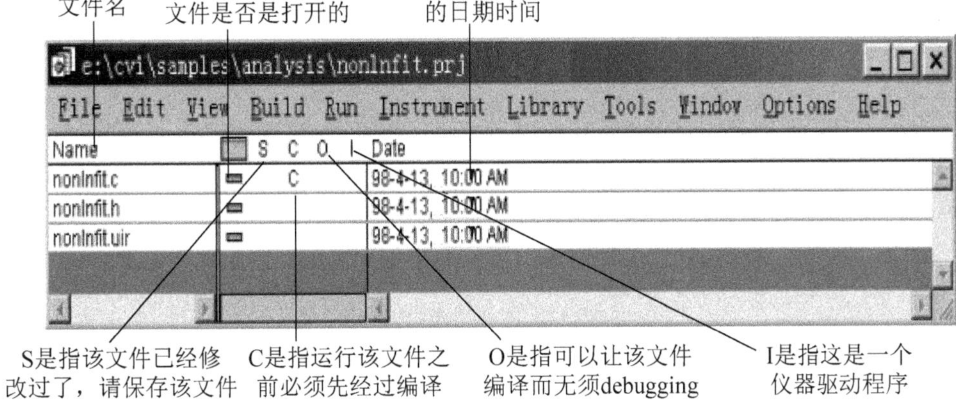

图 15.10　LabWindows/CVI 项目窗口

2. 图形用户接口编辑窗口

图形用户接口编辑窗口是用来创建、编辑图形用户接口的。一个用户接口至少要有一个面板(Panel)及在面板上的各种控件元素(Control Element)。图形用户接口编辑窗口提供了非常快捷的创建、编辑这些面板和控件元素的方法，可以在短时间里创建出符合要求的图形界面。

图形用户接口编辑窗口如图 15.11 所示，该图形用户接口编辑窗口中的各菜单项功能如下：

File 用于创建、保存或打开文件。

Edit 用于编辑面板或控件元素。

Create 用于创建新 VI 文件。

View 用于当创建多个面板后查看想要看的面板。

Arrange 用于调节各个控件元素的位置与大小。

Code 用于产生源代码，以及选择所需的事件消息类型。

Run 用于运行程序。

Library 包含函数库。

Tools 用于一些可使用的工具项。

Windows 用来访问某个已经打开的窗口，如项目工程窗口、用户接口编辑窗口、源代码窗口等。

Options 用于设置图形用户接口编辑窗口的编辑环境。

Help 用于获得 LabWindows/CVI 在线帮助及 Windows SDK 的函数帮助。

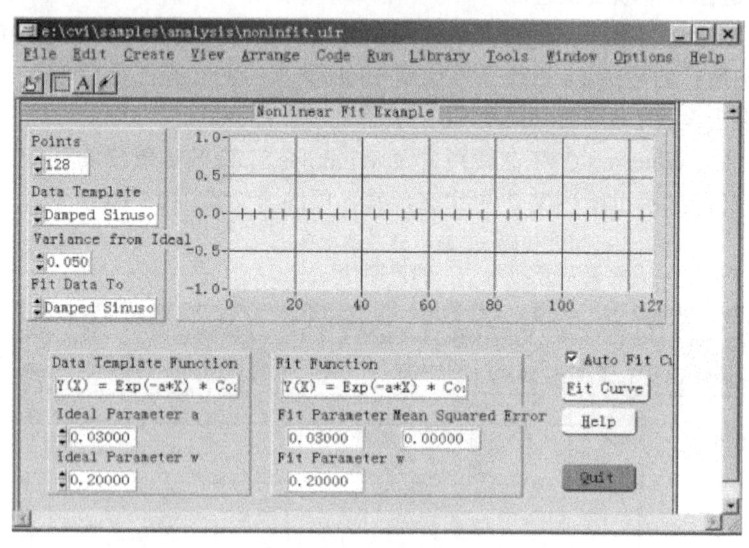

图 15.11　图形用户编辑窗口

3. 源代码编辑窗口

源代码编辑窗口是用来开发 C 语言代码文件的，如添加、删除、插入函数等编程所需的基本编辑操作。LabWindows/CVI 有其独特的简捷快速的开发、编辑工具，可以帮助用户在短时间内完成一个较复杂的 C 程序代码的开发。源代码编辑窗口如图 15.12 所示，该窗口中各菜单项的功能如下：

File 用于创建、保存或打开文件。

Edit 可用来编辑源代码文件。

View 用于设置源代码编辑窗口的风格等。

Build 进行编译文件及编译设置。

Run 用于运行程序。

Instrument 用于装入仪器驱动程序。

Library 为函数库。

Tools 包含一些可使用的工具项。

Window 用于访问某个已经打开的窗口，如项目工程窗口、在用接口编辑窗口、源代码窗口。

Options 用于设置在用接口编辑窗口的编辑环境。

Help 用于获得 LabWindows/CVI 在线帮助及 Windows SDK 的函数帮助。

```
/*  The Getnumpoints function is called whenever the user changes
/*  the value of the control containing the number points. The
/*  function gets the new value of the control puts it in the numpoints
/*******************************************************
int CVICALLBACK Getnumpoints (int panel, int control, int event,
   void *callbackData, int eventData1, int eventData2)
{
switch (event) {
      case EVENT_COMMIT:
          GetCtrlVal(mainpnl, MAINPNL_NUMPOINTS, &numpoints);
          If   (autoFitCurve) FitCurveProcedure();
          break;
      case   EVENT_RIGHT_CLICK:
          MessagePopup( "Set Number of Points",
                        "Sets the number of data points.");
          break;
          }
      Return 0;
}
```

图 15.12　源代码编辑窗口

4. 函数面板

在 LabWindows/CVI 编程环境下，当需要在源程序的某处插入函数时，只需从函数所在的库中选择该函数后便会弹出一个与之对应的函数面板，程序开发人员填入该函数所需的参数后完成插入即可。例如，在图 15.12 所示的 nonlnfit.c 中，要增加一个非线性曲线拟合的函数，应选择“Library”→“Advanced Analysis”→“Curve Fitting”→“Non-linear Fit”命令后，打开图 15.13 所示的函数面板。该函数的功能是根据给定的数据，以给定数据和待拟合曲线偏差的均方根为优化目标函数，进行最优非线性曲线拟合。当然，对于熟悉的函数，用户只需输入函数名后右击，在弹出的快捷菜单中选择“Recall Function Panel”命令，该函数面板也将自动弹出，这样函数输入将更快。在自动生成的函数面板中，函数中的参数也会自动产生。函数面板中函数的参数若是常量，则单击工具条中的“选择属性”或“UIR 常量”按钮后，会弹出一个“选择属性”或“UIR 常量”对话框，从中选择所需的常量或属性即可；若参数需定义，则可单击鼠标右键，在弹出的菜单窗口，定义该变量，而无需再切换到源代码编辑窗口编辑该变量。一旦填完函数的参数后，通过单击工具条“插入”按钮即可完成函数的插入，而无须再选择菜单中的“插入”命令。

5. LabWindows/CVI 的源代码自动生成功能

除了函数面板外，LabWindows/CVI 中还提供了程序源代码自动生成功能，以加快应用程序的开发速度，简化用户开发应用程序的难度。用户在创建好图形面板、定义好与消息对应的回调函数后，可根据需要生成应用程序所有的源代码框架、主函数的源代码或某回调函数的源代码。这样用户开发应用程序时，不用考虑复杂的函数接口问题，只需在自动生成的代码中加入应用所必需的处理过程(代码)。

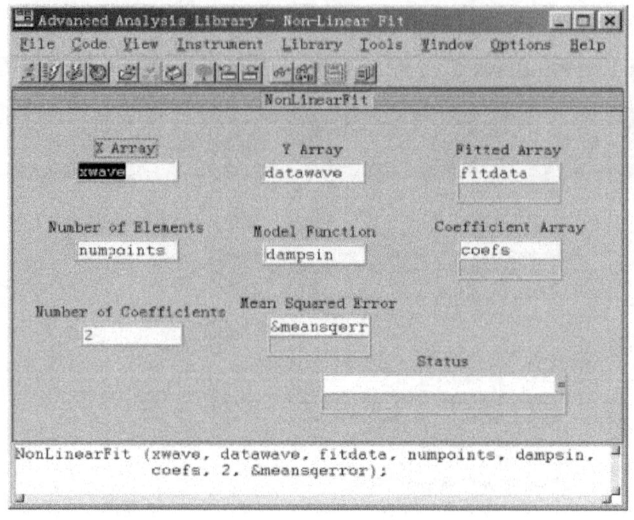

图 15.13　LabWindows/CVI 函数面板

6. LabWindows/CVI 程序开发步骤

LabWindows/CVI 程序开发的步骤和用可视化编程软件(如 Visual Basic、Visual C++等)开发程序的步骤很相似，首先进行需求分析，确定系统开发要用到的资源和系统要达到的功能；然后开发可视化界面；再进行源代码的生成和编辑修改；最后进行反复调试直到达到设计目标。其具体过程如图 15.14 所示。

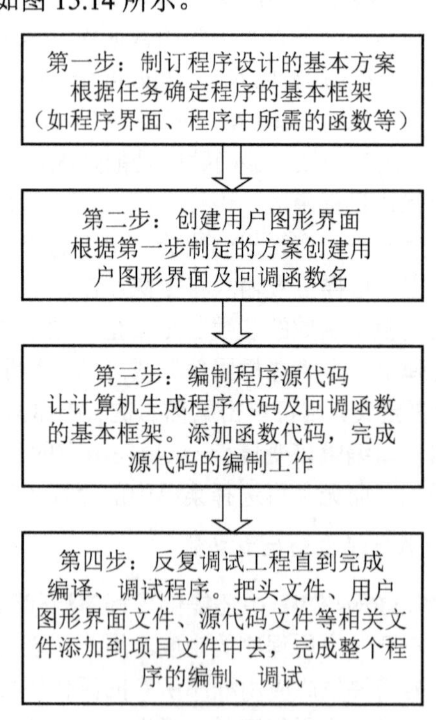

图 15.14　用 LabWindows/CVI 开发测控软件的步骤

15.3.3 LabVIEW 的相关操作

LabVIEW 是一种基于图形开发、调试和运行程序的集成化环境，应用于数据采集与控制、数据分析及数据表达等方面。它提供了一种全新的程序编写方法，即对被称为虚拟仪器的软件对象进行图形化的组合操作。作为目前国际上唯一的编译型图形化编程语言，它把复杂、烦琐、费时的语言编程简化成用图标提示的方法选择功能块，并用线条把各种功能块连接起来完成编程。由于它面向普通的工程师而非编程专家，因此 LabVIEW 一问世就受到全世界各行业工程师的喜爱，已经成为流行的测控软件开发平台之一。

1. LabVIEW 的特点

作为一种全新的开发工具，它所具有的主要特点如下：

(1) 实现了仪器控制与数据采集的完全图形化编程，设计者无需编写任何文本形式的代码。

(2) 提供了大量的面向测控领域应用的库函数，如面向数据采集的 DAQ 板的库函数、内置的 GPIB、VXI、串口等数据采集驱动程序；面向分析的高级分析库，可进行信号处理、统计、曲线拟合及复杂的分析工作；面向显示的大量仪器面板，如按钮、滑尺、二维图形和三维图形等。

(3) 提供大量与外部代码或应用软件进行连接的机制，如动态链接库、动态数据交换、各种 ActiveX 等。

(4) 强大的网络连接功能，支持常用网络协议，方便用户开发各种网络、远程虚拟仪器系统。

(5) 适用于多种操作系统，如 Windows 7/8/10、Mac OS、UNIX 及 Linux 等，并且在任何一个开发平台上开发的 LabVIEW 应用程序可移植到其他平台。

(6) 可生成可执行文件，脱离 LabVIEW 开发环境运行。此外，内置的编译器可加快执行速度。

2. LabVIEW 程序结构模型

所有的 LabVIEW 程序都被称为虚拟仪器，这是因为程序的外观和操作方式都与如示波器、多用表等实物仪器类似。每个 LabVIEW 程序通过应用库函数来处理用户界面的输入数据或其他形式的各种输入。LabVIEW 基本的程序单位是 VI。对于结构简单的测试任务，可以由一个 VI 来完成；而复杂的程序可以通过 VI 之间的层次调用结构完成。

高层功能的 VI 可以调用一个或多个低层的特殊功能的 VI，各 VI 之间的层次关系如图 15.15 所示。用户可以将 VI 看成程序模块，只是它用图形语言而非文本语言表示。采用这种方式管理、封装和组织程序，有利于程序开发，同时又实现了软件的重用。

VI 包括 3 个部分，即程序前面板、框图程序和图标/连接器。程序前面板用于设置输入数值和观察输出量，以及模拟真实仪表的前面板。在程序前面板上，输入量称为控制(Controls)，输出量称为显示(Indicators)。控制和显示是以各种图标形式出现在前面板上的，如旋钮、开关、按钮、图表、图形等，这使得前面板直观易懂。每一个程序前面板都对应着一段框图程序。框图程序用 LabVIEW 图形编程语言编写，可以把它理解成传统程序的源代码。

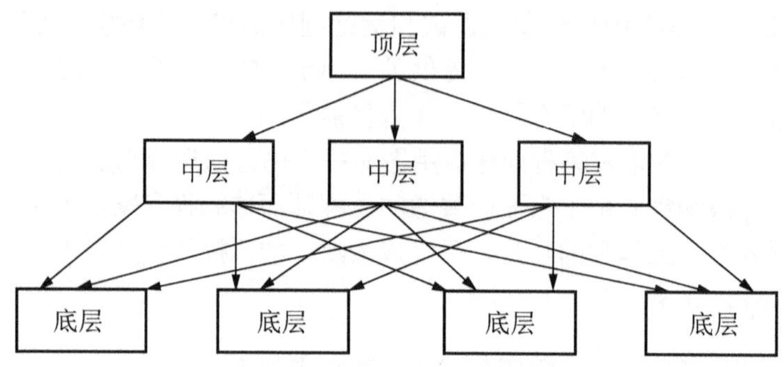

图 15.15 LabVIEW 程序层次模型图

框图程序由端口、节点、图框和连线构成。其中，端口被用于与程序前面板的控制和显示传递数据，节点用于实现函数和功能调用，图框用于实现结构化程序控制命令，连线代表程序执行过程中的数据流，定义了框图内的数据流动方向。图标/连接器是子 VI 被其他 VI 调用的接口。图标是子 VI 在其他程序框图中被调用的节点表现形式；连接器表示节点数据的 I/O 口，就像函数的参数。用户必须指定连接器端口与前面板的控制和显示一一对应。连接器一般情况下隐含不显示，除非用户选择打开观察它。

当然，习惯用文本方式编程的用户初次接触 LabVIEW 开发环境时可能会有些不适应，因为即使是最简单的两数相加，用文本方式只需要很简单的一行代码，而在 LabVIEW 中，要用 3 个控件(两个常数控件，一个加操作控件)，并用直线按输入和输出进行连接。用 LabVIEW 编程就像搭积木，LabVIEW 中提供了许多基本的“积木”(VI)，用户可将这些“积木”根据自己的需要打造自己的“大厦”(VI 应用程序)。因此，“大厦”模样和功能受制于工匠的想象能力、设计能力、“积木”的数量和种类等因素。为了增强 LabVIEW 的功能，NI 仍在不断地开发新的模块以满足各种应用的要求。当然，若要求开发的测控仪器系统有许多特殊的需求，而这种需求在 LabVIEW 现有的模板中找不到或很难用现有的模板构建，则非图形编程语言(如 LabWindows/CVI)将是更好的选择。

3. LabVIEW 模板介绍

LabVIEW 具有多个图形化的操作模板，用于创建和运行程序。这些操作模板可以随意在屏幕上移动，并可以放置在屏幕的任意位置。操纵模板共有工具(Tools)模板、控制(Controls)模板和函数(Functions)模板 3 类。

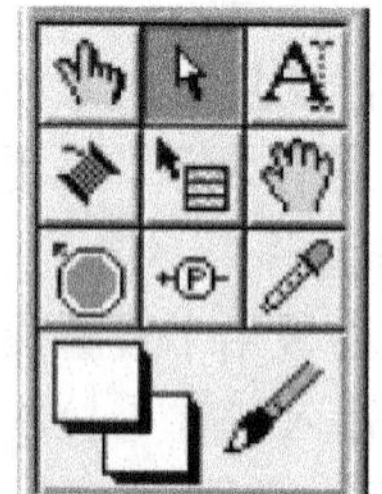

图 15.16 工具模板

1) 工具模板

工具模板(图 15.16)为编程者提供了各种用于创建、修改和调试 VI 程序的工具。如果该模板没有出现，则可以在“Windows”菜单下选择“Show Tools Palette”命令以显示该模板。当从模板内选择了任一种工具后，鼠标指针就会变成该工具相应的形状。当从“Windows”菜单下选择了“Show Help Window”命令后，可把工具模板内选中的任一种工

具光标放在框图程序的子程序(Sub VI)或图标上，此时会显示相应的帮助信息。

工具模板中各工具的功能如下。

操作工具：使用该工具来操作前面板的控制和显示。用户使用它向数字或字符串控制中输入值时，鼠标指针会变成标签工具的形状。

选择工具：用于选择、移动或改变对象的大小。当它用于改变对象的边框大小时，鼠标指针会变成相应形状。

标签工具：用于输入标签文本或创建自由标签。当创建自由标签时鼠标指针会变成相应形状。

连线工具：用于在框图程序上连接对象。如果联机帮助的窗口被打开，则把该工具放在任一条连线上，就会显示相应的数据类型。

对象弹出菜单工具：用鼠标左键可以弹出对象的弹出式菜单。

漫游工具：使用该工具可以不需要使用滚动条而在窗口中漫游。

断点工具：使用该工具在 VI 的框图对象上设置断点。

探针工具：可以在框图程序内的数据流线上设置探针。程序调试员可以通过探针窗口来观察该数据流线上的数据变化状况。

颜色提取工具：使用该工具来提取颜色，用于编辑其他的对象。

颜色工具：用来给对象定义颜色。它可以显示出对象的前景色和背景色。

2) 控制模板

与上述工具模板不同，控制模板和函数模板只显示顶层子模板的图标。在这些顶层子模板中包含许多不同的控制或功能子模板。通过这些控制或功能子模板可以找到创建程序所需的面板对象和框图对象。单击顶层子模板图标可以展开对应的控制或功能子模板，用户只需按下控制或功能子模板左上角的大头针，就可以把对这个子模板变成浮动板留在屏幕上。用控制模板可以给前面板添加输入控制和输出显示。每个图标代表一个子模板。如果控制模板不显示，可以用“Windows”菜单的“Show Controls Palette”功能打开它，也可以在前面板的空白处右击，以弹出控制模板。控制模板如图 15.17 所示。

控制模板中包含的各子模板如下。

数值子模板：包含数值的控制和显示。

布尔值子模块：逻辑值的控制和显示。

字符串子模板：字符串和表格的控制和显示。

列表和环(Ring)子模板：菜单环和列表栏的控制和显示。

数组和群子模板：复合型数据类型的控制和显示。

图形子模板：显示数据结果的趋势图和曲线图。

路径和参考名(Refnum)子模板：文件路径和各种标识的控制和显示。

控件容器库子模板：用于操作 OLE、ActiveX 等。

对话框子模板：用于输入对话框的显示控制。

修饰子模板：用于给前面板进行装饰的各种图形对象。

控制与显示子模板：用户自定义的控制和显示。

调用文件子模板：调用存储在文件中的控制和显示的接口。

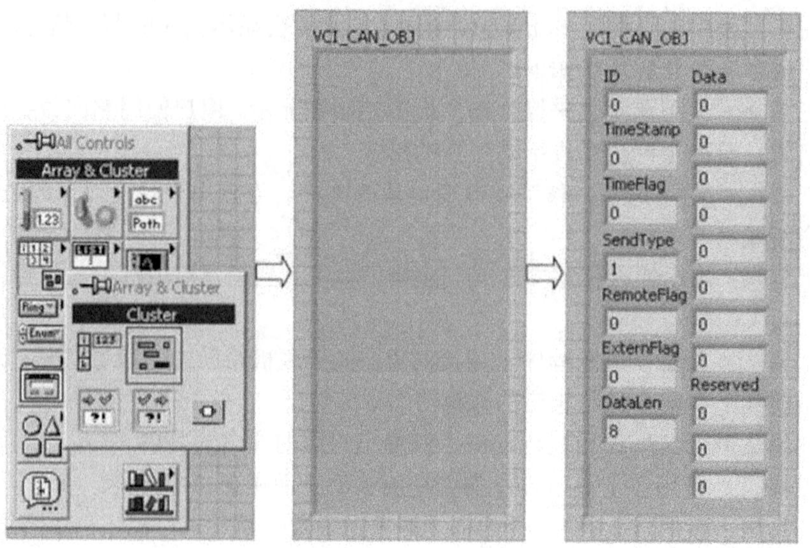

图 15.17　控制模块

3) 函数模板

函数模板是创建框图程序的工具，如图 15.18 所示。该模板上的每一个顶层图标都表示一个子模板。若函数模板不出现，则可以用“Windows”菜单下的“Show Functions Palette”命令打开它，也可以在框图程序窗口的空白处右击，以弹出函数模板。

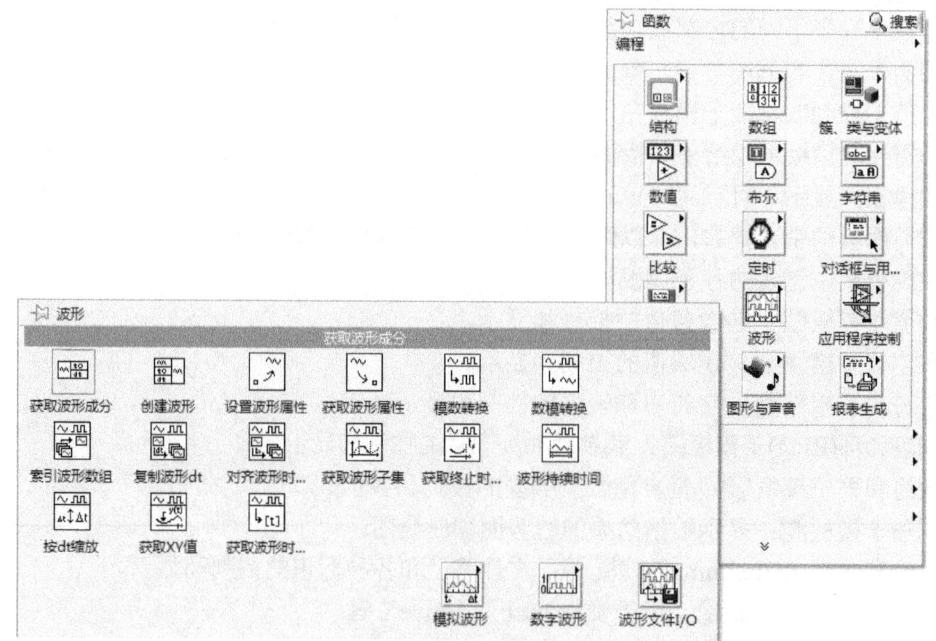

图 15.18　函数模块

函数模板包含的子模板如下。

结构子模板：包括程序控制结构命令，如循环控制等，以及全局变量和局部变量。

数值运算子模板：包括各种常用的数值运算符，如+、-等，以及各种常见的数值运算式，如+1 运算；另外，还包括数制转换、三角函数、对数、复数等运算，以及各种数值常数。

布尔逻辑子模板：包括各种逻辑运算符及布尔常数。

字符串运算子模板：包含各种字符串操作函数、数值与字符串之间的转换函数，以及字符(串)常数等。

数组子模板：包括数组运算函数、数组转换函数，以及常数数组等。

群子模板：包括群的处理函数，以及群常数等。这里的群相当于 C 语言中的结构。

比较子模板：包括各种比较运算函数，如大于、小于、等于。

时间和对话框子模板：包括对话框窗口、时间和出错处理函数等。

文件 I/O 子模板：包括处理文件 I/O 的程序和函数。

仪器控制子模板：包括 GPIB(488.1、488.2)、串行、VXI 仪器控制的程序和函数，以及 VISA 的操作功能函数。

仪器驱动程序库：用于装入各种仪器驱动程序。

数据采集子模板：包括数据采集硬件的驱动程序，以及信号调理所需的各种功能模块。

信号处理子模板：包括信号发生、时域及频域分析功能模块。

数学模型子模板：包括统计、曲线拟合、公式框节点等功能模块，以及数值微分、积分等数值计算工具模块。

图形与声音子模板：包括 3D、OpenGL、声音播放等功能模块。

通信子模板：包括 TCP、DDE、ActiveX 和 OLE 等功能的处理模块。

应用程序控制子模板：包括动态调用 VI、标准可执行程序的功能函数。

底层接口子模板：包括调用动态链接库和代码接口节点(Code Interface Nod，CIN)等功能的处理模块。

文档生成子模板。

4. LabVIEW 编程简介

通常设计一个虚拟仪器程序的步骤如下：

(1) 在前面板设计窗口设置控件，并创建流程图中的端口。在前面板上的控件仪表有两种类型，第一类是输入控制类，用于设置参数，如信号由哪个设备、哪个通道输入、输入类型、被测信号的采样点数和仪器的运行控制，如仪器的“启动”“停止”。第二类是输出显示类，主要用于测量结果的数值显示、图形显示、仪器设备的工作状态显示等。设计虚拟仪器时，首先在前面板开发窗口工具模板中使用相应工具，从控制模板中取出和放置好所需控件，进行控件属性参数设置、编辑和修改文字说明标签。

(2) 在流程图编辑窗口，放置节点、图框，并创建前面板控件。在流程图编辑窗口使用工具模板的相应工具，从函数模板中取出并放置好所需图标，它们是流程图中的节点、图框。

(3) 数据流程。数据流程就是使用连线工具按数据流的方向将端口、节点、图框依次连接，实现数据从源头按设定的运行方式到达目的终点。

(4) 文件存盘和调试。当完成上述(1)～(3)后，前面板程序与流程图图形化程序的设计完成，一个虚拟仪器程序已经建立，可以进行程序的调试。在设计过程中，要注意保存文件，以免程序丢失。

15.4 虚拟仪器系统的设计及应用实例

15.4.1 虚拟仪器系统的设计

虚拟仪器系统的设计方法和步骤与传统的仪器设计有较大的差异，这主要是由于数字化技术在虚拟仪器系统中的大量采用。同样，它与一般的软件开发也有较大不同，因为虚拟仪器系统的软件和系统硬件有紧密的关系。虚拟仪器系统的设计更像一般的测控系统设计。其设计步骤可具体概括如下。

1. 确定虚拟仪器的类型

由于虚拟仪器的种类较多，不同类型的虚拟仪器系统其硬件结构相差较大，因此在设计时必须首先确定类型。仪器类型的确定主要考虑以下几个方面：

(1) 对象的要求及使用领域。设计的虚拟系统首先要能满足应用要求，要能较好地完成测试任务，因此要根据测试要求选择满足要求的虚拟仪器类型。例如，在航天和航空领域，对仪器的可靠性、快速性、稳定性等要求较高，一般要选用 VXI 总线类型的虚拟仪器；对于普通实验室用的测试系统，采用 PC 总线的测试仪器即可满足要求。

(2) 系统成本。不同类型的虚拟仪器其构建成本不同，因此在满足应用要求的情况下，应结合系统成本考虑仪器的类型。

(3) 开发资源的丰富性。为了加快虚拟仪器系统的开发，在满足测试应用要求和系统成本控制的情况下，应选择有较多软硬件资源支持的仪器类型。例如，随着 USB 总线和 IEEE-1394 的发展和应用越来越广泛，传统的 RS-232 总线仪器和 GPIB 仪器在将来得到的支持将越来越少，因此应尽量少用这种接口类型的仪器；所选用的接口硬件等是否有各种形式的驱动程序支持，也是在硬件设备选型时必须考虑的。

(4) 系统的扩展和升级。由于测试任务的变换或要求的提高，需要对虚拟仪器系统进行扩展和升级。因此，在进行仪器类型的确定时，必须考虑这方面问题，如在进行 VXI 总线仪器的设计时，选择机箱要考虑插槽数。另外，目前主板上有 ISA 总线插槽的台式计算机越来越少，因此在设计 PC-Based 仪器时，要慎选 ISA 总线类型的板卡。此外，由于虚拟仪器系统可根据用户要求进行定制，同样的硬件经不同的组合，再配合相应的虚拟仪器应用软件，可实现不同的功能，因此要考虑系统资源的再用性。

2. 确定虚拟仪器所需的硬件

根据所选用的系统类型和结构，确定虚拟仪器系统组成所需的硬件，具体见本章的虚拟仪器系统硬件的构成。

3. 虚拟仪器软件开发平台的选择

当虚拟仪器硬件确定后，就要进行硬件的集成和软件开发，因此必须确定软件开发平台。目前常用的虚拟仪器软件开发平台已在虚拟仪器软件开发平台中有所介绍。在具体选择时主要基于开发人员对开发平台的熟悉程度、开发成本等角度考虑。

4. 虚拟仪器应用软件开发

根据系统要实现的功能，确定应用软件的开发方案。应用软件不仅要实现期望的仪器功能，还要设计出生动、直观、形象的仪器“软面板”，在这方面软件开发人员必须与用户沟通，以确定用户比较能接受和熟悉的数据显示和控制操作方式。

5. 系统调试

系统调试主要包括硬件调试和软件调试等。在调试方法上可以首先用仿真方式或模拟现场信号进行调试，然后进行现场真实信号调试。当系统的功能被确认满足设计要求后，系统调试结束；否则，还要重复进行硬件调试、软件调试，直至调试成功。

6. 编写完善的系统开发文档

编写完善的系统开发文档是一项常被忽视或轻视的工作。完善的系统开发文档和技术报告、使用手册等技术文档有利于总结系统开发经验，对系统的维护和升级及指导用户了解仪器的性能和使用方法有重要作用。

【虚拟仪器的应用】

15.4.2　虚拟仪器系统开发应用实例

以基于 LabVIEW 开发的虚拟信号发生器为例进行讲述。

1. 设计要求

虚拟信号发生器的设计要求为输出信号可以是设定的函数(该函数可任意设定)，并且信号的幅值、频率范围、信号样本信息可调。

2. 设计步骤

前面板设计根据设计要求，可以利用 LabVIEW 中的公式化波形产生 VI，该 VI 如图 15.19 所示。它一共有 7 个输入，两个输出。

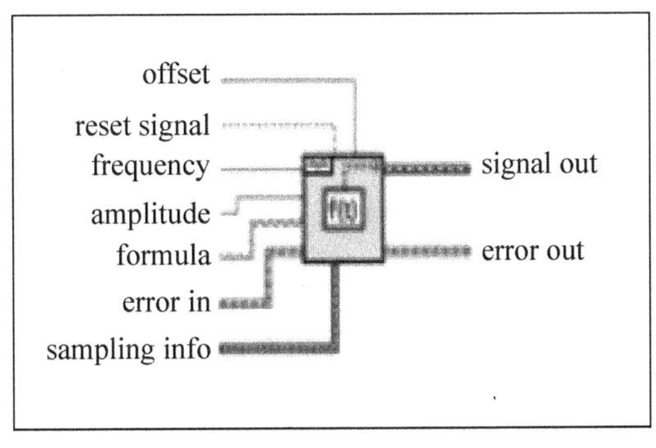

图 15.19　波形产生子 VI

其 7 个输入为偏置(offset)、信号复位(reset signal)、信号频率(frequency)、信号幅值(amplitude)、期望产生的信号波形(formula)、该 VI 运行前的错误描述(error in)、样本信号簇(cluster)信息(sampling info)如每秒产生的样本数和输出波形窗口中的样本数。两个输出为波形输出(signal out)和错误输出(error out)。根据以上要求，在前面板中添加 5 个输入型数字控件，分别对应偏置、信号的复位、幅值、频率和样本簇输入，一个布尔型按钮控件作为复位信号输入，一个公式控件，可以预先设置一些公式，作为期望的信号类型，一个字符串作为输入错误描述；再在前面板中添加波形显示控件，以显示波形产生子 VI 发生的信号。

(1) 添加一个字符串放置错误输出描述信息。设计完成的前面板如图 15.20 所示。

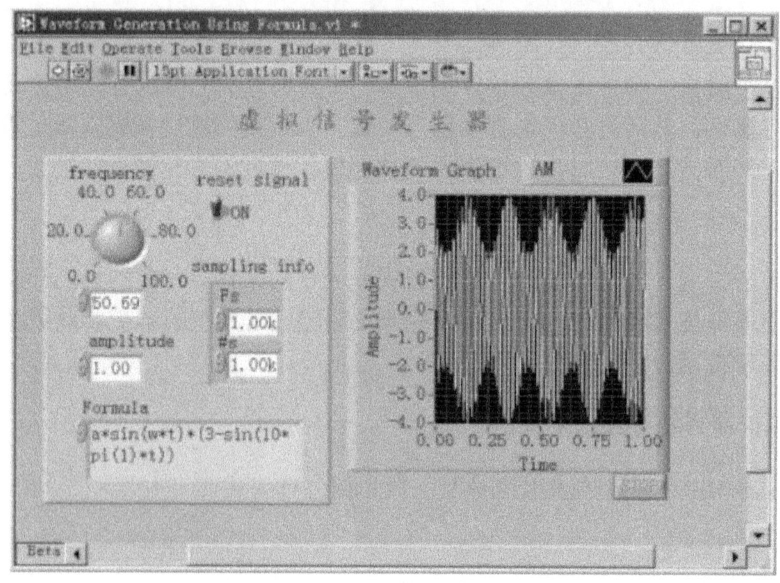

图 15.20 虚拟信号发生器前面板图

(2) 流程图编辑。使用连线工具，按照数据流的方向，将端口、节点图框等依次相连，实现数据从源头按规定的运行方式到达目的终点。

(3) 调试、运行。当设计完成后，即可调试、运行，检查是否达到了设计要求。至此，完成了虚拟信号发生器的设计。

思考与练习

1. 什么是虚拟仪器技术？其核心思想是什么？

2. 虚拟仪器与传统仪器相比有哪些特点？

3. 根据虚拟仪器采用总线的不同，常用的虚拟仪器可以分为哪些类别？

4. 虚拟仪器软件架构 VISA 的主要内容是什么？它可以解决虚拟仪器开发中的哪些问题？

5．常用的虚拟仪器开发平台有哪些？各自的特点是什么？

6．虚拟仪器设计开发步骤是什么？

7．若要为实验室设计一套信号发生器，该信号发生器能够模拟各种类型的热电偶，你将如何规划和设计？

第 16 章 PC 网络介绍

随着计算机的普及和网络的飞速发展，计算机的网络连接已经成为人们日常生活、工业应用不可缺少的部分。本章介绍智能仪表的 PC 联网方式、结构等。要求大家掌握智能仪表与 PC 的连接方式。

教学要求：掌握 PC 网络的工业设计。

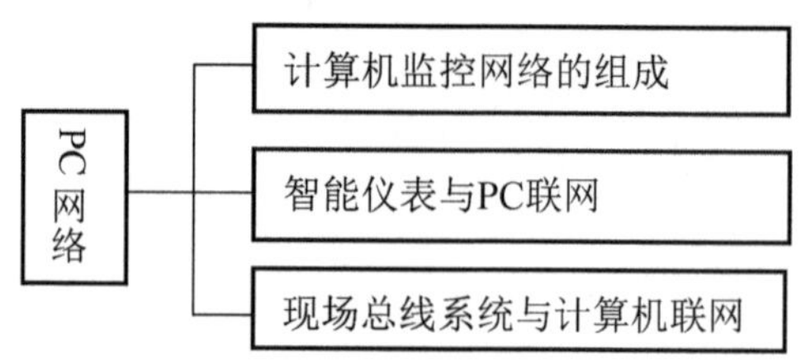

16.1　计算机监控网络的组成

计算机监控网络包括测控仪表、通信线路、上位计算机及通信和组态软件。计算机监控系统结构示意图如图 16.1 所示。通信线路在此不再介绍。

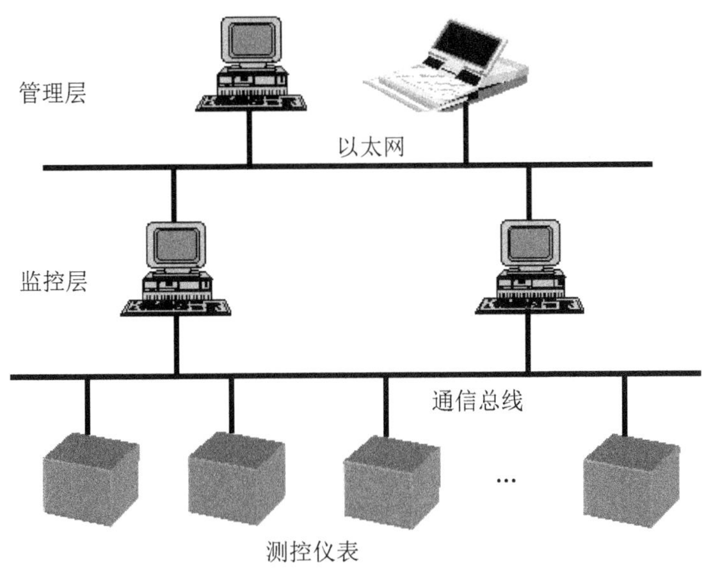

图 16.1　计算机监控系统结构示意图

1. 测控仪表

测控仪表包括现场类智能变送、执行仪表及控制、显示、记录类智能仪表。这类仪表均具有符合某一国际标准(如 RS-485、HART、CAN 等接口标准)的通信接口。

【通信接口】

1) 现场类仪表

(1) 智能压力变送器。

智能压力变送器(PMC/PMP 731)如图 16.2 所示。

PMC 731：电容式陶瓷传感器，抗过载。

PMP 731：压电式金属传感器，适于高黏度。

测量范围：0～4MPa 或 40MPa。

测量介质：气体、蒸气、液体。

精度：0.1%，量程比为 20∶1。

防爆：本质安全型，隔爆。

通信协议：4～20mA/HART，Profibus-PA，Foundation Fieldbus

通过侧面按钮可调节零点和满度。

【实例—单片机驱动车载仪表】

(2) 智能差压变送器(MV2010TD)如图 16.3 所示。

测量介质：气体、蒸气、液体。

图 16.2　智能压力变送器(PMC/PMP731)

图 16.3　智能差压变送器(MV2010TD)

测量范围：0－50Pa～10MPa。

精度：0.075%，量程比为 100:1。

调节零满：带表头时可由就地按钮组态。

功能组态：线性、平方根、自由编程、PID 调节。

单向过载压力：最大 40MPa。

防爆：本质安全型，隔爆。

通信协议：4～20mA/HART 或 Bailey FSK、Profibus-PA、Foundation Fieldbus。

2) 控制类仪表

(1) 可编程序控制器(FX 系列)。

可编程序控制器(PLC)主要用于逻辑控制、程序控制，也能实现 PID 控制。其特点是实时性强、可靠性高。

FX_{1S} 系列 PLC(图 16.4)把优良的特点都融合进一个很小的控制器中，适用于最小的封装，提供多达 30 个 I/O 点，并且能通过串行通信传输数据，所以它能用在紧凑型 PLC 不能应用的地方。

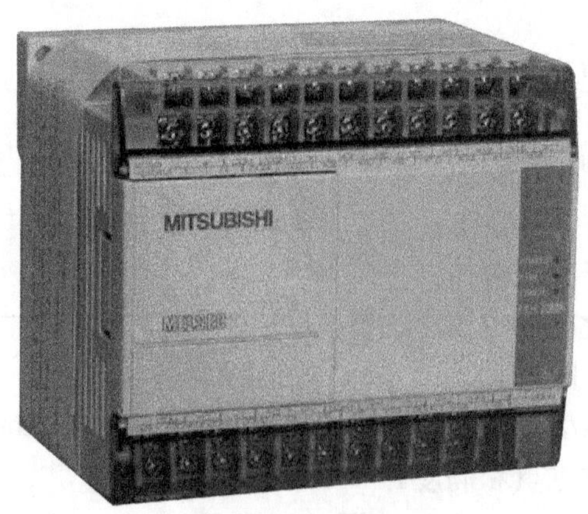

图 16.4　FX_{1S} 系列 PLC

FX_{1N} 系列(图 16.5)是功能很强大的微型 PLC，可扩展到多达 128 个 I/O 点，并且能增

加特殊功能模块或扩展板。通信和数据连接功能选项使得 FX_{1N} 在体积、通信和特殊功能模块等重要的应用方面非常完美。

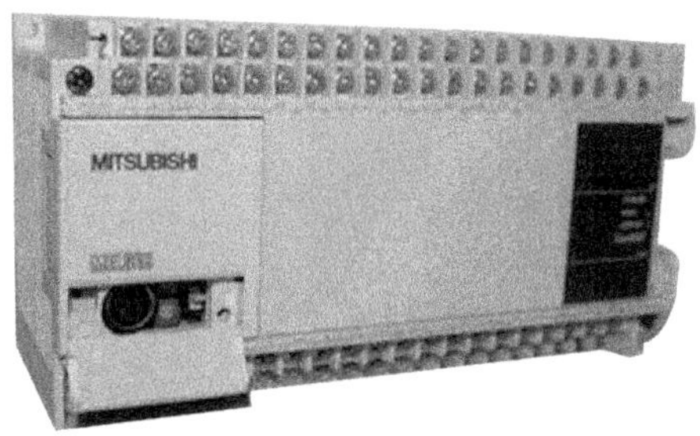

图 16.5　FX_{1N} 系列

FX_{2N} 系列(图 16.6)是 FX 系列 PLC 家族中较先进的系列。由于 FX_{2N} 系列具备如下特点：最大范围的包容了标准特点、程式执行更快、全面补充了通信功能、适合世界各国不同的电源，以及满足单个需要的大量特殊功能模块，它可以为工厂自动化应用提供最大的灵活性和控制能力。

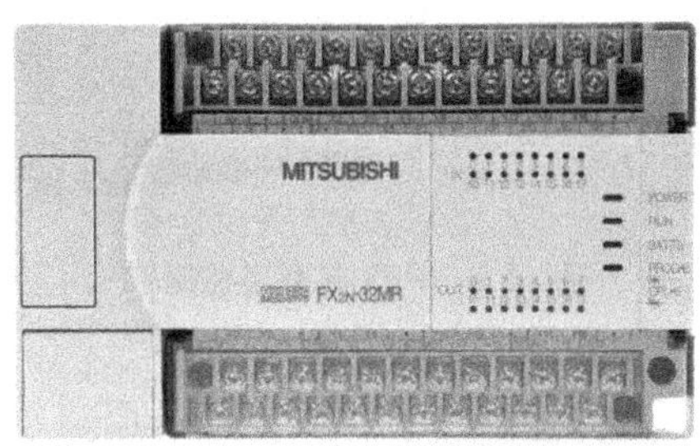

图 16.6　FX_{2N} 系列

PLC 编程可用逻辑指令、步进指令、梯形图及功能图等。编程元件有输入/输出触点(X、Y)、继电器、定时器、计数器等。PLC 梯形图示意如图 16.7 所示。开关量交替输出编程实例如图 16.8 所示。

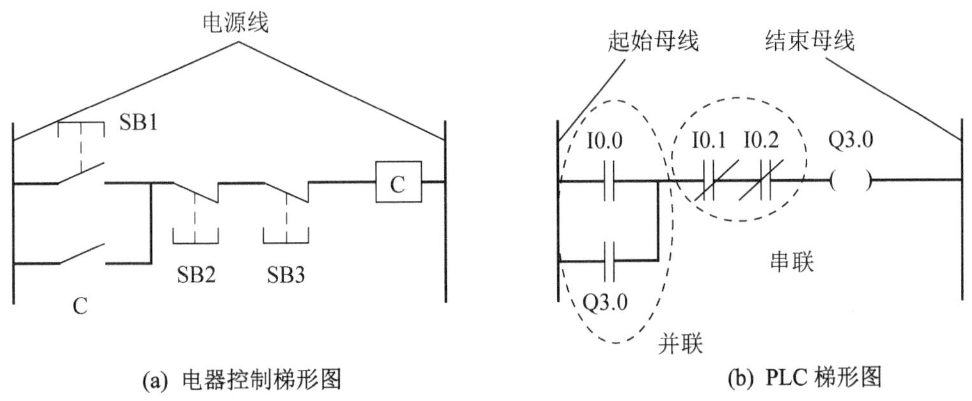

(a) 电器控制梯形图　　　　(b) PLC 梯形图

图 16.7　PLC 梯形图示意图

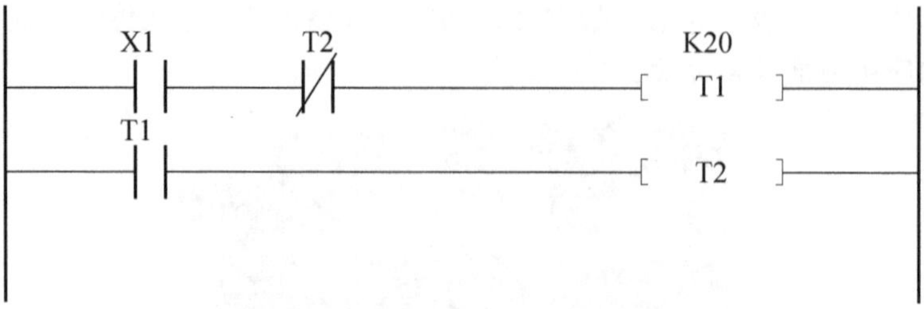

X1 T2 K20 T1

T1 T2

图 16.8　开关量交替输出编程实例

(2) PID 自整定控制仪(S805)如图 16.9 所示。

图 16.9　PID 自整定控制仪

输入信号：模拟量或脉冲量输入。

测量范围：-1999～+9999。

测量精度：0.2%FS。

分辨率：1 字。

温度补偿：0～50℃数字式温度自动补偿。

控制方式：自整定 PID 方式。

输出信号：电流/电压或开关量输出。

报警方式：继电器上、下限报警输出。

通信协议：RS-485、RS-422、RS-232C。

技术特点：通过 3 个按钮(SET、上升、下降)可设定全部参数；设定参数断电永久保留；参数密码锁定，以防随意修改参数；PID 参数可人工设定，也可自动演算，以取得满意控制效果；可直接配接各型串行打印机，实现即时、定时打印实时测量值；支持多机网络通信，协议可任意设定。

2. 上位计算机

上位计算机应符合工业标准，具有通信接口(或网卡)和通信程序、操作系统及工控组态软件。

3. 通信软件

通信软件的功能是实现 PC 监控界面与智能仪表之间的信息交换，常使用 DDE 和 OPC 技术。

DDE 技术，用于 Windows 应用程序间的数据交换，在小系统中使用较为方便，但当数据通信量大时，效率较低。

OPC 技术，以组件对象模型(COM/DCOM)为基础，采用客户/服务器(Client/Server)方式提供了标准的数据交换规范，硬件开发商、软件开发商只要分别开发一套 OPC 程序组件和 OPC 接口即行，大大提高了开发商的工作效率，用户使用也比较方便。

4. 组态软件

组态软件常使用 InTouch、Fix、组态王、坤瑞工控组态平台等。组态软件应具有的功能如下：

(1) 完善的人机界面功能，如图形、报表、动画等。

(2) 丰富的图形库，并可扩充。

(3) 简便、易学的控制语言。

(4) 支持多媒体，包括图片、声音、动画等。

(5) 强有力的通信功能。

(6) 先进的报警和事件管理。

(7) 广泛的数据获取和处理能力。

(8) 强大的网络和冗余能力。

(9) 先进的安全管理系统。

16.2　智能仪表与 PC 联网

RS-232、RS-485 联网如图 16.10 所示。

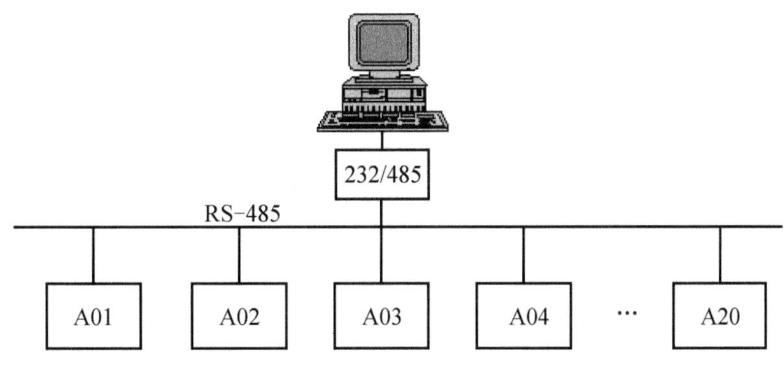

图 16.10　RS-232、RS-485 联网

通信数据格式如图 16.11 所示。

PC 与 S805 的通信软件用 Visual Basic 编写。

@	DE	帧类型	帧数据	CRC	CR

图 16.11 通信数据格式

16.3 现场总线系统与计算机联网

【视频：现场总线 CC-LINK】

【工业数据总线】

16.3.1 现场总线系统简介

现场总线(Fieldbus)是近年来迅速发展起来的一种工业数据总线，它主要解决工业现场的智能化仪器仪表、控制器、执行机构等现场设备间的数字通信，以及这些现场控制设备和高级控制系统之间的信息传递问题。由于现场总线具有简单、可靠、经济实用等一系列突出的优点，因此受到了许多标准团体和计算机厂商的高度重视。

一般把现场总线系统称为第五代控制系统，也称为现场总线控制系统(Fieldbus Control System，FCS)。人们一般把 20 世纪 50 年代前的气动信号控制系统称作第一代，把 4～20mA 等电动模拟信号控制系统称为第二代，把数字计算机集中式控制系统称为第三代，而把 70 年代中期以来的 DCS 称为第四代。FCS 作为新一代控制系统，一方面，突破了 DCS 采用通信专用网络的局限，采用了基于公开化、标准化的解决方案，克服了封闭系统所造成的缺陷；另一方面把 DCS 的集中与分散相结合的集散系统结构，变成了新型全分布式结构，把控制功能彻底下放到现场。可以说，开放性、分散性与数字通信是现场总线系统最显著的特征。

1. 优点

1) 节省硬件数量与投资

由于现场总线系统中分散在设备前端的智能设备能直接执行多种传感、控制、报警和计算功能，因此可减少变送器的数量，不再需要单独的控制器、计算单元等，也不再需要 DCS 的信号调理、转换、隔离技术等功能单元及其复杂接线，可以用工控 PC 作为操作站，从而节省了一大笔硬件投资，由于控制设备的减少，因此可减少控制室的占地面积。

2) 节省安装费用

现场总线系统的接线十分简单，由于一对双绞线或一条电缆上通常可挂接多个设备，因此电缆、端子、槽盒、桥架的用量大大减少，连线设计与接头校对的工作量也大大减少。当需要增加现场控制设备时，无须增设新的电缆，可就近连接在原有的电缆上，既节省了投资，也减少了设计、安装的工作量。据有关典型试验工程的测算资料可知，现场总线系统可节约安装费用的 60%以上。

3) 节省维护开销

由于现场控制设备具有自诊断与简单故障处理的能力，并通过数字通信将相关的诊断维护信息送往控制室，用户可以查询所有设备的运行，诊断维护信息，以便早期分析故障原因并快速排除，缩短了维护停工时间，同时由于系统结构简化，连线简单而减少了维护工作量。

4) 系统集成主动权

用户可以自由选择不同厂商所提供的设备来集成系统，避免因选择了某一品牌的产品被“框死”了设备的选择范围，不会为系统集成中不兼容的协议、接口而一筹莫展，使系统集成过程中的主动权完全掌握在用户手中。

5) 准确性与可靠性

由于现场总线设备的智能化、数字化，与模拟信号相比，它从根本上提高了测量与控制的准确度，减少了传送误差。同时，由于系统的结构简化，设备与连线减少，现场仪表内部功能加强；减少了信号的往返传输，提高了系统的工作可靠性。此外，由于它的设备标准化和功能模块化，因此还具有设计简单，易于重构等优点。

2. 拓扑结构

现场总线的网络拓扑结构有以下 4 类：环形拓扑结构、星形拓扑结构、总线型拓扑结构、树形拓扑结构。

现场总线系统与计算机联网结构示意图如图 16.12 所示。

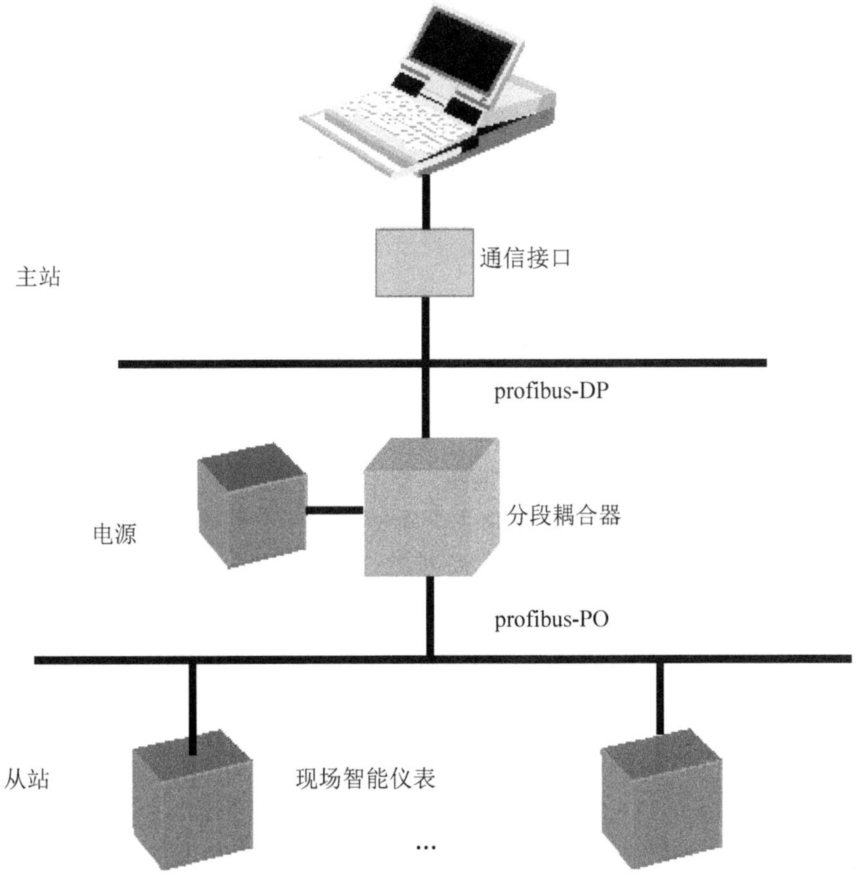

图 16.12　现场总线系统与计算机联网结构示意图

16.3.2 基于 Web 的远程监控技术

1. 远程控制的原理和网络发展模式

远程控制的原理：用户连接到网络上，通过远程访问的客户端程序发送客户身份验证信息和与远程主机连接的要求，远程主机的服务器端程序验证客户身份，如果验证通过，则向用户发送验证通过和已经建立连接的信息。此时，用户便可以通过客户端程序监控或向远程主机发送要执行的指令，而服务器端则执行这些指令，并把键盘、鼠标和屏幕刷新数据传送给客户端程序，客户端程序通过相关运算把主机的屏幕等信息显示给用户，使得用户就像亲自在远程主机上工作一样。如果没有通过身份验证，就是没有与用户建立连接，用户也就不能远程控制远程主机了。

当操作者使用主控端计算机控制被控端计算机时，就如同坐在被控端计算机的屏幕前一样，可以启动被控端计算机的应用程序，使用被控端计算机的文件资料，利用被控端计算机的外围打印设备(打印机)和通信设备(调制解调器或专线等)来进行打印和访问互联网(Internet)。远程控制应用在工厂或企业上的话，还可以利用与被控端相连接的工控设备，直接对生产现场进行控制，就像利用遥控器遥控电视的音量、变换频道或开关电视机一样方便。不过，有一个概念需要明确，即主控端计算机只是将键盘和鼠标的指令传送给远程计算机，同时将被控端计算机的返回信息如屏幕画面、系统信息、设备状态等通过通信线路回传过来。也就是说，人们控制被控端进行操作似乎是在眼前的计算机上进行的，而实质是在远程的计算机中实现的，不论打开文件，还是上网浏览、下载，操纵工控设备等，所有的资料和 Cookies 等都是存储在远程的被控端计算机中的。

2. 网络远程控制模式的发展

纵观整个远程控制技术的发展过程，共产生了 3 种模式：主机集中模式、客户/服务器模式、浏览器/服务器模式。

1) 主机集中模式

大型主机通常是一台功能强大的计算机，众多远程终端用户共享大型主机 CPU 资源和数据库存储功能，这是一种典型的“胖服务器/瘦客户机”模式，提高了主机的集中控制能力，安全可靠。但其主机负担过重，设备昂贵，系统可靠性差，伸缩性较小。

2) 客户/服务器模式

该机制运作的基本过程：服务器监听相应端口的输入，客户服务器接收并处理请求，并将结果返回给客户机。客户通过 Internet 或企业内部网(Intranet)直接与数据库服务器对话，服务器将对话结果返回给客户机。它把集中管理模式转化为一种服务器和客户机负载均衡的分布式计算模式，解决了执行效率及容量不足的问题，但客户/服务器模式有许多缺点，如客户机与服务器的职责不明，系统移植困难，客户端开发、维护麻烦，应用系统的开发设计比较复杂，容易导致服务器和网络过载而影响系统的性能等。

传统的客户/服务器模式的体系结构。传统的客户/服务器结构是伴随着网络数据库技术的应用发展起来的，模式的体系结构最初出现在 20 世纪 80 年代，两层结构即“胖客户端”结构是最典型、最普遍的一种形式，这种形式的客户/服务器结构分为两层，第一层在

客户机系统上结合了用户界面与业务逻辑(客户端程序里)；第二层通过网络结合了数据库服务器，系统任务分别由客户机和服务器来完成。在客户/服务器两层结构中，客户端保存着应用程序，直接访问数据库；服务器端存放着所有数据；每个客户与数据库保持一个信任连接。客户端通过应用程序向数据服务器发出请求，数据服务器据此请求对数据库进行操作，并向客户端返回应答结果。服务器具有数据采集、控制和与客户机通信的功能，客户端则包括与服务器通信和用户界面模块。

客户/服务器结构将一个复杂的网络应用和生动、直观的用户界面相分离，将大量的数据运算交给了后台去完成，提高了用户交互反应的速度，应用开发简单，开发工具多而成熟。

随着信息技术的发展，客户/服务器结构暴露出一些问题。由于在客户/服务器结构中，客户端同时承担了表达逻辑和业务逻辑两部分功能，二者之间界限不明显。无论在功能划分上还是具体程序实现上，两个层面往往交织在一起。因而客户端需要安装大量的软件，机器需要较高的配置，客户端维护频繁，系统的鲁棒性下降，用户也需要进行专门的培训才能操作。因此，运行成本一直呈上升的趋势，在某种程度上限制了网络的应用范围。这种“瘦服务器/胖客户机”的模式，随着信息管理的复杂化、网络系统集成的高度化发展，其逐渐显示了局限性，具体表现在如下几个方面。

(1) 系统硬件资源的浪费。随着软件复杂度增加和客户端规模的扩大，为了保证客户机都能运行全部的软件功能，不得不对所有的客户机进行硬件升级。

(2) 缺乏灵活性、部署困难。客户机服务器需要对每个应用独立地开发应用程序，消耗大量的资源，并且在向广域网扩充(如 Internet)的过程中，由于信息量的迅速增大，专用的客户端已无法满足多功能的需求。另外，客户端的操作系统是不同的，与此对应的客户端程序也是不同的。但是，为每一种操作系统设计一个客户端程序是不现实的。而要求客户放弃已有的操作系统来购买新的操作系统会使客户付出很大的代价。

(3) 客户端和服务器的直接连接，使得服务器将消耗部分系统资源用于处理与客户端的连接工作，每当同时存在几个客户端数据请求时，服务器有限的系统资源将被用于频繁应付与客户端之间的连接，从而无法及时响应数据请求。客户端数据请求堆积的直接后果将导致系统整体运行的失败。

(4) 更突出的弱点在于管理、维修费用高，难度大。

3) 浏览器/服务器模式

由于客户/服务器结构的以上不足，可以在传统的客户/服务器结构的中间加上一层，把原来客户机所负责的功能交给中间层来实现，这个中间层即为 Web 服务器层这样，客户端就不负责原来的数据存取，只需在客户端安装浏览器。把原来的服务器作为数据库服务器，在数据库服务器上安装数据库管理系统和创建数据库。Web 服务器的作用就是对数据库进行访问，并通过 Internet 或 Intranet 传递给浏览器。这样，Web 服务器既是浏览器的服务器，又是数据库服务器的浏览器。在这种模式下，客户机就变为一个简单的浏览器，形成了“胖服务器/瘦客户机”的模式，这就是浏览器/服务器模式。

基于浏览器/服务器模式的结构将 Web 与数据库相结合，形成了基于数据库的 Web 计算模式，并将该模型应用到互联网或 Intranet 中，最终形成了 3 层用户/服务器应用结构，

3 层结构将应用系统的 3 个功能层面进行了明确的分割，使其在逻辑上各自独立。

表示层、功能层、数据层被分割成 3 个相对独立的单元。表示层包含系统的形式逻辑，即将过去多种应用存在的多种界面的状况，彻底统一为一种界面格式。其任务是由 Web 浏览器向网络上的某个 Web 服务器提出服务请求，Web 服务器在对用户身份进行验证后，把所需内容传送给客户端并显示在 Web 浏览器上。在功能层中包含系统的事务处理逻辑，任务是接受用户请求，与数据库进行连接，向数据库服务器提出数据处理申请，等数据库将数据处理结果提交给 Web 服务器，再由 Web 服务器传送到客户端。数据存储和数据处理逻辑放置于数据库服务器端，任务是接受 Web 服务器对数据操纵的请求，实现对数据库的查询、修改、更新等功能，把运行结果提交给 Web 服务器。这样的 3 层体系结构大大减轻了客户机的压力，不用把负载均衡地分配给 Web 服务器。由于客户机把事务处理逻辑部分分给了功能服务器，不再负责处理复杂计算和数据访问等关键事务，只负责显示部分，因此维护人不再为程序的维护工作奔波于每个客户机之间，而把主要精力放在功能服务器上程序的更新工作。这种 3 层结构层与层之间相互独立，任何一层的改变不影响其他层的功能。

相对客户/服务器结构而言，采用浏览器/服务器结构实现远程控制系统设计是一次深刻的变革，它具有如下突出优点。

(1) 客户端不再负责数据库的存取和复杂数据计算等任务，只需进行显示，充分发挥了服务器的强大作用，这样就大大降低了对客户端的要求，降低了投资和使用成本。

(2) 易于维护、升级。维护人员不再为程序的维护工作奔波，而把主要精力放在功能服务器上。由于用户端无须专用的软件，当企业对网络应用进行升级时，只需更新服务器端的软件，减轻了系统维护与升级的成本与工作量。

(3) 用户操作使用简便。浏览器/服务器结构的客户端只是一个提供友好界面的浏览器，通过鼠标即可实现远程控制，用户无须培训便可直接使用，利于推广。

(4) 易于实现跨平台的应用，解决了不同系统下不兼容的情况。

目前，浏览器/服务器正日益与面向对象(Object-Oriented)技术、分布式计算紧密结合，通过封装的可复用构件为系统提供更好的灵活性和高效的开发速度。

3. 基于 Web 的相关编程技术

对一个浏览器/服务器结构的远程控制系统而言，能提供动态的 Web 页面，在 Internet 上进行数据实时显示是最基本的要求。但普通的 Web 页面都是静态的，是将预先做好的页面放在服务器上供用户访问。这种方式对于用户进行远程控制尤其是工业控制系统来说是根本不适用的，远程控制系统的 Web 服务器必须能根据数据库中的数据实时地生成 Web 页面，这就需要使用动态网页技术，动态网页就是由服务器根据客户提交的参数与后台数据库交互，通过数据库动态产生处理结果，并以 Web 形式返回客户的页面。

最先能够实现动态网页的是公共网关接口(Common Gateway Interface，CGI)技术，而目前市场上比较流行的动态网页技术有微软公司的动态服务页面(Active Server Page，ASP)技术、Tex 的超级文本预处理语言(Hypertext Preprocessor，PHP)技术和 Sun 的 Java 服务器页面(Java Server Page，JSP)技术，它们又各有利弊。下面对它们进行介绍和比较。

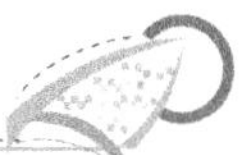

1) CGI 技术

CGI 是一个用于定义 Web 服务器与其外部程序之间通信方式的标准或接口规范，它已被绝大多数 Web 服务器所支持。CGI 用来处理来自网络浏览器上输入的信息，并在服务器上产生相应的作用或将相应的信息反馈到浏览器上。

其工作原理为客户机通过 Web 浏览器输入查询信息，浏览器通过 HTTP 协议向 Web 服务器发出带有查询信息的请求，Web 服务器调用 CGI 程序，并使用客户机传递的数据作为 CGI 的运行参数，CGI 程序将其转化为 HTML 后返回给 Web 服务器，Web 服务器将结果返回客户机 Web 浏览器并关闭连接。

从 CGI 的原理可知，程序从数据库服务器中获取数据，转化为 HTML 页面，再由 Web 服务器发送给浏览器，也可以从浏览器获取数据，并存入特定的数据库中。

CGI 技术是一个通用的标准，几乎所有的 Web 服务器都支持该标准，同时 CGI 的客户端可操作性也很高，IE 或 Netscape 浏览器均可以轻松地实现操作，利用 CGI 实现与数据库的连接最大的优点在于其通用性，可以使用 Perl、C、C++、Fortran 和数据库语言等任何能够形成可执行程序的语言编写，几乎可以在任何操作系统上实现，创建 CGI 脚本使用的最广泛的语言是 Perl，它以其实用、易学并免费而广受欢迎。

但是，CGI 在服务器端的配置相当复杂，需要大量额外的复杂编程，不易开发；并且 CGI 还需要编译，更改成本高，这也意味着编程人员在进行 CGI 编程时每做一点改动都要重新编译、生成可执行文件，严重增加了编程人员的负担。另外，CGI 程序很耗费服务器资源，它作为独立的外部程序加大了 Web 服务器的负载，如脚本每运行一次都要产生一个实例，如果一个站点有成千上万个用户在访问且大多数访问都启动 CGI 程序，在内存中就会产生大量进程。这样，将浪费大量内存空间和处理时间，直接导致服务器运行缓慢。同时 CGI 还存在扩展受限、可移植性差、功能有限，不易调试和检错，且不具备事务处理的功能等问题。目前的动态网站已经很少再使用 CGI 技术了。

2) ASP 技术

ASP 是一套微软公司开发的服务器端脚本环境，内含于 Microsoft IIS3.0 以上版本之中，是较早推出的不需编译就可直接插入网页的 Web 语言。ASP 通过使用服务器端的脚本和组件创建独立于浏览器的动态 Web 页面，在站点的 Web 服务器上解释脚本，可产生并执行动态、交互式、高效率的站点服务器应用程序。通过 ASP 可以结合 HTML 网页、ASP 指令和 ActiveX 控件建立动态、交互的 Web 服务器应用程序，胜任基于微软 Web 服务器的各种动态数据发布。为了方便应用程序的开发，ASP 提供了 Request、Response、Server、Session、Application 和 Object Context 共 6 个功能强大的内置对象，它们在每个 ASP 脚本名称空间中都可以被自动访问。

ASP 最大的优点是服务器仅将执行的结果返回客户，这样就减轻了客户端的负担，大大提高了交互的速度。当用户申请一个 ASP 主页时，Web 服务器响应该请求，调用 ASP 引擎，解释被申请文件。当遇到任何与 ActiveX Scripting 兼容的脚本时，ASP 引擎会调用相应的脚本引擎进行处理。若脚本指令中含有访问数据库的请求，就通过 ODBC 与后台数据库相连，由数据库访问组件执行访库操作。ASP 脚本是在 Web 服务器端解释执行的。

它依据访问的结果集自动生成符合 HTML 语言的页面，去响应用户的请求。所有相关

的发布工作由 Web 服务。当遇到访问数据库的脚本命令时，ASP 通过 ActiveX 组件 ADO 与数据库对话，并将执行结果动态生成一个 HTML 页面返回 Web 服务器，以响应浏览器的请求。

ASP 中包含了许多 ActiveX 服务器的构件来扩展脚本的能力。其中，数据库访问构件能使脚本方便地访问数据库服务器上的数据。但 ASP 一个明显的不足之处在于它不具备跨平台性，只能在微软公司的服务器产品上运行；ASP 技术仅依靠微软公司本身的推动，其发展建立在独占的、封闭的开发过程基础之上。此外，ASP 的安全性也让人担心，ASP 应用程序在 Windows 系统被认为可能会崩溃。这些原因也使 ASP 技术应用前景受到怀疑。

3) PHP 技术

PHP 由 Rasmus Lerdorf 于 1994 年提出的。它是嵌入 HTM 文件的一种脚本语言，其语法混合了 C、Java、Perl 语言，形成了 PHP 自己的特性，它可以比 CGI 更快速地生成动态网页。

其工作原理是客户机通过 Web 浏览器输入查询信息，浏览器通过 HTTP 协议向 Web 服务器发出带有查询信息的请求，Web 服务器首先检查该请求是否存在需要在服务器端处理的脚本，即是否存在 PHP 的标记(如〈?php...?〉)，如果有，则执行该标记内的 PHP 代码，并对文件等对象进行操作，然后 PHP 服务将操作结果转化为 HTML 格式后返回给 Web 服务器，最后 PHP 服务器将执行结果返回客户机浏览器。

PHP 在对数据库和网络通信协议的支持上做得比较成功，这也是 PHP 得到广泛应用的原因所在。但是，PHP 无法做到表示层与业务层的分离，因此 PHP 的技术体系不符合分布式应用体系。同时，PHP 是根据其文件里面定义的程序来访问数据库、读写文件或执行外部命令，并将执行的结果组织成字符串返回给 Web 服务器，再将 HTML 格式的文件发送给浏览器，这就将程序内核暴露在客户端，留下了安全隐患。PHP 还缺乏多层结构支持，对于大负载站点，PHP 只能采用分布计算的解决方法。PHP 的数据库接口也不能统一，如对 MySQL 和 Oracle 的接口彼此不一样，也使它的应用受阻。

4) JSP 技术

JSP 技术是 Java 家族中的新成员，由 Sun Microsystems 公司于 1999 年 6 月推出，作为 J2EE 标准的一个组成部分。JSP 为创建动态的 Web 应用提供了一个独特的开发环境，开发人员可以综合使用 HTML、XML、Java 语言及其他脚本语言，灵活、快速地创建先进、安全和跨平台的动态网站。目前绝大部分开发商都在其 Web 服务器和 Servlet 引擎产品中实现了对 JSP 的支持。JSP 可以通过其组件 JavaBean 和 JDBC 驱动程序工作在任何符合 ODBC 技术规范和符合 JDBC 技术规范的数据库上。JSP 主要用于 Web 服务器端应用的开发，是 Java 技术在 Web 服务器上的扩展，因此具备了 Java 的最大特点——平台独立性。

一个 JSP 程序包括 HTML、Java 代码和 JavaBean 组件。JSP 程序其实就是在 HTML 代码中嵌入 Java 代码段，这些 Java 代码段可以完成各种各样的功能。编写好 JSP 程序后，不需要编译，只需把它存放到服务器的特定目录下面即可，当服务器接到对 JSP 程序的请求时，它首先把 JSP 程序发送到一个语法分析器中，这个语法分析器将会把这个 JSP 程序翻译为一个 Java 程序文件，然后调用 Javac.exe 程序将这个 Java 程序文件编译为 Servlet

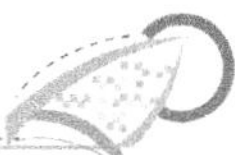

类，即一个标准的 Java 类文件。这时，服务器的 JSP 引擎将这个类载入内存并运行它，把结果送往客户端，客户端的浏览器上出现的就是这个程序的运行结果。当第二次请求这个 JSP 程序时，由于它已经被编译为字节码形式的类文件，因此 JSP 引擎直接运行，而不需要再次编译它，除非 JSP 程序被改动或服务器关闭后又重新启动了。

其具体的工作过程是首先，用户在浏览器发出的请求信息被存储在 Request 对象中并发送给 Web 服务器和 JSP 引擎(通常捆绑在 Web 服务器)，JSP 引擎根据 JSP 文件的指示处理 Request 对象，或者根据实际需要将 Request 对象转发给由 JSP 文件所指定的其他服务器端组件(如 Servlet 组件、JavaBean 组件等)处理。处理结果则以 Response 对象的方式返回给 JSP 引擎，JSP 引擎和 Web 服务器根据 Response 对象最终生成 JSP 页面，返回给客户端浏览器。

JSP 通过建立在 WWW 上提供请求和相应服务的运行框架来扩展服务器的功能。当客户端发送请求给服务器，服务器就用 JSP 引擎将请求的信息传递给一个 JSP，JSP 通过访问数据库，形成响应结果信息，经由服务器返回给客户端，从而实现浏览器-Web-数据库的三级交互式处理过程。

Web 页面开发人员通过它可以使用最新的 XML 技术来设计和格式化最终页面。JSP 技术利用可重用的、跨平台的部件来执行应用程序所要求的更为复杂的处理，得到了众多平台及服务器的支持。另外，JSP 技术还可以调用内嵌在网页上的 JavaApplet 小程序，在 Web 服务器上建立与企业本地监控计算机的 Socket 连接，现场监控计算机不但与实时数据库服务器通信，而且通过 Socket 与 Web 服务器通信，并接收来自 Java 应用服务器发出的控制命令。当用户访问系统时，它们通过浏览器向 Web 服务器发出 HTTP 请求，实时数据将通过 Socket 连接直接显示在 JSP 页面返回给用户，JSP 技术的这种机制在一定程度上增强了系统的交互性。

JSP 技术和 ASP 技术在形式或性质上非常相似，都是为基于 Web 应用、实现动态交互网页制作提供的技术环境支持，都能够为程序开发人员提供实现应用程序的编制与自带组件设计网页从逻辑上分离的技术，但 JSP 模型是在 ASP 以后定义的，它借用了 ASP 的许多优点，如 Session、Application 等对象。JSP 要运行于开发服务端的脚本程序和动态生成网站的内容，与前面所介绍的 Web 编程语言相比，有着十分突出的优越性。

4. 使用 JSP 技术的必要性

JSP 被认为是动态网页及动态访问数据库技术的一次革命。它完全解决了目前 ASP、PHP 的通病——脚本级执行，每个 JSP 文件总是先被编译成 Servlet，然后由 Servlet 引擎运行。与前述方案相比较，它有如下优点。

1) 高效、安全

JSP 能够运行于与服务器相同的进程空间。CGI 每个客户请求都要启动一个新的进程，而在 JSP 中支持多线程任务，所有的客户请求能够被服务器进程空间中独立的线程所处理；ASP 以源码形式存放并以解释方式运行，每次 ASP 网页调用都需要对源代码进行解释，运行效率低。另外，IIS 的漏洞曾使许多网站的源程序曝光。而 JSP 在执行前先被编译成字节码(Byte Code)，字节码由 Java 虚拟机(Java Visual Machine)解释执行，比源码解释的效率高。同时，JSP 源程序不大可能被下载，特别是 JavaBean 程序完全可以放到不对外的目录中，因而安全得多。

2) 可移植性好

因为 JSP 完全用 Java 编写，所以与 Java 程序一样，它们有相同的跨平台支持。JSP 可以不加修改地运行于 UNIX、Windows 或其他支持 Java 的操作系统上。当今几乎所有的主流服务器都直接或通过插件支持 JSP。因此，为一种服务器写的 JSP 无须任何实质上的改动即可移植到别的服务器上。JSP 的组件方式更方便，ASP 通过 COM 扩展的复杂功能，JSP 通过 JavaBean 同样可以实现，而 COM 的开发远比 JavaBean 的开发来得复杂和烦琐。另外，JavaBean 是完全面向对象编程的，可针对不同的业务处理功能方便地建立一整套可重复利用的对象库，如用户权限控制、E-mail 自动恢复等。

3) JSP 标签可扩充性

尽管 ASP 和 JSP 都是用标签与脚本(Script)技术来制作 Web 动态网页，但 JSP 技术允许开发者扩展 JSP 标签，这样 JSP 开发者能定制标签库(Taglib)，充分利用与 XML 兼容的标签技术这一强大功能，大大减少对脚本语言的依赖。同时利用定制标签技术，网页制作者可降低制作网页和向多个网页扩充关键功能的复杂程度。JSP 页面可以把 Servlet、HTTP、HTML、XML、Applet、JavaBean 组件和企业版的 JavaBean 组件等组合起来，实现一个多种应用程序混合的结构和模式。它在传统的网页中加入 Java 程序段和 JSP 标签，其标签用来标志生成网页上的动态内容，且生成动态内容的逻辑被封装在标签和 JavaBean 组件中，使得 HTM 代码主要负责描述信息的显示样式而程序代码则用来描述处理逻辑，从而完成重定向网页、发送 E-mail 和操作数据库等复杂功能。

4) 功能强大

JSP 可以访问丰富的 Java API，Java API 提供对事务、数据库、网络、分布计算等方面的广泛支持，从而使 Servlet 能进行复杂的后台处理。基于浏览器/服务器模式的远程控制系统要把当前受控对象的运行情况、系统的历史记录和统计报表等需要发布的内容以网页方式对外开放，要求反映的实时状态信息和受控对象本身的状态相一致。在受控对象对外发布的内容当中有些内容是不需要经常变更的，也就是说，这部分的信息相对于实时信息来说，是处于“静态”的，譬如系统历史位图数据、历史场景数据等。在这些“静态”内容的发布实现上，应当采用典型的浏览器/服务器访问方式，即由浏览器根据用户所选择的服务内容向服务器提出请求，由 Web 服务器响应请求，调出静态 HTML 页面传送给 Web 浏览器。但大多数情况下，被控对象需要发布的内容是状态时时变化的信息，Web 页面的内容需要随着用户请求的不同而不同，这样，传统消息发布所采用的静态页面就不能适应受控对象信息的发布。JSP 是一项将静态 HTML 和动态 HTML 巧妙结合起来的动态网页技术，具有发布各种实时动态页面的功能。若 Web 浏览器需要的是动态 HTML 文档，JSP 技术可以调用相应的应用程序，从数据库中得到数据并生成动态 HTML 页面，再将动态 HTML 页面传送给 Web 浏览器，从而满足用户对动态页面内容的需求。在 JSP 技术运用中，Web 页面开发人员可以使用 HTML 或者 XML 标签来设计和格式化最终页面，使用 JSP 标签或小脚本来生成页面上的动态内容。生成内容的逻辑被封装在标签和 JavaBean 组件中，并且捆绑在小脚本中，所有的脚本在服务器端运行，JSP 引擎解释 JSP 标签和小脚本，生成所请求的内容，并且将结果以 HTML 页面的形式发送回浏览器。使用 JSP 可以将 Web 页面内容的生成和表现完全分离开来，这不仅有助于保护代码，提高服务器的安全性，而且保证了任何基于 HTML 的 Web 浏览器的完全可用性。

综上所述，JSP 提供了 Java 应用程序的所有优势——可移植、稳健、易开发，而基于浏览器/服务器模式的远程控制系统信息发布是离不开 JSP 等动态网页技术的，使用 JSP 动态网页技术也完全可以实现基于浏览器/服务器模式的远程控制系统对动态发布内容的要求。

16.3.3　Java 及其相关技术

Java 语言给 Web 的交互性带来了革命性的转变，Java 语言重要的特点在于跨平台的移动代码特性，它具有丰富的网络支持和强大的图形处理能力，使得其在浏览器方面很有用武之地。

Java 的一个显著优点是运行时环境提供了平台独立性，即在 Windows、Linux 或其他操作系统上可以使用完全一样的代码，这一点对于在各种不同平台上运行从 Internet 上下载的程序来说是非常有必要的。Java 是完全面向对象的，Java 中除了几个基本类型外，其他类型都是对象，Java 能够比使用 C++更容易开发没有 Bug 的代码，因为在 Java 中内存是自动回收的，不必担心会出现内存崩溃现象，但这项特性同时也使内存回收的效率不高。Java 设计了真正的数组并且限制了指针算法，不必为处理指针操作时出现的偏移错误而写一块内存区域。Java 中取消了多重继承，替代方案时采用了接口，接口能够实现多重继承的大部分功能，并且它消除了使用多重继承带来的复杂性和麻烦。Java 的关键特点如下。

1) 简单

Java 的语法实际是 C++语法的一个“纯净”版。其根本不需要使用头文件、指针算法、结构体、联合、操作符重载、基虚拟类等。Java 的一个目标就是能够使软件可以在很小的机器上运行。基础解释器和类的支持都不超过 40KB，增加基本的标准库和线程支持大约需要 175KB。

2) 分布式

Java 带有一套功能强大的用于处理 TCP/IP 协议族的例程库。Java 应用程序能够通过 URL 来穿过网络访问远程对象，这就同访问本地文件系统一样容易。Java 的网络处理能力不但强大而且易于使用。Java 能够把复杂的网络编程变得仅仅同打开一个 Saket 一样容易。Servlet 的机制使得服务器端的 Java 编程效率变得非常高，现在许多流行的 Web 服务器都支持 Servlet，远程方法调用机制能够进行分布式对象间的通信。

3) 健壮性

Java 被设计为可以在许多方面并行可靠的编程。它采取许多机制来完成早期错误检查和后期动态(实时)检查，并且会防止很多可能产生的错误。Java 采取了一个安全的指针模型，能减少内存重写和数据崩溃的可能性。

4) 安全

Java 被设计为用于网络和分布式环境，这同时也带来了安全问题，Java 可以构建防病毒攻击的系统。

5) 中立体系结构

Java 编译器生成体系结构中立的目标文件格式，可以在很多种处理器上执行；Java 编译器通过产生同特定计算机结构无关的字节码指令来实现此特性。这些字节码指令可以在任何机器上解释执行，并能在运行时很容易地转化为本机代码。

6) 多线程

多线程可以带来更好的交互响应和实时行为。在底层主流平台上的线程实现互不相同，Java 完全屏蔽了这些不同。在各个机器上，调用线程的代码完全一样；而且 Java 把多线程的实现交给底下的操作系统或线程库来完成。

16.3.4 数据库技术

1. 网络数据库介绍

自 WWW 建立以来，Web 就与数据库有着极其紧密的关系。可以说，整个 Internet 就是一个大的数据库。随着计算机网络技术的发展，WWW 已成为 Internet 上最受欢迎、最为流行的，采用超文本、超媒体范式进行信息的存储与传递的工具，但由于在 Web 服务器中，信息以文本或图像文件的形式进行存储，因此 WWW 查询速度很慢、检索机制很弱，尤其是基于内容和基于结构的检索，它不像 Oracle 等专用数据库系统，能对大批量数据进行有序的、有规则的组织与管理，只要给出查询条件便能得到查询结果。将 Web 技术与数据库技术有机结合，利用 Internet 和 WWW 的超文本、超链接功能查询数据库，使 Internet 同时具有超文本功能和数据库功能，这符合信息系统发展的最新趋势。基于 Web 的网络数据库系统由一个 Web 浏览器(作为用户界面)、一个数据库服务器(用作信息存储)和一个连接两者的 Web 服务器组成。Web 和数据库这两种技术，各自有其优点。Web 具有用户界面的定义非常简单，关于定义数据库的说明型语言非常完美，允许巨大传输量的传输协议非常健壮等优点。而数据库的优点是它具有清晰定义的数据模型、存储和获取数据的健壮方法、发展用户界面和应用程序逻辑的软件工具强大的授权和安全机制，以及控制事务和维持数据完整性的有效途径等。

用户只需要通过安装在客户端的浏览器发送信息到 WWW 服务器，服务器接收传递的参数后调用数据库服务器中的相应数据库，获得的信息以文本、图像、表、图形或者多媒体对象的形式在 Web 页上显示。同样，用户也可以对网络数据库进行添加、修改和删除操作。

2. 通过 Web 访问数据库

Web 服务器的功能是为控制层提供服务，主要的设计任务是动态的网页编制、实时数据库的访问。Web 服务器一方面，将采用表单形式发送的控制命令存入实时数据库，等待设备监控系统读取；另一方面，根据客户的请求，从实时数据库读出设备状态数据发布给用户。

将 JSP 与 JDBC 结合起来的方法是比较理想的 Web 数据库访问方法，在浏览器/服务器模式的远程控制系统中，采用了 JDBC 技术。JDBC 是一种 Java 实现的数据库接口技术，是 ODBC 的 Java 实现，是用于与 SQL 数据库源进行交互的关系数据库对象和方法的集合，

JDBC API 是 Java 1.1 企业版 API 的一部分，所以它也是所有 Java 虚拟机实现的一部分。

JDBC 在 Internet 中的作用与 ODBC 在 Windows 系列中的作用类似。它为 Java 程序提供了一个统一无缝地操作各种数据库的接口，程序员编程时，可以不关心它所要操作的数据库是哪个厂家的产品，从而提高了软件的通用性。此外，在 Internet 上确实无法预料用户想访问什么类型的数据库，只要系统安装了正确的驱动器组，JDBC 应用程序就可以访问其相关的数据库。Sun 公司指定了一种标准的数据库访问 API，JDBC 使得 Java 程序能与数据库进行交互作用。JDBC 没有对基层技术提出任何限制性条款，JDBC 与 ODBC 的区别只在于 JDBC 没有规定一系列的函数，仅指定了一系列的 Java 对象与 Java 接口，各数据库公司只需提供包含这些对象与接口、符合 JDBC 规范的 JDBC 驱动程序，程序员即可使用 Java 来访问该类数据库。

JDBC 包含两部分 API：JDBC API 面向程序开发人员，JDBC Driver API 面向底层。鉴于 ODBC 公司的广泛应用，Sun 公司还提供了一个特殊的驱动程序——JDBC-ODBC 桥，允许 JDBC 通过现在的 ODBC 驱动程序来访问数据库。JDBC 是支持基本 SQL 数据库功能的一系列对象的接口，重要的接口包括 Java.sql.Driver Manager(处理驱动的调入并且对产生新的数据库连接提供支持)、Java.sql.Statement(代表对特定数据库的连接)、Java.sql.Statement(代表一个特定的容器，对一个特定的数据库执行 SQL 语句)、Java.sql.ResultSet(控制对一个特定语句的行数据的存取)。这些接口在不同的数据库功能模块的层次上提供了一个统一的用户界面，使得独立于数据库的 Java 应用程序开发成为可能，同时提供了多样化的数据库连接方式。为了处理来自一个数据库中的数据，Java 程序采用了以下一般性步骤。

(1) 安装合适的驱动程序(动态链接库、有关系统类库，必须安装在运行 Java Application 上)。

(2) 编写程序，首先加载所需的 JDBC 驱动程序。

(3) 创建 Connection 对象完成与远程数据库的连接。连接数据库时需提供数据库主机的 IP 地址，连接端口，连接使用的数据库用户名、口令等信息。

(4) 创建 Statement 对象，包括要执行的 SQL 语句，如 SQL 语句的字符串较长，则需要使用 prepared Statement 类的对象。

(5) 执行 SQL 语句，将返回结果放入新建的 ResultSet 类对象。

(6) 处理 ResultSet 类对象中的数据。

思考与练习

1. 计算机监控网络由哪几部分组成？
2. 传统的客户/服务器模式体系的结构有什么特点？
3. 基于 Web 的相关编程技术有哪些？
4. Java 关键特点有哪些？
5. Java 程序处理来自数据库的数据的一般性步骤是什么？

第 17 章 智能仪表产品

智能仪器是带有微型处理系统，或可接入微型计算机的智能化仪器。它通过电子电路来转换测量数据，并对数据进行存储运算逻辑判断，通过全自动化的操作过程得到准确无误的测量结果，并可通过打印机输出文字结果。智能仪器现在已广泛用于电子、化工、机械、轻工、航空等行业的精密测量，对我国制造业提升产品质量的检测手段，起到了重要的作用。

教学要求：智能仪表的基本了解。

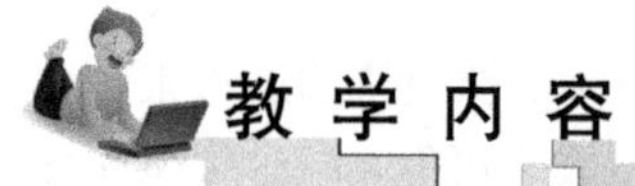

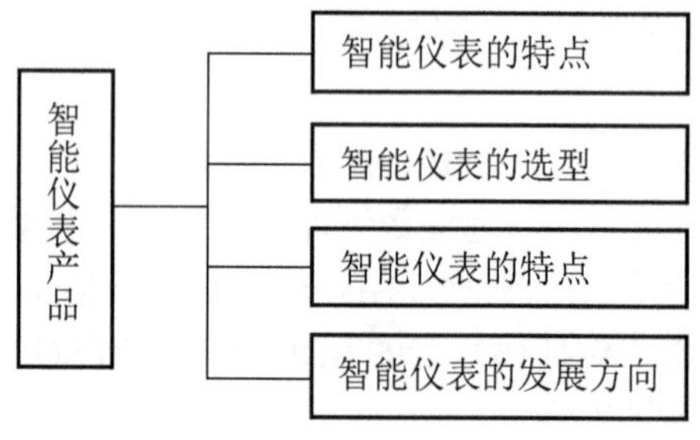

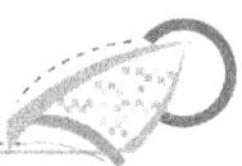

智能型电磁流量计采用世界最新技术，利用恒流低频三值矩形波或双频矩形波励磁，既有矩形波磁场的优点，又克服了正弦波磁场的缺点；还可以消除电源电压波动、电源频率变化及励磁线圈阻抗变化所造成的误差；并有极好的零点稳定性和不受流体噪声干扰影响，从而具有高稳定性、高可靠性的特点。智能型电磁流量计测量原理基于法拉第电磁感应定律，智能型电磁流量计由传感器和转换器组成，传感器安装在测量管道上，转换器可以与传感器组合连接在一起称为一体型电磁流量计，转换器被安装在离传感器 30m 内或 100m 内的场合，两者间由屏蔽电缆连接称为分离型电磁流量计。智能型电磁流量计传感器主要组成部分是测量管、电极、励磁线圈、铁心与磁轭壳体。智能型电磁流量计主要用于测量封闭管道中的导电液体和浆液中的体积流量，如水、污水、泥浆、纸浆、各种酸、碱、盐溶液、食品浆液等，智能型电磁流量计广泛应用于石油、化工、冶金、纺织、食品、制药、造纸等行业，以及环保、市政管理、水利建设等领域。

【仪表厂商资源】

【智能型电磁流量计】

最初的智能仪表被称为自动抄表系统，远程自动抄表也成为智能仪表最基本的功能。利用智能仪表的红外线等通信功能，就能够实现自动抄表。这样就不需要工作人员前往现场进行人工抄表，提升了效率，也削减抄表业务的成本。此外，还能够减少人为因素造成的失误，抄表精度得到提升，也使得收益得到提升。之后双向通信的远程操作功能也增加进来，防止非法使用电力/燃气等，因此智能仪表最初被能源行业应用和看好。

17.1　智能仪表的设计特点

智能仪表的设计特点如下：

(1) 测量不受流体密度、黏度、温度、压力和电导率变化的影响。

(2) 测量管内无阻碍流动部件，无压损，直管段要求较低。

(3) 系列公称通径 DN15～DN3000，传感器衬里和电极材料有多种选择。

(4) 转换器采用新颖励磁方式，功耗低、零点稳定、精确度高。流量范围度可达 1500∶1。

(5) 转换器可与传感器组成一体型或分离型。

(6) 转换器采用 16 位高性能微处理器，2×16LCD 显示，参数设定方便，编程可靠。

(7) 流量计为双向测量系统，内装 3 个积算器：正向总量、反向总量及差值总量；可显示正、反流量，并具有多种输出如电流、脉冲、数字通信、HART。

(8) 转换器采用表面安装技术 SMT，具有自检和自诊断功能。

17.2　智能仪表的选型

智能仪表的选型如下。

(1) 仪表尺寸，即仪表的体积大小，这是一个很基本的问题。数字显示表要装在柜体上，所以要考虑整体的协调性，过大了可能装不下，过小了看不清显示数字。另外，体积大的仪表一般功能扩充性较强，价格可能较贵，体积小的仪表可能功能扩充性较差。目前数字显示表面板的国际标准尺寸主要有以下几种：48mm×24mm、48mm×48mm、48mm×96mm、72mm×72mm、96mm×96mm、96mm×48mm、160mm×80mm。

(2) 显示位数。这直接关系到数字显示表的测量精度，一般来讲，显示位数越高，测量越精确，价格也越贵，主要有两位(99、特殊)、三位(999、极少)、三位半(1999、普通数字显示表占主流)、四位(9999、智能数显表占主流)、四位半(19999)、四又四分之三(3999)、五位及五位以上(常见于计数器、累计表和高端仪表)等几种，用户可以根据测量精度要求来选择几位的数字显示表。

(3) 输入信号，指直接输入仪表的测量信号，有些工业信号是直接接入仪表测量的，有些信号是经过转化后接入仪表的，必须弄清楚测量信号的性质，否则买来的仪表不能用，甚至损坏仪表及原有设备。在选择仪表时不仅要弄清信号类型是电流还是电压，是交流还是直流，是脉冲信号还是线性信号等，还要弄清信号的大小。仪表的名称与输入信号不是同一个概念，如输入信号是直流 0～75mV 的电流表(名称是电流表，输入信号却是电压信号，因为电流经过分流器取得电压信号)，输入信号是直流 0～10V 的转速表(名称是转速表，输入信号却是电压信号，因为变频器将转速信号转化成电压信号)。

(4) 工作电源。所有数字显示表都需要工作电源，数字显示表的工作电源主要有交流220V、交流 110V/220V、交流/直流 85～265V 开关电源、直流 24V(一般要订制)、直流5V(小面板表)。

(5) 仪表功能。仪表功能一般都是模块化的，可选择的，仪表价格也会随功能不一样而有所差异，数字显示表主要有以下可选功能：报警功能及报警输出的组数(即继电器动作输出)、馈电电源输入及输出电压的大小及功率、变送输出及变送输出的类型(4～20mA 还是 0～10V 等)、通信输出及通信方式和协议(RS-485 还是 RS-232，是 Modbus 还是其他协议)，对于调节控制仪表，可选功能更多，具体要参照厂家的选型选择出一个规范的型号，并与厂家沟通并确认无误后才可以订货。

(6) 几个比较重要的参数需要关注：测量精度(值越小越精确)、响应速度(值越小响应越快)、工作环境、温度系数(值越小受温度影响越小)、过载能力。

(7) 特殊要求。若用户有特殊要求应提出来，让厂家确认能否满足要求，千万不能想当然，如 IP 防护等级、高温工作场合、强干扰场合、特殊信号场合、特殊工作方式等。

【智能水表】

其实，数字显示表选型并不复杂，对于简单的数字显示表一般买过来就可以用了，对于初次使用或选用功能复杂数显表的用户只要把握了以上几点，也能很好地选购到合适的产品。

17.3 智能仪表的特点

智能仪表的特点如下。

(1) 精度高。智能变送器具有较高的精度。利用内装的微处理器，能够实时测量出静压、温度变化对检测元件的影响，通过数据处理，对非线性进行校正，对滞后及复现性进行补

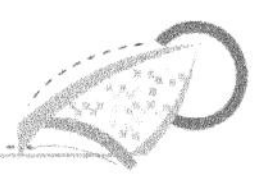

偿，使得输出信号更精确。一般情况，精度为最大量程的±0.1%，数字信号可达±0.075%。

(2) 功能强。智能变送器具有多种复杂的运算功能，依赖内部微处理器和存储器，可以执行开方、温度压力补偿及各种复杂的运算。

(3) 测量范围宽。普通变送器的量程比最大为 10∶1，而智能变送器可达 40∶1 或 100∶1，迁移量可达 1900%和-200%，减少变送器的规格，增强通用性和互换性，给用户带来诸多方便。

(4) 通信功能强。智能变送器均可实现手操器进行操作，既可在现场将手操器插到变送器的相应插孔，也可以在控制室将手操器连接到变送器的信号线上，进行零点及量程的调校及变更。有的变送器具有模拟量和数字量两种输出方式(如 HART 协议)，为实现现场总线通信奠定了基础。

(5) 完善的自诊断功能。通过通信器可以查出变送器自诊断的故障结果信息。

17.4　智能仪表的发展方向

智能仪表的发展方向如下。

(1) 智能仪表的智能化程度有待进一步提高。智能仪表的智能化程度表征着其应用的广度和深度，目前的智能仪表还只是处于一个较低水平的初级智能化阶段，但某些特殊工艺及应用场合则对仪表的智能化提出了较高的要求，而当前的智能化理论，如神经网络、遗传算法、小波理论、混沌理论等已经具备潜在的应用基础，这就意味着我们有必要也有能力结合具体的应用需要开发高级智能化的仪表技术。

【典型产品】

(2) 智能仪表的稳定性、可靠性。有待长期和持续的关注仪表运行的稳定性、可靠性是用户首要关心的问题，智能仪表也不例外，随着智能仪表技术的不断拓展、新型的智能仪表也将陆续投放市场，这需要我们始终把握一个原则：每一项智能新技术的应用有待实践的检验，是否用户有信心和勇气敢于做“第一个吃螃蟹的人”。这就需要安全性、可靠性技术的并行开发。

(3) 智能仪表的潜在功能应用有待最大化。目前工业自动化领域的实际应用尚未将智能仪表的功能发挥最大化，而更多的只是应用了其总体功能的半数左右，而这一应用现状的主要原因是，控制系统的总体架构忽略了如现场总线的技术优势，这需要仪表厂商与用户建立良好的合作伙伴关系，加强长期合作，以短期投资促长期效益，通过建立“智能仪表+现场总线”的控制系统架构，确立优化的投资观念，达成和谐共赢的目标。

【和谐共赢目标】

【温控器典型应用】

(4) 继续加大国内智能仪表的开发投入。智能仪表技术及应用还需要经历一个较为漫长的成熟发展期，而对于国内智能仪表技术及产品开发已经面临着更大的挑战，这种局面召唤着国内仪表行业共同探讨智能仪表的发展问题，应对激烈的国际竞争市场，担负仪表产业的历史使命，在日益优厚的国家及政府扶持政策下，坚持产、学、研的密切结合，继续加大国内智能仪表的开发投入。

思考与练习

1. 智能仪表应用领域相当广泛，该如何对其进行选型？
2. 说明智能仪表的特点。
3. 查阅相关资料谈谈智能仪表的发展方向。

参 考 文 献

[1] 张毅，张宝芬，曹丽，等. 自动检测技术及仪表控制系统[M]. 北京：化学工业出版社，2005.
[2] 侯志林. 过程控制与智能仪表[M]. 北京：机械工业出版社，2003.
[3] 施仁，刘文江，郑辑光，等. 智能仪表与过程控制[M]. 北京：电子工业出版社，2003.
[4] 程德福，林君. 智能仪器[M]. 北京：机械工业出版社，2005.
[5] 周航慈，朱兆优，李跃忠. 智能仪器原理与设计[M]. 北京：北京航空航天大学出版社，2006.
[6] 李云志. 虚拟仪器技术及其发展趋势[J]. 电子科学技术评论，2005(4): 9-12.
[7] 林君. 现代科学仪器及其发展趋势. 吉林大学学报(信息科学版)，2002，20(1): 1-7.
[8] 林德杰. 过程控制仪表与控制系统[M]. 北京：机械工业出版社，2004.
[9] 俞金寿，孙自强. 过程自动化及仪表(非自动化专业适用)[M]. 北京：化学工业出版社， 2003.
[10] 王俊杰. 检测技术与仪表[M]. 武汉：武汉理工大学出版社，2002.
[11] 周杏鹏. 现代检测技术[M]. 北京：高等教育出版社，2004.
[12] 李海青. 特种检测技术及应用[M]. 杭州：浙江大学出版社，2000.
[13] 张宏建，黄志尧，周洪亮，等. 自动检测技术与装置[M]. 北京：化学工业出版社，2004.
[14] 张凯，周陬，郭栋. LabVIEW 虚拟仪器工程设计与开发[M]. 北京：国防工业出版社，2004.
[15] 周求湛. 虚拟仪器与 LabVIEW 7 Express 程序设计[M]. 北京：北京航空航天大学出版社，2004.
[16] 刘洋. 虚拟仪器技术及其发展趋势[J]. 仪表技术，2004(5): 61-63.
[17] 梁志国，孙璟宇. 虚拟仪器的现状及发展趋势[M]. 测控技术，2003，22(12): 1-4.
[18] 孟华. 工业过程检测与控制[M]. 北京：北京航空航天大学出版社，2002.
[19] 金以慧. 过程控制[M]. 北京：清华大学出版社，1993.
[20] 江秀汉. 计算机控制原理及其应用[M]. 西安：西安电子科技大学出版社，1995.
[21] 孙瑜，张根宝. 工业智能仪表与过程控制[M]. 西安：西北工业大学出版社，2003.
[22] 张万忠，刘明芹. 电器与 PLC 控制技术[M]. 北京：化学工业出版社，2003.
[23] 周万珍，高鸿斌. PLC 分析与设计应用[M]. 北京：电子工业出版社，2004.
[24] 李新光，张华，孙岩. 过程检测技术[M]. 北京：机械工业出版社，2004.
[25] 邵玉森. 过程控制及仪表[M]. 上海：上海交通大学出版社，1995.
[26] 安毓英，曾小东. 光学传感与测量[M]. 北京：电子工业出版社，2003.
[27] 向婉成. 控制仪表与装置[M]. 北京：机械工业出版社，1999.
[28] 王庆友. 图像传感器应用技术[M]. 北京：电子工业出版社，2003.
[29] 蔡萍，赵晖. 现代检测技术与系统[M]. 北京：高等教育出版社，2002.
[30] Curtis D Johnson. Process Control Instrumentation Technology[M]. Upper Saddle River：Prentice Hall, 2005.
[31] 赵新民. 智能仪器设计基础[M]. 哈尔滨：哈尔滨工业大学出版社，1999.
[32] 杨欣荣. 智能仪器原理、设计与发展[M]. 长沙：中南大学出版社，2003.
[33] 方彦军，孙健. 智能仪器技术及其应用[M]. 北京：化学工业出版社，2004.
[34] 凌志浩. 智能仪表原理与设计技术[M]. 上海：华东理工大学出版社，2003.
[35] 周航慈. 单片机程序设计基础[M]. 北京：北京航空航天大学出版社，2004.
[36] 徐爱钧. 智能化测量控制仪表原理与设计[M]. 2 版. 北京：北京航空航天大学出版社，2004.

[37] 刘光斌，刘冬，姚志成. 单片机系统实用抗干扰技术[M]. 北京：人民邮电出版社，2003.
[38] 杨明，甘欣辉，张景文. 智能仪器的量程自动转换设计[J]. 国外电子元器件，2004(5): 10-12.
[39] 林月芳，吉海彦. 智能仪器及其发展趋势[J]. 仪表技术，2003(1): 37-39.
[40] 阮勇，熊静琪. 网络测控系统及其进展[J]. 中国测试技术，2003，29(2): 56-57.
[41] 刘曙光，王斌. 智能仪器仪表的进展与展望[J]. 自动化与仪表，2001，16(4): 1-5.

北京大学出版社本科电气信息系列实用规划教材

序号	书名	书号	编著者	定价	出版年份	教辅及获奖情况
			物联网工程			
1	物联网概论	7-301-23473-0	王　平	38	2014	电子课件/答案，有“多媒体移动交互式教材”
2	物联网概论	7-301-21439-8	王金甫	42	2012	电子课件/答案
3	现代通信网络(第 2 版)	7-301-27831-4	赵瑞玉　胡珺珺	45	2017	电子课件/答案
4	物联网安全	7-301-24153-0	王金甫	43	2014	电子课件/答案
5	通信网络基础	7-301-23983-4	王昊	32	2014	
6	无线通信原理	7-301-23705-2	许晓丽	42	2014	电子课件/答案
7	家居物联网技术开发与实践	7-301-22385-7	付　蔚	39	2013	电子课件/答案
8	物联网技术案例教程	7-301-22436-6	崔逊学	40	2013	电子课件
9	传感器技术及应用电路项目化教程	7-301-22110-5	钱裕禄	30	2013	电子课件/视频素材，宁波市教学成果奖
10	网络工程与管理	7-301-20763-5	谢　慧	39	2012	电子课件/答案
11	电磁场与电磁波(第 2 版)	7-301-20508-2	邬春明	32	2012	电子课件/答案
12	现代交换技术(第 2 版)	7-301-18889-7	姚　军	36	2013	电子课件/习题答案
13	传感器基础(第 2 版)	7-301-19174-3	赵玉刚	32	2013	视频
14	物联网基础与应用	7-301-16598-0	李蔚田	44	2012	电子课件
15	通信技术实用教程	7-301-25386-1	谢　慧	36	2015	电子课件/习题答案
16	物联网工程应用与实践	7-301-19853-7	于继明	39	2015	电子课件
17	传感与检测技术及应用	7-301-27543-6	沈亚强　蒋敏兰	43	2016	电子课件/数字资源
			单片机与嵌入式			
1	嵌入式系统开发基础——基于八位单片机的 C 语言程序设计	7-301-17468-5	侯殿有	49	2012	电子课件/答案/素材
2	嵌入式系统基础实践教程	7-301-22447-2	韩　磊	35	2013	电子课件
3	单片机原理与接口技术	7-301-19175-0	李　升	46	2011	电子课件/习题答案
4	单片机系统设计与实例开发(MSP430)	7-301-21672-9	顾　涛	44	2013	电子课件/答案
5	单片机原理与应用技术(第 2 版)	7-301-27392-0	魏立峰　王宝兴	42	2016	电子课件/数字资源
6	单片机原理及应用教程(第 2 版)	7-301-22437-3	范立南	43	2013	电子课件/习题答案，辽宁“十二五”教材
7	单片机原理与应用及 C51 程序设计	7-301-13676-8	唐　颖	30	2011	电子课件
8	单片机原理与应用及其实验指导书	7-301-21058-1	邵发森	44	2012	电子课件/答案/素材
9	MCS-51 单片机原理及应用	7-301-22882-1	黄翠翠	34	2013	电子课件/程序代码
			物理、能源、微电子			
1	物理光学理论与应用(第 2 版)	7-301-26024-1	宋贵才	46	2015	电子课件/习题答案，“十二五”普通高等教育本科国家级规划教材
2	现代光学	7-301-23639-0	宋贵才	36	2014	电子课件/答案
3	平板显示技术基础	7-301-22111-2	王丽娟	52	2013	电子课件/答案
4	集成电路版图设计	7-301-21235-6	陆学斌	32	2012	电子课件/习题答案
5	新能源与分布式发电技术(第 2 版)	7-301-27495-8	朱永强	45	2016	电子课件/习题答案，北京市精品教材，北京市“十二五”教材
6	太阳能电池原理与应用	7-301-18672-5	靳瑞敏	25	2011	电子课件
7	新能源照明技术	7-301-23123-4	李姿景	33	2013	电子课件/答案
8	集成电路EDA设计——仿真与版图实例	7-301-28721-7	陆学斌	36(估)	2017	数字资料

序号	书名	书号	编著者	定价	出版年份	教辅及获奖情况
			基 础 课			
1	电工与电子技术(上册) (第 2 版)	7-301-19183-5	吴舒辞	30	2011	电子课件/习题答案，湖南省“十二五”教材
2	电工与电子技术(下册) (第 2 版)	7-301-19229-0	徐卓农　李士军	32	2011	电子课件/习题答案，湖南省“十二五”教材
3	电路分析	7-301-12179-5	王艳红　蒋学华	38	2010	电子课件，山东省第二届优秀教材奖
4	运筹学(第 2 版)	7-301-18860-6	吴亚丽　张俊敏	28	2011	电子课件/习题答案
5	电路与模拟电子技术	7-301-04595-4	张绪光　刘在娥	35	2009	电子课件/习题答案
6	微机原理及接口技术	7-301-16931-5	肖洪兵	32	2010	电子课件/习题答案
7	数字电子技术	7-301-16932-2	刘金华	30	2010	电子课件/习题答案
8	微机原理及接口技术实验指导书	7-301-17614-6	李干林　李　升	22	2010	课件(实验报告)
9	模拟电子技术	7-301-17700-6	张绪光　刘在娥	36	2010	电子课件/习题答案
10	电工技术	7-301-18493-6	张　莉　张绪光	26	2011	电子课件/习题答案，山东省“十二五”教材
11	电路分析基础	7-301-20505-1	吴舒辞	38	2012	电子课件/习题答案
12	数字电子技术	7-301-21304-9	秦长海　张天鹏	49	2013	电子课件/答案，河南省“十二五”教材
13	模拟电子与数字逻辑	7-301-21450-3	邬春明	39	2012	电子课件
14	电路与模拟电子技术实验指导书	7-301-20351-4	唐　颖	26	2012	部分课件
15	电子电路基础实验与课程设计	7-301-22474-8	武　林	36	2013	部分课件
16	电文化——电气信息学科概论	7-301-22484-7	高　心	30	2013	
17	实用数字电子技术	7-301-22598-1	钱裕禄	30	2013	电子课件/答案/其他素材
18	模拟电子技术学习指导及习题精选	7-301-23124-1	姚娅川	30	2013	电子课件
19	电工电子基础实验及综合设计指导	7-301-23221-7	盛桂珍	32	2013	
20	电子技术实验教程	7-301-23736-6	司朝良	33	2014	
21	电工技术	7-301-24181-3	赵莹	46	2014	电子课件/习题答案
22	电子技术实验教程	7-301-24449-4	马秋明	26	2014	
23	微控制器原理及应用	7-301-24812-6	丁筱玲	42	2014	
24	模拟电子技术基础学习指导与习题分析	7-301-25507-0	李大军　唐　颖	32	2015	电子课件/习题答案
25	电工学实验教程(第 2 版)	7-301-25343-4	王士军　张绪光	27	2015	
26	微机原理及接口技术	7-301-26063-0	李干林	42	2015	电子课件/习题答案
27	简明电路分析	7-301-26062-3	姜　涛	48	2015	电子课件/习题答案
28	微机原理及接口技术(第 2 版)	7-301-26512-3	越志诚　段中兴	49	2016	二维码数字资源
29	电子技术综合应用	7-301-27900-7	沈亚强　林祝亮	37	2017	二维码数字资源
30	电子技术专业教学法	7-301-28329-5	沈亚强　朱伟玲	36	2017	二维码数字资源
31	电子科学与技术专业课程开发与教学项目设计	7-301-28544-2	沈亚强　万　旭	38	2017	二维码数字资源
			电子、通信			
1	DSP 技术及应用	7-301-10759-1	吴冬梅　张玉杰	26	2011	电子课件，中国大学出版社图书奖首届优秀教材奖一等奖
2	电子工艺实习	7-301-10699-0	周春阳	19	2010	电子课件
3	电子工艺学教程	7-301-10744-7	张立毅　王华奎	32	2010	电子课件，中国大学出版社图书奖首届优秀教材奖一等奖
4	信号与系统	7-301-10761-4	华　容　隋晓红	33	2011	电子课件
5	信息与通信工程专业英语(第 2 版)	7-301-19318-1	韩定定　李明明	32	2012	电子课件/参考译文，中国电子教育学会 2012 年全国电子信息类优秀教材
6	高频电子线路(第 2 版)	7-301-16520-1	宋树祥　周冬梅	35	2009	电子课件/习题答案

序号	书名	书号	编著者	定价	出版年份	教辅及获奖情况
7	MATLAB 基础及其应用教程	7-301-11442-1	周开利　邓春晖	24	2011	电子课件
8	通信原理	7-301-12178-8	隋晓红　钟晓玲	32	2007	电子课件
9	数字图像处理	7-301-12176-4	曹茂永	23	2007	电子课件，“十二五”普通高等教育本科国家级规划教材
10	移动通信	7-301-11502-2	郭俊强　李　成	22	2010	电子课件
11	生物医学数据分析及其 MATLAB 实现	7-301-14472-5	尚志刚　张建华	25	2009	电子课件/习题答案/素材
12	信号处理 MATLAB 实验教程	7-301-15168-6	李　杰　张　猛	20	2009	实验素材
13	通信网的信令系统	7-301-15786-2	张云麟	24	2009	电子课件
14	数字信号处理	7-301-16076-3	王震宇　张培珍	32	2010	电子课件/答案/素材
15	光纤通信	7-301-12379-9	卢志茂　冯进玫	28	2010	电子课件/习题答案
16	离散信息论基础	7-301-17382-4	范九伦　谢　勰	25	2010	电子课件/习题答案
17	光纤通信	7-301-17683-2	李丽君　徐文云	26	2010	电子课件/习题答案
18	数字信号处理	7-301-17986-4	王玉德	32	2010	电子课件/答案/素材
19	电子线路 CAD	7-301-18285-7	周荣富　曾　技	41	2011	电子课件
20	MATLAB 基础及应用	7-301-16739-7	李国朝	39	2011	电子课件/答案/素材
21	信息论与编码	7-301-18352-6	隋晓红　王艳营	24	2011	电子课件/习题答案
22	现代电子系统设计教程	7-301-18496-7	宋晓梅	36	2011	电子课件/习题答案
23	移动通信	7-301-19320-4	刘维超　时　颖	39	2011	电子课件/习题答案
24	电子信息类专业 MATLAB 实验教程	7-301-19452-2	李明明	42	2011	电子课件/习题答案
25	信号与系统	7-301-20340-8	李云红	29	2012	电子课件
26	数字图像处理	7-301-20339-2	李云红	36	2012	电子课件
27	编码调制技术	7-301-20506-8	黄　平	26	2012	电子课件
28	Mathcad 在信号与系统中的应用	7-301-20918-9	郭仁春	30	2012	
29	MATLAB 基础与应用教程	7-301-21247-9	王月明	32	2013	电子课件/答案
30	电子信息与通信工程专业英语	7-301-21688-0	孙桂芝	36	2012	电子课件
31	微波技术基础及其应用	7-301-21849-5	李泽民	49	2013	电子课件/习题答案/补充材料等
32	图像处理算法及应用	7-301-21607-1	李文书	48	2012	电子课件
33	网络系统分析与设计	7-301-20644-7	严承华	39	2012	电子课件
34	DSP 技术及应用	7-301-22109-9	董　胜	39	2013	电子课件/答案
35	通信原理实验与课程设计	7-301-22528-8	邬春明	34	2015	电子课件
36	信号与系统	7-301-22582-0	许丽佳	38	2013	电子课件/答案
37	信号与线性系统	7-301-22776-3	朱明早	33	2013	电子课件/答案
38	信号分析与处理	7-301-22919-4	李会容	39	2013	电子课件/答案
39	MATLAB 基础及实验教程	7-301-23022-0	杨成慧	36	2013	电子课件/答案
40	DSP 技术与应用基础(第 2 版)	7-301-24777-8	俞一彪	45	2015	实验素材/答案
41	EDA 技术及数字系统的应用	7-301-23877-6	包　明	55	2015	
42	算法设计、分析与应用教程	7-301-24352-7	李文书	49	2014	
43	Android 开发工程师案例教程	7-301-24469-2	倪红军	48	2014	
44	ERP 原理及应用	7-301-23735-9	朱宝慧	43	2014	电子课件/答案
45	综合电子系统设计与实践	7-301-25509-4	武　林　陈　希	32	2015	
46	高频电子技术	7-301-25508-7	赵玉刚	29	2015	电子课件
47	信息与通信专业英语	7-301-25506-3	刘小佳	29	2015	电子课件
48	信号与系统	7-301-25984-9	张建奇	45	2015	电子课件
49	数字图像处理及应用	7-301-26112-5	张培珍	36	2015	电子课件/习题答案
50	Photoshop CC 案例教程(第 3 版)	7-301-27421-7	李建芳	49	2016	电子课件/素材

序号	书名	书号	编著者	定价	出版年份	教辅及获奖情况
51	激光技术与光纤通信实验	7-301-26609-0	周建华　兰　岚	28	2015	数字资源
52	Java 高级开发技术大学教程	7-301-27353-1	陈沛强	48	2016	电子课件/数字资源
53	VHDL 数字系统设计与应用	7-301-27267-1	黄　卉　李　冰	42	2016	数字资源
54	光电技术应用	7-301-28597-8	沈亚强　沈建国	30	2017	数字资源
			自动化、电气			
1	自动控制原理	7-301-22386-4	佟　威	30	2013	电子课件/答案
2	自动控制原理	7-301-22936-1	邢春芳	39	2013	
3	自动控制原理	7-301-22448-9	谭功全	44	2013	
4	自动控制原理	7-301-22112-9	许丽佳	30	2015	
5	自动控制原理(第 2 版)	7-301-28728-6	丁　红	45	2017	电子课件/数字资源
6	现代控制理论基础	7-301-10512-2	侯媛彬等	20	2010	电子课件/素材，国家级“十一五”规划教材
7	计算机控制系统(第 2 版)	7-301-23271-2	徐文尚	48	2013	电子课件/答案
8	电力系统继电保护(第 2 版)	7-301-21366-7	马永翔	42	2013	电子课件/习题答案
9	电气控制技术(第 2 版)	7-301-24933-8	韩顺杰　吕树清	28	2014	电子课件
10	自动化专业英语(第 2 版)	7-301-25091-4	李国厚　王春阳	46	2014	电子课件/参考译文
11	电力电子技术及应用	7-301-13577-8	张润和	38	2008	电子课件
12	高电压技术(第 2 版)	7-301-27206-0	马永翔	43	2016	电子课件/习题答案
13	电力系统分析	7-301-14460-2	曹　娜	35	2009	
14	综合布线系统基础教程	7-301-14994-2	吴达金	24	2009	电子课件
15	PLC 原理及应用	7-301-17797-6	缪志农　郭新年	26	2010	电子课件
16	集散控制系统	7-301-18131-7	周荣富　陶文英	36	2011	电子课件/习题答案
17	控制电机与特种电机及其控制系统	7-301-18260-4	孙冠群　于少娟	42	2011	电子课件/习题答案
18	电气信息类专业英语	7-301-19447-8	缪志农	40	2011	电子课件/习题答案
19	综合布线系统管理教程	7-301-16598-0	吴达金	39	2012	电子课件
20	供配电技术	7-301-16367-2	王玉华	49	2012	电子课件/习题答案
21	PLC 技术与应用(西门子版)	7-301-22529-5	丁金婷	32	2013	电子课件
22	电机、拖动与控制	7-301-22872-2	万芳瑛	34	2013	电子课件/答案
23	电气信息工程专业英语	7-301-22920-0	余兴波	26	2013	电子课件/译文
24	集散控制系统(第 2 版)	7-301-23081-7	刘翠玲	36	2013	电子课件，2014 年中国电子教育学会“全国电子信息类优秀教材”一等奖
25	工控组态软件及应用	7-301-23754-0	何坚强	49	2014	电子课件/答案
26	发电厂变电所电气部分(第 2 版)	7-301-23674-1	马永翔	48	2014	电子课件/答案
27	自动控制原理实验教程	7-301-25471-4	丁　红　贾玉瑛	29	2015	
28	自动控制原理(第 2 版)	7-301-25510-0	袁德成	35	2015	电子课件/辽宁省“十二五”教材
29	电机与电力电子技术	7-301-25736-4	孙冠群	45	2015	电子课件/答案
30	虚拟仪器技术及其应用	7-301-27133-9	廖远江	45	2016	
31	智能仪表技术	7-301-28790-3	杨成慧	45	2017	二维码资源